자동차기술인을 위한

스마트카 코딩 활용 프로젝트

공학박사
차량기술사 정태균 지음

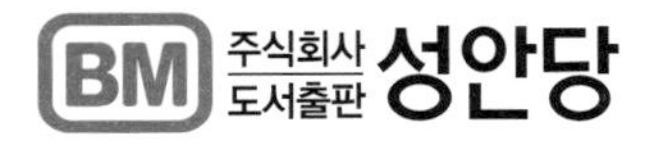

도서 A/S 안내

성안당에서 발행하는 모든 도서는 저자와 출판사, 그리고 독자가 함께 만들어 나갑니다.

좋은 책을 펴내기 위해 많은 노력을 기울이고 있습니다. 혹시라도 내용상의 오류나 오탈자 등이 발견되면 "좋은 책은 나라의 보배"로서 우리 모두가 함께 만들어 간다는 마음으로 연락주시기 바랍니다. 수정 보완하여 더 나은 책이 되도록 최선을 다하겠습니다.

성안당은 늘 독자 여러분들의 소중한 의견을 기다리고 있습니다. 좋은 의견을 보내주시는 분께는 성안당 쇼핑몰의 포인트(3,000포인트)를 적립해 드립니다.

잘못 만들어진 책이나 부록 등이 파손된 경우에는 교환해 드립니다.

저자 문의 e-mail : tgjung@kopo.ac.kr(정태균)
본서 기획자 e-mail : coh@cyber.co.kr(최옥현)
홈페이지 : http://www.cyber.co.kr 전화 : 031) 950-6300

PREFACE

머리말

이 책은 자동차 분야에 이미 적용되고 있는 신기술을 프로그램 개발자의 관점이 아닌 자동차 기술인의 관점에서 바라보며 집필하였으며, 접근하기 어려운 자동차 신기술들을 쉽게 풀어내기 위해 노력하였다. 이 책에 소개하는 공작은 혼자서도 가능하지만 팀을 이루어 공작하면 그 진가를 발휘할 수 있다. 또한 직접 만든 회로를 자동차시스템에 적용하여 공작해봄으로써 흥미를 유발하고 창의성을 개발할 수 있도록 소규모 융합 프로젝트 형태로 편성하였다.

이 책은 먼저 C언어를 사용하여 자동차시스템에 적용할 수 있는 기본적인 코딩을 이해하고, 다양한 하드웨어 모듈을 사용하면서 C언어, 앱 인벤터, 아두이노 IDE(통합개발환경) 프로그램 등의 활용능력을 가질 수 있도록 융합형으로 그 내용을 구성하였다.

자동차공학도가 하드웨어 모듈과 프로그래밍 언어를 처음 접하는 경우, 손쉽게 접근할 수 있는 아두이노 IDE 프로그램 등을 사용하여 코딩할 수도 있지만, 조금 번거롭더라도 C언어를 조금 이해한 후에 자동차시스템에 적용하면서 그 범위를 넓혀 가기를 권한다.

자동차 기술에서 코딩을 배워야 하는 이유는 스마트카 시대에는 코딩이 자동차시스템을 움직이는 엔진이기 때문이다. 이를 정복하기 위해서는 코딩에 흥미를 갖는 것이 중요하다. 우선, 흥미를 가질 수 있도록 코딩을 그냥 따라해 보자. 코딩을 따라하며 이해하고, 적용해 보는 과정에서 스마트 자동차시스템과 전장회로기술을 새롭게 융합하고 창조할 수 있는 능력을 기를 수 있다.

하지만 코딩은 컴퓨터 언어를 이해하는 과정이 필요하므로 인내심이 많이 필요하다. 우선 흥미를 가지고 코딩을 따라해 보자. 그 다음에 생각하면서 회로를 이해한 후에 자신감을 갖고 배선을 연결하여 자동차시스템을 살아 움직이게 하는 공작 프로젝트를 완수해 보자.

이 책은 《자동차 미케닉을 위한 자동차 ECU 제어 기초》와 《자동차 미케닉을 위한 자동차시스템 제어》에 이어서 스마트카 공작 프로젝트로 연결되는 내용을 담았다. 따라서 위의 두 책에서 소개한 내용들을 이해하지 못하면 스마트카 코딩 프로젝트를 진행하는 데 어려움이 따를 수 있다. 이 책을 학습하기 전에 반드시 먼저 학습할 것을 권한다.

끝으로, 이 책이 세상에 나올 수 있도록 도와주신 성안당 이종춘 회장님, 최옥현 상무님을 비롯하여 편집부 여러분들께 감사드린다. 아울러 이 책을 마무리할 수 있도록 사랑과 격려를 아끼지 않은 우리 가족에게도 끝없는 감사의 마음을 전한다.

저자 정태균

CONTENTS
차례

PROJECT 08 자동차 센서 공작 ● 327

PROJECT 09 자율주행 공작 ● 353

PROJECT 10 자동차 IOT 공작 ● 381

일러두기

《자동차 미케닉을 위한 자동차 ECU 제어 기초》와 《자동차 미케닉을 위한 자동차시스템 제어》에서 소개한 내용들을 먼저 이해하거나 참고하면서 스마트카 코딩 프로젝트를 진행하는 것이 이 책의 스마트카 융합 기술을 이해할 수 있는 지름길이다.

이 책에 소개하는 프로젝트는 혼자서도 공작이 가능하지만 팀을 이루어 진행하면 더 효율적으로 자동차시스템을 공작할 수 있다. 들어가기에 앞서 다음 사항을 기억하자.

❶ 무엇을 공작하는 것이고, 왜 공작해야 하는지를 먼저 이해한다. 모르면 묻거나 찾아서 이해해보자.
❷ 그런 다음, 팀원이 모두 모여서 자동차 전장회로도를 보면서 무엇을, 어떻게 해야 할지에 대해 생각해보자.
❸ 공작할 회로를 머릿속으로 그려보고, 회로도를 그려보자.
❹ 입·출력 데이터의 흐름을 이해하고 코딩에도 도전해 보자.
❺ 팀원들이 모여 ECU 배선을 어떻게, 어디에 연결해야 하는가를 의논해 보자.
❻ 코딩은 소스 파일을 한 번씩 컴파일해서 모듈에 업로드해 보자. 소스 파일도 원하는 대로 바꾸어 보자.

프로젝트
00

프로젝트 시작하기

Smart Car Coding Project

CHAPTER

01 무엇을, 어떻게 준비해야 하나?

1-1 교육기반의 변화

4차 산업혁명 시대에는 [그림 0-1]과 같은 교육기반을 필요로 한다.

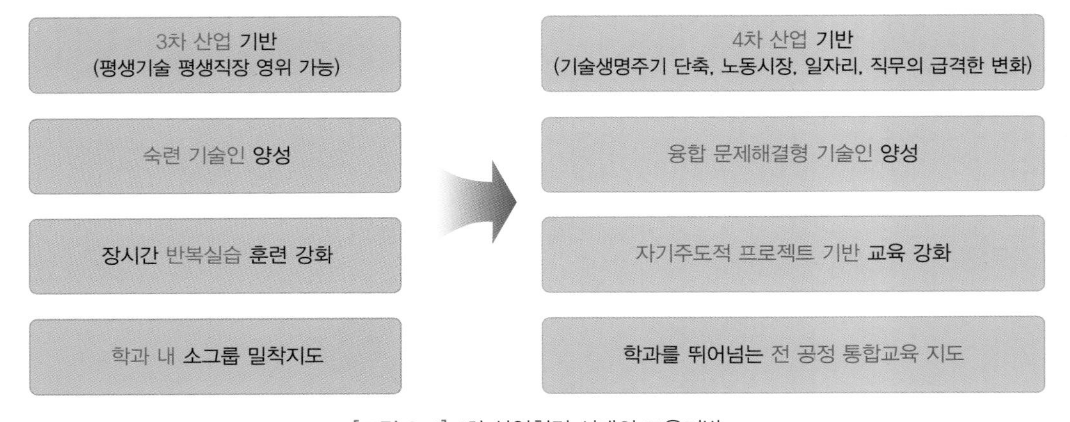

[그림 0-1] 4차 산업혁명 시대의 교육기반

1-2 4차 산업혁명 시대에 필요한 자동차기술의 학습단계

기존의 학습단계에서 벗어나 [그림 0-2]와 같은 학습단계를 적용해 보자. 스마트카에 적용되는 전자제어시스템(마이크로프로세서, 코딩, 전자회로, 모듈 등)을 먼저 이해하고, 그 다음에 전자제어시스템의 적용을 전제로 한 자동차 구동시스템(자동차 구조와 작동)을 이해하도록 한다.

이러한 융합학습을 바탕으로 팀 프로젝트 형태의 소규모 자동차시스템의 공작을 위한 팀을 구성하고, 자기주도적으로 재미있게 스마트카 시스템의 작동을 내 마음대로 제어해 보자.

선·후 학습단계를 바꾸어 보자!

(선) 전자제어시스템 이해

⬇

(후) 자동차 구동시스템 이해

⬇

(적용) 자동차 구동장치 제어

[그림 0–2] 스마트카 선·후 학습 단계

1–3 자동차 기술의 개념 변화

자동차 기술의 개념이 이제 [그림 0–3]과 같이 변화되고 있다. 최근 자동차산업은 친환경 자동차로 불리는 전기자동차(EV, 전기차)와 수소연료전지전기자동차(FCEV, 수소차), 자율주행자동차(자율차)의 등장으로 100년 만에 자동차의 패러다임이 바뀌고 있다.

이제,
자동차 기술에 대한 개념을 바꾸어보자!

소프트웨어로 운영되는 자동차를 생각하자.

[그림 0–3] 자동차 기술의 변화

또한 자율주행자동차와 전기자동차의 시장 확대로 인해 각종 센서를 포함한 전장부품과 소프트웨어가 [그림 0–4]와 같이 스마트카에 적용되고 있어, 이를 중심으로 자동차 기술의 대전환이 예고되고 있다.

자동차 기술에 대한 개념 변화

자동차의 ECU(AI, 통신, 소프트웨어 등)는 Master이고, 엔진(모터) 및 변속기 등 기계장치는 Slave이다.

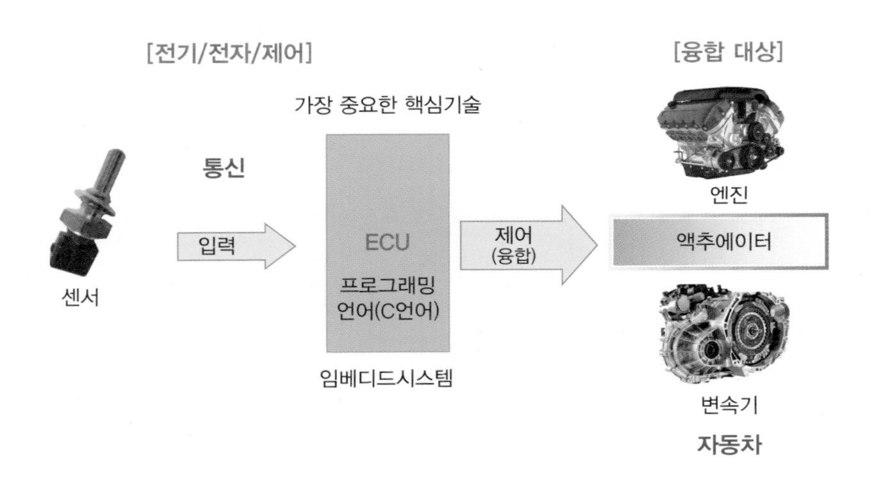

[그림 0-4] 전자제어 기술의 자동차 적용

1-4 스마트카와 V2X

스마트카에서는 5G를 기반으로 한 [그림 0-5]와 같은 V2X가 구현되고 있다.

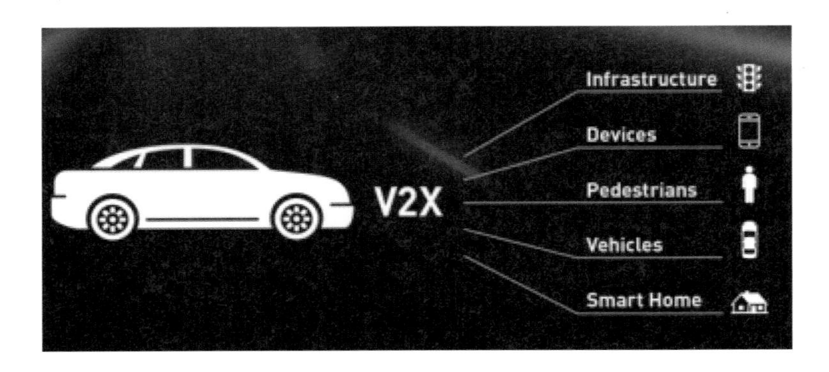

[그림 0-5] 자동차와 통신(출처: 하만 홈페이지)

1-5 스마트카 공작의 학습체계도

각종 센서를 포함한 전장부품과 통신, 소프트웨어가 융합되고 있는 스마트카 공작의 학습은 [그림 0-6]과 같은 학습체계도에 기반을 두고 있다.

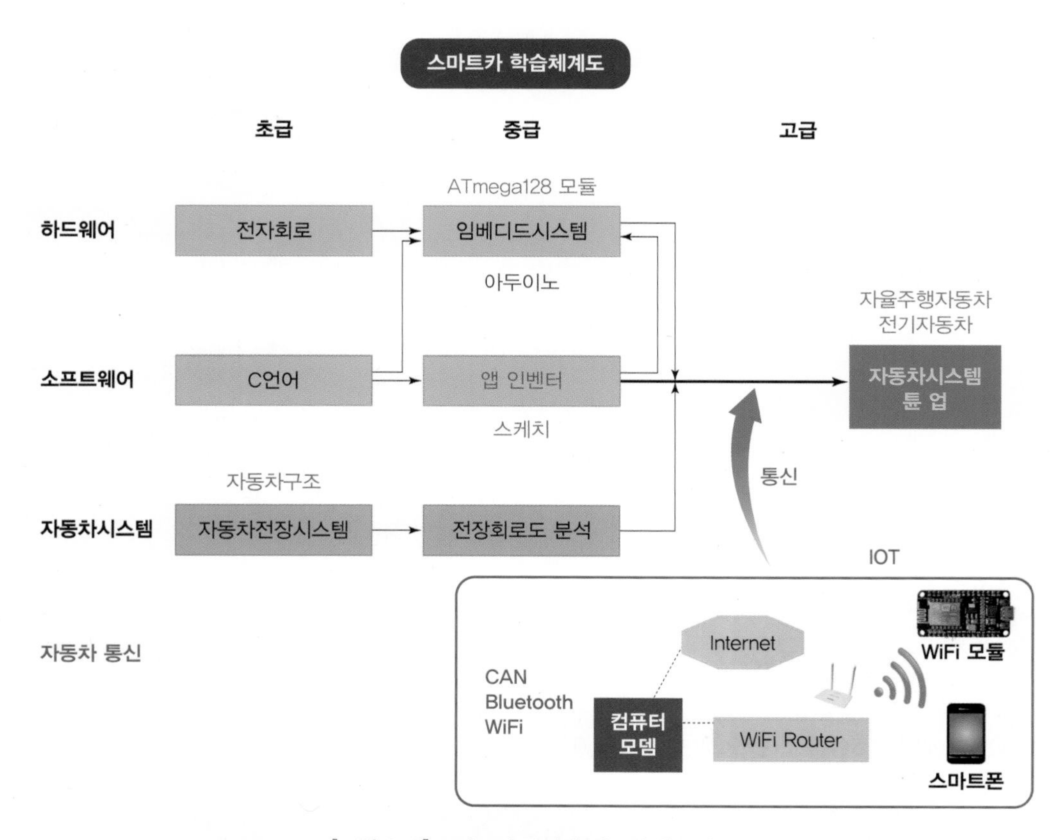

[그림 0-6] 스마트카 공작에 필요한 학습체계도

CHAPTER 02 하드웨어 및 소프트웨어 소개

2-1 AVR 마이크로프로세서

이 책에서는 [그림 0-7], [그림 0-8]에 나타낸 마이크로프로세서를 사용한다.

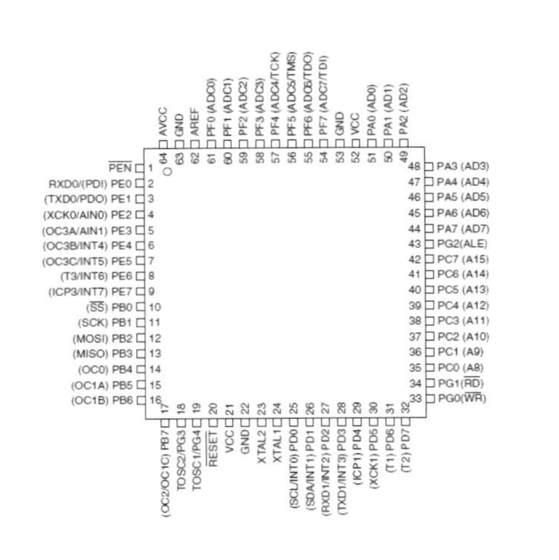

[그림 0-7] ATmega128 마이크로프로세서

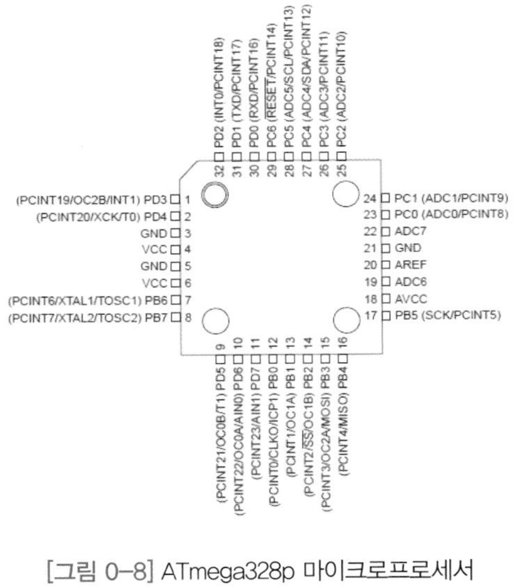

[그림 0-8] ATmega328p 마이크로프로세서

2-2 하드웨어 모듈

1) ATmega128 모듈

[그림 0-9]의 ATmega128 모듈은 기본적인 자동차시스템 제어를 위해 사용한다.

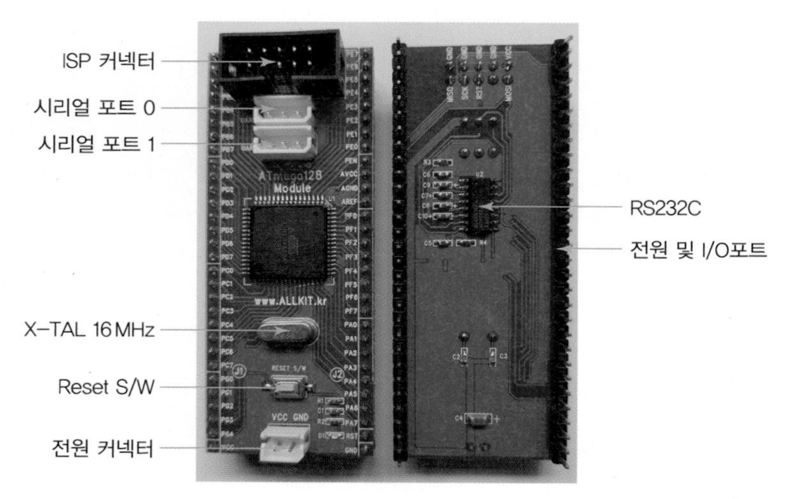

[그림 0-9] ATmega128 모듈

2) CAN128V1 모듈

[그림 0-10]의 CAN128V1 모듈은 CAN통신 실습을 위해 사용된다.

[그림 0-10] CAN128V1 모듈

3) BTmini 모듈

[그림 0-11]의 BTmini 모듈은 블루투스 모듈 일체형으로, 블루투스 통신을 이용하여 스마트자동차 전자제어시스템을 원격제어한다.

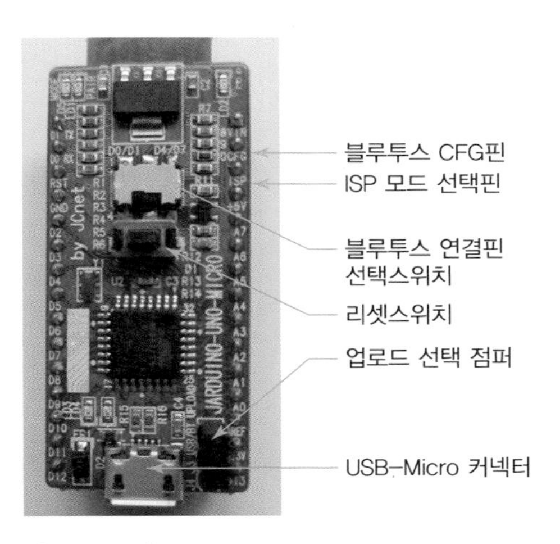

[그림 0-11] BTmini 모듈

4) BM 모듈

[그림 0-12]의 BM 모듈은 블루투스 모듈과 모터 드라이버가 일체형으로 조립되어 있으며, 모형 전기자동차 제어와 자율주행자동차에 사용한다.

[그림 0-12] BM 모듈

5) 블루투스 모듈(HC-06)

[그림 0-13]의 블루투스 모듈은 블루투스 통신을 통해 스마트폰으로 자동차시스템을 원격 제어하기 위해 사용한다.

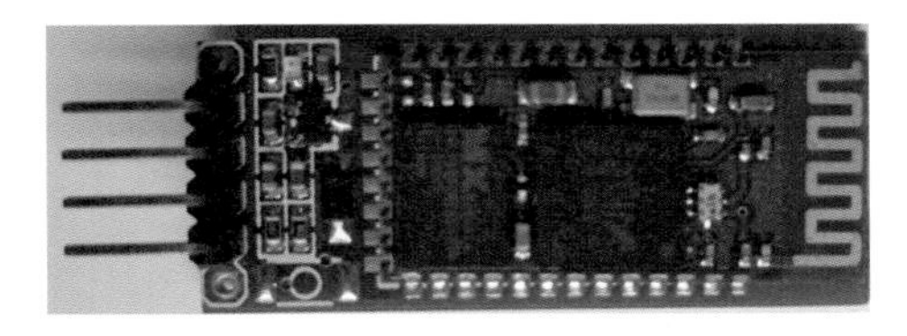

[그림 0-13] 블루투스 모듈

6) ELM327 블루투스 동글

[그림 0-14]의 ELM327 블루투스 동글(OBD2 단자에 연결)은 앱 인벤터 2를 사용하여 만든 스마트폰용 앱을 사용하여 원격으로 자동차진단정보를 수신하기 위해 사용한다.

[그림 0-14] ELM327 블루투스 동글

7) 아두이노 우노 모듈

[그림 0-15]의 아두이노 우노 모듈은 사물인터넷(IOT) 공작과 자율주행차 공작 등에 사용한다.

[그림 0-15] 아두이노 우노 모듈

8) ESP8266 와이파이 모듈

[그림 0-16]의 ESP8266 와이파이 모듈은 인터넷 WiFi 환경을 이용하여 자동차를 원격제어하기 위해 사용한다.

[그림 0-16] ESP8266 모듈

9) L298N 모터 드라이버 모듈

[그림 0-17]의 L298N 모터 드라이버 모듈은 DC 모터를 구동하기 위한 드라이버 모듈로서 사용한다.

[그림 0-17] L298N 모터 드라이버 모듈

2-3 소프트웨어

1) 앱 인벤터 2

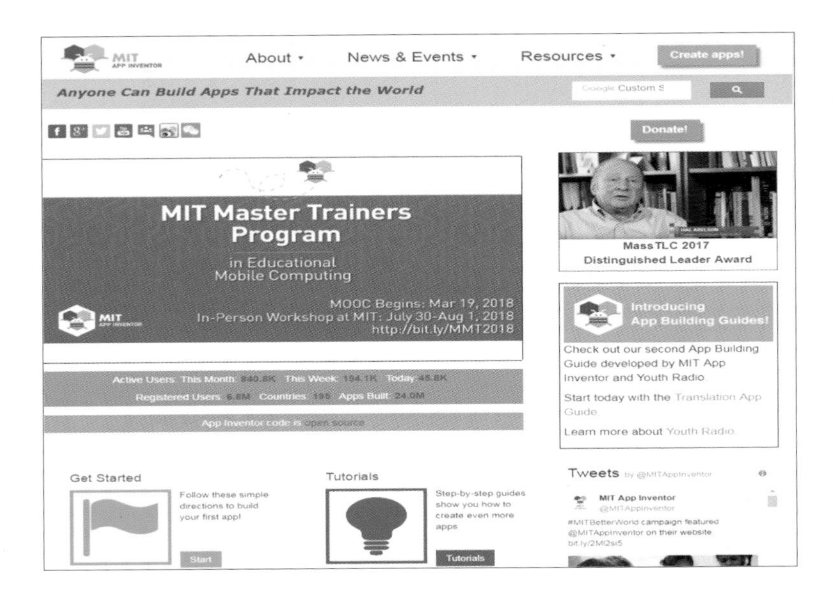

[그림 0-18] 앱 인벤터 홈페이지 화면

[그림 0-18]은 클라우드 기반의 앱 개발도구로서 자동차시스템을 원격제어하기 위한 스마트폰용 앱(APP)을 제작하기 위해 사용하는 앱 인벤터 홈페이지 화면이다.

2) C언어

자동차 전자제어시스템을 구동하기 위해 각종 하드웨어(ECU)를 제어하기 위한 기본적인 언어로 사용한다.

3) 컴파일러

① AVR C컴파일러는 [그림 0-19]와 같이 HP Info Tech 홈페이지(http://www.hpinfotech.ro)에 접속하여 CodeVisionAVR 최신 버전을 다운로드하여 사용한다.

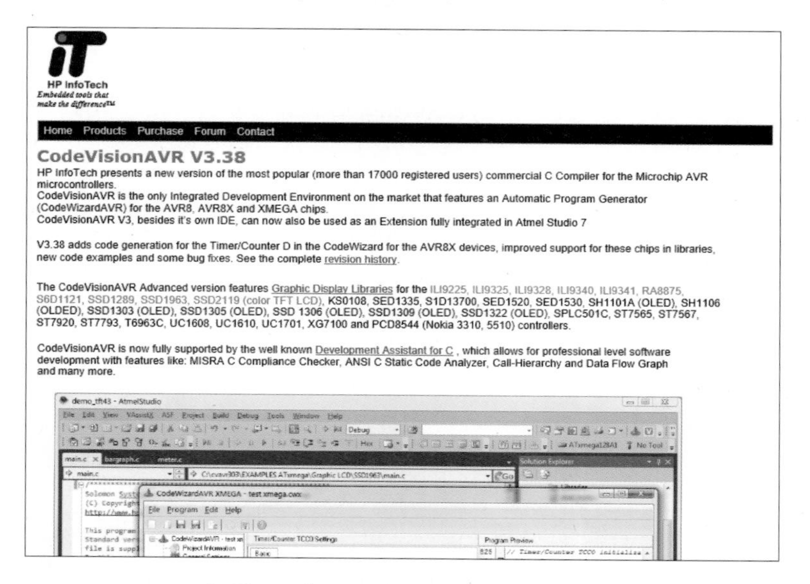

[그림 0-19] CodeVisionAVR 다운로드 화면

② 아두이노 컴파일러는 [그림 0-20]과 같은 IDE(통합개발환경) 프로그램을 사용한다.

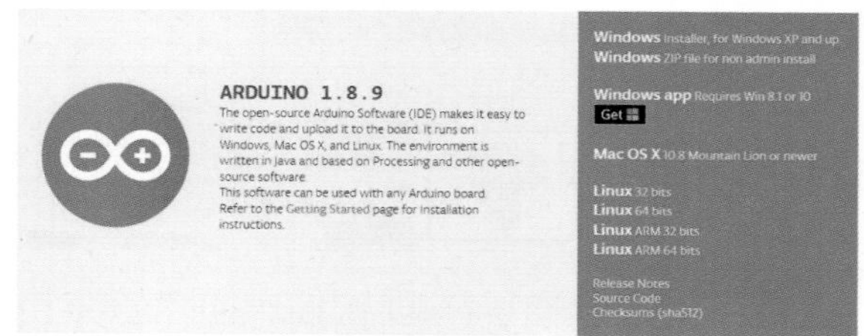

[그림 0-20] IDE(통합개발환경) 프로그램 다운로드

4) 스마트폰 앱

① bluetooth controller: 블루투스 무선통신에 적용[그림 0-21의 (a)]

② Blynk: 와이파이 무선통신에 적용[그림 0-21의 (b)]

(a) bluetooth controller (b) Blynk

[그림 0-21] 스마트폰 앱 화면

2-4 USB 케이블(컴퓨터 USB 단자와 ECU 모듈 연결 커넥터)

① USB AVRISP 커넥터[그림 0-22]: ATmega128 모듈(10핀), CAN128V1 모듈(6핀)을 연결할 때 사용한다.

② USB 마이크로 커넥터[그림 0-23]: BTmini 모듈, BM 모듈, ESP8266 모듈을 연결할 때 사용한다.

③ 아두이노 우노 USB 케이블[그림 0-24]: 아두이노 우노 모듈을 연결할 때 사용한다.

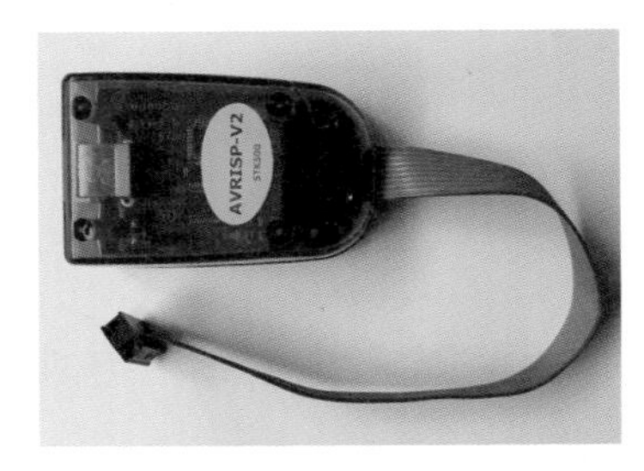

[그림 0-22] USB AVRISP 커넥터

[그림 0-23] USB 마이크로 커넥터

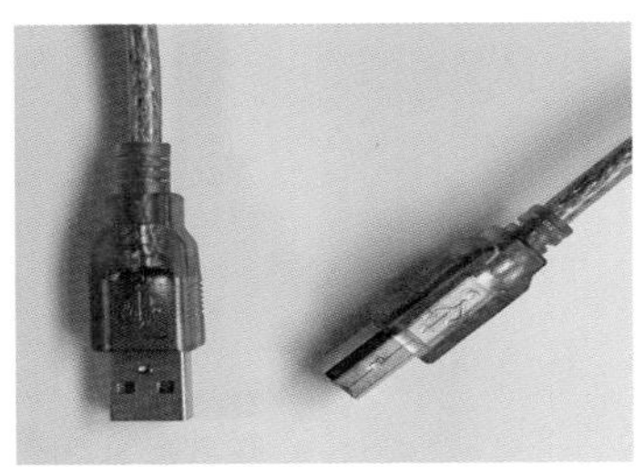

[그림 0-24] 아두이노 우노 USB 케이블

2-5 초음파 센서

[그림 0-25]에 나타낸 초음파 센서는 물체와 센서와의 거리를 측정하기 위해 사용한다.

[그림 0-25] 초음파 센서

2-6 자동차에 사용되는 통신

1) CAN 통신

[그림 0-26]과 같이 자동차의 각 ECU 간 통신으로 유선 환경에서 CAN 통신을 사용한다.

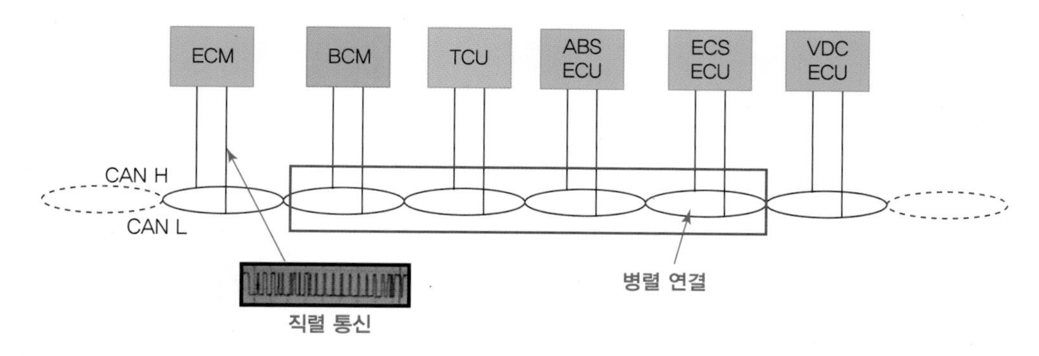

[그림 0-26] ECU 간 통신

2) 블루투스 통신

무선 환경에서 [그림 0-27]과 같이 ECU와 ECU 간의 통신, [그림 0-28]과 같이 스마트폰과 ECU와의 통신에 블루투스 통신을 사용한다.

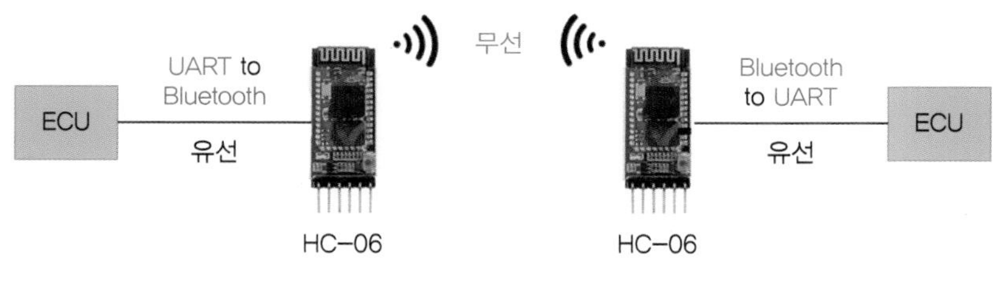

[그림 0-27] ECU와 ECU 간의 통신

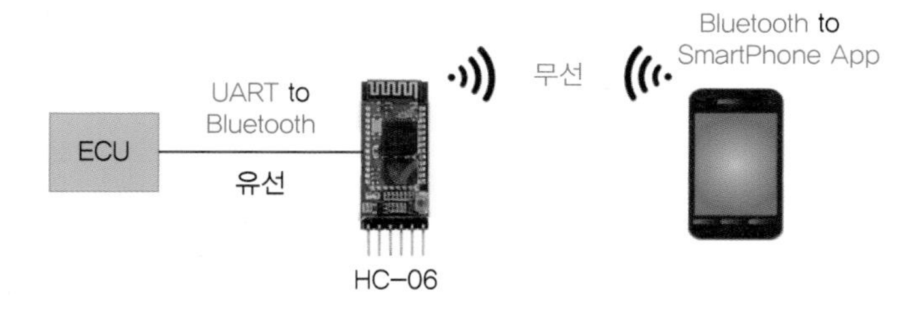

[그림 0-28] ECU와 스마트폰 간의 통신

3) 와이파이 통신

[그림 0-29]와 같이 스마트폰과 ECU 간의 통신으로 무선 인터넷 환경에서 와이파이 통신을 사용한다.

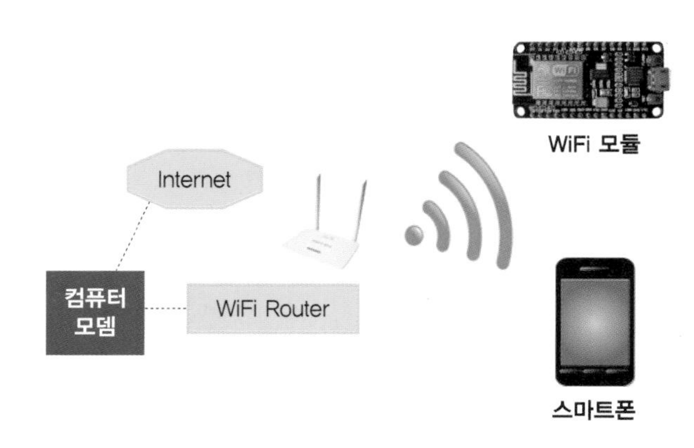

[그림 0-29] 와이파이 통신

4) UART 통신

[그림 0-30]과 같이 유선환경에서 타 장치와의 통신을 위해 UART 통신을 사용한다.

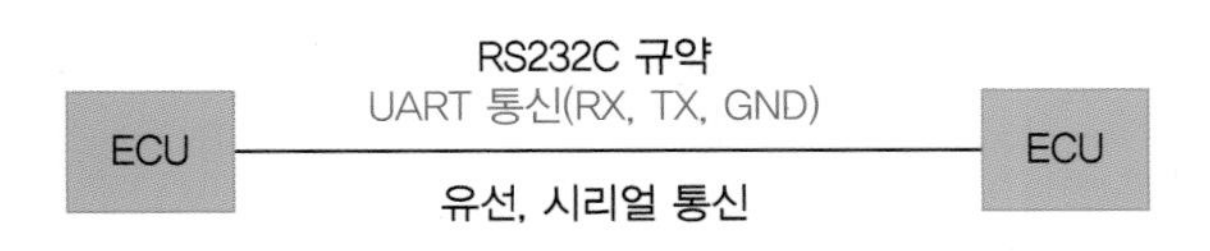

[그림 0-30] ECU 간 시리얼 통신방식

5) ISP 통신

[그림 0-31]과 같이 컴퓨터에서 코딩한 데이터를 유선으로 ECU에 업로드하기 위해 ISP 통신을 사용한다.

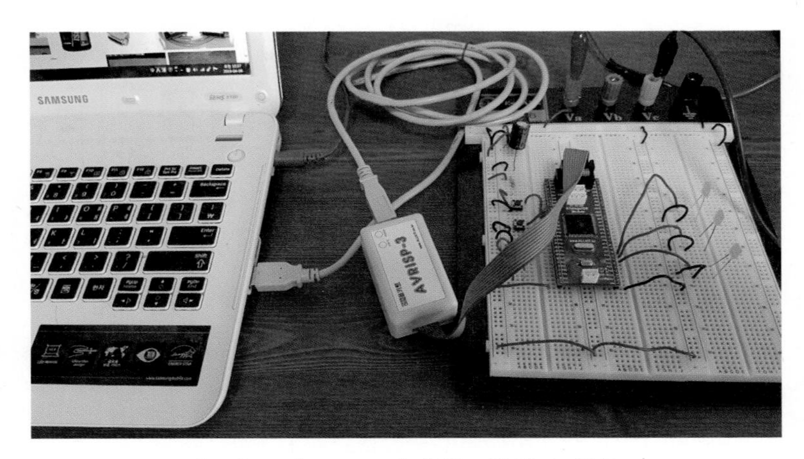

[그림 0-31] AVRISP 케이블을 이용한 ISP 통신

2-7 인터넷 홈페이지 또는 카페

[그림 0-32] ~ [그림 0-37]의 웹사이트 또는 카페에서 유익한 정보를 얻을 수 있다.

1) 현대기술정보 웹사이트(https://gsw.hyundai.com/hmc/login.tiles)

[그림 0-32] 현대기술정보 웹사이트

2) 카페 "임베디드 공작소"(https://cafe.naver.com/embeddedworkshop)

[그림 0-33] 임베디드 공작소 카페

3) 카페 "정태균의 ECU 튜닝클럽"(http://cafe.daum.net/tgjung)

필자의 카페에서 이 책에 나오는 모든 프로그램 소스와 그 외 중요 자료를 만날 수 있다.

[그림 0-34] 필자의 다음 카페

4) 카페 "전자공작"(http://cafe.naver.com/circuitsmanual)

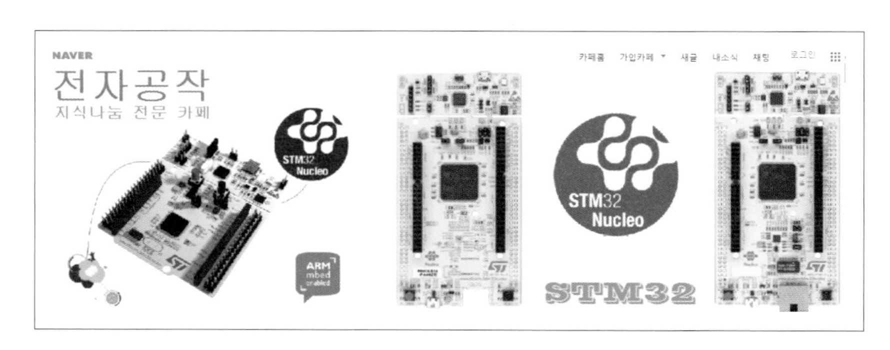

[그림 0-35] 전자공작 카페

5) 카페 "임베디드 홀릭"(https://cafe.naver.com/lazydigital)

[그림 0-36] 임베디드 홀릭 카페

6) 카페 "당근이의 AVR 갖고 놀기"(https://cafe.naver.com/carroty)

[그림 0-37] 당근이의 AVR 갖고 놀기 카페

CHAPTER

03 프로젝트 작업에 필요한 준비 사항

3-1 기본 장비

실습용 자동차, 전원공급장치(배터리 전압과 같은 12 V 출력 가능할 것), 오실로스코프, 노트북 컴퓨터

3-2 브레드보드 기본 전원 연결

[그림 0-38]은 공작 시 가장 기본사항인 브레드보드의 기본 전원 연결을 나타내는 것으로서, 12 V를 사용하여 5 V 정전압을 출력(발생)하기 위한 7805 정전압 회로 배치도이다.

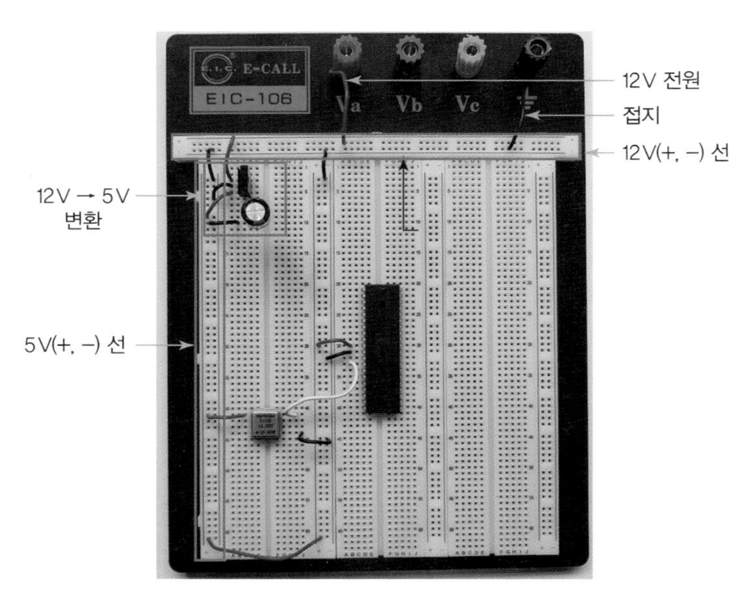

[그림 0-38] 브레드보드 기본 전원 연결

브레드보드 전원을 연결할 때 주의사항

반드시 12V 전원(자동차 배터리 또는 전원공급장치)의 접지(-)와 7805 IC의 접지(-)를 서로 연결하여 **공통으로 접지한다.**

3-3 7805 정전압 IC 회로 연결

[그림 0-39]는 7805 연결회로도를 나타내고, [그림 0-40]은 브레드보드에 연결한 7805 IC 정전압 회로의 상세 이미지이다.

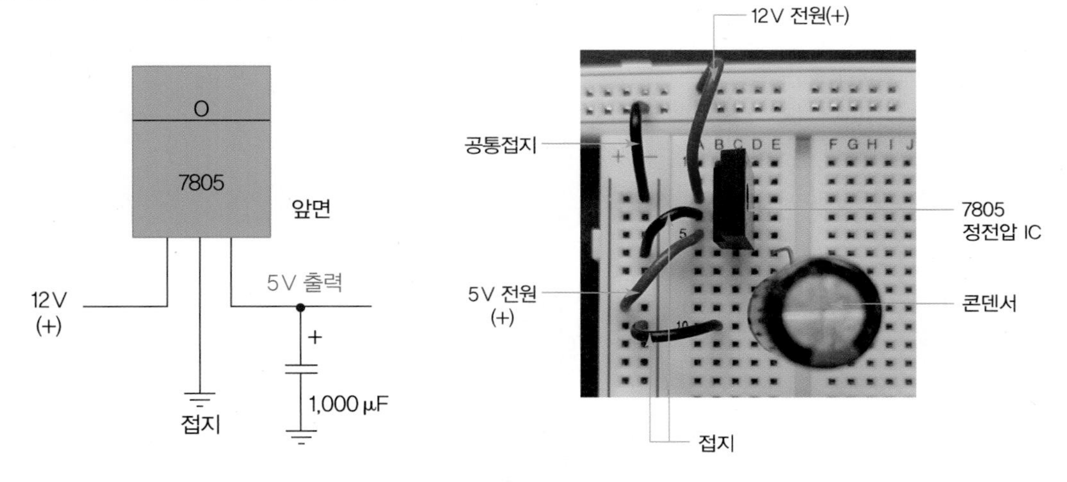

[그림 0-39] 7805 연결회로도

[그림 0-40] 브레드보드에 연결한 7805 IC 정전압 회로

이 책의 각 프로젝트 공작에서 5V 전원을 공급하기 위한 7805 IC(12V를 5V로 변환) 정전압 회로는 여러 번 반복해서 나오므로 **이 책의 각 회로도에서는 7805 정전압 회로를 생략한다.**

그러나, 실제로 배선을 연결할 때에는 [그림 0-41]과 같이 정전압 회로를 정확히 연결해야 한다.

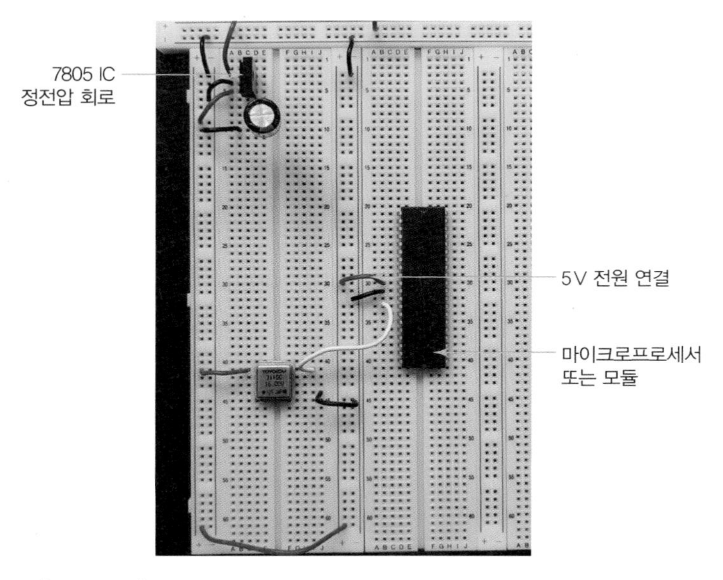

[그림 0-41] 브레드보드에 연결한 정전압 회로와 마이크로프로세서 전원

3-4 브레드보드용 배선 제작 도구

[그림 0-42]는 배선을 자르거나 피복을 벗기기 위해 사용하는 와이어 스트리퍼이고, [그림 0-43]은 브레드보드에 사용하기 위한 배선의 노출 길이를 나타낸 것이다.

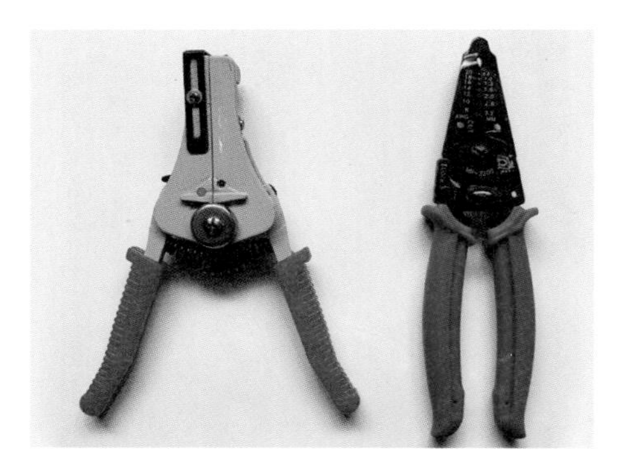

[그림 0-42] 와이어 스트리퍼

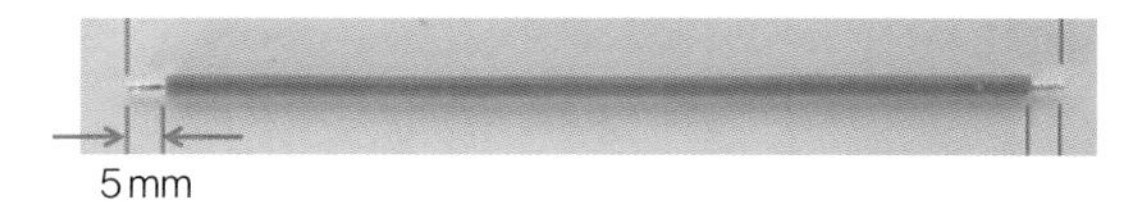

[그림 0-43] 브레드보드 연결용 배선 제작

[그림 0-44]는 브레드보드에 사용하기 위한 배선이다.

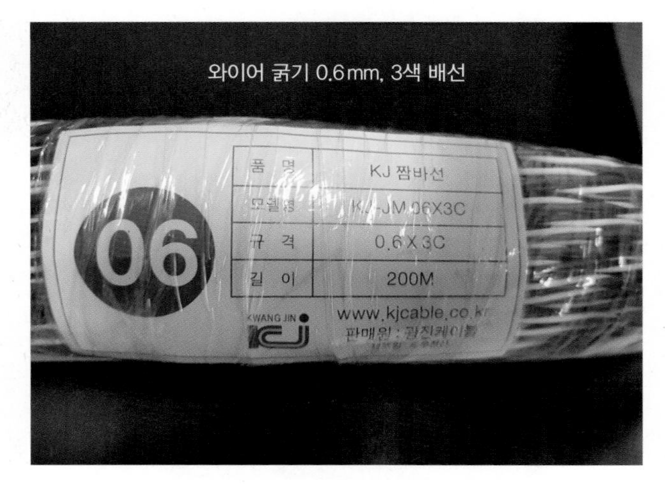

[그림 0-44] 브레드보드용 3색 배선

3-5 자동차 커넥터 연결용 배선 제작용 재료

[그림 0-45]는 커넥터 연결용 터미널 단자(암, 수)를 나타낸다.

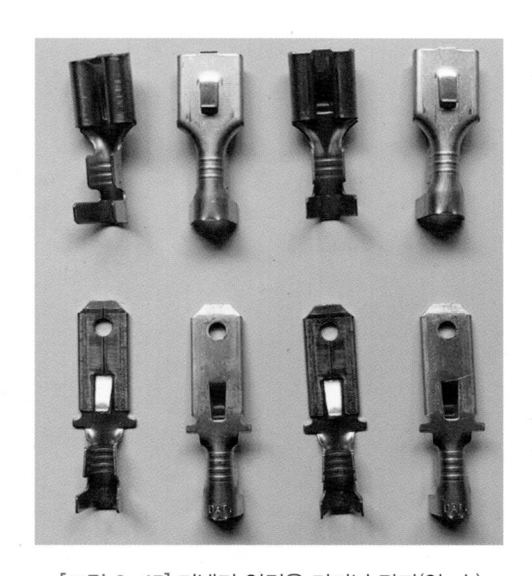

[그림 0-45] 커넥터 연결용 터미널 단자(암, 수)

[그림 0-46]은 터미널 단자를 압착하기 위한 터미널 단자 압착 플라이어를 나타낸다.

[그림 0-46] 터미널 단자 압착 플라이어

[그림 0-47]은 자동차 배선용 5색 연선이고, [그림 0-48]은 배선을 보호하기 위해 사용하는 자동차 배선단자 보호용 열수축 튜브이다.

[그림 0-47] 자동차 배선용 5색 연선(내부전선 수 40 이상)

[그림 0-48] 자동차 배선단자 보호용 열수축 튜브

CHAPTER

04 모듈별 구성 및 기본연결 회로도

4-1 ATmega128 모듈

1) ATmega128 모듈 구조

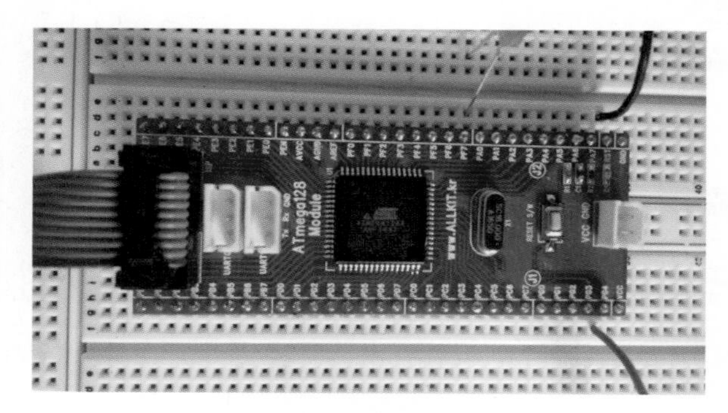

[그림 0-49] ATmega128 모듈 설치

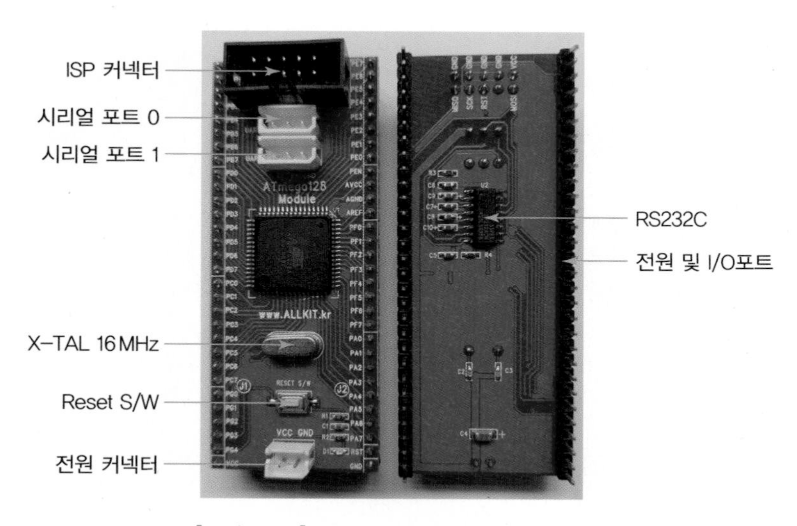

[그림 0-50] ATmega128 모듈의 각 부분 명칭

[그림 0-49]와 [그림 0-50]은 ATmega128 모듈과 그의 각 부분 명칭을 나타낸다. [그림 0-51]은 ATmega128 모듈 포트단자 구조도를 나타낸 것이다. 브레드보드에서 실제 배선을 연결할 때 [그림 0-51]을 참고로 하면 포트단자를 쉽게 확인할 수 있다.

[그림 0-51] ATmega128 모듈포트 단자 구조도

2) ATmega128 모듈 기본배선 연결도

[그림 0-52] ATmega128 모듈의 전원과 접지 연결

[그림 0-52]는 ATmega128 모듈의 전원과 접지 위치를 나타내고, [그림 0-53]은 브레드보드에 연결한 ATmega128 모듈의 전원과 접지를 나타낸다.

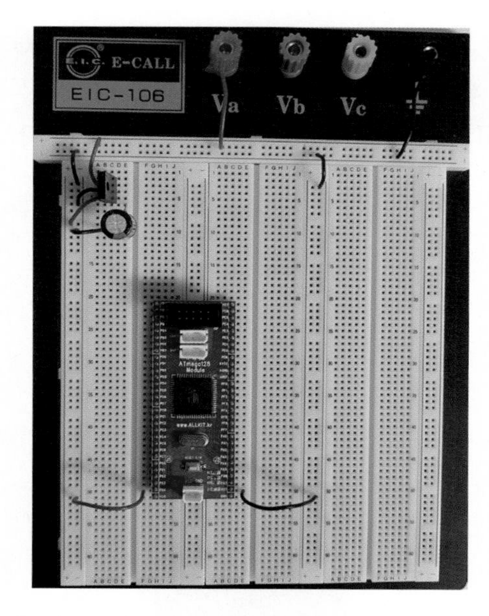

[그림 0-53] 브레드보드에 연결한 ATmega128 모듈

3) ATmega128 모듈의 포트와 핀 배열

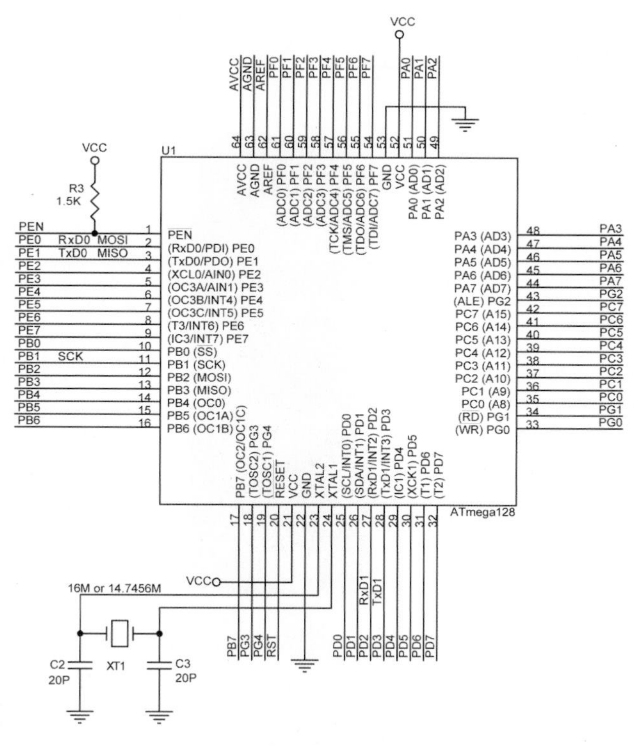

[그림 0-54] ATmega128 단자와 모듈 포트 연결 배선도

[그림 0-54]는 ATmega128과 모듈의 포트 연결도를 나타낸다. 실제 프로젝트를 수행할 때 ECU 공작에서 참고하기 바란다. [그림 0-55]는 ATmega128 모듈 J1, J2의 포트단자 연결구조도를 나타낸다.

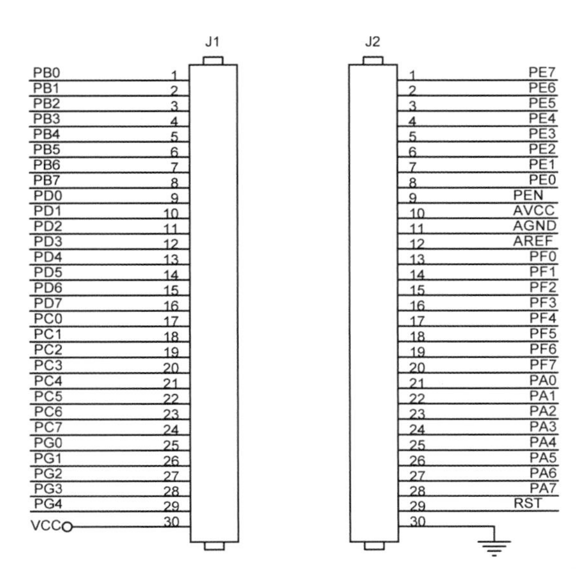

[그림 0-55] ATmega128 모듈의 포트단자와 핀 연결구조

4-2 CAN128V1 모듈

1) CAN128V1 모듈 구성

[그림 0-56]은 CAN128V1 모듈을 나타내고, [그림 0-57]은 CAN128V1 모듈의 각 부분 명칭을 나타낸다.

[그림 0-56] CAN128V1 모듈

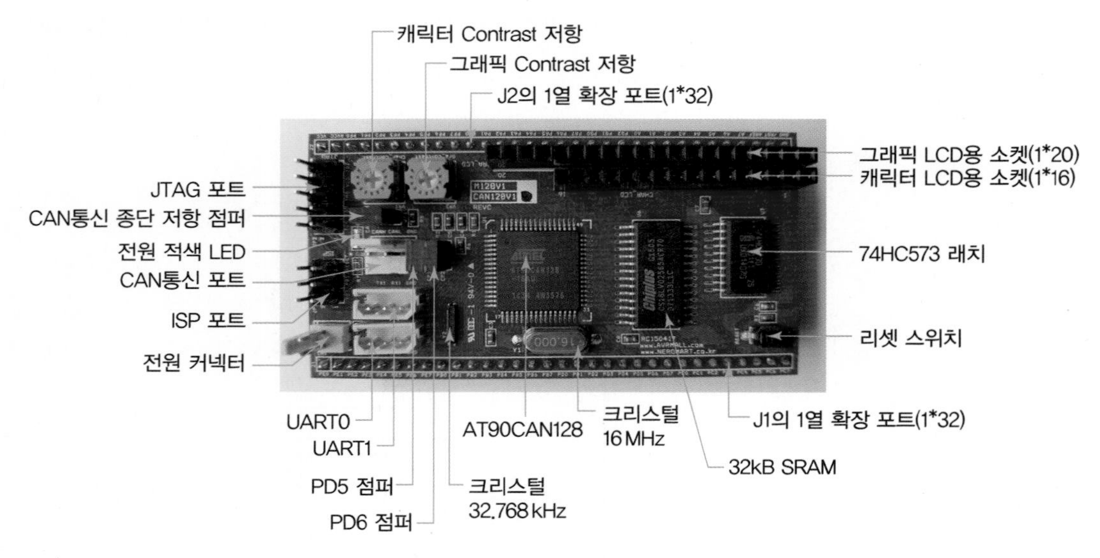

[그림 0-57] CAN128V1 모듈의 구성

2) CAN128V1 모듈 핀 배열

[그림 0-58]은 CAN128V1 모듈의 J1, J2 핀 배열을 나타낸다.

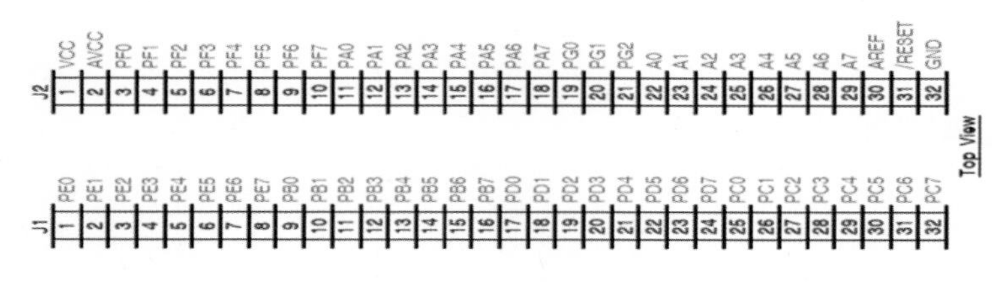

[그림 0-58] J1과 J2 핀 배열

3) CAN128V1 모듈의 외부 배선 연결

[그림 0-59]는 CAN128V1 모듈과 외부의 배선연결을 나타낸다.

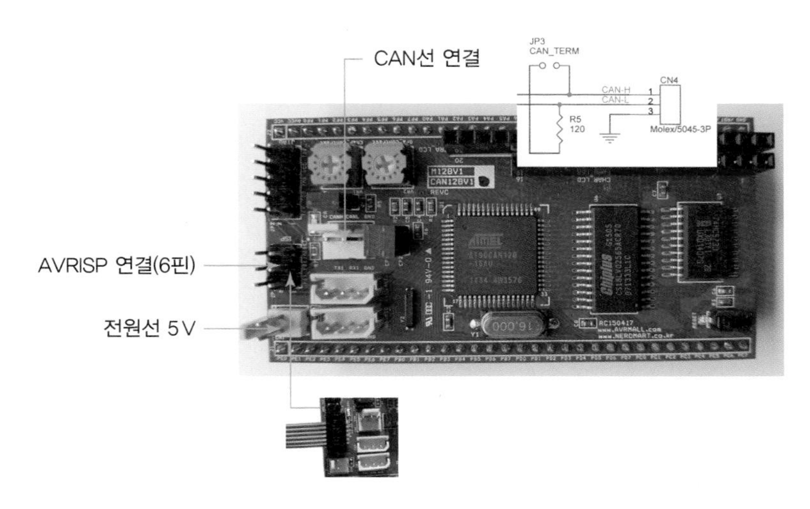

[그림 0-59] CAN128V1 모듈의 외부 배선 연결

4) CAN128V1 모듈의 기본 배선 연결도(전원과 접지)

[그림 0-60]은 CAN128V1 모듈의 기본 배선연결을 나타낸다.

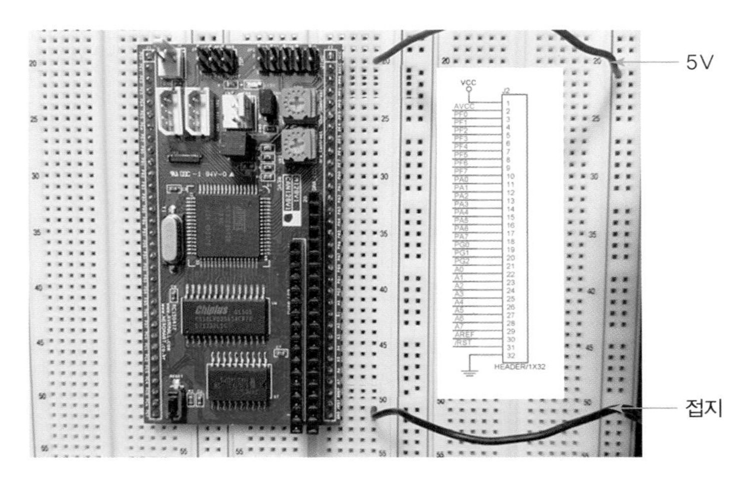

[그림 0-60] 브레드보드에 연결한 CAN128V1 모듈

5) CAN128V1 모듈의 AVRISP 케이블 연결

[그림 0-61]은 CAN128V1과 AVRISP 케이블의 연결상태를 나타낸다.

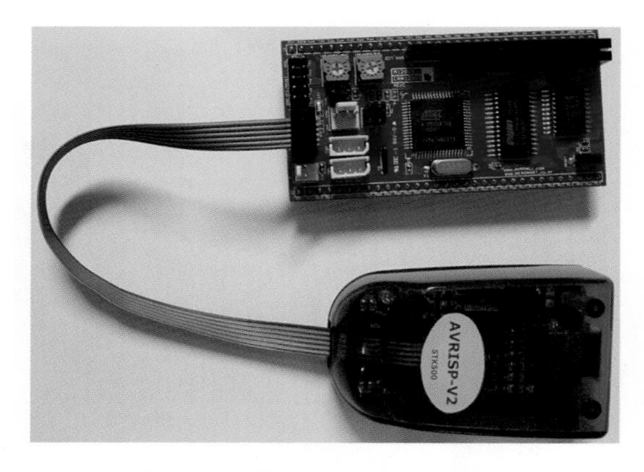

[그림 0-61] AVRISP 케이블의 연결

6) CAN128V1 모듈의 각 포트와 핀 배열

[그림 0-62]는 AT90CAN128 마이크로프로세서의 포트와 핀의 연결도를 나타낸다.

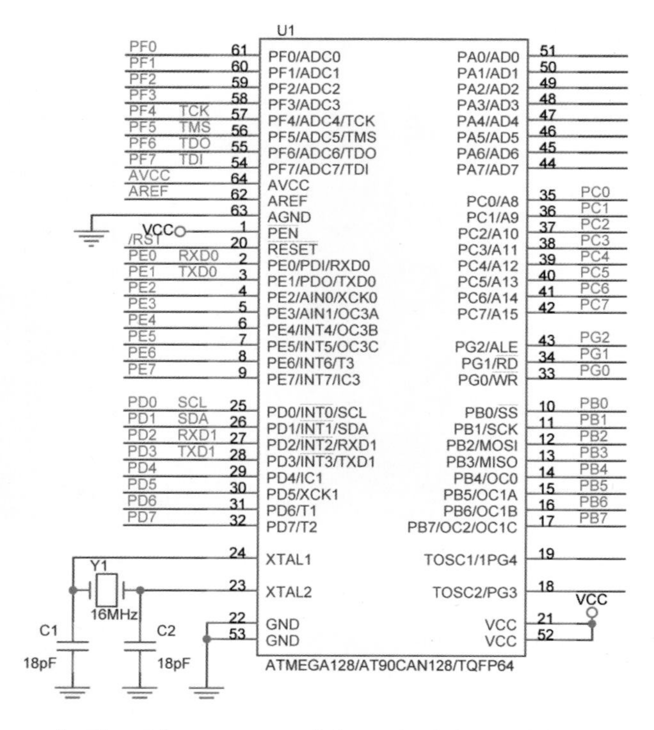

[그림 0-62] AT90CAN128 마이크로프로세서 포트 연결도

[그림 0–63]은 CAN Transceiver의 연결회로도를 나타낸다.

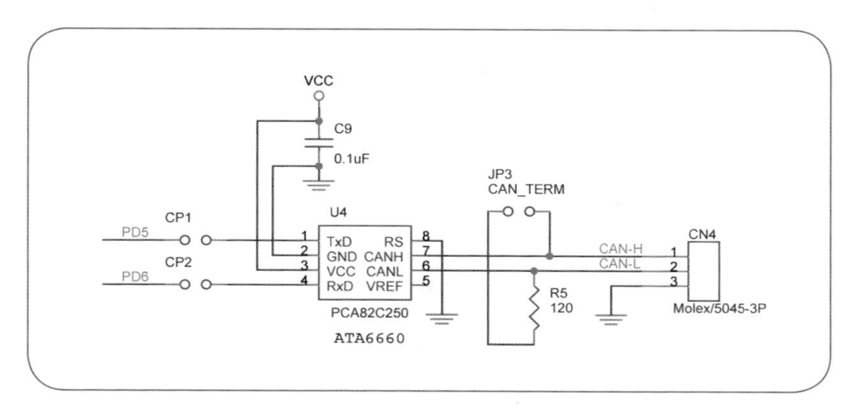

[그림 0–63] CAN Transceiver 연결도

[그림 0–64]는 CAN128V1 모듈의 J1, J2의 핀 배열도이다. CAN 공작에 참고하기 바란다.

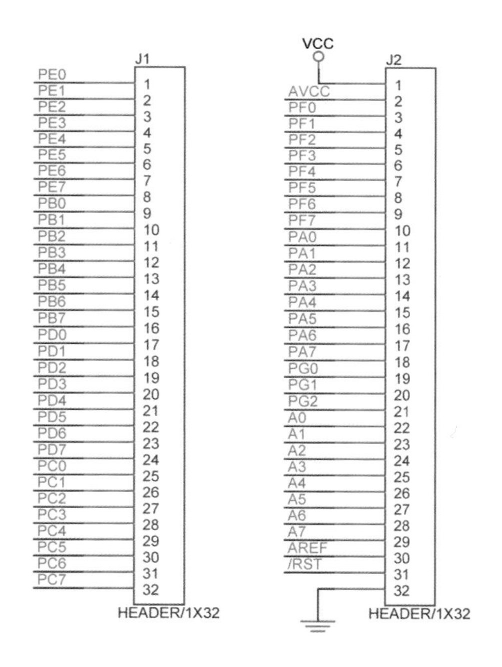

[그림 0–64] J1, J2와 각 포트의 핀 배열도

4-3 BTmini 모듈

1) BTmini 모듈의 각 부분 명칭

[그림 0-65]는 BTmini 모듈의 주요 부분 명칭을 나타낸다.

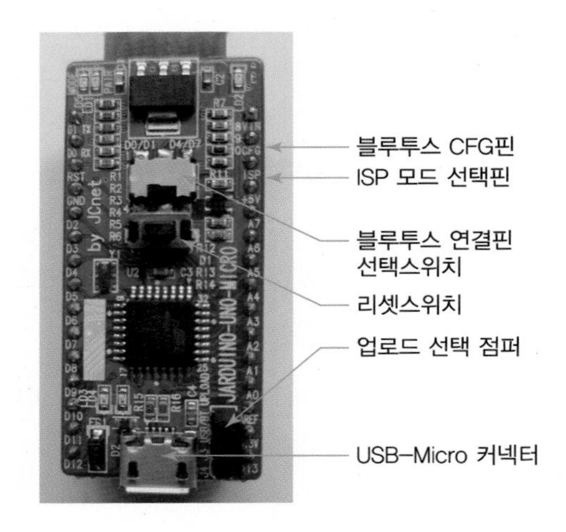

[그림 0-65] BTmini 모듈의 주요 부분 명칭

2) BTmini 외관과 핀 배치도

[그림 0-66]은 BTmini 외관과 핀 배치도를 나타낸다.

D1-TX	1		30	VIN
D0-RX	2		29	CFG
RST	3		28	ISP
GND	4		27	5V
D2	5		26	A7
D3	6		25	A6
D4	7		24	A5
D5	8	BTmini	23	A4
D6	9		22	A3
D7	10		21	A2
D8	11		20	A1
D9	12		19	A0
D10	13		18	AREF
D11	14		17	3.3V
D12	15		16	D13

[그림 0-66] BTmini 외관과 핀 배치도

3) 포트별 단자 연결도

[그림 0-67]은 BTmini 모듈에 내장된 ATmega328p 마이크로프로세서의 포트별 단자 연결도를 나타낸다. 블루투스 통신을 위해 배선을 연결할 때 참고하기 바란다.

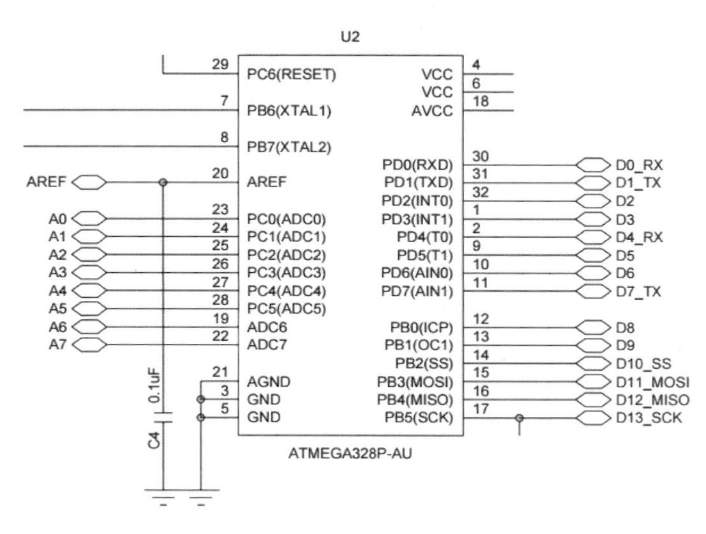

[그림 0-67] ATmega328p 포트별 단자 연결

4) USB 전원을 사용할 때 배선 연결(프로그램을 업로드할 때)

[그림 0-68]은 소스 프로그램을 BTmini 모듈에 업로드할 때의 배선구조를 나타낸다.

[그림 0-68] 소스 프로그램을 업로드할 때의 배선구조

5) 브레드보드의 5V 전원을 사용할 때 배선 연결(자동차 배선에 연결할 때)

[그림 0-69]는 5V 전원을 사용하여 BTmini 모듈을 연결할 때의 배선 연결을 나타낸다.

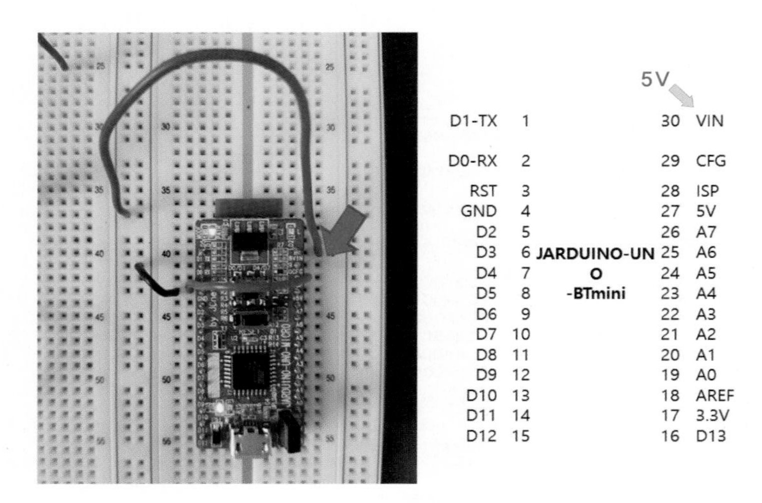

[그림 0-69] 5V 전원 사용 시 배선 연결

4-4 BM 모듈

1) BM 모듈 각 부분의 명칭

[그림 0-70]은 BM 모듈의 주요 부분의 명칭을 나타낸다.

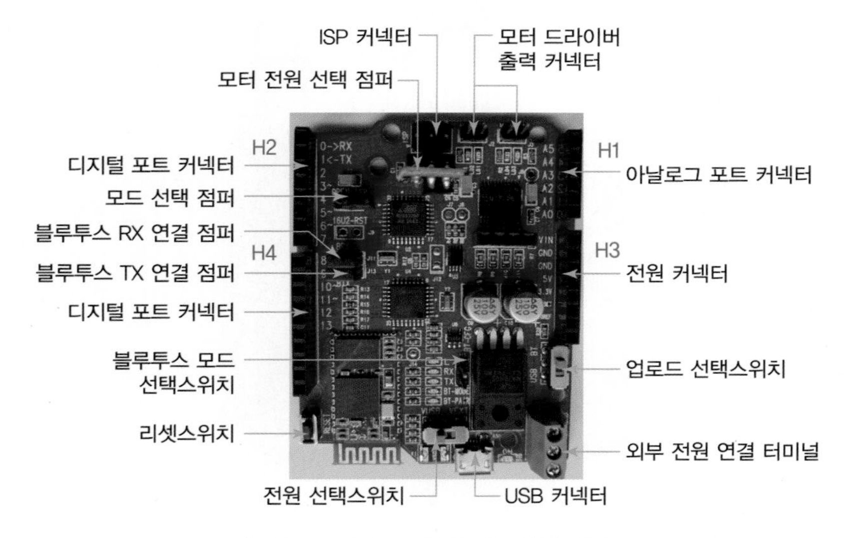

[그림 0-70] BM 모듈의 주요 부분 명칭

2) BM 모듈 전원 연결

[그림 0-71]은 BM 모듈의 전원 연결 위치를 표시한다.

[그림 0-71] BM 모듈의 전원 연결

[그림 0-72]는 외부 전원단자(5V)의 연결위치를 나타낸다.

[그림 0-72] 외부 전원단자(5V)의 연결

3) BM 모듈의 주요 부분 위치

[그림 0-73]은 BM 모듈의 주요 부분 위치를 나타낸다.

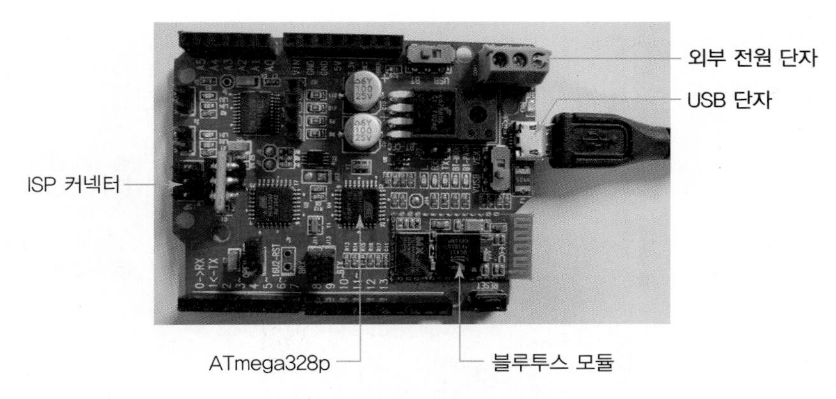

[그림 0-73] BM 모듈의 주요 부분 위치

4) BM 모듈의 포트와 핀 배열

[그림 0-74]는 BM 모듈의 각 포트와 단자 연결을 나타낸다. 실제로 프로젝트 공작을 할 때 참고하기 바란다.

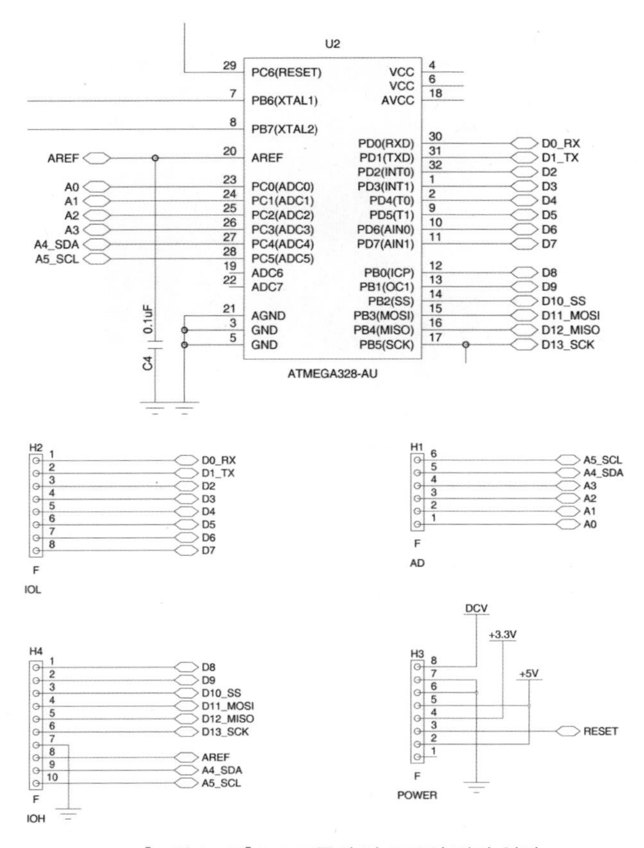

[그림 0-74] BM 모듈의 각 포트와 단자 연결

4-5 ESP8266 모듈(NodeMCU ESP-12E)

1) ESP8266 모듈 형상

[그림 0-75]는 ESP8266 모듈의 형상을 나타낸다.

[그림 0-75] ESP8266 모듈의 형상

2) ESP8266 모듈의 기본 전원 연결

[그림 0-76]은 ESP8266 모듈의 기본 전원 연결 상태를 나타낸다.

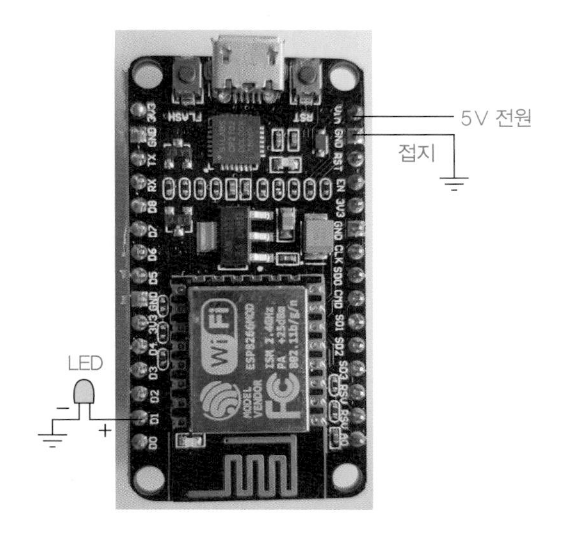

[그림 0-76] ESP8266 모듈의 전원 연결

3) 핀 정의

[그림 0-77]은 ESP8266 모듈의 핀 정의를 나타낸다. 코딩 시 참고하기 바란다.

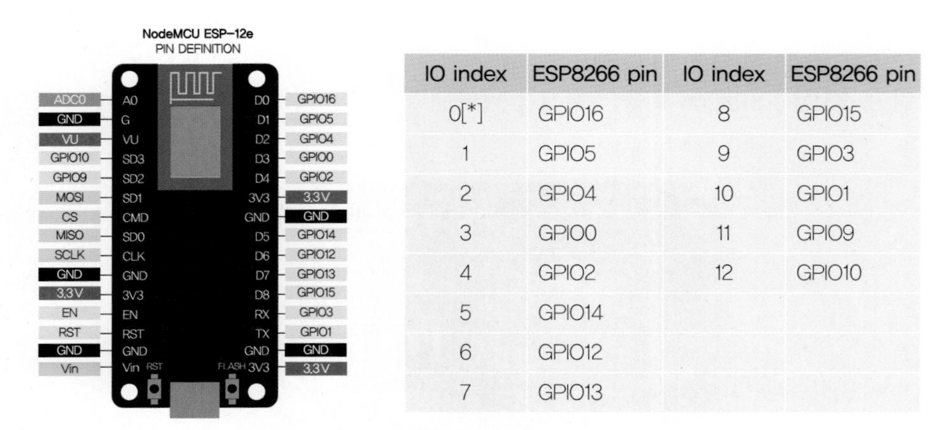

IO index	ESP8266 pin	IO index	ESP8266 pin
0[*]	GPIO16	8	GPIO15
1	GPIO5	9	GPIO3
2	GPIO4	10	GPIO1
3	GPIO0	11	GPIO9
4	GPIO2	12	GPIO10
5	GPIO14		
6	GPIO12		
7	GPIO13		

[그림 0-77] ESP8266 모듈의 핀 정의

4) ESP8266 모듈(NodeMCU ESP-12E)의 전원구성

[그림 0-78]은 ESP8266 모듈의 전원구성을 나타낸다.

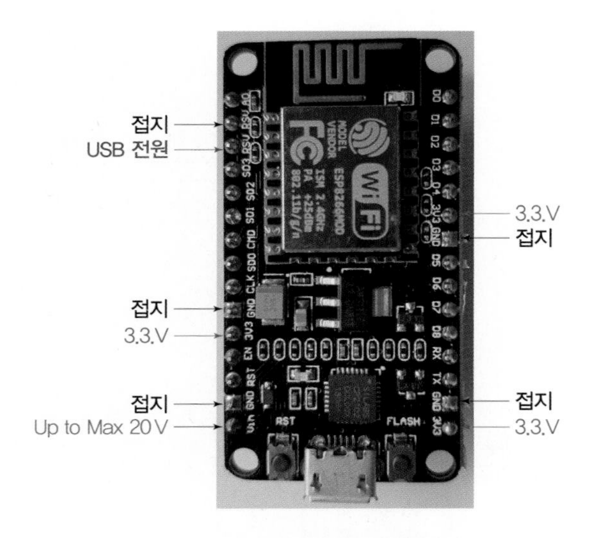

[그림 0-78] ESP8266 모듈의 전원구성

4-6 아두이노 우노 모듈

1) 모듈 형상

[그림 0-79]는 아두이노 우노 모듈의 형상을 나타낸다.

[그림 0-79] 아두이노 우노 모듈의 형상

2) 주요 부분의 명칭

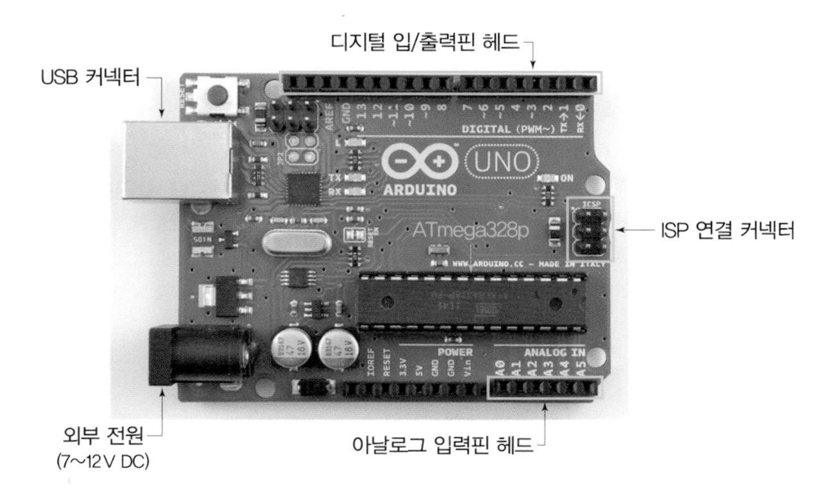

[그림 0-80] 아두이노 우노 모듈의 각 부분 명칭

[그림 0-80]은 아두이노 우노 모듈의 각 부분 명칭을 나타낸다.

3) 모듈의 전원 연결

[그림 0-81]은 전원의 연결 위치를 나타내며, [그림 0-82]는 USB 단자로 아두이노 전원을 공급하는 것을 나타낸다.

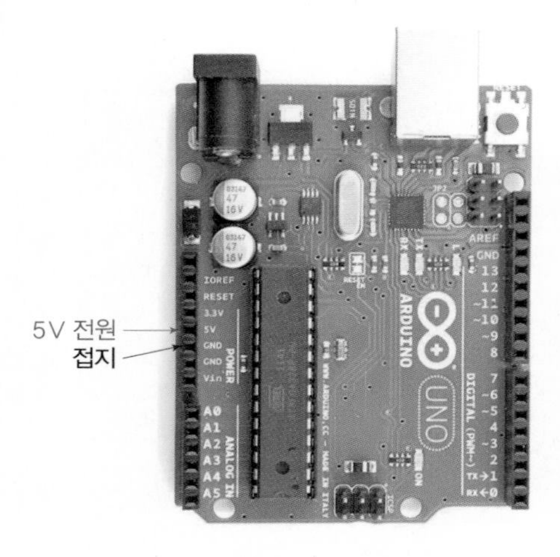

[그림 0-81] 5V 전원 연결

[그림 0-82] USB 전원 연결

4) ATmega328p 핀 구조

[그림 0-83]은 ATmega328p 핀 구조를 나타낸다.

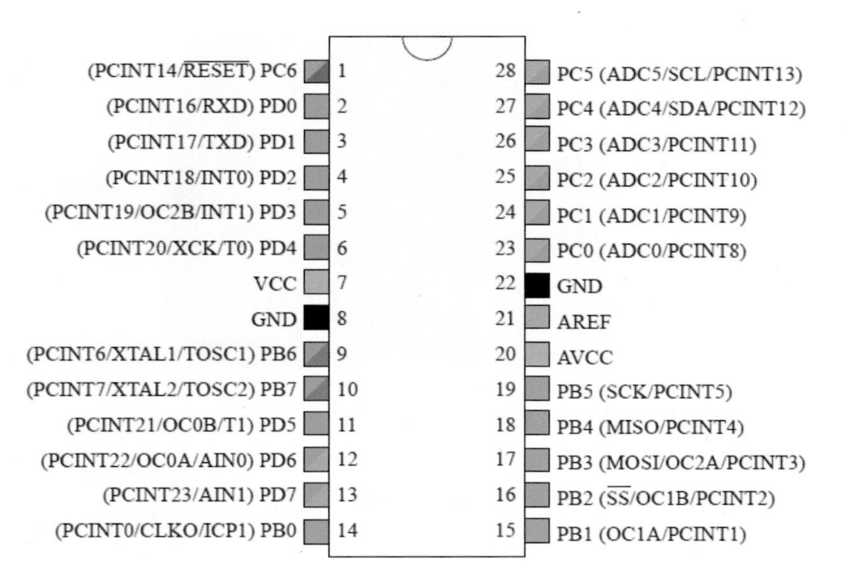

[그림 0-83] ATmega328p 핀 구조

5) ATmega328p 포트와 핀 배치도

[그림 0-84]는 ATmega328p 포트와 아두이노 우노 핀 배치도를 나타낸다.

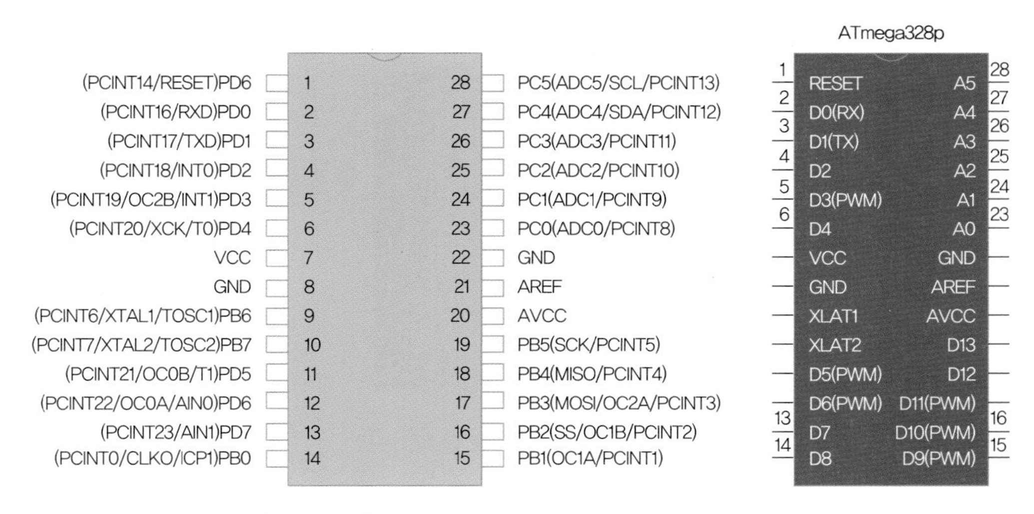

[그림 0-84] ATmega328p 포트와 아두이노 우노 핀 배치도

[그림 0-85]는 아두이노 핀 배열과 ATmega328p 포트 연결 상태를 나타낸다.

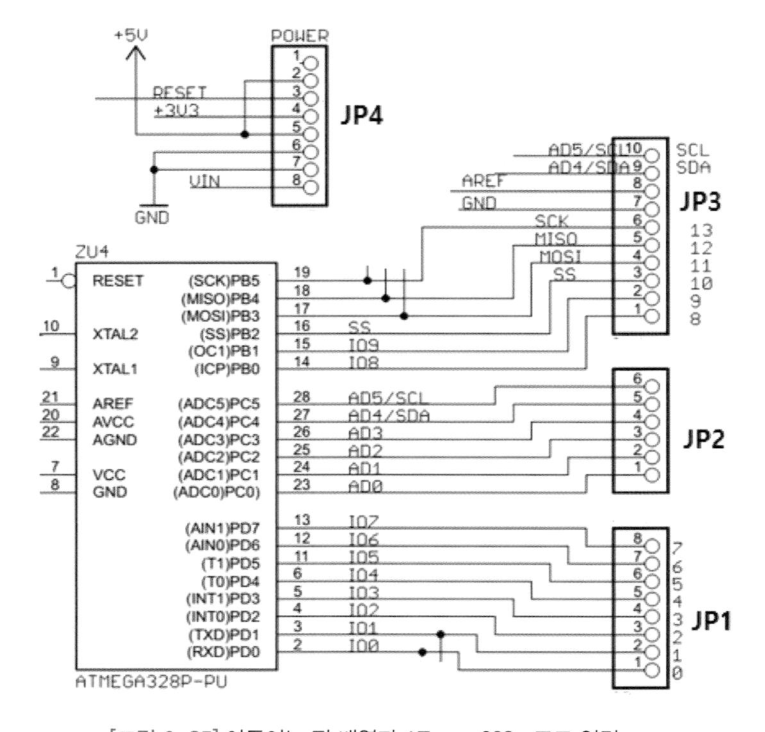

[그림 0-85] 아두이노 핀 배열과 ATmega328p 포트 연결

[그림 0-86]은 아두이노 우노 핀 헤드의 JP1~JP4 위치를 표시한다.

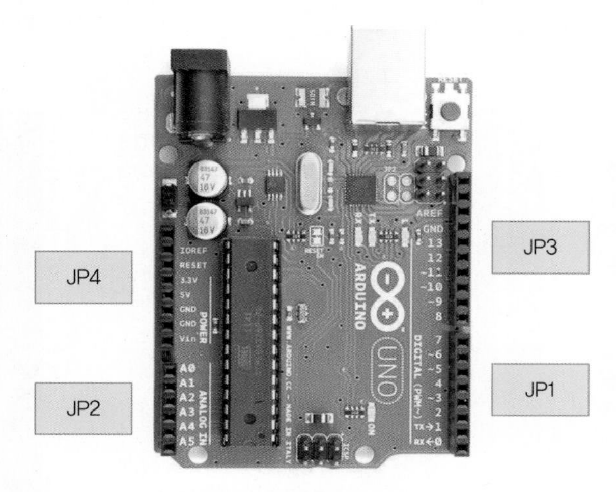

[그림 0-86] 아두이노 우노 핀 헤드 구조

CHAPTER

05 소스 프로그램의 활용방법

컴퓨터에 사용되는 [표 0-1]과 같은 프로그래밍 언어는 인간이 사용하는 언어와 유사한 특성을 가지고 있다. 따라서 단시간에 그 특성을 이해하고 자유롭게 활용하기가 쉽지 않으며 익숙해지는 데 시간이 필요하다. 결국 왕도는 자주 접해보고 자동차 제어에 활용해 보는 수밖에 없다.

[표 0-1] 프로그래밍 언어 사용 순위

Feb-19	Feb-18	Change	Language	Ratings	Change
1	1		Java	15.88%	0.89%
2	2		C	12.42%	0.57%
3	4	∧	Python	7.57%	2.41%
4	3	∨	C++	7.44%	1.72%
5	6	∧	Visual Basic .NET	7.10%	3.02%
6	8	∧	JavaScript	2.85%	-0.32%
7	5	∨	C#	2.85%	-1.61%
8	7	∨	PHP	2.27%	-1.15%
9	11	∧	SQL	1.90%	-0.46%
10	20	︽	Objective-C	1.45%	0.32%
11	15	︽	Assembly Language	1.38%	-0.46%
12	19	︽	MATLAB	1.20%	-0.03%
13	17	︽	Perl	1.10%	-0.66%
14	9	︾	Delphi/Object Pascal	1.07%	-1.52%
15	13	∨	R	1.04%	-1.04%
16	10	︾	Ruby	1.04%	-1.50%
17	12	︾	Visual Basic	0.99%	-1.19%
18	18		Go	0.96%	-0.46%
19	49	︽	Groovy	0.94%	0.75%
20	16		Swift	0.92%	-0.88%

만약, 주어진 프로그램(코딩)의 세부 내용을 이해하기가 어려우면, 힘들게 머리를 싸매고 이해하려고 하지 말고, 이 프로젝트에서 설명하는 프로그램은 스마트 자동차시스템 제어를 이해하기 위한 하나의 도구로 활용한다고 생각해 보자. 따라서 먼저, 전체 프로그램 구조의 큰 틀을 이해해 보자.

각 프로젝트를 수행할 때, 즉 스마트 자동차시스템을 제어하기 위한 프로그램의 설계와 코딩을 할 때는 전체적인 큰 틀에서 미리 주어진 프로그램(이미 검증된 프로그램)은 그대로 사용하고, 제어 상황에 따라 변경이 필요한 부분의 명령어만 바꾸어 프로젝트(자동차시스템 제어)에 적용해 보자.

아래 [그림 0-87]에 나타낸 원격무선(블루투스)통신 제어 프로그램을 통해 위의 설명을 이해해 보자. 이제부터는 전체적인 큰 틀에서 그 프로그램의 구조와 데이터의 흐름을 이해할 수 있

```
#include<mega128.h>
void init_serial(void)  { // 초기화 함수
                           블루투스 통신 초기화
                           {
void init_port(void)  { // 출력포트 설정 함수
                         DDRA=0xFF;
                         PORTA=0x00;
                         {
void control(void){  // 데이터 수신 및 출력 제어 함수
                      통신 데이터 수신
                      ;
                      swich(data)  {
                                  case '1': // 도어락
                                            PORTA = 0b00000001;
                                            break;
                                  case '2': // 도어 언락
                                            PORTA = 0b00000010;
                                            break;
                                  default;
                                  }
                      }
void main(void)// 메인 함수
                {
                init_serial();//호출
                init_port();//호출
                while(1){
                         control();//호출 }

                }
```

필요한 부분의 명령어만 수정하여 데이터의 흐름을 바꾸어 보자!

전체적인 큰 틀은 그대로 사용

[그림 0-87] 제어 프로그램의 이해

는 힘을 기르고, 각 프로젝트의 프로그램에서 주어진 상황에 맞게 수정이 필요한 부분을 찾아내어 그 송·수신 데이터의 흐름을 바꿀 수 있는 테크닉을 가져보자.

각각의 프로젝트를 수행하면서 자동차시스템 제어에 코딩을 적용해 보는 궁극적인 목적은 자동차 기술인의 관점에서 스마트 자동차시스템이 어떻게 제어되는지를 이해하기 위한 것이지, 자동차시스템 제어 전문 프로그래머(개발자)가 되기 위한 것이 아님을 기억하라.

CHAPTER

06 NCS 능력단위 적용

현재 자동차 분야에서 NCS 능력단위의 구성은 4차 산업혁명 시대의 전기자동차, 자율주행 자동차 등 스마트 자동차의 기술내용을 담아내는 데 어려운 점이 많아 시급한 개선이 필요하다. 하지만 [표 0-2]와 같은 현재의 NCS 능력단위의 틀 내에서 이 책의 프로젝트 내용을 엮어 내는 데는 전혀 문제가 되지 않는다.

6-1 NCS 훈련이수체계도

[표 0-2] NCS 훈련이수체계도

4수준	고급 정비사	• 주행안전장치 정비 • 하이브리드 고전압장치 정비 • 전기자동차 정비	• CNG 전자제어장치 정비 • LPG/LPI 전자제어장치 정비 • 자동차정비 고객상담 • 자동차정비 리빌드	• 무단변속기 정비 • 전자제어 현가장치 정비 • 전자제어 조향장치 정비 • 자동차 새시 고장진단 • 자동차 새시 정비공정 수립
3수준	중급 정비사	• 냉·난방장치 정비 • 전기·전자회로 분석 • 편의장치 정비 • 네트워크 통신장치 정비	• 배출가스장치 정비 • 디젤 전자제어장치 정비 • 가솔린 전자제어장치 정비 • 엔진점화장치 정비 • 엔진본체 정비 • 과급장치 정비 • 자동차정비장비 유지보수	• 자동변속기 정비 • 유압식 현가장치 정비 • 조향장치 정비 • 전자제어·공압식 제동장치 정비 • 자동차 정비 작업환경 관리 • 휠·타이어·얼라인먼트 정비
2수준	초급 정비사	• 충전장치 정비 • 시동장치 정비 • 등화장치 정비	• 흡·배기장치 정비 • 연료장치 정비 • 냉각장치 정비	• 클러치·수동변속기 정비 • 드라이브라인 정비 • 유압식 제동장치 정비
수준 / 직종		자동차전기 전자장치정비	자동차 엔진정비	자동차 새시정비

NOTE

현재 NCS 능력단위는 지나치게 개별 부품 위주의 분해·조립과 기능적 정비 위주로 세분화되고 경직되어 융합적이고 창의적인 사고를 담아내기가 상당히 어렵다. 따라서 급격한 자동차 기술변화에 둔감해지고, 새로운 기술과 시스템을 교육하거나 학습하기가 어렵다.

6-2 스마트카 코딩 프로젝트의 공작에 필요한 교육훈련체계 제시

현재의 스마트 자동차는 거의 모든 부품과 시스템이 전자화·융합화되고 프로그램에 의해 제어되고 있다. 따라서 현재의 스마트 자동차 기술환경에서는 융합적 사고와 창의력을 가진 스마트카 기술인을 양성하기 위해 [그림 0-88]과 같이 보다 미래지향적인 NCS 능력단위가 필요하다.

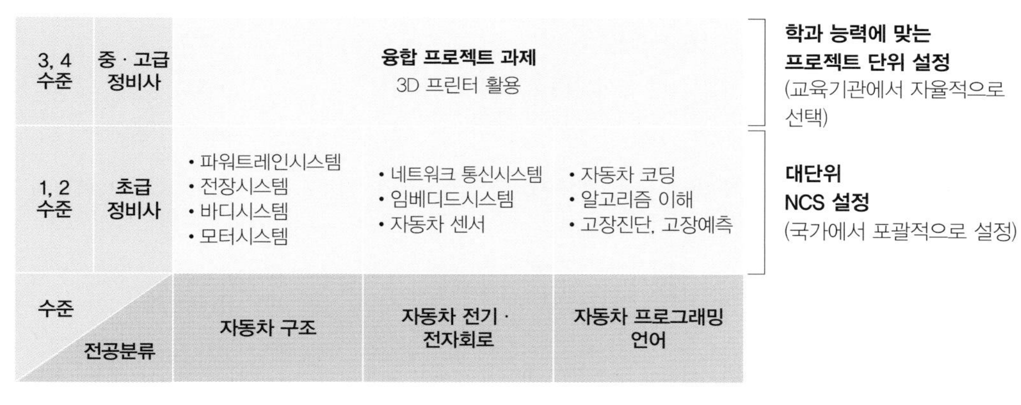

수준		자동차 구조	자동차 전기·전자회로	자동차 프로그래밍 언어	
3, 4 수준	중·고급 정비사	**융합 프로젝트 과제** 3D 프린터 활용			**학과 능력에 맞는 프로젝트 단위 설정** (교육기관에서 자율적으로 선택)
1, 2 수준	초급 정비사	• 파워트레인시스템 • 전장시스템 • 바디시스템 • 모터시스템	• 네트워크 통신시스템 • 임베디드시스템 • 자동차 센서	• 자동차 코딩 • 알고리즘 이해 • 고장진단, 고장예측	**대단위 NCS 설정** (국가에서 포괄적으로 설정)
수준 / 전공분류		자동차 구조	자동차 전기·전자회로	자동차 프로그래밍 언어	

[그림 0-88] 스마트카 코딩 교육훈련체계도 개략

6-3 스마트카 코딩 프로젝트의 현재 NCS 능력단위 적용 가능 내용

[표 0-3] 스마트카 코딩 프로젝트의 NCS 능력단위 적용 가능 내용

번호	프로젝트 내용	현재 NCS 능력단위 적용 가능 내용	비고
1	자동차 ECU 공작	전기전자회로 분석, 자동차정비 리빌드, 시동장치 정비, 등화장치 정비, 편의장치 정비, 연료장치 정비, 가솔린 전자제어장치 정비, 주행안전장치 정비 등	모든 자동차 전자제어 ECU 시스템에 적용 가능
2	자동차 CAN 통신 공작	네트워크 통신장치 정비, 전기전자회로 분석, 주행안전장치 정비 등	CAN 통신이 적용 가능한 모든 자동차시스템에 적용 가능
3	자동차 블루투스 공작	네트워크 통신장치 정비, 전기전자회로 분석, 시동장치 정비, 자동변속기 정비 등	무선통신 적용이 가능한 모든 자동차시스템에 적용 가능
4	자동차 앱 인벤터 공작	네트워크 통신장치 정비, 전기전자회로 분석, 편의장치 정비, 시동장치 정비 등	무선통신 적용이 가능한 모든 자동차시스템에 적용 가능
5	자동차 음성인식 공작	네트워크 통신장치 정비, 전기전자회로 분석, 편의장치 정비 등	
6	자동차 모터 공작	전기전자회로 분석, 시동장치 정비, 편의장치 정비, 냉각장치 정비, 흡배기장치 정비, 전기자동차 정비 등	모터가 장착되는 모든 자동차 시스템에 적용 가능
7	전기자동차 공작	전기자동차 정비, 전기전자회로 분석, 주행안전장치 정비 등	전문적인 NCS 능력단위 개발이 필요함
8	자동차 센서 공작	전기전자회로 분석, 냉각장치 정비 등	센서가 적용되는 모든 전자제어시스템에 적용 가능
9	자동차 IOT 공작	전기전자회로 분석, 네트워크 통신장치 정비 등	무선통신 적용이 가능한 모든 자동차시스템에 적용 가능
10	자동차 OTA 공작	전기전자회로 분석, 네트워크 통신장치 정비 등	
11	자율주행 공작	전기자동차 정비, 네트워크 통신장치 정비, 주행안전장치 정비, 전자제어 조향장치 정비 등	전문적인 NCS 능력단위 개발이 필요함
12	3D 프린터 공작	스마트 자동차 모든 시스템에 적용 가능	

[표 0-3]은 스마트카 코딩 프로젝트의 내용이 현재 NCS 능력단위에 적용될 수 있는 범위를 나타내고 있는데, 이 책의 내용을 자동차시스템에 어떻게 융합적으로 적용하느냐에 따라 NCS 능력단위의 적용 범위가 확대될 수 있다.

프로젝트 01

자동차 ECU 공작

Smart Car Coding Project

CHAPTER

01 디지털 신호 및 인젝터 공작

1-1 공작 개요

[그림 1-1]과 같이 ATmega128 모듈을 사용하여 인젝터를 작동시키기 위한 디지털 신호를 만들고 이 디지털 신호를 이용하여 인젝터의 분사량을 제어해 보자.

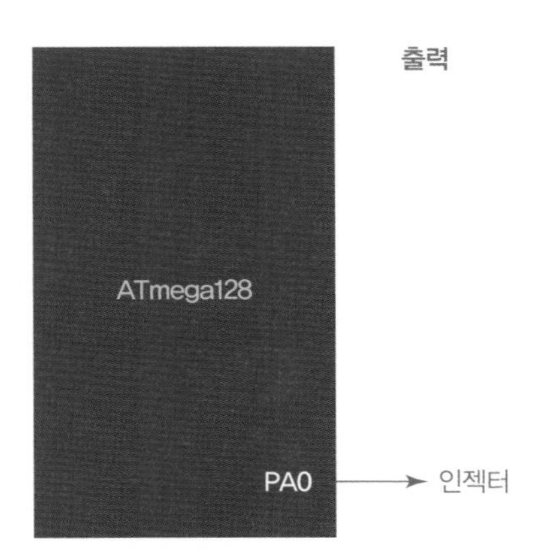

[그림 1-1] 인젝터 작동 제어 개요

NOTE

각 공작에서 7805 정전압 회로와 전원, 접지의 그림은 생략하기로 한다(실제 브레드보드의 배선에서는 반드시 연결할 것).

1-2 자기주도 공작 목표

① 인젝터의 연료분사 작동을 이해하고, 관련 전장회로도를 정확히 분석할 수 있다.
② C언어 코딩을 쉽게 이해할 수 있다.
③ 필요로 하는 기초적인 ECU 회로를 설계할 수 있다.
④ CPS 신호의 의미를 이해할 수 있다.
⑤ 입 · 출력 데이터 흐름을 이해할 수 있다.

1-3 구성부품

브레드보드, ATmega128 모듈, 1,000 ㎌ 콘덴서, 7805 정전압 IC, IRF540, 배선, AVRISP USB 커넥터, 인젝터

1-4 제어회로 설계

[그림 1-2]와 같이 인젝터를 작동시키기 위한 회로를 구성해 보자. 자세한 ATmega128 모듈의 전원 연결은 "프로젝트 00. 프로젝트 시작하기"의 "4장 모듈별 구성 및 기본 연결 회로도"를 참고한다.

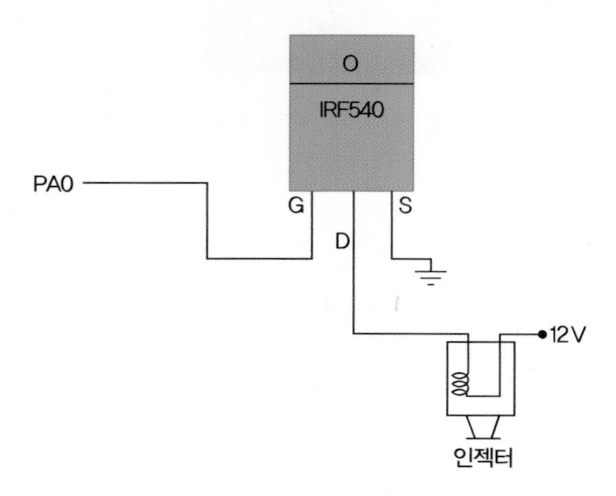

[그림 1-2] 인젝터 작동을 위한 제어회로

NOTE

IRF540에 대한 자세한 내용은 필자의 저서 《자동차 전자 제어 시스템》 107쪽을 참고하기 바란다.

1–5 제어 프로그램 설계

1) 인젝터 작동신호 설계

디지털 출력신호의 간격이 [그림 1–3]과 같이 OFF(0) 5 ms, ON(1) 10 ms인 디지털 신호를 주기적으로 발생시켜 인젝터를 제어하는 프로그램을 설계해 보자.

[그림 1–3] 디지털 출력신호의 설계

이 책에서 사용할 C컴파일러는 CodevisionAVR이다. IRF540의 경우 G단자가 "1"이면 D단자와 S단자가 도통하여 접지되므로 인젝터가 작동하여 연료를 분사하게 된다.

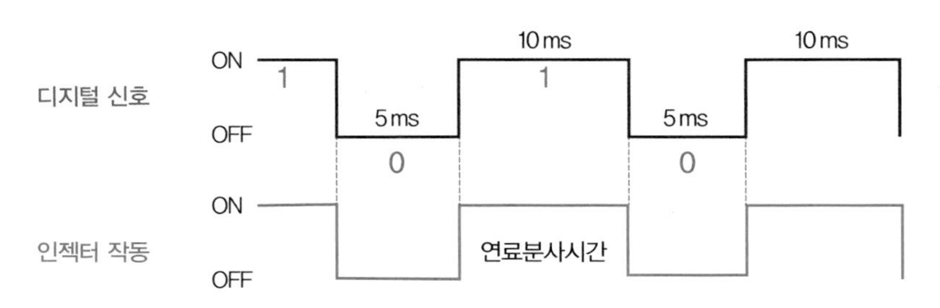

[그림 1–4] 디지털 신호에 따른 인젝터 작동

[그림 1–4]와 같이 인젝터가 디지털 출력신호에서 연료분사를 시작하여 10 ms 동안 분사를 유지하도록 설계한다. ATmega128 모듈의 PORTA.0에서 인젝터 작동신호가 출력되므로 다음과 같이 PORTA의 출력을 프로그래밍할 수 있다.

```
PORTA=0b00000000; // PORTA.0가 "0" 출력, 인젝터 OFF
delay_ms(5);//5ms 유지
PORTA=0b00000001; // PORTA.0가 "1" 출력, 인젝터 ON
delay_ms(10);//10ms 유지, 연료분사시간
PORTA=0b00000000; // PORTA.0가 "0" 출력, 인젝터 OFF
```

2) 제어 프로그램 설계

디지털 신호에서 10 ms 동안 인젝터가 작동하도록 프로그래밍하면 아래에 나타낸 128_injector1.c와 같다. 다음 프로그램은 CodevisionAVR을 사용하여 코딩하도록 한다.

```
#include<mega128.h> // 128_injector1.c
#include<delay.h>

void main(void)
{
DDRA=0b11111111;       // PORTA 모든 핀 출력으로 설정
PORTA=0x00;

while(1) {
          PORTA=0b00000001; // 연료분사 시작
          delay_ms(10);
          PORTA=0b00000000; // 연료분사 끝
          delay_ms(5);
          }
}
```

1-6 작동 확인

[그림 1-5]와 같이 회로를 구성하여 인젝터의 작동을 확인할 수 있다. 오실로스코프를 통하여 출력변화를 읽으면 보다 더 정확한 작동 및 출력파형을 확인할 수 있다.

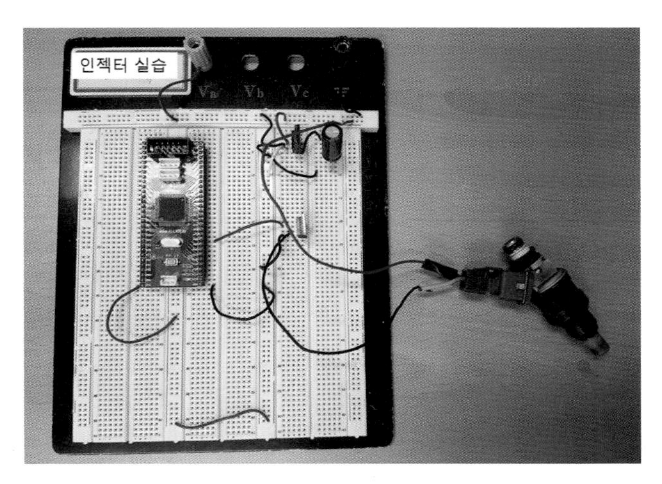

[그림 1-5] 인젝터 작동 확인

NOTE

이 책에서 사용하는 모듈에 대한 설명은 "프로젝트 00. 프로젝트 시작하기"의 2장과 4장을 참고한다.

1-7 인젝터 응용 공작

1) 공작 개요

[그림 1-6]과 같이 스위치 신호를 입력받아 인젝터가 작동하도록 한다.

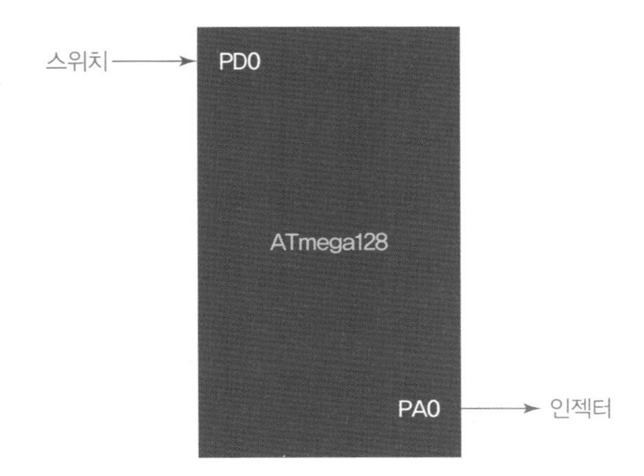

[그림 1-6] 인젝터 작동을 위한 개략도

2) 제어 알고리즘

스위치(푸시버튼)를 눌렀다 놓으면 [그림 1-7]과 같이 인젝터가 1회(분사시간, 3 ms) 작동하도록 제어한다.

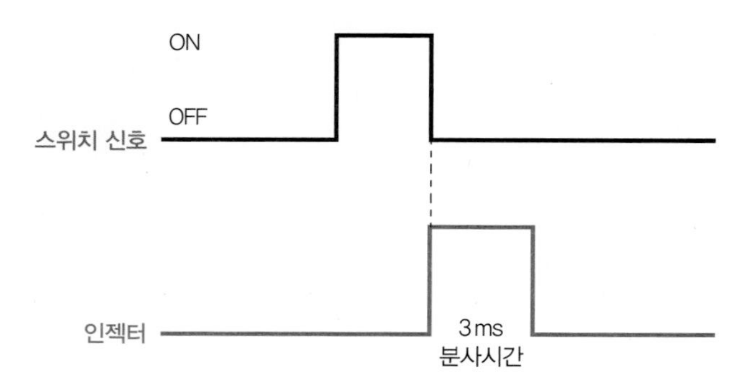

[그림 1-7] 인젝터 작동을 위한 타임 차트

3) 구성부품

브레드보드, ATmega128 모듈, 1,000 ㎌ 콘덴서, 7805 정전압 IC, IRF540, 배선, AVRISP USB 커넥터, 저항(470 Ω, 820 Ω), 푸시버튼 스위치, 인젝터

4) 제어회로도

[그림 1-8]은 스위치 입력신호를 받아 인젝터를 작동하기 위한 회로를 나타내며, 인젝터의 전원은 12 V이다.

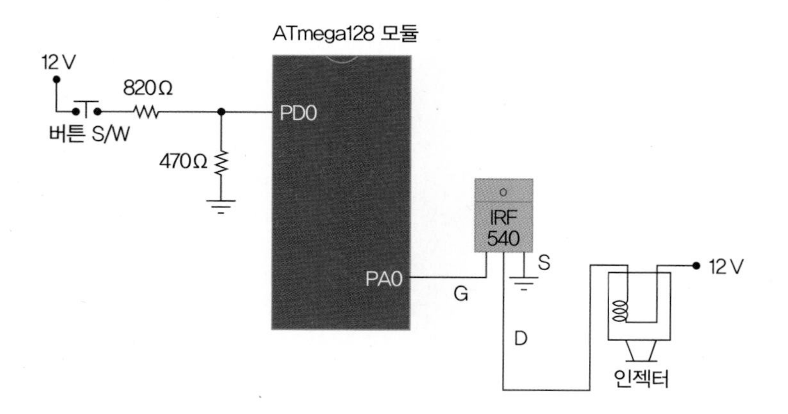

[그림 1-8] 스위치 입력신호에 의한 인젝터 제어회로도

자세한 ATmega128 모듈의 전원 연결은 "프로젝트 00. 프로젝트 시작하기"의 "4장 모듈별 구성 및 기본 연결 회로도"를 참고한다.

5) 제어 프로그램

인젝터 제어는 [그림 1-9]에서와 같이 연료분사 시작은 각 디지털 신호(투스)의 하강에지이며, 연료분사량은 3 ms로 한다. 하강에지에서 3 ms 동안 인젝터가 작동되도록 프로그래밍하면 아래에 나타낸 128_injector2.c와 같다.

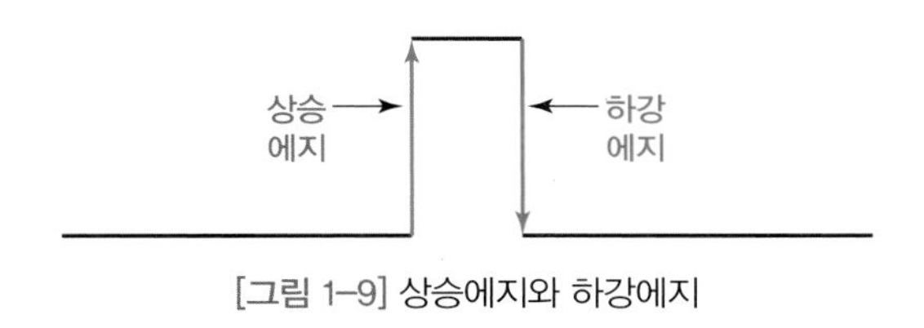

[그림 1-9] 상승에지와 하강에지

```
#include<mega128.h> // 128_injector2.c
#include<delay.h>

void main(void)
{
DDRA=0b11111111; // PORTA 모든 핀 출력으로 설정
DDRD=0b00000000; // PORTD 모든 핀 입력으로 설정
PORTA=0x00;

while(1) {
            while((PIND & 0x01)==0); // 상승에지에서 탈출(감지), "0"이면 반복실행//
            while(PIND & 0x01);       // 하강에지에서 탈출(감지)
            ;
            PORTA=0b00000001;
            delay_ms(3);
            PORTA=0b00000000;
            }
    }
```

인젝터를 구동할 때, 인젝터의 작동 소음(딱딱 하는 소리)이 잘 들리지 않으면 연료분사 시간을 5 ms 정도로 늘려준다. 위 프로그램에 대한 자세한 설명은 필자의 저서 《자동차 ECU 제어기초》의 "4.2 자동차시스템 기초제어프로그램"편을 참고하기 바란다.

1-8 응용 공작(과제)

인젝터 제어과정이 잘 이해되었으면, 점화회로에서 점화코일을 제어하기 위한 회로와 프로그램을 설계해 보자. 또, 실제 엔진시뮬레이터에서 직접 제작한 ECU로 CPS 신호에 의한 연료분사와 점화를 제어해 보자.

엔진제어와 관련한 보다 자세한 내용은 《자동차 미케닉을 위한 자동차 전자제어시스템(정태균 지음, 성안당)》을 참고하기 바란다.

CHAPTER

02 자동차 도어 락 공작

2-1 공작 개요

주어진 실습 자동차의 도어 락 전장회로도를 정확히 이해하고 분석한 후, 직접 만든 도어 락/언락 제어 ECU(ATmega128 모듈 사용)를 연결하고 [그림 1-10]과 같이 자동차의 도어 락/언락 작동을 정확하게 제어할 수 있도록 공작해 보자.

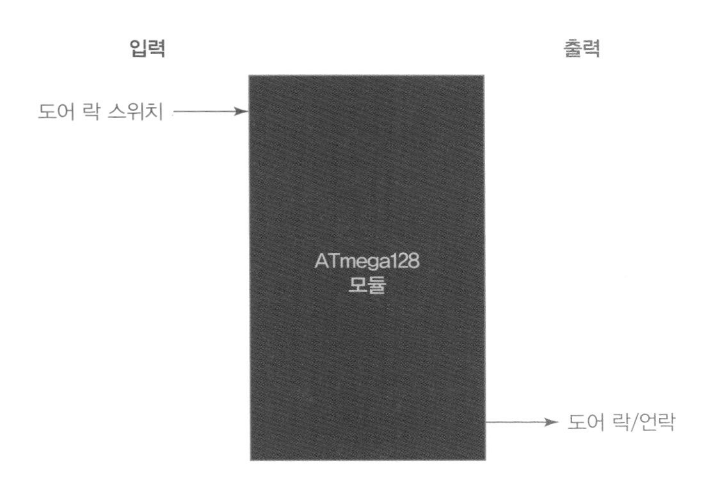

[그림 1-10] 도어 락/언락의 입/출력 개요

2-2 자기주도 공작 목표

① 도어 락/언락의 작동을 이해하고, 전장회로도를 정확히 분석할 수 있다.

② C언어 코딩을 쉽게 이해할 수 있다.

2-3 구성부품

브레드보드, ATmega128 모듈, 토글 스위치(3구), 저항, LED, IRF540, 릴레이(자동차용), 배선, AVRISP USB 커넥터, 콘덴서, 7805 정전압 IC

[그림 1-11] ATmega128 모듈

[그림 1-12] 토글 스위치

[그림 1-11]은 ECU 제작에 사용할 ATmega128 모듈을, [그림 1-12]는 토글 스위치를 나타낸다.

2-4 기초 회로 설계

1) LED를 이용한 제어회로(ECU) 기초설계

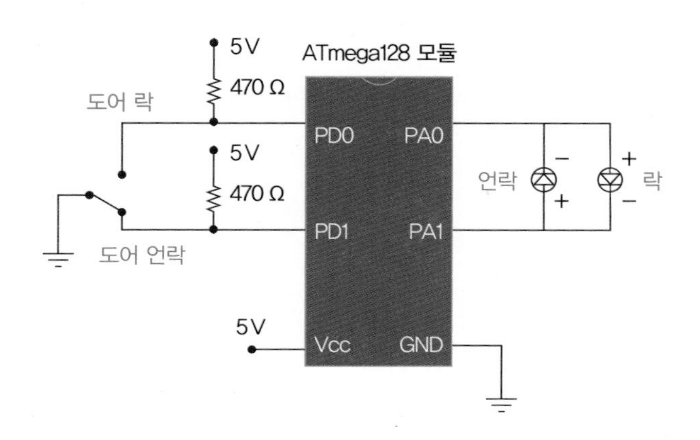

[그림 1-13] 도어 락/언락 제어회로 기초설계(7805 정전압 회로는 생략)

실습용 자동차에 자작 ECU를 적용하기 전에, 제어회로와 프로그램이 우리가 의도한 대로 잘 작동되는지 [그림 1-13]과 같이 토글 스위치와 LED를 사용하여 회로와 작동 프로그램을 설계하고 그 작동을 확인해 본다.

2) 입/출력 특성의 이해

자동차마다 입/출력 특성(12V 또는 5V 입력)이 다르므로, 해당 자동차의 회로도를 충분히 이해하고 [표 1-1]과 같이 입/출력 특성을 분석하여 ECU 기초회로를 설계하여야 한다.

[표 1-1] 입/출력 특성

입 력		출 력
도어 락(5V 전원) ON	PD0(0V)	PA0(5V), PA1(0V)
도어 언락(5V 전원) ON	PD1(0V)	PA0(0V), PA1(5V)

NOTE

ATmega128모듈의 포트로 입력되는 전압은 반드시 5V이어야 한다.

3) 제어프로그램 기초설계

입/출력 특성과 회로도를 잘 이해한 뒤 아래에 나타낸 128_lock.c와 같이 코딩해 보자.

```
#include<mega128.h> // 128_lock.c
void main(void)      // 메인 함수
{
  unsigned int sw;

  DDRA=0xFF;          // PORTA 모두 출력으로 설정
  DDRD=0x00;          // PORTD 모두 입력으로 설정

  while(1) { // 반복 실행
             sw=PIND & 0b00000011; // 도어 락/언락 스위치 확인
```

```
            if(sw==0b00000010)PORTA=0b00000001; // 도어 락
            else PORTA=0b00000010; // 도어 언락
        }
}
```

4) 작동 확인

[그림 1-14]와 같이 브레드보드에 도어 락/언락 회로를 구성하여 회로 및 프로그램이 정상적으로 작동되는지 LED를 통해 확인한다.

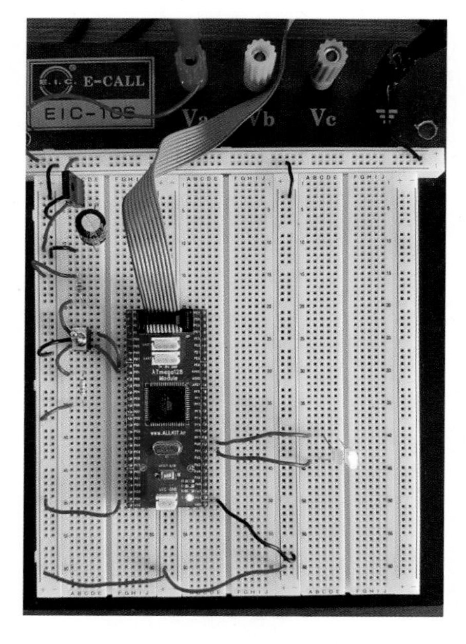

[그림 1-14] 도어 락/언락 LED 확인

2-5 실습용 자동차 적용을 위한 회로 설계

토글 스위치와 LED를 사용하여 설계한 회로와 프로그램이 잘 작동되면, 주어진 실습용 자동차에서 도어 락/언락 회로의 입/출력 특성을 정확히 분석한다. 그런 다음 자작 ECU와 프로그램(128_lock.c)을 필요에 따라 수정하고 재설계하여 실습용 자동차의 도어 락/언락 회로에 적용해 보자.

1) 도어 락/언락 회로 분석

(1) 도어 락/언락의 입/출력 회로도

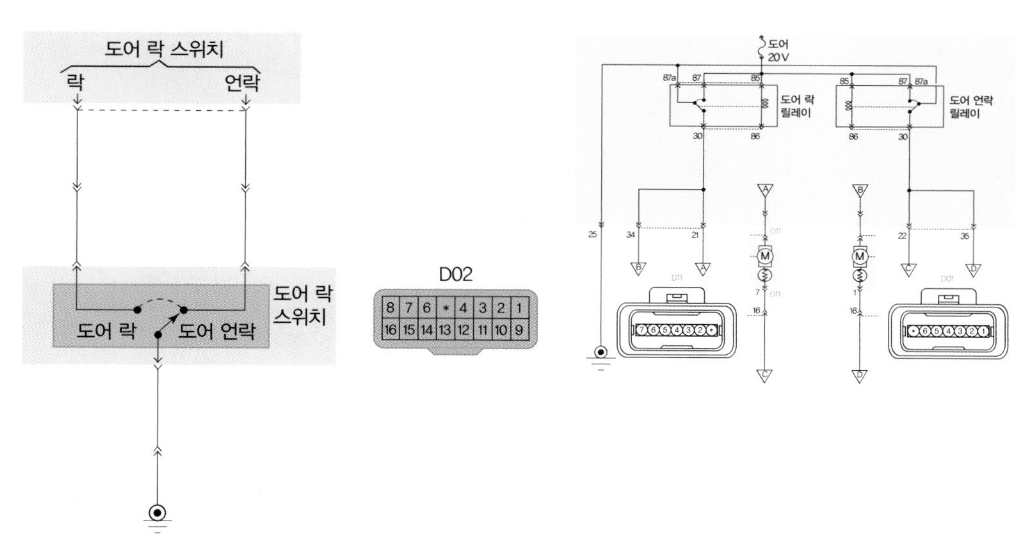

[그림 1-15] 도어 락/언락 입력회로(왼쪽)와 출력회로(오른쪽)

[그림 1-15]의 입/출력 회로도를 정확히 이해하여 [표 1-2]와 같이 입/출력 특성을 분석한다. 여기서 자작 ECU의 입/출력 포트에 연결할 입/출력 단자를 전장회로도에서 정확히 파악할 수 있어야 한다.

(2) 입/출력 특성 분석

각 실습용 자동차의 도어 락/언락 회로도를 정확히 분석하여 [표 1-2]와 같이 그려본다.

[표 1-2] 도어 락/언락 입/출력 특성 분석

입 력		출 력
도어 락(5V 전원) ON	PD0(0V)	PA0(5V), PA1(0V)
도어 언락(5V 전원) ON	PD1(0V)	PA0(0V), PA1(5V)

(3) 입/출력 회로연결 개략도 설계

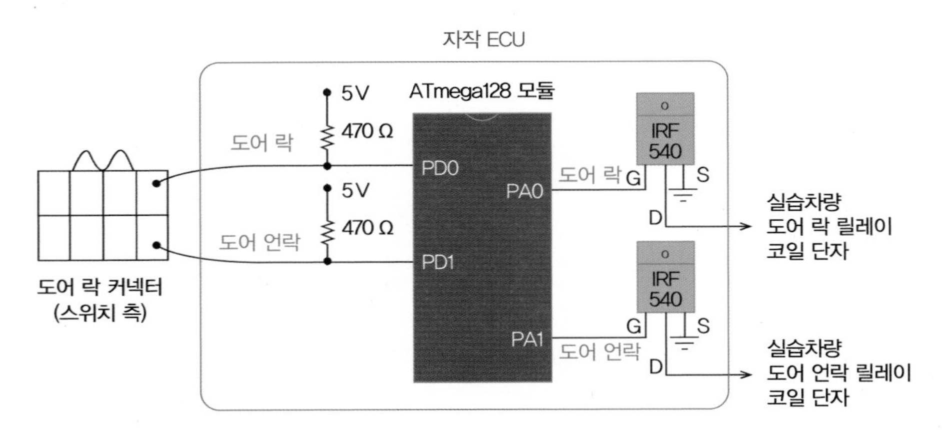

[그림 1-16] 도어 락/언락 회로 입/출력 회로연결 개략도

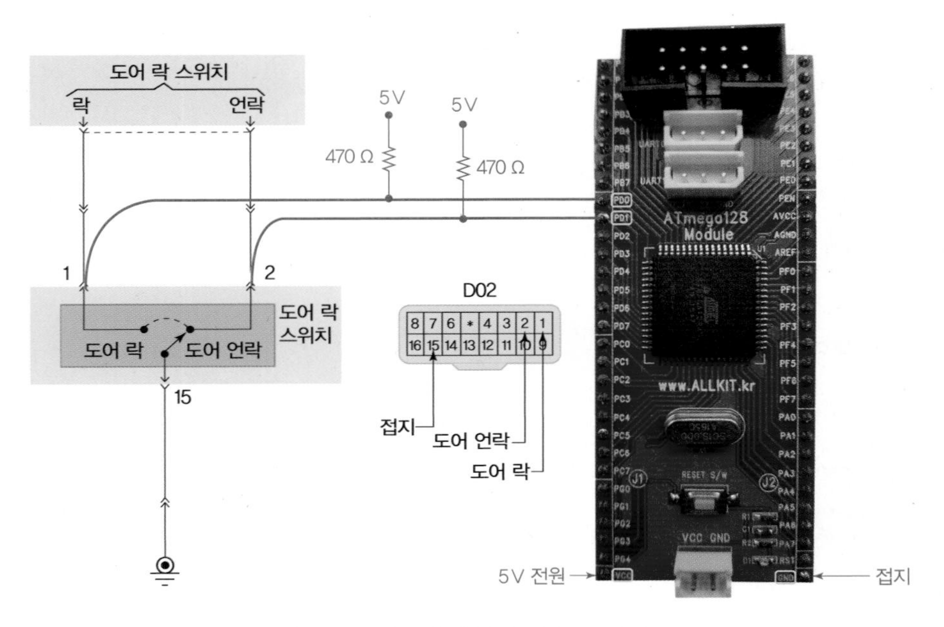

[그림 1-17] 도어 락/언락 입력회로 배선도

배선을 연결하기 전에 실습용 자동차에서 도어 락/언락 회로를 어떻게 제어할 것인지를 생각한 후, 전장회로도를 참고하여 [그림 1-16]과 같은 입/출력 회로연결 개략도를 그릴 수 있어야 한다. 이를 바탕으로 [그림 1-17], [그림 1-18]과 같이 브레드보드에 회로를 구성하여 도어 락/언락을 제어하기 위한 자작 ECU를 만들 수 있다.

이를 위해서는 정확하게 전장회로도를 분석하고 도어 락을 어떻게 제어할 것인가를 명확히 이해하여야 한다.

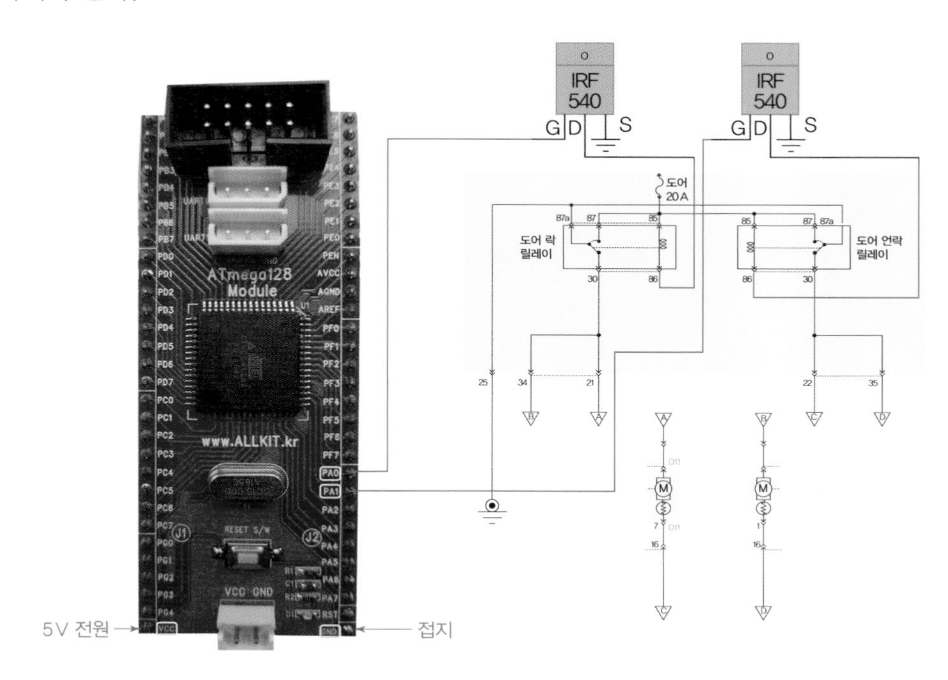

[그림 1-18] 도어 락/언락 회로 출력연결 배선도

주의사항

ECU 회로를 자동차 전장회로와 연결할 때, 자동차 전장회로의 배선을 함부로 절단해서는 안 되며, 반드시 해당 배선과 연결된 커넥터를 분리하여 해당 커넥터 단자에 연결해야 한다.

실습용 자동차의 전장회로도는 현대기술정보 웹사이트(https://gsw.hyundai.com/hmc/login.tiles)에서 확인할 수 있고, 기아자동차의 경우 기아기술정보 웹사이트(https://gsw.kia.com/kmc/login.tiles)에서 확인하기 바란다.

실습 시에는 항상 스마트폰으로 현대/기아 기술정보 웹사이트에 접속하여 회로도를 확인하면서 실습하는 습관을 가지자.

2) 제어 프로그램 구상

실습용 자동차의 도어 락/언락 제어 프로그램은 앞의 128_lock.c를 그대로 사용하거나 독창적으로 변경 설계하여 자작 ECU에 적용해 보자.

2-6 창의적 응용(과제)

지금까지 실습해 본 도어 락 회로와 프로그램에서 더 나아가, 보다 창의적인 아이디어(타이머, 인터럽트, A/D 제어, 듀티 제어)를 적용하여 실습용 자동차를 제어할 자작 ECU를 재설계해 보자.

참고로 자작 ECU에 사용할 수 있는 모듈은 시중에 다양한 제품이 나와 있다. [그림 1-19]의 ATmega128 미니 모듈 제품(http://jcnet.co.kr/?p=48)은 ATmega128 모듈과 특성이 비슷하나, 모듈에 ISP 다운로더가 내장되어 있어 간편하게 USB 마이크로 커넥터(컴퓨터와 자작 ECU를 연결하여 프로그램을 업로드하는 커넥터)를 사용할 수 있으므로 ATmega128 모듈에서 사용하는 별도의 AVRISP 커넥터가 필요없다.

또한 [그림 1-20]과 같이 블루투스 모듈까지 내장된 BTmini 제품을 사용하면 여러 가지 제품을 구매하여 실습하는 번거로움이 없다.

이 책에서 자주 소개되는 IRF540의 심벌은 [그림 1-21]과 같지만 이 책에서는 간단하게 [그림 1-22]와 같이 표시하도록 한다.

[그림 1-19] ATmega128 미니 모듈(JCnet사 제품)

[그림 1-20] BTmini(JCnet사 제품)

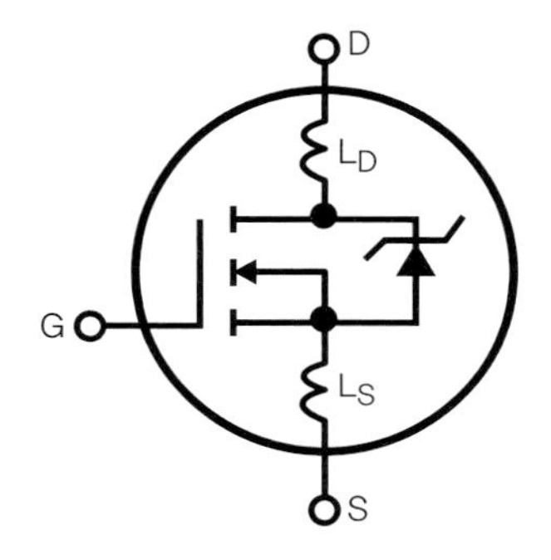

[그림 1-21] IRF540 심벌

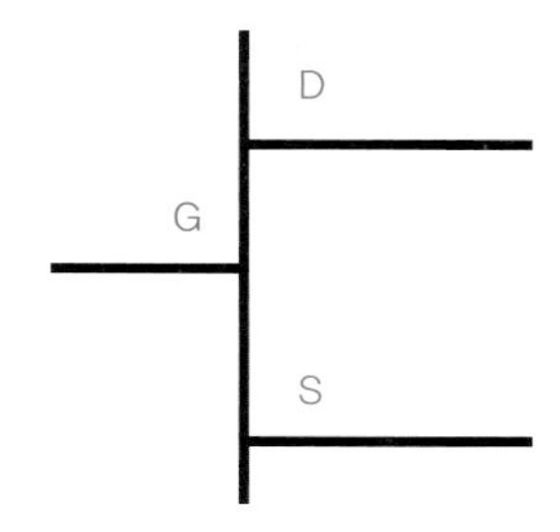

[그림 1-22] IRF540의 간단한 표기

CHAPTER

03 등화시스템 공작

3-1 공작 개요

자작 ECU(ATmega128 모듈 사용)를 활용하여 실습용 자동차의 방향지시등, 미등, 전조등 회로를 재설계하고 [그림 1-23]과 같이 각 등화장치가 우리가 의도한 대로 작동되도록 공작해 보자.

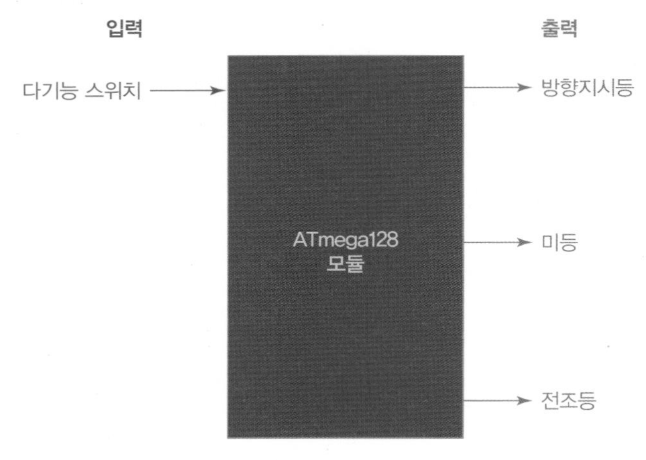

[그림 1-23] 등화시스템 공작 개요

3-2 자기주도 공작 목표

① 등화시스템의 작동을 잘 이해하고, 전장회로도를 정확히 분석할 수 있다.
② C언어 코딩을 쉽게 이해할 수 있다.
③ 입/출력 데이터 흐름을 이해할 수 있다.

3-3 제어 알고리즘 설계

① 방향지시등 스위치를 좌/우로 작동하면 좌/우 방향지시등이 0.5초 간격으로 점멸한다.
② 미등 스위치를 ON/OFF하면 미등이 점등/소등한다.
③ 전조등 스위치를 ON/OFF하면 전조등이 점등/소등한다.
④ 각 스위치가 동시에 작동되더라도 각각의 기능이 유지되도록 한다.

3-4 구성부품

브레드보드, ATmega128 모듈, AVRISP USB 커넥터, 토글 스위치 또는 택트 스위치, 저항, LED, IRF540, 릴레이, 배선, 콘덴서, 7805 정전압 IC

3-5 브레드보드와 LED를 이용한 기초회로 설계

1) ECU 기초회로 설계

자작 ECU를 실습용 자동차에 직접 적용하기 전에 설계한 제어회로와 프로그램이 의도한 대로 잘 작동되는지 확인하기 위해 먼저 브레드보드와 LED를 사용하여 [그림 1-24]와 같이 기초 회로를 설계해 보자(7805 IC 회로와 전원, 접지는 생략).

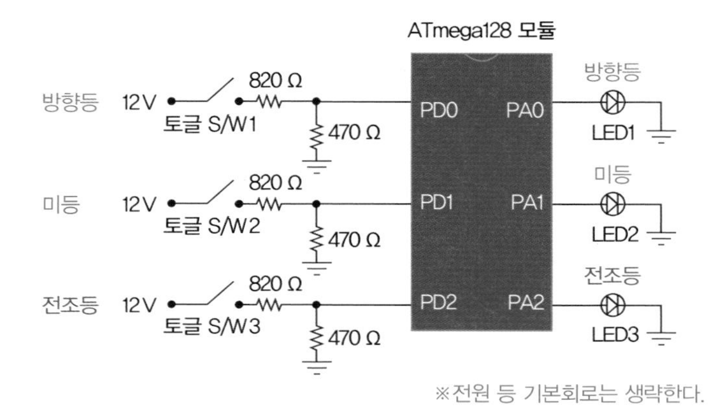

[그림 1-24] 등화시스템 제어회로 기초설계

2) 입/출력 특성 이해

자동차마다 입/출력 특성(12 V 또는 5 V 입력)이 다르므로, [표 1-3]과 같이 해당 자동차의 등화시스템 회로도를 정확히 분석하여 ECU 입/출력회로를 설계하여야 한다.

[표 1-3] 등화시스템 제어회로 입/출력 특성

입 력		출 력
방향지시등 스위치 (12 V 전원)	스위치 ON(PD0, 5 V)	PA0 (5 V/0 V, 주기적으로 작동)
	스위치 OFF(PD0, 0 V)	PA0(0 V)
미등 스위치 (12 V 전원)	스위치 ON(PD1, 5 V)	PA1(5 V)
	스위치 OFF(PD1, 0 V)	PA1(0 V)
전조등 스위치 (12 V 전원)	스위치 ON(PD2, 5 V)	PA2(5 V)
	스위치 OFF(PD2, 0 V)	PA2(0 V)

3) 제어프로그램 설계

실제 자동차 등화장치의 제어와 유사하게 작동될 수 있도록 프로그램(128_lamp.c)을 설계해 보자.

```
#include<mega128.h> // 128_lamp.c
#include<delay.h>

void main(void)       // 메인 함수
{
  unsigned int sw;

  DDRA=0xFF;            // PORTA 모두 출력으로 설정
  DDRD=0x00;            // PORTD 모두 입력으로 설정

  while(1) {  // 반복 실행
          sw=PIND & 0b00000111; // 스위치 확인
          if(sw==0b00000001) {  // 방향지시등만 작동
                              PORTA=0b00000001;
                              delay_ms(500);
```

```
                                    PORTA=0b00000000;
                                    delay_ms(500);
                                    }
      else if(sw==0b00000010)PORTA=0b00000010; // 미등만 작동
      else if(sw==0b00000100)PORTA=0b00000100; // 전조등만 작동
      else if(sw==0b00000011) { // 방향등과 미등만 작동
                                   PORTA=0b00000011;
                                   delay_ms(500);
                                   PORTA=0b00000010;
                                   delay_ms(500);
                                   }
      else if(sw==0b00000101) { // 방향등과 전조등만 작동
                                   PORTA=0b00000101;
                                   delay_ms(500);
                                   PORTA=0b00000100;
                                   delay_ms(500);
                                   }
      else if(sw==0b00000110)PORTA=0b00000110; // 미등과 전조등 작동

      else if(sw==0b00000111) { // 방향등과 미등과 전조등 작동
                                   PORTA=0b00000111;
                                   delay_ms(500);
                                   PORTA=0b00000110;
                                   delay_ms(500);
                                   }
      else PORTA=0b00000000; // 아무것도 작동 안 함
    }
}
```

4) 작동 확인

브레드보드에 [그림 1-25]와 같이 등화시스템 회로를 구성하여 LED가 정상적으로 작동되는지 확인한다.

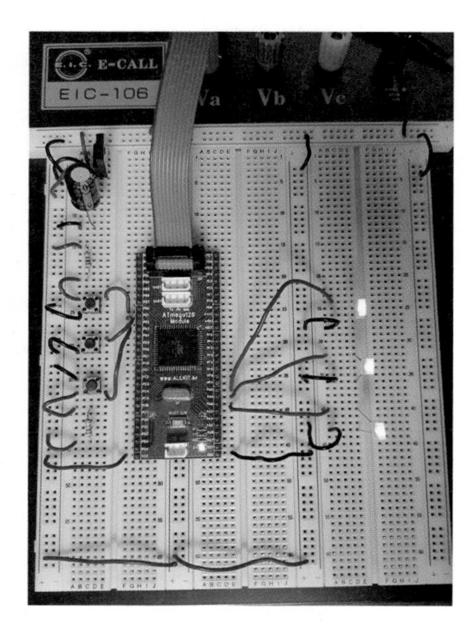

[그림 1-25] LED 등화시스템 작동 확인

3-6 실습용 자동차에 적용하기 위한 회로 설계

1) 자동차의 등화시스템 분석

토글스위치와 LED를 사용하여 설계한 회로와 프로그램이 잘 작동되면, 주어진 실습용 자동차에서 등화시스템의 입/출력 회로도를 정확히 분석한 후, 128_lamp.c를 그대로 혹은 자신의 취향에 맞게 수정하여 실습용 자동차의 등화시스템에 적용해 보자.

이 장에서는 방향지시등을 예로 설명한다.

(1) 방향지시등 입력회로도 분석

[그림 1-26]에서 방향지시등 스위치를 ON 시키면 회로가 접지된다. [그림 1-26]과 같은 전장회로도에서 입력스위치를 ON/OFF 시, 입력스위치와 연결되는 자작 ECU 단자의 입력전압을 정확히 파악할 수 있어야 한다.

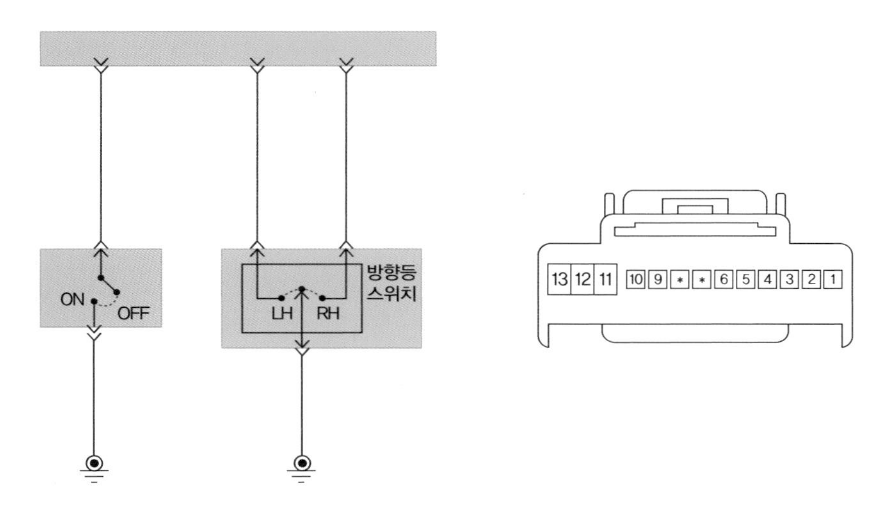

[그림 1-26] 방향지시등 스위치 입력회로도(모델: YF소나타)

(2) 방향지시등 출력회로도 분석

[그림 1-27]과 같은 전장회로도에서 방향지시등과 연결되는 배선의 출력단자를 정확히 파악할 수 있어야 한다.

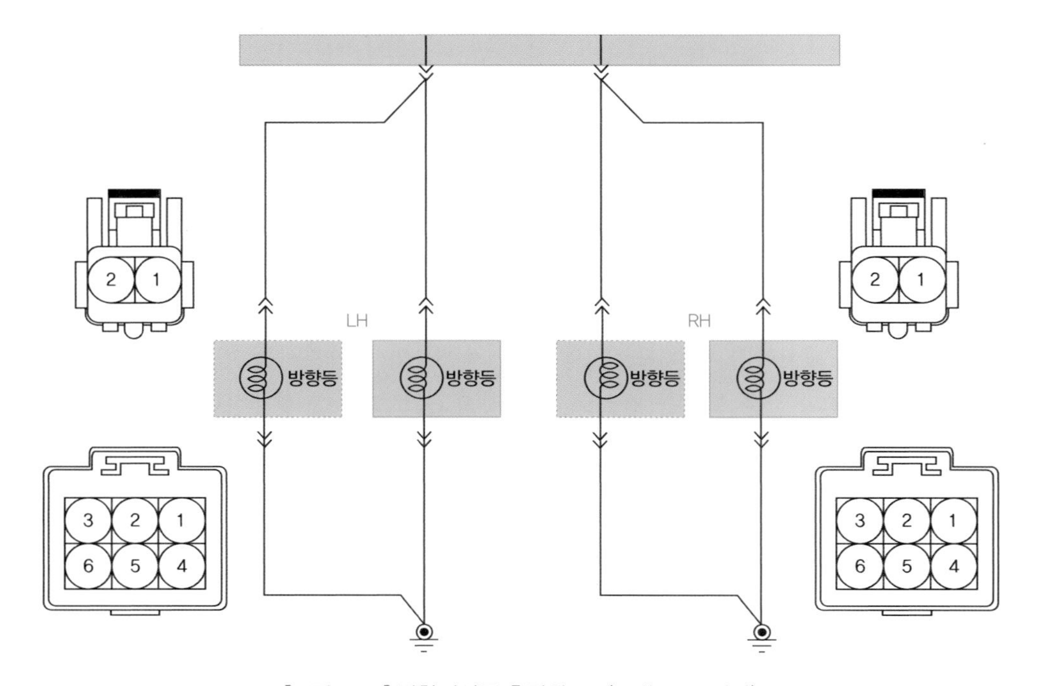

[그림 1-27] 방향지시등 출력회로도(모델: YF소나타)

2) 전장회로도 입/출력 특성 분석

[표 1-4]에서 방향지시등 스위치를 ON시키면, 접지되어 PD0 단자로 0 V가 입력되므로 방향지시등 제어 프로그램을 아래와 같이 설계하여야 한다.

[표 1-4] 등화회로의 입/출력 특성

입 력		출 력
방향지시등 스위치(좌, 우)	스위치 ON(PD0 또는 PD1, 0 V)	PA0 또는 PA1(5 V/0 V, 주기적으로 작동)
	스위치 OFF(PD0 또는 PD1, 5 V)	PA0 또는 PA1(0 V)
미등 스위치	스위치 ON(PD2, 0 V)	PA2(5 V)
	스위치 OFF(PD2, 5 V)	PA2(0 V)
전조등 스위치(H, L)	스위치 ON(PD3 또는 PD4, 0 V)	PA3 또는 PA4(5 V)
	스위치 OFF(PD3 또는 PD4, 5 V)	PA3 또는 PA4(0 V)

```
sw=PIND & 0b00000111; // 스위치 확인
        if(sw==0b00000110) { // 방향지시등만 작동
                PORTA=0b00000001; // 점등
                delay_ms(500);
                PORTA=0b00000000; // 소등
                delay_ms(500);
                }
```

3) 자작 ECU의 방향지시등 입/출력 회로도 설계

실습용 자동차를 제어하기 위한 프로그램은 각 자동차의 방향지시등 회로도를 정확히 분석한 후에 [그림 1-28]과 같은 회로를 기초로 하여 자작 ECU 회로를 설계한다.

[그림 1-28]에서 모듈의 전원과 접지, 7805 IC 회로는 생략되어 있다.

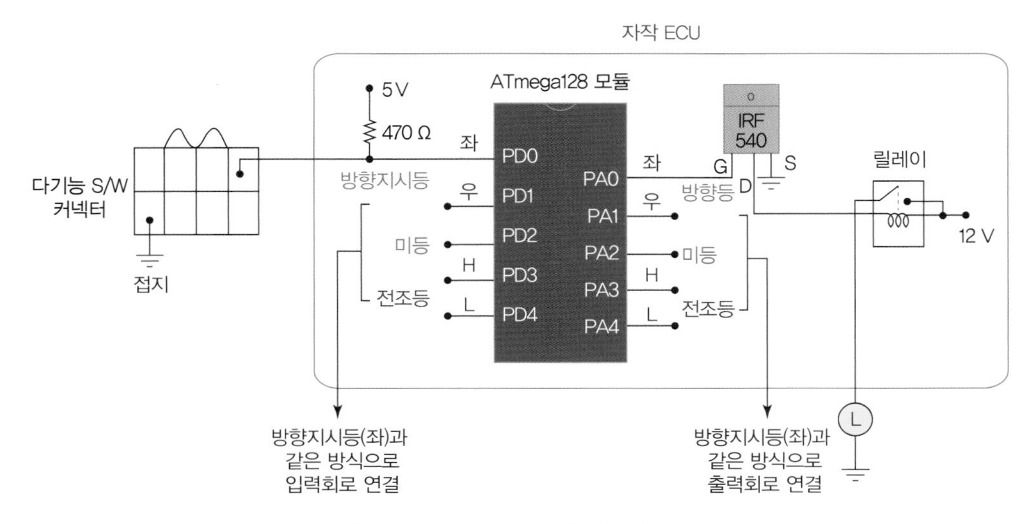

[그림 1-28] 자작 ECU 입/출력 회로도

4) 자작 ECU 입/출력 단자를 방향지시등에 연결하기

방향지시등의 작동을 위한 ECU 입/출력 단자는 [그림 1-29], [그림 1-30]과 같이 연결한다. 또한, 미등과 전조등도 방향지시등과 같은 방식으로 자작 ECU에 배선을 연결한다.

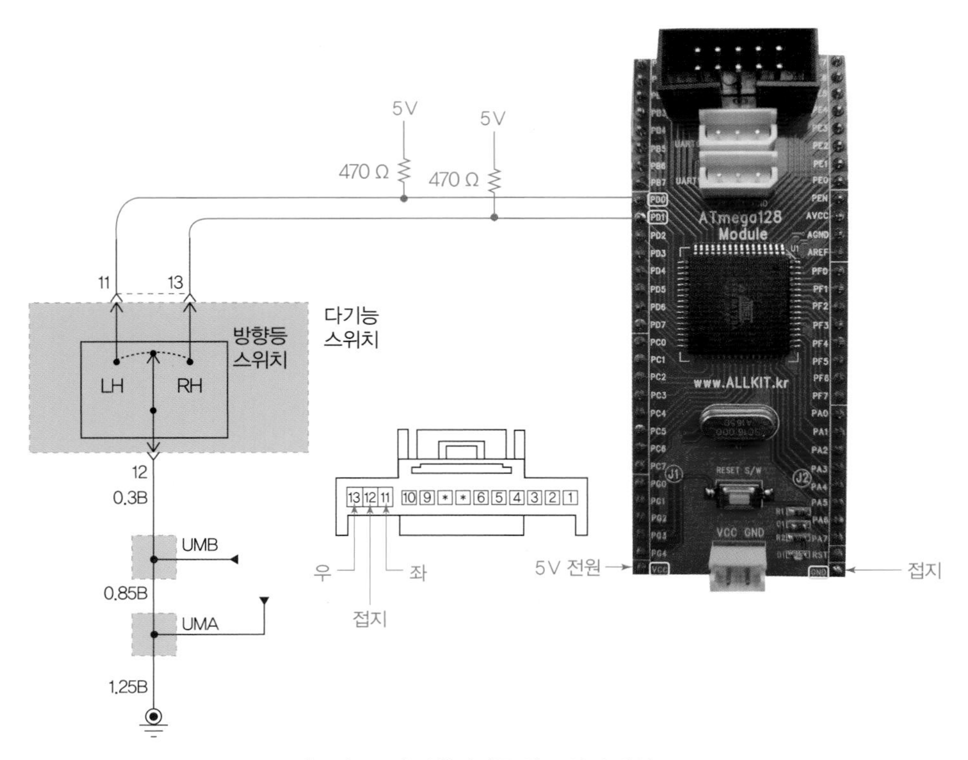

[그림 1-29] 방향지시등 회로 입력 배선도

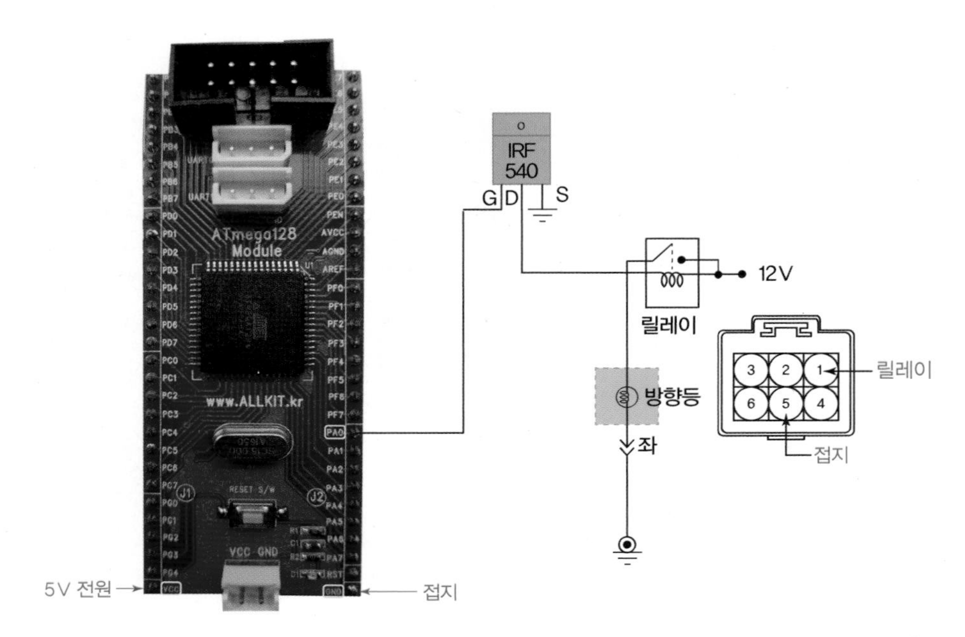

[그림 1-30] 방향지시등 회로 출력 배선도

주의사항

자작 ECU 회로를 자동차 전장회로와 연결할 때, 자동차 전장회로의 배선을 함부로 절단해서 연결해서는 안 된다. 반드시 해당 배선과 연결된 커넥터를 분리하여 해당 커넥터 단자에 연결하여야 한다.

실습용 자동차의 전장회로도는 현대기술정보 웹사이트(https://gsw.hyundai.com/hmc/login.tiles)에서 항상 확인해 볼 수 있으며, 기아자동차의 경우 기아기술정보 웹사이트(https://gsw.kia.com/kmc/login.tiles)에서 확인하기 바란다.

스마트폰으로 웹사이트에 접속하여 회로도를 확인하면서 실습에 임한다.

5) 제어 프로그램 설계 및 적용

주어진 실습용 자동차의 전장회로도를 정확히 분석하여 128_lamp.c를 부분적으로 변경하여 적용한다.

6) 작동 확인

자작 ECU를 주어진 실습용 자동차 등화회로에 정확하게 연결하여 그 작동을 확인해 본다. 실습 시에는 항상 안전사항에 유의해가며 작업해야 한다.

3-7 창의적 응용(과제)

지금까지 실습해 본 회로와 프로그램에서 더 나아가, 보다 창의적인 아이디어(타이머, 인터럽트, 조도 센서 등)를 적용하여 실습용 자동차의 등화시스템을 제어해 보자.

어떤 자동차가 주어지더라도 해당 자동차의 전장회로도를 정확히 분석하여 배선을 연결할 수 있는 능력을 기르도록 한다.

CHAPTER

04 버튼 시동 공작

4-1 공작 개요

주어진 실습용 자동차의 전장회로도를 정확히 이해하고 분석한 후, 버튼 엔진시동을 위해 직접 만든 ECU(ATmega128 모듈 사용)를 연결하여 [그림 1-31]과 같이 키 스위치가 아닌 버튼(스타터 스위치)으로 엔진시동을 제어해 보자.

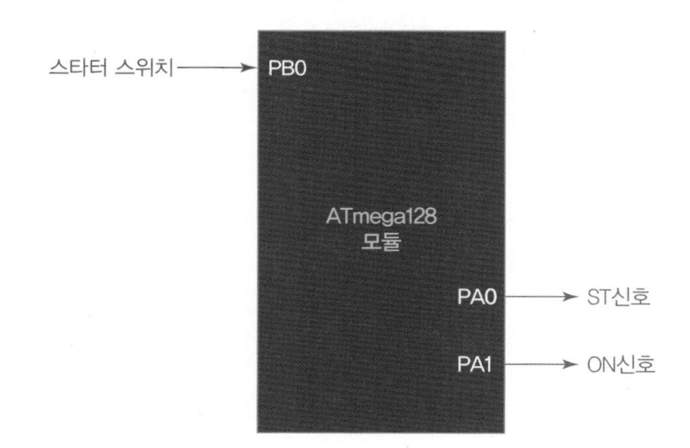

[그림 1-31] 버튼 엔진시동 입/출력 개요

버튼 시동 실습 시에는 아래 사항들을 반드시 확인한 후 실습한다.

① 기어 중립 확인

② 사이드 브레이크 작동 확인

③ 실습 전 실차 시동 확인(시동이 걸리지 않으면 걸리도록 점검한 후 실습)

④ 반드시 지도교수 또는 전문가의 지도하에 시동 실습 실시

4-2 자기주도 공작 목표

① 엔진의 작동을 잘 이해하고, 엔진 스타팅 회로도를 정확히 분석할 수 있다.
② C언어 코딩을 쉽게 이해할 수 있다.
③ 입/출력 데이터 흐름을 이해할 수 있다.

4-3 제어 알고리즘 구상

스위치를 1회 작동시키면 키-온 입력신호를 주고, 2회 작동시키면 자작 ECU에서 스타팅 모터(starting motor)를 구동하기 위한 ST신호를 3초 동안 주어 엔진 크랭킹이 가능하도록 하고, 3회 작동시키면 시동이 OFF되도록 엔진을 제어해 보자.

4-4 구성부품

브레드보드, ATmega128 모듈, 버튼스위치(택트 스위치), 저항, LED, IRF540, 전자릴레이(HK19F 8핀), 배선, AVRISP USB 커넥터, 콘덴서, 7805 정전압 IC

4-5 제어회로 설계

1) 스타터 회로도 분석

[그림 1-32]와 같은 실습용 자동차의 스타팅 회로도를 분석하여 입/출력 특성을 이해하고 배선을 연결할 커넥터 단자들을 선택한다.

실습용 자동차의 전장회로도는 현대기술정보 웹사이트에서 확인할 수 있다.

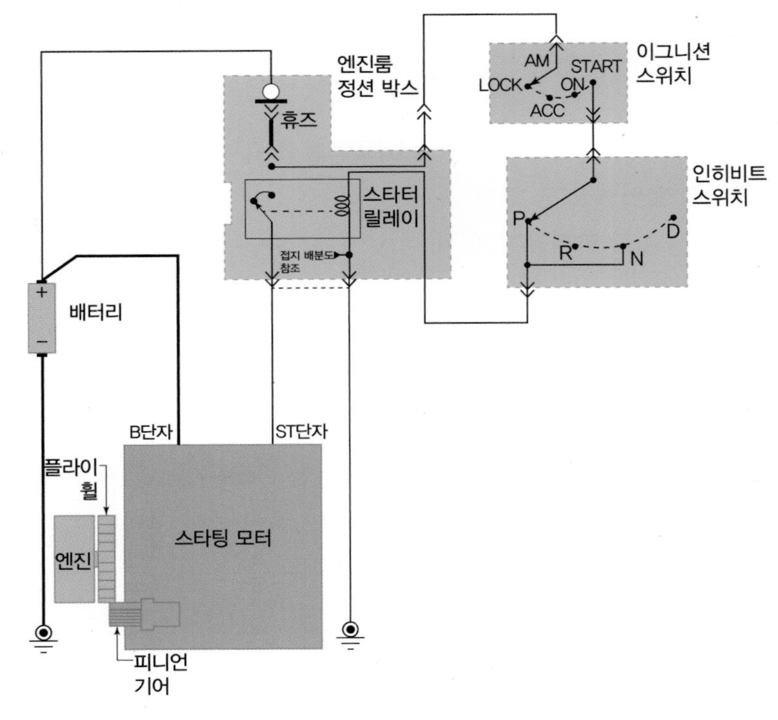

[그림 1-32] 버튼 미적용 스타팅 회로

2) 제어회로 설계

엔진시동 회로도를 분석한 후 [그림 1-33]과 같은 버튼 엔진시동 및 정지 회로도를 설계해 보자. 이번에는 입력 포트로는 PORTB, 출력 포트로는 PORTA를 사용한다.

일반적으로 4핀 릴레이를 사용할 수도 있지만, 여기서는 [그림 1-33]의 릴레이 1, 릴레이 2와 같은 내부 구조를 가진 HK19F 8핀 릴레이를 사용한다.

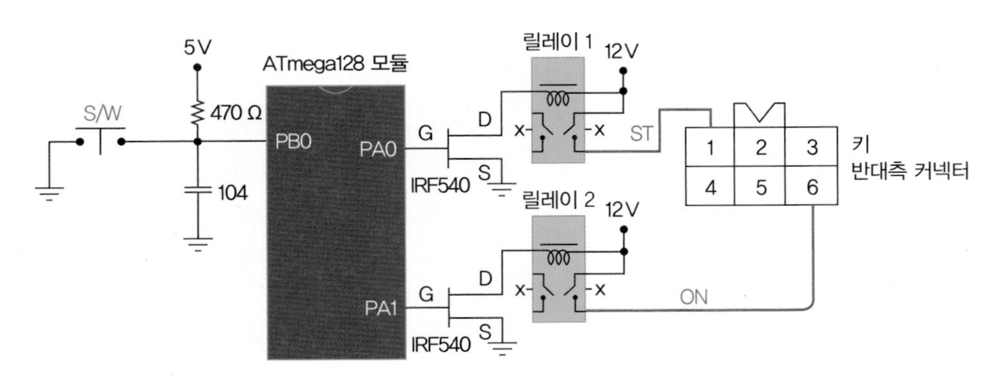

[그림 1-33] 버튼 엔진시동 제어회로도(전원과 접지, 7805 정전압 회로는 생략)

3) 입/출력 특성 이해

해당 자동차의 회로도를 충분히 이해하고 [표 1-5]와 같이 입/출력 특성을 분석하여 ECU 입력회로 및 프로그램을 설계해야 한다. 이때는 ATmega128 모듈의 포트로 입력되는 전압은 반드시 5 V여야 한다. 실제 프로그램의 작동에서는 [그림 1-34]와 같은 타임 차트를 가진다.

[표 1-5] 스타팅 회로 입/출력 특성

입 력		출 력
스타터 스위치 (1회 작동)	스위치 ON_PB0(0 V) → 스위치 OFF_PB0(5 V)	PA0(0 V), PA1(5 V) 점화스위치 ON
스타터 스위치 (2회 작동)	스위치 ON_PB0(0 V) → 스위치 OFF_PB0(5 V)	PA0(5 V)3초, PA1(5 V) ST(3초) 후에 ON
스타터 스위치 (3회 작동)	스위치 ON_PB0(0 V) → 스위치 OFF_PB0(5 V)	PA0(0 V), PA1(0 V) 점화스위치 OFF

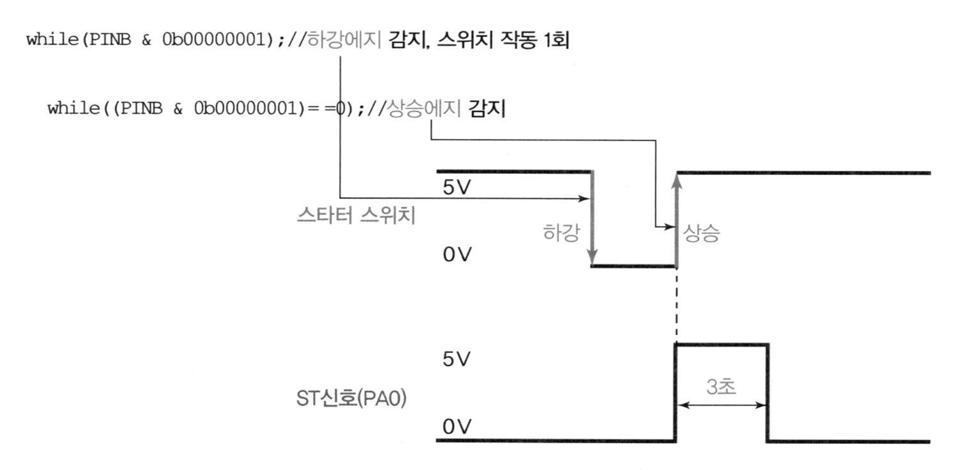

[그림 1-34] 스타터 스위치 ST 시 타임 차트

4) ECU 회로 연결

주어진 실습용 자동차의 시동회로도를 분석하고 [그림 1-35]와 같은 회로도를 참고로 하여 ECU 회로와 커넥터 단자를 정확히 연결한다. 실습용 자동차에서는 [그림 1-36]과 같은 점화스위치 회로도를 참고하여 [그림 1-37]과 같이 점화스위치 커넥터를 분리하고 각 단자를 ECU에 연결한다.

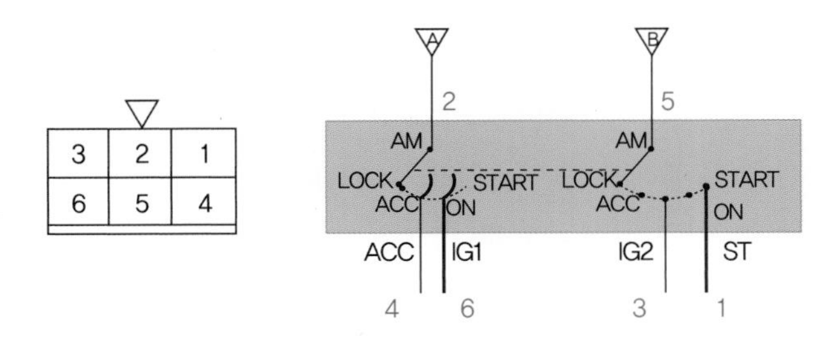

[그림 1-35] 시동회로의 키 스위치 회로와 커넥터 구조(모델: EF소나타)

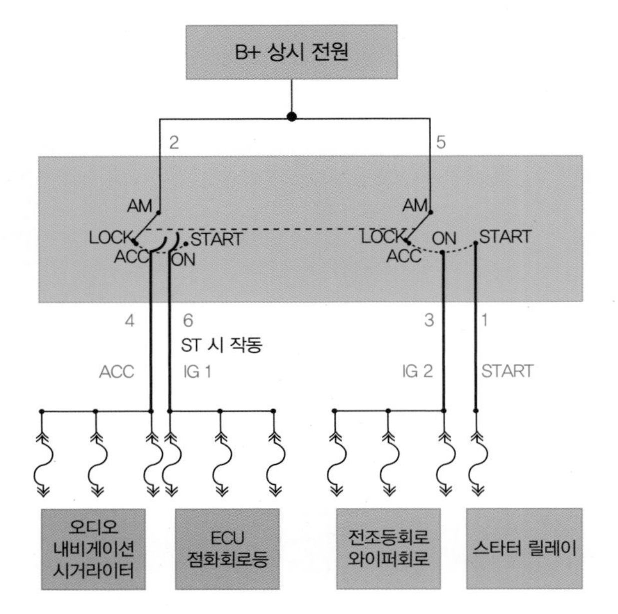

[그림 1-36] 점화스위치 회로도(모델: 소나타)

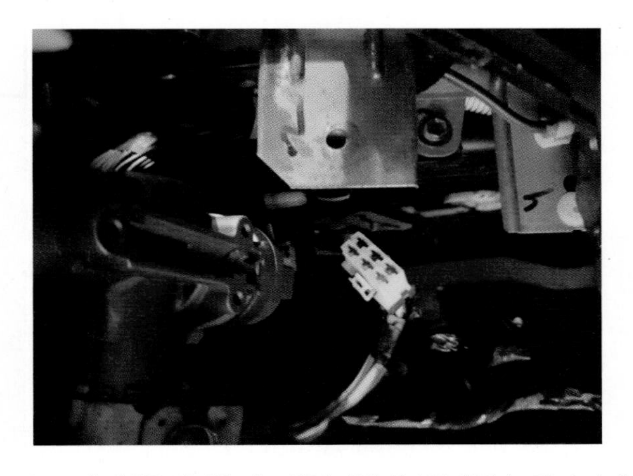

[그림 1-37] 배선을 연결할 키 스위치 커넥터(키 반대측) (모델: 소나타)

4-6 제어 프로그램 설계

입/출력 특성과 회로도를 잘 이해하고 아래에 나타낸 128_button.c와 같이 코딩해 보자.

```
#include<mega128.h> // 128_button.c
#include<delay.h>

void main(void)
{
DDRB=0x00; // PORTB 모든 핀 입력으로 설정
DDRA=0b11111111; // PORTA 모든 핀 출력으로 설정
PORTA=0x00;

while(1) {
        while(PINB & 0b00000001); // PB0가 "0"이면 탈출, 키 on
        while((PINB & 0b00000001)==0); // PB0가 "1"이면 탈출
        PORTA=0b00000010;
        ;
        delay_ms(500); // 채트링 현상 제거
        ;
        while(PINB & 0b00000001); // PB0가 "0"이면 탈출, 스타팅
        while((PINB & 0b00000001)==0); // PB0가 "1"이면 탈출
        PORTA=0b00000011;
        delay_ms(3000);
        PORTA=0b00000010;
        ;
        while(PINB & 0b00000001); // PB0가 "0"이면 탈출, 시동 off
        while((PINB & 0b00000001)==0); // PB0가 "1"이면 탈출
        PORTA=0x00;
        ;
        delay_ms(500); // 채트링 현상 제거
        }
}
```

4-7 작동 확인

브레드보드에 [그림 1-38]과 같이 버튼 시동회로를 구성하여 회로 및 프로그램이 정상적으로 작동하는지 확인한다.

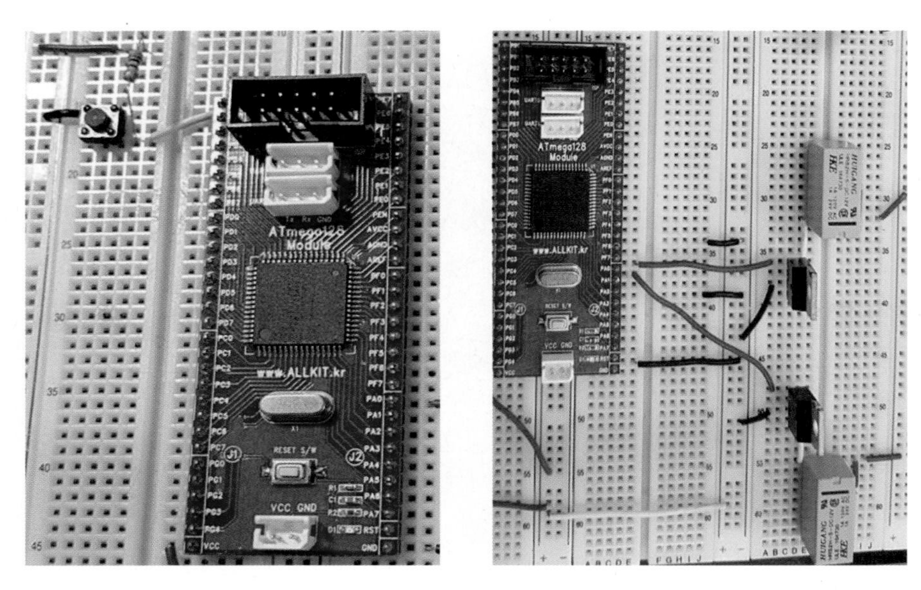

[그림 1-38] ATmega128 모듈에 연결한 버튼 시동 입/출력 회로

4-8 응용 실습 과제

1) 엔진을 어떻게 제어할 것인가 구상해 보자.

아래와 같이 작동하도록 회로와 프로그램을 설계해 보자.

- 버튼 스위치 1회 작동: ACC
- 버튼 스위치 2회 작동: ON
- 버튼 스위치 3회 작동: 스타팅, 엔진 시동
- 버튼 스위치 4회 작동: 엔진 정지

2) [그림 1-39]와 같이 입/출력 포트를 설정해 보자.

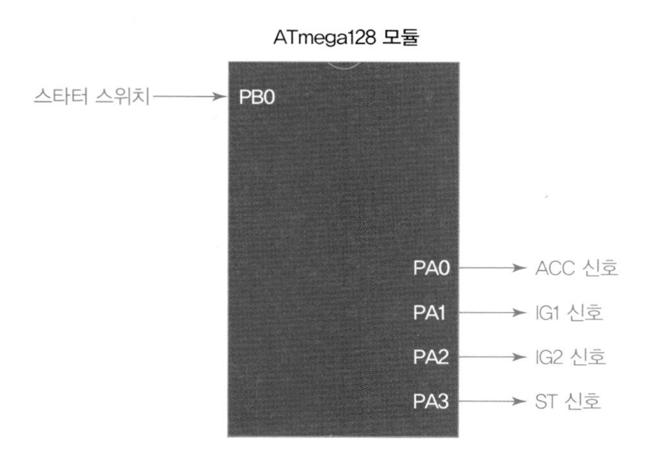

[그림 1-39] 입/출력 포트 설정

3) [그림 1-40]과 같이 제어회로도를 참고하여 독창적인 ECU를 만들어 보자.

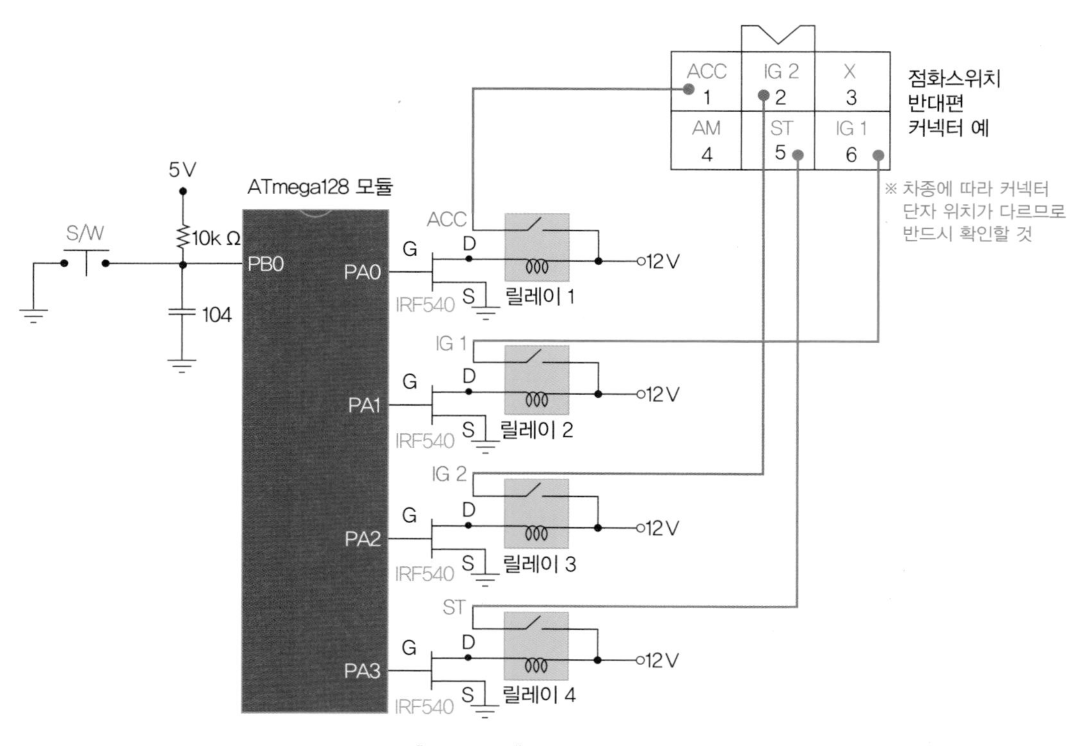

[그림 1-40] ECU 회로 설계

4) [그림 1-41]과 같이 주어진 실습용 자동차의 커넥터 단자를 분석하여 회로와 연결해 보자.

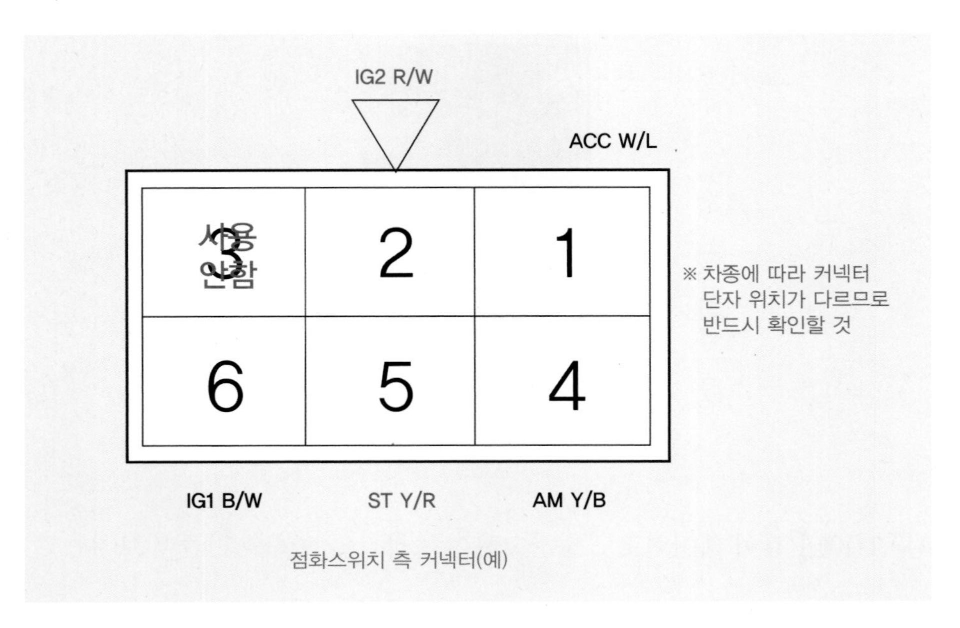

[그림 1-41] 커넥터 단자 분석 예

실차의 점화스위치 커넥터에서 ACC, IG1, IG2, ST 단자의 위치를 정확히 파악하여야 한다.

실습 시 주의사항

① 회로도 확인(차대번호로 연식 확인)
② 멀티테스터로 단자 확인

5) ECU의 입력요소를 더 확대하여 안전벨트를 매고, 브레이크 페달을 밟아야 시동이 되도록 제어해 보자.

실습용 자동차의 전장회로도는 현대기술정보 웹사이트(https://gsw.hyundai.com/hmc/login.tiles)에서 항상 확인해 볼 수 있으며, 기아자동차의 경우 기아기술정보 웹사이트(https://gsw.kia.com/kmc/login.tiles)에서 확인하기 바란다.

스마트폰으로 웹사이트에 접속하여 항상 회로도를 확인하면서 실습에 임하도록 한다.

CHAPTER 05 CPU 레지스터 공작

5-1 외부 인터럽트 제어 공작

1) 공작 개요

외부 신호입력에 의한 외부 인터럽트 작동으로 LED가 점멸할 수 있도록 제어한다.

외부 인터럽트는 [그림 1-42]와 같이 자동차 CPS 신호에 의한 엔진제어(연료분사, 점화)에 적용할 수 있다.

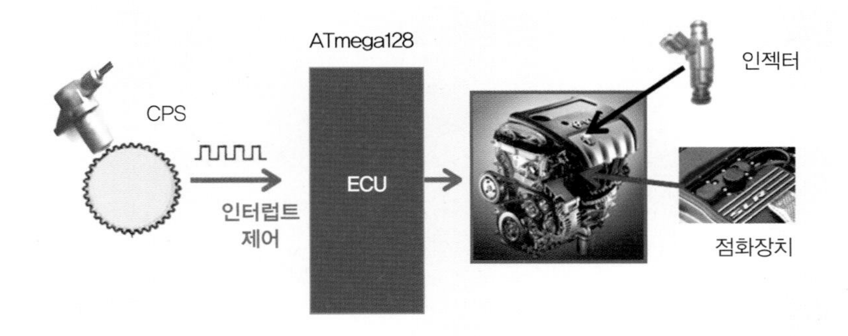

[그림 1-42] 외부 인터럽트 제어의 적용 예

2) 자기주도 공작 목표

① 인터럽트와 레지스터를 잘 이해하고 활용할 수 있다.

② C언어 코딩을 쉽게 이해할 수 있다.

3) 제어 알고리즘

우선 버튼 스위치를 이용하여 외부 인터럽트 제어를 이해해 보자. 스위치를 눌러 ATmega128 모듈로 입력되는 신호의 하강에지(5 V에서 0 V로 변화되는 순간)에서 외부 인터럽트를 발생시켜 LED가 제어될 수 있도록 한다.

4) 구성부품

브레드보드, ATmega128 모듈, 버튼 스위치(택트 스위치), 저항, 콘덴서, LED, 배선, AVRISP USB 커넥터, 7805 정전압 IC

5) 인터럽트 제어과정

외부 신호입력에 의한 외부 인터럽트는 [그림 1-43]과 같은 과정을 거쳐서 제어된다.

인터럽트 서브 루틴

인터럽트 제어문

복귀

Main( ) 함수

반복

제어문

인터럽트 발생

[그림 1-43] 외부 인터럽트의 이해

6) 제어회로 설계

외부 인터럽트 INT0를 활용하기 위한 기본적인 회로설계를 나타내면 [그림 1-44]와 같다.

NOTE

[그림 1-44]에서 전원과 접지, 7805 IC를 사용한 5V 정전압 회로는 생략하였다.

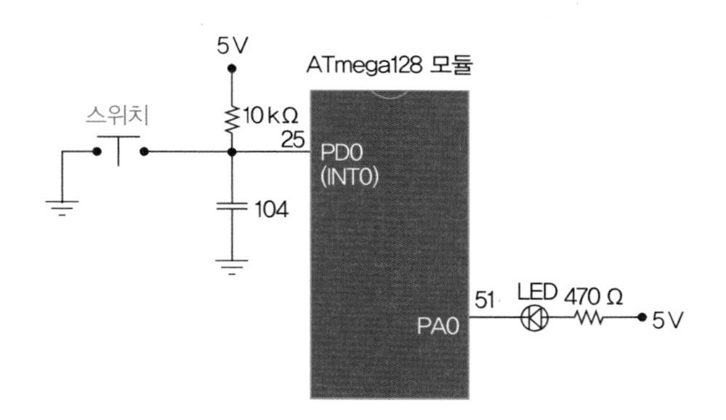

[그림 1-44] 외부 인터럽트를 활용한 LED 제어

7) 프로그램 구조 이해

외부 인터럽트를 사용한 제어 프로그램은 아래에 나타낸 128_int0.c와 같이 설계할 수 있다.

```
#include<mega128.h> // 128_int0.c
#include<delay.h>
interrupt[EXT_INT0]void external_int0(void)
{
PORTA=0b11111110;
delay_ms(30);
PORTA=0b11111111;
}

void main(void)
{
// 포트 초기화
DDRA=0xFF; // PORTA 출력 설정
DDRD=0x00; // PORTD 입력 설정
PORTA=0b11111111;

// 인터럽트 초기화
EIMSK=0b00000001; // 외부 인터럽트 0 인에이블(허용)
EICRA=0b00000010   // 외부 인터럽트 0 제어, 하강에지에서 인터럽트 요구
```

```
SREG=0b10000000; // 전역 인터럽트 인에이블(허용), 0x80

while(1);
}
```

위의 프로그램에 대한 상세한 설명은 [그림 1-45]와 같다.

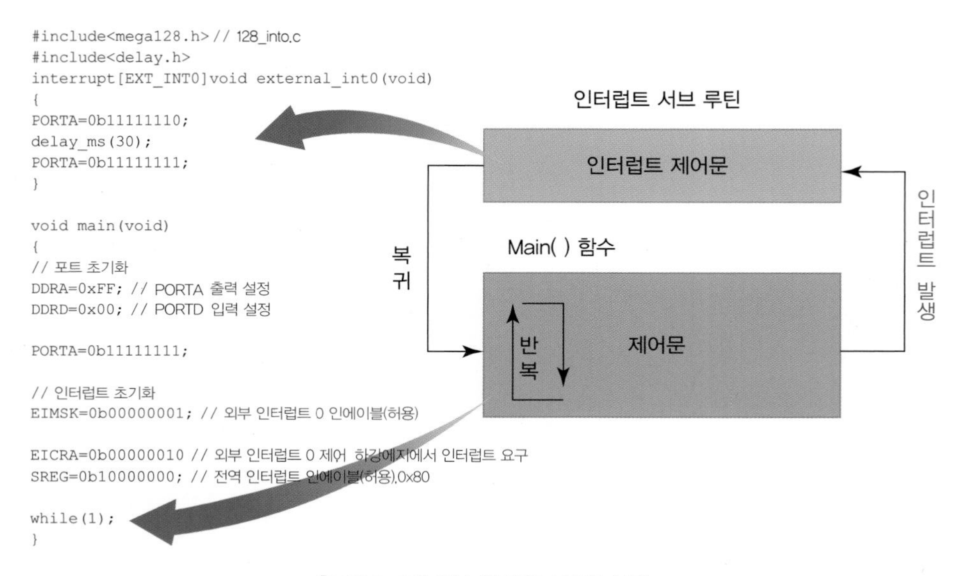

[그림 1-45] 외부 인터럽트 적용 설명

POINT

외부 인터럽트를 사용하여 제어할 때는 아래와 같이 레지스터에 필요한 값을 사용하여 제어하도록 한다.

① EICRA=0b00000010; // INT0 하강에지에서 인터럽트 요구
② EIMSK=0b00000001; // 외부 인터럽트 0 인에이블
③ SREG=0b10000000; // 전역 인터럽트 인에이블(허용), 0x80

```
외부 인터럽트 0 함수
interrupt[EXT_INT0]void external_int0(void)
{
}
```

(1) EICRA 레지스터

[그림 1-46]은 EICRA 레지스터의 각 비트 설정을 나타낸다.

Bit	7	6	5	4	3	2	1	0	
	ISC31	ISC30	ISC21	ISC20	ISC11	ISC10	ISC01	ISC00	EICRA
Read/Write	R/W	R/W	R/W	R/W	R/W	R/W	R/W	R/W	
Initial Value	0	0	0	0	0	0	0	0	

ISCn1	ISCn0	Description
0	0	The low level of INTn generates an interrupt request.
0	1	Reserved
1	0	The falling edge of INTn generates asynchronously an interrupt request.
1	1	The rising edge of INTn generates asynchronously an interrupt request.

Note: 1. n = 3, 2, 1or 0.

[그림 1-46] EICRA 레지스터 설정

(2) EIMSK 레지스터

[그림 1-47]은 EIMSK 레지스터의 각 비트 설정을 나타낸다.

Bit	7	6	5	4	3	2	1	0	
	INT7	INT6	INT5	INT4	INT3	INT2	INT1	INT0	EIMSK
Read/Write	R/W	R/W	R/W	R/W	R/W	R/W	R/W	R/W	
Initial Value	0	0	0	0	0	0	0	0	

[그림 1-47] EIMSK 레지스터 설정

(3) SREG 레지스터

[그림 1-48]은 SREG 레지스터의 각 비트 설정을 나타낸다.

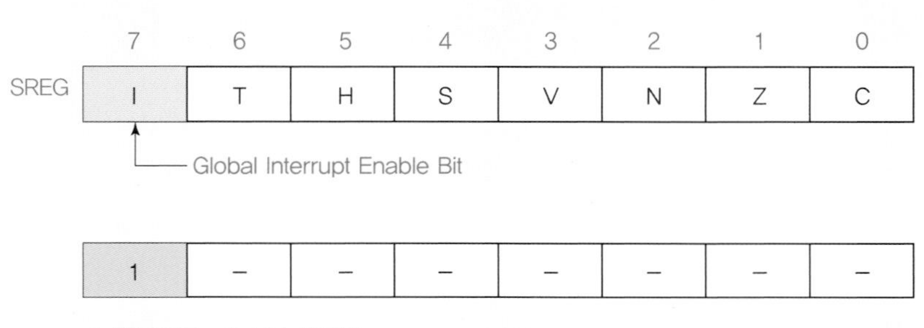

[그림 1-48] SREG 레지스터 설정

NOTE

레지스터 설정에 관한 자세한 내용은 《자동차 미케닉을 위한 자동차 전자제어 시스템(정태균 지음, 성안당)》의 내용을 참고하기 바란다.

8) 작동 확인

외부 인터럽트를 활용하기 위한 회로 구성을 나타내면 [그림 1-49]와 같으며, 보다 효율적인 자동차 제어를 위해서 CPS, WSS 등의 신호를 외부 인터럽트 신호로 사용할 수 있다.

[그림 1-49]와 같이 회로를 구성하여 버튼 스위치(외부 인터럽트 신호 발생)를 ON/OFF할 때 LED가 점멸하도록 한다.

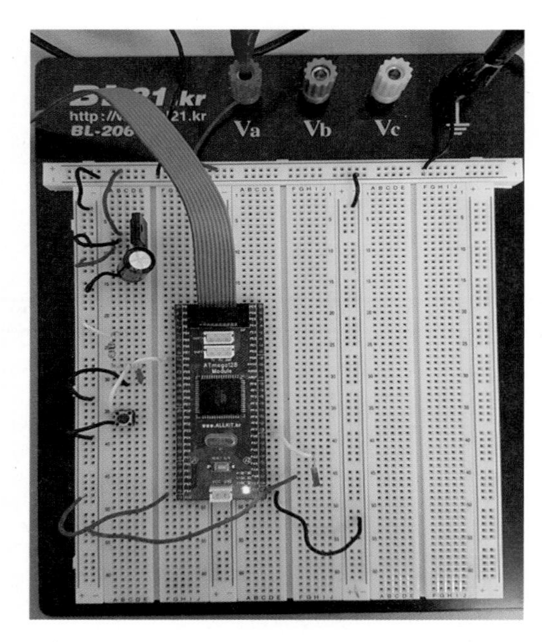

[그림 1-49] 외부 인터럽트 적용실습

9) 응용 제어(과제)

엔진의 CPS 신호를 받아 엔진 인젝터의 연료분사 시기와 연료분사량을 제어해 보자.

5-2 타이머 인터럽트 제어 공작

1) 타이머 제어 공작

(1) 공작 개요

타이머 인터럽트를 활용하여 1초마다 LED가 점멸할 수 있도록 제어한다. 타이머 인터럽트는 [그림 1-50]과 같이 CPS에 의한 엔진제어(연료분사량, 점화 드웰각)에 적용할 수 있다.

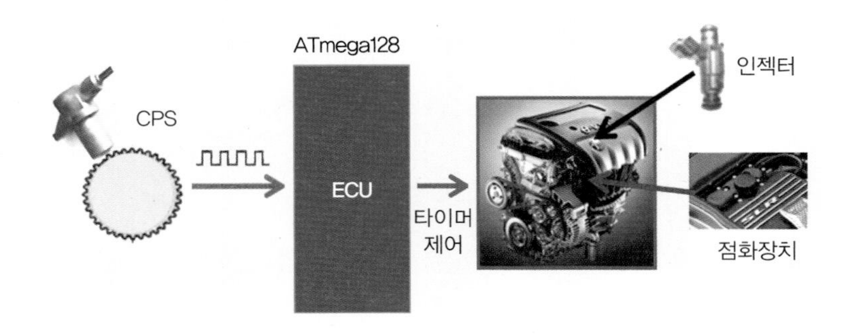

[그림 1-50] 타이머 인터럽트 제어의 적용 예

(2) 자기주도 공작 목표

① 타이머 레지스터를 잘 이해하고 활용할 수 있다.
② C언어 코딩을 쉽게 이해할 수 있다.

(3) 구성부품

브레드보드, ATmega128 모듈, 저항, 콘덴서, LED, 배선, AVRISP USB 커넥터, 7805 정전압 IC

(4) 제어 알고리즘

외부 입력신호 없이 타이머 인터럽트를 활용하여 LED를 제어해 보자.

(5) 제어회로 설계

타이머 인터럽트를 활용하기 위한 기본적인 회로설계는 [그림 1-51]과 같다.

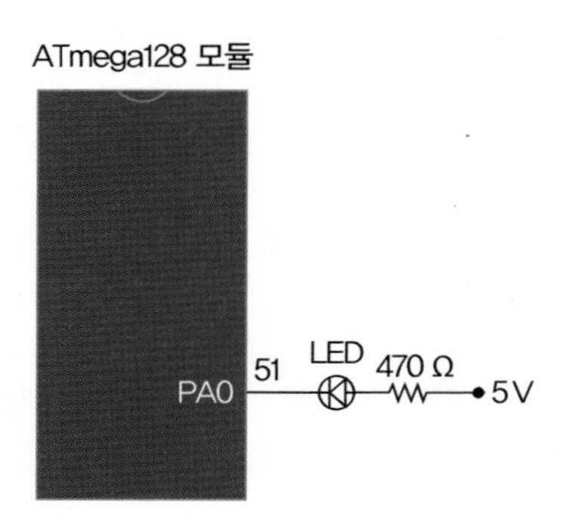

[그림 1-51] 타이머 인터럽트를 활용한 LED 제어

회로도에서 기본적으로 전원과 접지, 7805 IC를 사용한 5V 정전압 회로는 생략한다.

(6) 프로그램 구조 설명

타이머 인터럽트를 사용한 제어 프로그램은 아래에 나타내는 128_timer0.c와 같이 설계할 수 있다.

```
#include <mega128.h> // 128_timer0.c
#include <delay.h>

unsigned char count=0;
void main(void)
{
DDRA=0xFF; // PORTC 출력으로 설정

TIMSK=0x01; // TOIE0=1, 타이머/카운터0 인터럽트 마스크 레지스터 인에이블(허용)
TCCR0=0x07; // 일반 MODE, 프리스케일러: 1024분주, 0b00000111
TCNT0=0x00; // 타이머/카운터 레지스터 초기값
SREG=0x80;  // 전역 인터럽트 인에이블(허용)
;
while(1);   // 인터럽트 대기
}

interrupt[TIM0_OVF]void timer_int0(void)
```

```
{
++count;//먼저 +1을 한 후 아래 프로그램 수행
 if(count==62) { // 256/16*1024*62/1000000=1sec마다 작동
                         PORTA=0b11111110; // led 점등
                         delay_ms(100);     // 100ms동안 점등
                         PORTA=0b11111111; // led 소등
                         count=0;
                            }
```

POINT

타이머 인터럽트 0를 사용하여 제어할 때, 아래의 레지스터에 적당한 값을 사용하여 제어하도록 한다.

타이머 인터럽트 사용 시 설정

① TIMSK = 0x01; // TOIE0=1, 타이머/카운터0 인터럽트 마스크 레지스터 인에이블(허용)

② TCCR0 = 0x07; // 일반 MODE, 프리스케일러:1024분주, 0b00000111

③ TCNT0 = 0x00; // 타이머/카운터 레지스터 초기값

④ SREG = 0x80; // 전역 인터럽트 인에이블(허용)

인터럽트 설정 시 항상 사용

```
타이머0 오버플로 인터럽트 함수
interrupt[TIM0_OVF]void timer_int0(void)
{

}
```

■ TIMSK 레지스터

타이머/카운터0 오버플로 인터럽트 인에이블 비트를 제어한다.

– TOIE0: 타이머/카운터0 오버플로 인터럽트 인에이블 비트

[그림 1–52]는 TIMSK 레지스터의 각 비트 설정을 나타낸다.

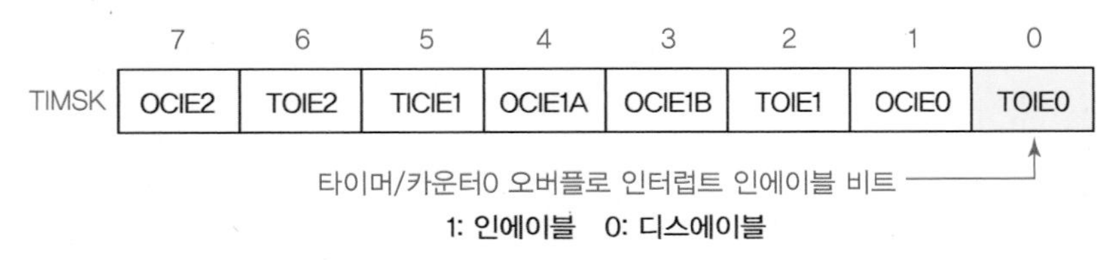

[그림 1–52] TIMSK 레지스터 설정

■ TCNT0 레지스터

타이머/카운터0 레지스터로서 직접 제어값을 대입하여 제어한다.

TCNT0=0x00;이면, 타이머/카운터0는 8비트 타이머이므로 0x00에서 카운트하여 0xFF까지 256 카운트 후에 0x00이 될 때 타이머 오버플로 인터럽트가 발생된다.

[그림 1–53]은 TCNT0 레지스터를 나타낸다.

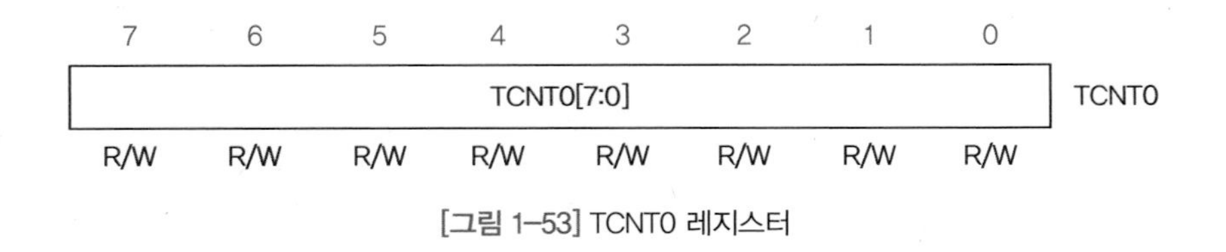

[그림 1–53] TCNT0 레지스터

■ TCCR0 레지스터

TCCR0 타이머/카운터 제어 레지스터는 동작모드와 출력모드, 클럭 선택을 제어한다. [그림 1–54]는 TCCR0 레지스터의 각 비트 설정을 나타낸다.

❶ 클럭 선택

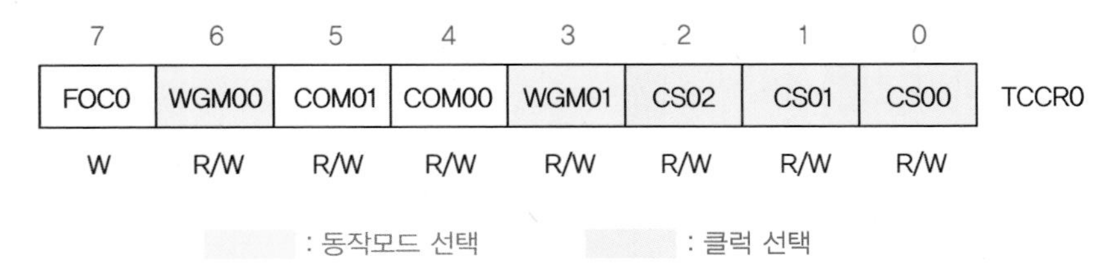

[그림 1–54] TCCR0 레지스터의 설정

[그림 1-55]에 나타낸 바와 같이, 1024분주를 하기 위해서는 CS02:CS01:CS00을 1:1:1로 프리스케일러를 설정한다.

CS02	CS01	CS00	Description
0	0	0	No clock source(Timer/counter stopped).
0	0	1	$clk_{I/O}$/(No prescaling)
0	1	0	$clk_{I/O}$/8(From prescaler)
0	1	1	$clk_{I/O}$/32(From prescaler)
1	0	0	$clk_{I/O}$/64(From prescaler)
1	0	1	$clk_{I/O}$/128(From prescaler)
1	1	0	$clk_{I/O}$/256(From prescaler)
1	1	1	$clk_{I/O}$/1024(From prescaler)

[그림 1-55] 프리스케일러 설정

❷ 동작 모드 설정

이 모드에서는 항상 업 카운트로만 동작하며, TCCR0의 WGM00, WGM01 비트에 의해 동작모드를 설정한다.

[그림 1-56]은 타이머/카운터0 동작모드를 나타낸 것이다. 일반 모드로 작동할 경우, TCCR0에서 오른쪽에서 4번째 비트와 7번째 비트가 0이 되어 0b00000000이 된다. 일반 모드는 일반적인 타이머 동작을 하는 모드이다. 따라서 타이머/카운터0 오버플로 인터럽트가 발생한다.

Mode	WGM01 (CTC0)	WGM00 (PWM0)	Timer/Counter Mode of Operation	TOP	Update of OCR0	TOV0 Flag Set on
0	0	0	Normal	0xFF	Immediate	MAX
1	0	1	PWM, Phase Correct	0xFF	TOP	BOTTOM
2	1	0	CTC	OCR0	Immediate	MAX
3	1	1	Fast PWM	0xFF	TOP	MAX

[그림 1-56] TCCR0의 동작모드 설정

NOTE

레지스터 설정에 관한 자세한 내용은 《자동차 미케닉을 위한 자동차 전자제어 시스템(정태균 지음, 성안당)》의 내용을 참고하기 바란다.

(7) 작동 확인

브레드보드에 타이머 인터럽트 제어회로를 구성하여 그 작동을 확인해 보자.

(8) 응용 제어(과제)

타이머 인터럽트를 사용하여 CPS 신호에 의한 엔진작동(연료분사량, 점화 드웰각)을 제어해 보자.

2) 전조등 에스코트 제어 공작

(1) 공작 개요

타이머 인터럽트 작동으로 스위치를 OFF한 후에도 일정 시간 동안 자동차 전조등이 점등될 수 있도록 제어한다. 여기서는 정확한 회로와 프로그램을 설계하기 위하여 실제 자동차에 적용하기 전에 LED를 사용하여 제어해 보도록 한다.

(2) 자기주도 공작 목표

① 타이머 인터럽트와 레지스터를 잘 이해하고 활용할 수 있다.

② C언어 코딩을 쉽게 이해할 수 있다.

(3) 제어 알고리즘

스위치를 ON/OFF하면 10초 동안 LED가 점등한 후에 소등되도록 제어한다.

(4) 구성부품

브레드보드, ATmega128 모듈, 저항, 콘덴서, LED, 버튼 스위치, 배선, AVRISP USB 커넥터, 7805 정전압 IC

(5) 제어회로 설계

타이머 인터럽트에 의한 에스코트 제어의 기본적인 회로설계는 [그림 1-57]과 같다.

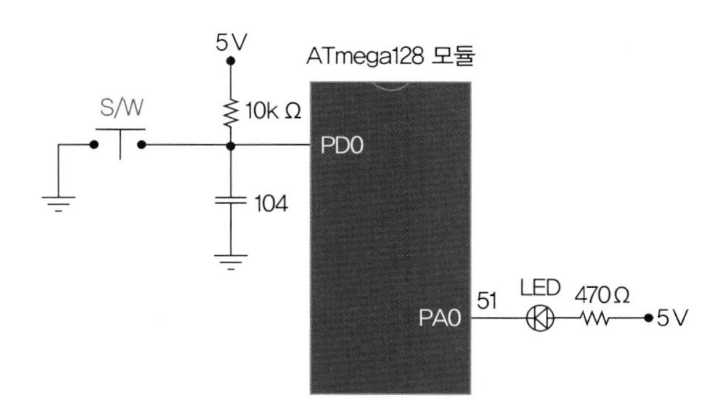

[그림 1-57] 타이머 인터럽트를 활용한 LED 에스코트 제어

회로도에서 기본적으로 전원과 접지, 7805 IC를 사용한 5V 정전압 회로는 생략하였다.

(6) 프로그램 구조 설명

타이머 인터럽트를 사용한 제어 프로그램은 128_escort.c와 같이 설계할 수 있다.

```
#include <mega128.h> // 128_escort.c
unsigned int count=0;
void main(void)
{
DDRD=0x00; // 입력
DDRA=0xFF; // 출력
PORTA=0b11111111;

TIMSK=0x00; // TOIE0=0, 타이머/카운터0 인터럽트 마스크 레지스터 디스에이블(불허)
TCCR0=0x07; // 일반 MODE, 프리스케일러: 1024분주, 0b00000111
TCNT0=0x00; // 타이머/카운터 레지스터 초기값
SREG=0x80; // 전역 인터럽트 인에이블(허용)
while(1) {
           while(PIND & 0b00000001);
           TIMSK=0x01;
           PORTA=0b00000000;
```

```
            while((PIND & 0b00000001)==0);
            }
}
interrupt[TIM0_OVF]void timer_int0(void)
{
++count;//먼저 +1을 한 후 아래 프로그램 수행
if(count==620) { // 10초 led 점등
                PORTA = 0b00000001;
                count=0;
                TIMSK=0x00;
                }
}
```

(7) 작동 확인

타이머 인터럽트를 활용한 LED 에스코트 작동은 [그림 1-58]과 같이 회로를 구성하여 확인할 수 있다.

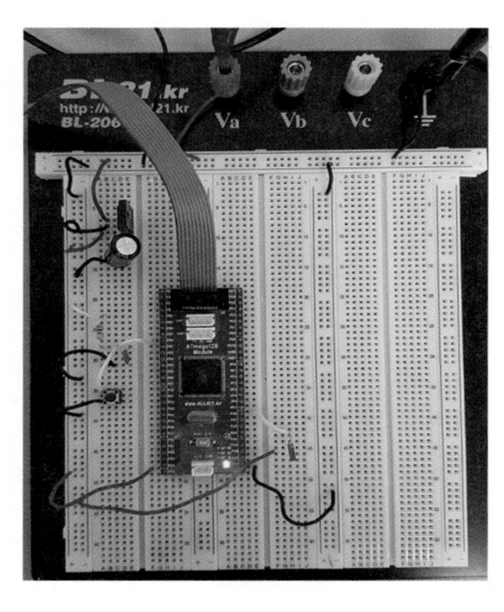

[그림 1-58] 타이머 인터럽트를 활용한 LED 에스코트 작동

(8) 응용 제어(과제)

실제 자동차의 전조등 회로에 적용하여 에스코트 전조등의 작동을 확인해 보자.

① 전조등 제어 알고리즘

- 라이트 스위치를 ON하면 하향등 점등
- 라이트 스위치를 OFF 후 10초 동안 하향등 점등
- 라이트 스위치를 ON하고 상향등 스위치를 ON하면 하향등과 상향등 동시 점등

② 제어회로도

[그림 1-59]와 같이 제어회로도를 설계할 수 있다. 전조등 에스코트 기능은 어두운 밤길에 자동차를 주차한 후에도 일정 시간 동안 전조등을 켜서 운전자의 앞길을 밝혀 주는 역할을 한다.

③ 제어 프로그램

좀 더 개선된 전조등 회로도를 설계해서 128_escort_1.c를 실습용 자동차에 적용하여 그 작동을 확인해 보자.

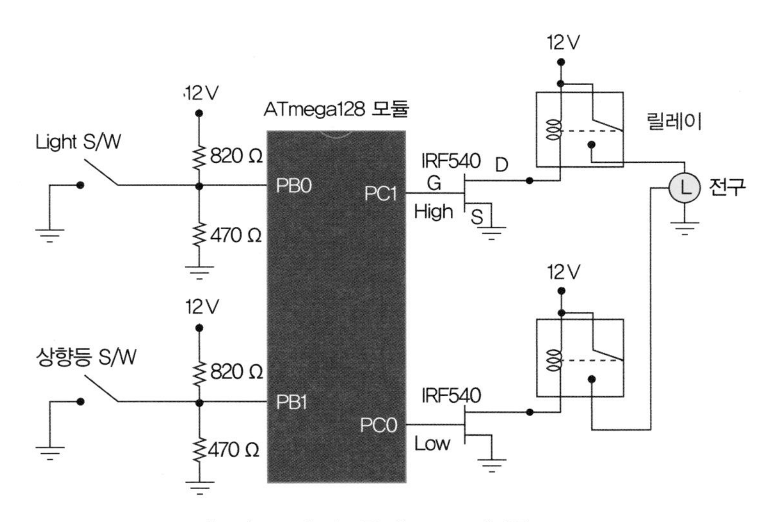

[그림 1-59] 전조등 에스코트 제어회로도

```
#include <mega128.h> // 128_escort_1.c
unsigned int input, n=1, count=0;
void main(void)
{
DDRB=0x00;
DDRC=0xFF;
PORTC=0b11111111;
```

```
TIMSK=0x00;  //  TOIE0=0, 타이머/카운터0 인터럽트 마스크 레지스터 디스에이블(불허)
TCCR0=0x07;  //  일반 MODE, 프리스케일러: 1024분주, 0b00000111
TCNT0=0x00;  //  타이머/카운터 레지스터 초기값
SREG=0x80;   //  전역 인터럽트 인에이블(허용)

while(1) {
          input=PINB & 0b00000011;
          if(input==0b00000000) { // 라이트 스위치 on, 상향등 스위치 on
                                   PORTC=0b00000011; // 상하향 점등
                                   n=0;
                                   }
          else if(input==0b00000010) { // 라이트 스위치 on, 상향등 스위치 off
                                        PORTC=0b00000001; // 하향 점등
                                        n=0;
                                        }
          else if(input==0b00000011) { // 라이트 스위치 off, 상향등 스위치 off
                         if(n==1) PORTC=0b00000000; // 최초 1회 에스코트 기능 안 함
                         else {
                               PORTC=0b00000001; // 하향만 점등
                               TIMSK=0x01;
                               }
                                    }
        }
}
interrupt[TIM0_OVF]void timer_int0(void)
{
++count;//먼저 +1을 한 후 아래 프로그램 수행
if(count==620) { // 10초 LED 점등
                PORTC = 0b00000001;
                count=0;
                n=1;
                TIMSK=0x00;
                }
}
```

NOTE

위의 회로도와 프로그램에 조도센서, 도어스위치 등의 입력신호를 받아 에스코트 기능을 강화시켜 좀 더 독창적인 프로그램을 설계해 보자.

5-3 PWM 제어 공작

1) 공작 개요

PWM 듀티 제어를 이용하여 LED의 밝기가 제어될 수 있도록 한다. PWM 제어는 [그림 1-60]과 같이 자동차 실내등 제어와 같은 등화장치에 적용될 수 있다.

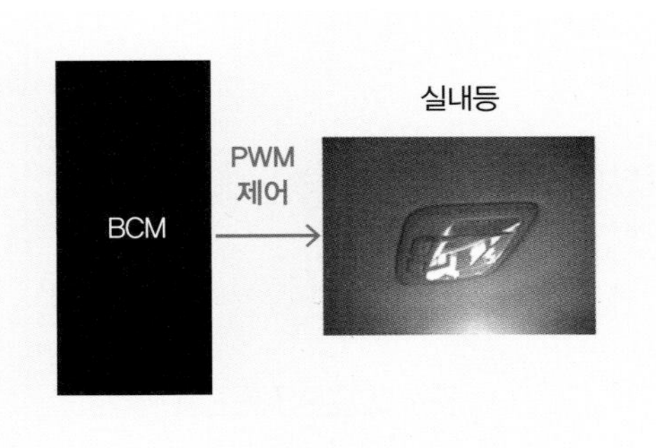

[그림 1-60] PWM 제어의 적용 예

2) 자기주도 공작 목표

① 레지스터를 잘 이해하고 활용할 수 있다.
② C언어 코딩을 쉽게 이해할 수 있다.

3) PWM 제어과정

제어 프로그램에서 OCR1A의 값을 변화시키면 듀티비를 변화시킬 수 있다.

여기서, 듀티비(duty ratio)는 1사이클에서 ON(5 V)이 차지하는 비율, 즉 한 주기(T)에 대한 High 신호의 시간(T high)비를 말한다.

PWM 제어란 듀티비를 변경함으로써 [그림 1-61]과 같이 제어값을 조정하는 것이다. 이번 공작에서는 PWM 출력단자로서 [그림 1-62]의 OC1A/PB5 단자(15번)를 사용한다.

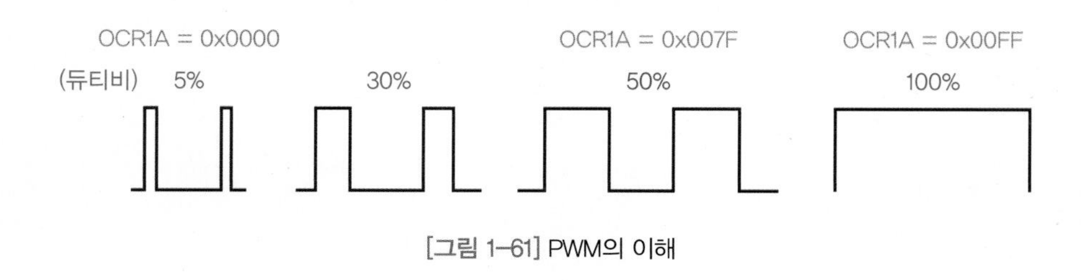

[그림 1-61] PWM의 이해

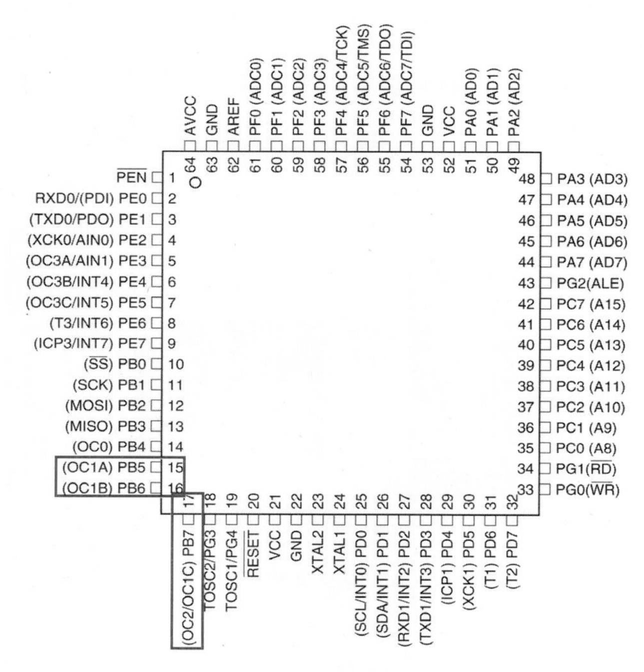

[그림 1-62] ATmega128의 PWM 제어 포트 단자

4) 구성부품

브레드보드, ATmega128 모듈, 저항, 콘덴서, LED, 배선, AVRISP USB 커넥터, 7805 정전압 IC

5) 제어회로 설계

PWM 제어를 활용하기 위한 기본적인 회로설계는 [그림 1-63]과 같다. 타이머/카운터1의 고속 PWM 모드를 이용하여, 입력신호 없이 OC1A/PB5 단자(15번)로 신호를 출력한다.

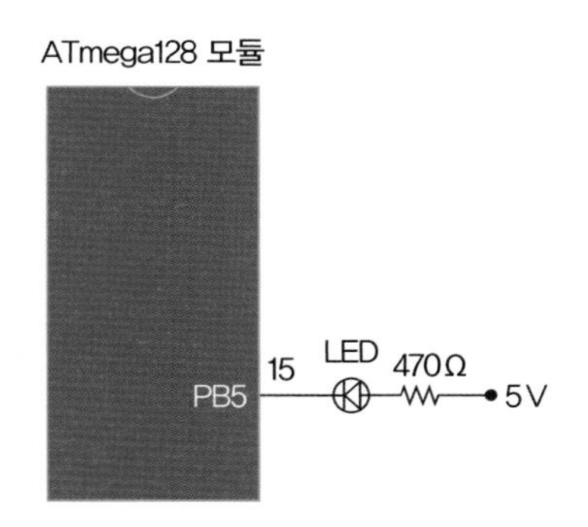

[그림 1-63] PWM을 활용한 LED 제어

회로도에서 기본적으로 전원과 접지, 7805 IC를 사용한 5V 정전압 회로는 생략하였다.

6) 프로그램 구조 설명

PWM 제어를 사용하여 일정한 듀티비(duty ratio)를 출력하는 프로그램을 128_pwm.c와 같이 설계할 수 있다.

```
#include <mega128.h> // 128_pwm.c
void main(void)
{
//**I/O포트 설정**//
DDRB = 0xFF;     // PORTB 모든 핀을 출력으로 사용
//** PWM 설정**  //
OCR1A=0x007F;    // 듀티비 50%, PB5(OC1A)단자로 출력
TCCR1A=0x81;     // 8비트 분해능, 고속 PWM 모드, 0b10000001
TCCR1B=0x0A;     // 8분주, TCCR1B=0b00001010
TCNT1=0x0000;    // 타이머/카운터1 레지스터 초기값
;
while(1);        // 대기
}
```

PWM 제어 레지스터

① OCR1A=0x007F; // 듀티비 50%, PD5(OC1A)단자로 출력
② TCCR1A=0x81; // 8비트 분해능, 고속 PWM 모드
③ TCCR1B=0x0A; // 8분주, TCCR1B=0b00001010
④ TCNT1=0x0000; // 타이머/카운터1 레지스터 초기값

(1) OCR1A: 타이머/카운터1 출력비교 레지스터

출력이 "1" 또는 "0"이 되는 펄스시간은 출력비교 레지스터 OCR1A 또는 OCR1B에 의해 결정된다. 그러므로, 출력비교 레지스터의 값을 변화시키면, 듀티비(duty ratio)가 다른 PWM 파형을 얻을 수 있다.

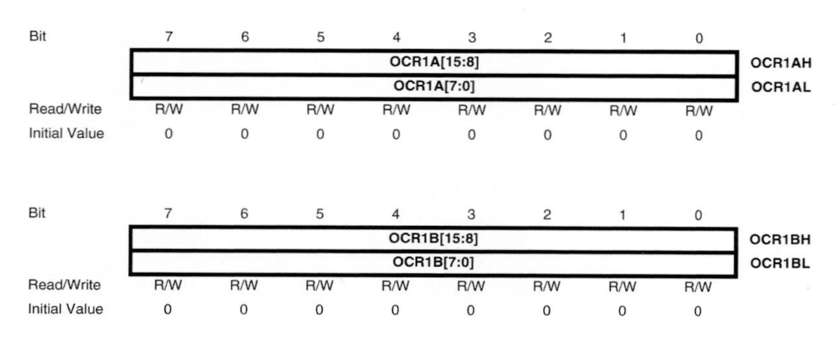

[그림 1-64] 출력비교 레지스터 OCR1A와 OCR1B

Mode	WGMn3	WGMn2 (CTCn)	WGMn1 (PWMn1)	WGMn0 (PWMn0)	Timer/Counter Mode of Operation(1)	TOP	Update of OCRnx at	TOVn Flag Set on
0	0	0	0	0	Normal	0xFFFF	Immediate	MAX
1	0	0	0	1	PWM, Phase Correct, 8-bit	0x00FF	TOP	BOTTOM
2	0	0	1	0	PWM, Phase Correct, 9-bit	0x01FF	TOP	BOTTOM
3	0	0	1	1	PWM, Phase Correct, 10-bit	0x03FF	TOP	BOTTOM
4	0	1	0	0	CTC	OCRnA	Immediate	MAX
5	0	1	0	1	Fast PWM, 8-bit	0x00FF	BOTTOM	TOP
6	0	1	1	0	Fast PWM, 9-bit	0x01FF	BOTTOM	TOP
7	0	1	1	1	Fast PWM, 10-bit	0x03FF	BOTTOM	TOP
8	1	0	0	0	PWM, Phase and Frequency Correct	ICRn	BOTTOM	BOTTOM
9	1	0	0	1	PWM, Phase and Frequency Correct	OCRnA	BOTTOM	BOTTOM
10	1	0	1	0	PWM, Phase Correct	ICRn	TOP	BOTTOM
11	1	0	1	1	PWM, Phase Correct	OCRnA	TOP	BOTTOM
12	1	1	0	0	CTC	ICRn	Immediate	MAX
13	1	1	0	1	(Reserved)	–	–	–
14	1	1	1	0	Fast PWM	ICRn	BOTTOM	TOP
15	1	1	1	1	Fast PWM	OCRnA	BOTTOM	TOP

Note: 1. The CTCn and PWMn1:0 bit definition names are obsolete. Use the WGMn2:0 definitions. However, the functionality and location of these bits are compatible with previous versions of the timer.

[그림 1-65] 타이머/카운터1의 PWM 모드

[그림 1−64]의 출력비교 레지스터 OCR1A와 OCR1B는 TCNT1과의 값이 일치할 때 그 값을 저장하기 위한 16비트 레지스터이다.

[그림 1−65]에서 타이머/카운터1의 PWM 모드, 즉 8비트 고속 PWM을 선택한 것이다.

① 예를 들어 듀티비 50%로 출력하기를 원한다면 동작모드가 8비트일 때, 타이머/카운터1 동작모드에서 고속 PWM 모드는 TOP값이 "0x00FF"이므로 듀티비 50% 제어를 위해서는 FF의 1/2인 "0x007F"로 설정해야 한다.

② OCR1A 설정은 원하는 출력단자를 PB5(15번 핀, OC1A)로 연결했기 때문이다. OCR1B는 PB6(16번 핀, OC1B)이다.

(2) TCCR1A: 타이머/카운터1 제어 레지스터

출력되는 비교출력 파형발생 모드는 [그림 1−66]에서 TCCR1A의 COM1A1과 COM1A0 비트에 의해 설정되므로, 이 레지스터의 값을 조정하면 원하는 출력 파형모드를 선택할 수 있다.

TCCR1A=0x81;에서 TCCR1A=0x10000001이므로 [그림 1−67]과 같이 표시할 수 있다.

Bit	7	6	5	4	3	2	1	0	
	COM1A1	COM1A0	COM1B1	COM1B0	COM1C1	COM1C0	WGM11	WGM10	TCCR1A
Read/Write	R/W	R/W	R/W	R/W	R/W	R/W	R/W	R/W	
Initial Value	0	0	0	0	0	0	0	0	

모드 설정

COMnA1/COMnB1/ COMnC1	COMnA0/COMnB0/ COMnC0	Description
0	0	Normal port operation, OCnA/OCnB/OCnC disconnected.
0	1	WGMn3:0 = 15: Toggle OCnA on Compare Match, OCnB/OCnC disconnected (normal port operation). For all other WGMn settings, normal port operation, OCnA/OCnB/OCnC disconnected.
1	0	Clear OCnA/OCnB/OCnC on compare match, set OCnA/OCnB/OCnC at BOTTOM, (non-inverting mode)
1	1	Set OCnA/OCnB/OCnC on compare match, clear OCnA/OCnB/OCnC at BOTTOM, (inverting mode)

[그림 1−66] 비교출력 파형 발생 모드 설정

Bit	7	6	5	4	3	2	1	0	
	COM1A1	COM1A0	COM1B1	COM1B0	FOC1A	FOC1B	WGM11	WGM10	TCCR1A
Read/Write	R/W	R/W	R/W	R/W	R/W	R/W	R/W	R/W	
Initial Value	0	0	0	0	0	0	0	0	
	7	6	5	4	3	2	1	0	
TCCR1A	1	0	0	0	0	0	0	1	

비교출력 파형 모드 PWM 모드

[그림 1−67] TCCR1A 레지스터의 설정

(3) TCCR1B: 타이머/카운터1 제어 레지스터

TCCR1B 레지스터에 의해 [그림 1-68]과 같이 PWM 동작 모드와 클럭 소스가 설정되면 TCCR1B에 기억되는 값은 [그림 1-69]와 같다.

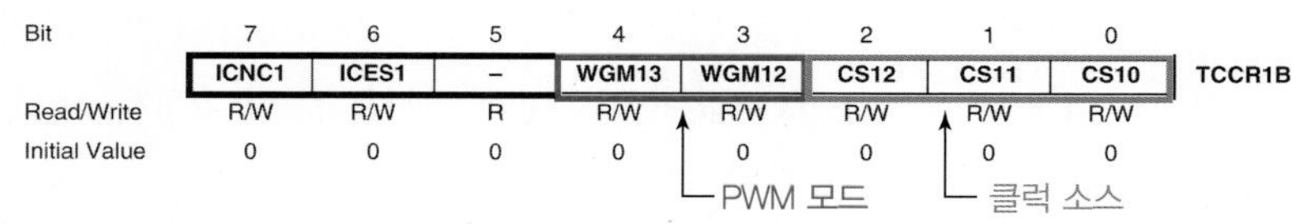

CSn2	CSn1	CSn0	Description
0	0	0	No clock source. (Timer/Counter stopped)
0	0	1	$clk_{I/O}$/1 (No prescaling
0	1	0	$clk_{I/O}$/8 (From prescaler)
0	1	1	$clk_{I/O}$/64 (From prescaler)
1	0	0	$clk_{I/O}$/256 (From prescaler)
1	0	1	$clk_{I/O}$/1024 (From prescaler)
1	1	0	External clock source on Tn pin. Clock on falling edge
1	1	1	External clock source on Tn pin. Clock on rising edge

[그림 1-68] 클럭 소스의 설정

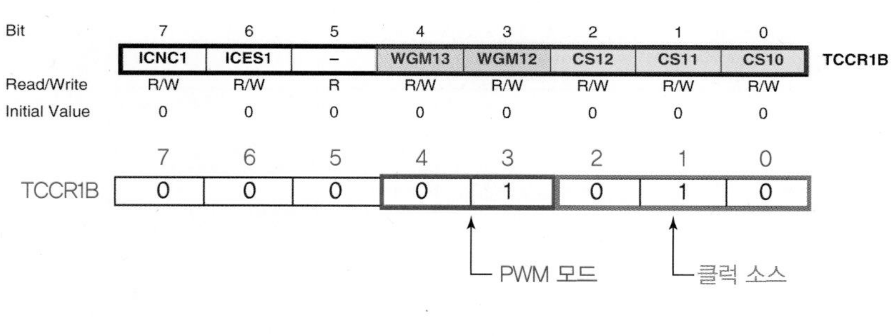

[그림 1-69] TCCR1A, TCCR1B의 설정

① 프로그램 작동에서 고속 PWM으로 8비트 제어를 해야 하므로, 타이머/카운터1 동작모드에서 WGM13 : WGM12 : WGM11 : WGM10을 설정해야 하며, 각각의 값이 "0101"이 되어야 한다.

② 또한 8분주로 제어하여야 하므로, 타이머/카운터1 클럭 소스에서 CS12 : CS11 : CS10을 설정해야 하며, 각각의 값이 "010"이 되어야 한다.

③ 따라서 이들의 값을 설정하기 위해서는 TCCR1A와 TCCR1B 레지스터가 필요하며, TCCR1A=0x81;// 8비트 분해능, 고속 PWM, 0b10000001과 TCCR1B=0x0A;// 8분주, 0b00001010으로 설정하면 된다.

(4) TCNT1: 타이머/카운터1 레지스터

[그림 1-70]과 같은 타이머/카운터1에 레지스터 초기값을 설정한다. 이것은 동작모드가 8비트일 때, 타이머/카운터1에서 고속 PWM 모드는 TOP값이 "0x00FF"이다.

이번에는 PWM의 듀티비가 변화되도록 프로그램을 설계해 보자.

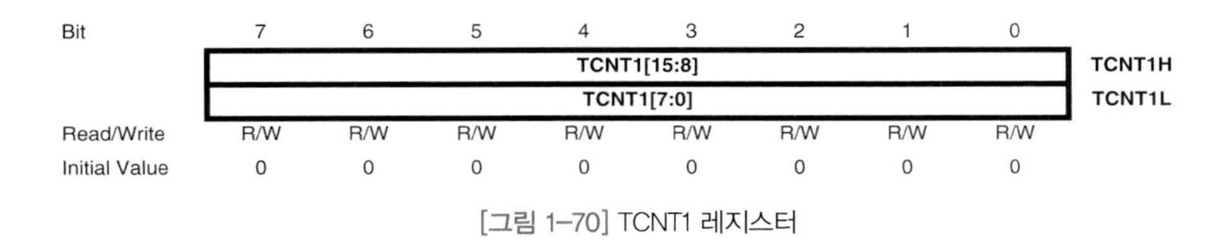

[그림 1-70] TCNT1 레지스터

```
#include <mega128.h> // 128_pwmcontrol.c
#include <delay.h>

void main(void)
{
//**I/O포트 설정**//
DDRB = 0xFF;      // PORTB 모든 핀을 출력으로 사용
//** PWM 설정**   //
OCR1A=0x007F;     // 듀티비 50%, PB5(OC1A) 단자로 출력
TCCR1A=0x81;      // 8비트 분해능, 고속 PWM 모드, 0b10000001
TCCR1B=0x0A;      // 8분주, TCCR1B=0b00001010
TCNT1=0x0000;     // 타이머/카운터1 레지스터 초기값
```

```
while(1){
          OCR1A=0x00FF; // 듀티비 100%
          delay_ms(1000);
          OCR1A=0x00C9; // 듀티비 80%
          delay_ms(1000);
          OCR1A=0x007F; // 듀티비 50%
          delay_ms(1000);
          OCR1A=0x004B; // 듀티비 30%
          delay_ms(1000);
          OCR1A=0x0019; // 듀티비 10%
          delay_ms(1000);
          OCR1A=0x0000; // 듀티비 0%
          delay_ms(1000);
        }
}
```

예시된 프로그램을 잘 이해하고 응용하여 자동차시스템에 적용해 보면서 자동차 회로도 분석능력과 코딩능력을 향상시켜 보자.

출력비교 레지스터 OCR1A와 듀티비의 관계를 나타내면 아래와 같다.

OCR1A	듀티비(%)
00	0
19	10
33	20
4B	30
64	40
7F	50
96	60
AF	70
C9	80
E2	90
FF	100

7) 작동 확인

PWM 제어를 이해하기 위한 회로 구성은 [그림 1-71]과 같다. 보다 효율적인 자동차시스템 제어를 위해서 등화회로, 모터 제어 등에 PWM 제어를 적용할 수 있다.

[그림 1-71] PWM 적용 실습

8) 응용 제어(과제)

도어 스위치 신호를 입력받아 작동되는 자동차의 실내등에 PWM 제어를 적용해 보자.

5-4 ADC 제어 공작

1) 공작 개요

가변저항의 변화를 입력받아 그 값에 따라 각각의 출력포트 단자에 연결되어 있는 4개의 LED가 각각 점멸할 수 있도록 ATmega128 모듈을 사용하여 ADC를 제어한다.

ADC 제어는 [그림 1-72]와 같이 자동차의 TPS 제어 등에 적용될 수 있다.

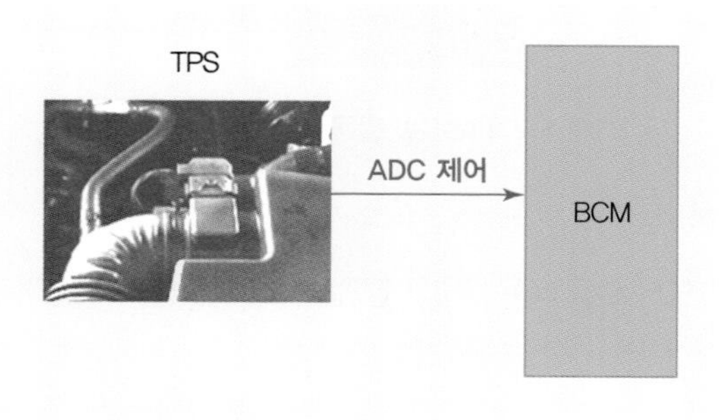

[그림 1-72] ADC 제어의 적용 예

2) 자기주도 공작 목표

① ADC와 관련 레지스터를 잘 이해하고 활용할 수 있다.

② C언어 코딩을 쉽게 이해할 수 있다.

3) ADC 제어과정

ADC0(PF0, 61번)로 입력되는 전압을 측정하여 그 전압값에 따라 1~4개의 LED를 점등한다.

4) 구성부품

브레드보드, ATmega128 모듈, 가변저항, 콘덴서, LED 4개, 배선, AVRISP USB 커넥터, 7805 정전압 IC

5) 제어회로 설계

ADC를 활용하기 위한 기본적인 회로설계는 [그림 1-73]과 같다. ATmega128 모듈에서 ADC0(PF0)를 입력으로 사용하며 출력은 PA0~PA3로 한다.

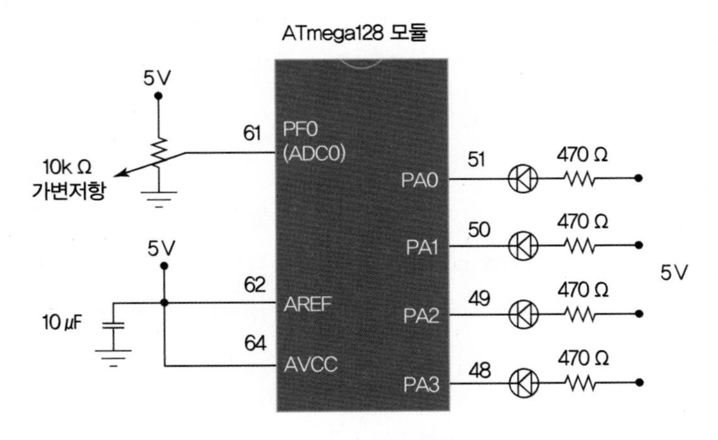

[그림 1-73] ADC를 활용한 LED 제어

NOTE

기본적으로 전원과 접지, 7805 IC를 사용한 5V 정전압 회로는 생략하였다.

[그림 1-74]는 ATmega128의 ADC 포트 단자를 나타낸다. ADC 모드를 이용하여 ADC0/PF0 단자(61번)로 센서의 입력신호를 받고, PA0~PA3로 출력하도록 설계하였다.

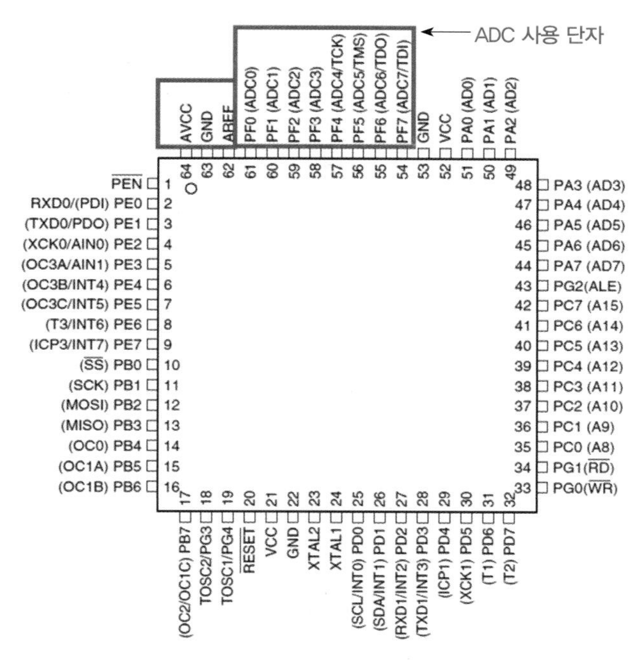

[그림 1-74] ATmega128의 ADC 포트 단자

6) 프로그램 구조 설명

ADC를 사용한 제어 프로그램은 128_adc.c와 같이 설계할 수 있다.

```
#include <mega128.h> // 128_adc.c
#include <delay.h>

loat ADC_F
int ADC_I;

void main(void)
{
    DRA=0xFF;
    DMUX=0x40;    // ADC0 입력
    ADCSRA=0xE7; // ADC 인에이블, 프리스케일러 128분주
```

```
    while(1) {
            delay_us(250); // 변환시간 동안 딜레이
            ADC_I=ADCW;
            ADC_F=(float)ADC_I*5.0/1023.0;
            if(ADC_F==0.0)PORTA=0b11110000; // 0V이면 모든 LED 소등
            else if(ADC_F<=1.0)PORTA=0b11111101; // 0~1.0V이면 LED1 점등
            else if(ADC_F<=2.0)PORTA=0b11111101; // 1.1~2.0V이면 LED2 점등
            else if(ADC_F<=3.0)PORTA=0b11111011; // 2.1~3.0V이면 LED3 점등
            else if(ADC_F<=4.0)PORTA=0b11110111; // 3.1~4.0V이면 LED4 점등
            else PORTA=0xFF; // 4.1~5.0V이면 모든 LED 점등
            }
}
```

ADCW란 'ADCH+ADCL'의 16비트 액세스 레지스터명으로서, CodeVisionAVR에서는 ADCW로 사용하고, 어떤 컴파일러는 ADC로 읽기도 한다.

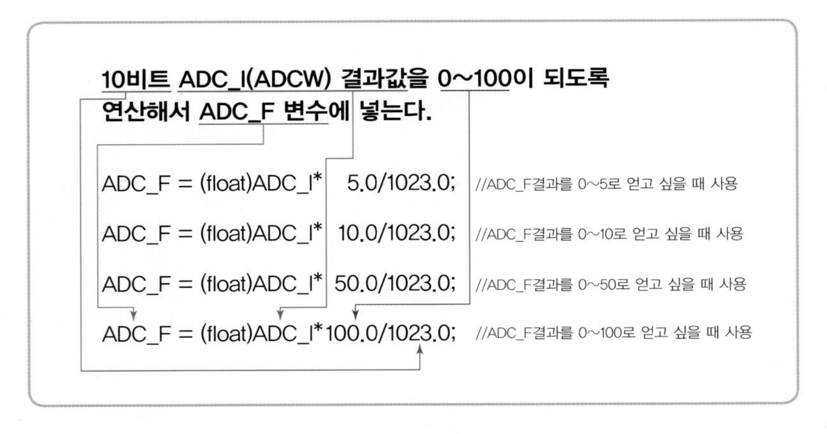

[그림 1-75] ADC 제어

[그림 1-75]는 ADC 제어과정을 설명하고 있다.

ADC 제어 레지스터

① ADMUX=0x40;　// 0b01000000, ADC0 입력
② ADCSRA=0xE7; // ADC 인에이블, 프리스케일러: 128분주
③ ADCW;　　　　// AVR의 ADC 결과값이 저장되는 16비트 레지스터

(1) ADMUX 레지스터

ADMUX 레지스터에서 [그림 1-76]과 같이 기준전압과 입력채널을 설정한다.

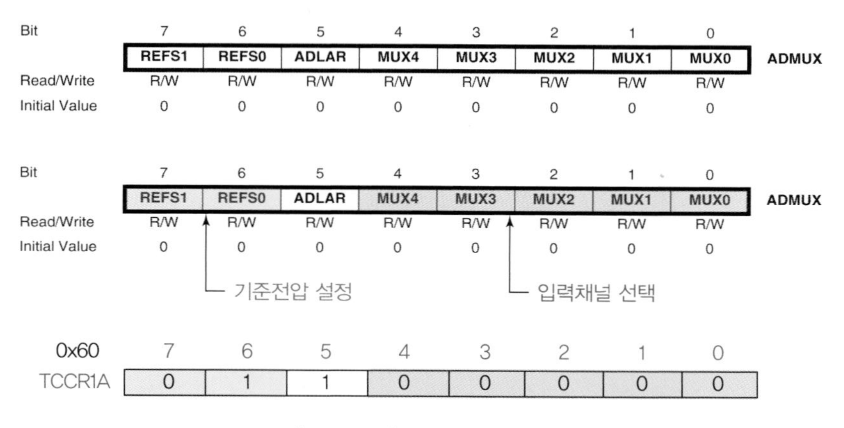

[그림 1-76] ADMUX 레지스터

기준전압은 [그림 1-77]과 같이 REFS1, REFS0를 이용하여 설정하고, 입력채널은 [그림 1-78]과 같이 설정할 수 있다.

REFS1	REFS0	Voltage Reference Selection
0	0	AREF, Internal Vref turned off
0	1	AVCC with external capacitor at AREF pin
1	0	Reserved
1	1	Internal 2.56V Voltage Reference with external capacitor at AREF pin

[그림 1-77] 기준전압 설정

MUX4..0	Single Ended Input	Positive Differential Input	Negative Differential Input	Gain
00000	ADC0			
00001	ADC1	입력 채널		
00010	ADC2			
00011	ADC3	N/A		
00100	ADC4			
00101	ADC5			
00110	ADC6			
00111	ADC7			
01000(1)		ADC0	ADC0	10x
01001		ADC1	ADC0	10x
01010(1)		ADC0	ADC0	200x
01011		ADC1	ADC0	200x
01100		ADC2	ADC2	10x
01101		ADC3	ADC2	10x
01110		ADC2	ADC2	200x
01111		ADC3	ADC2	200x
10000		ADC0	ADC1	1x
10001		ADC1	ADC1	1x
10010	N/A	ADC2	ADC1	1x
10011		ADC3	ADC1	1x
10100		ADC4	ADC1	1x
10101		ADC5	ADC1	1x
10110		ADC6	ADC1	1x
10111		ADC7	ADC1	1x
11000		ADC0	ADC2	1x
11001		ADC1	ADC2	1x
11010		ADC2	ADC2	1x
11011		ADC3	ADC2	1x
11100		ADC4	ADC2	1x

[그림 1-78] 입력채널 설정

(2) ADCSRA 레지스터

ADCSRA 레지스터를 사용하여 [그림 1-79]와 같이 프리스케일러 등을 설정한다.

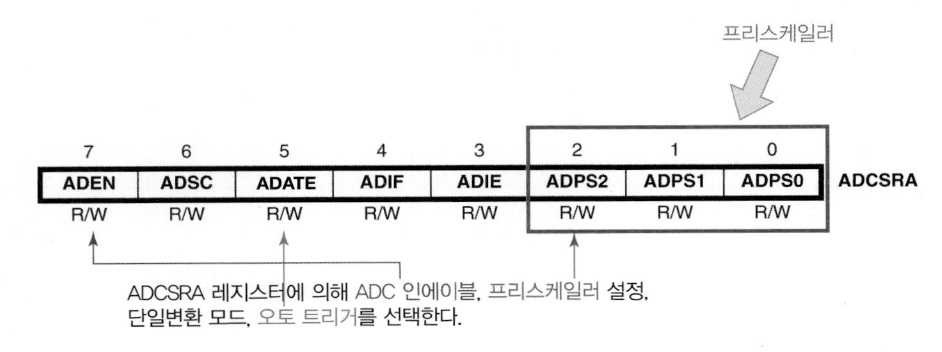

[그림 1-79] ADCSRA 레지스터 설정

ADC 프리스케일러는 [그림 1-80]과 같이 ADPS2, ADPS1, ADPS0를 사용하여 설정한다.

ADPS2	ADPS1	ADPS0	Division Factor
0	0	0	2
0	0	1	2
0	1	0	4
0	1	1	8
1	0	0	16
1	0	1	32
1	1	0	64
1	1	1	128

[그림 1-80] ADC 프리스케일러 설정

(3) ADCH, ADCL(ADC Data Register)

A/D 변환기 데이터 레지스터, 즉 A/D 변환된 결과를 저장하는 레지스터로서 ADMUX 레지스터의 ADLAR 비트값에 따라 저장형식은 [그림 1-81]과 같다.

Bit	15	14	13	12	11	10	9	8	
	–	–	–	–	–	–	ADC9	ADC8	ADCH
	ADC7	ADC6	ADC5	ADC4	ADC3	ADC2	ADC1	ADC0	ADCL
	7	6	5	4	3	2	1	0	
Read/Write	R	R	R	R	R	R	R	R	
	R	R	R	R	R	R	R	R	
Initial Value	0	0	0	0	0	0	0	0	
	0	0	0	0	0	0	0	0	

Bit	15	14	13	12	11	10	9	8	
	ADC9	ADC8	ADC7	ADC6	ADC5	ADC4	ADC3	ADC2	ADCH
	ADC1	ADC0	–	–	–	–	–	–	ADCL
	7	6	5	4	3	2	1	0	
Read/Write	R	R	R	R	R	R	R	R	
	R	R	R	R	R	R	R	R	
Initial Value	0	0	0	0	0	0	0	0	
	0	0	0	0	0	0	0	0	

[그림 1-81] ADC 데이터 레지스터

7) 작동 확인

ADC 회로를 구성하여 가변저항값을 변화시키면서 LED 출력이 정확히 이루어지는지를 확인한다.

8) 응용 제어(과제)

ADC 제어를 잘 이해했으면, 수온센서의 신호에 의해 냉각팬을 제어하기 위한 회로와 프로그램을 설계해 보자. 이때 수온이 약 80℃ 이상이 되면 냉각팬의 속도를 변화시켜 제어하도록 설계한다.

프로젝트 02

자동차 CAN통신 공작

Smart Car Coding Project

CHAPTER

01 CAN통신 기초공작

1-1 공작 개요

주어진 실습용 자동차의 전장회로도를 정확히 이해하고 분석하여, [그림 2-1]과 같이 직접 만든 CAN통신 ECU(CAN통신 모듈)에 의해 자동차 네트워크가 우리가 의도한 대로 작동하도록 브레드보드를 이용하여 CAN128V1 모듈을 설치하고 프로그래밍한다.

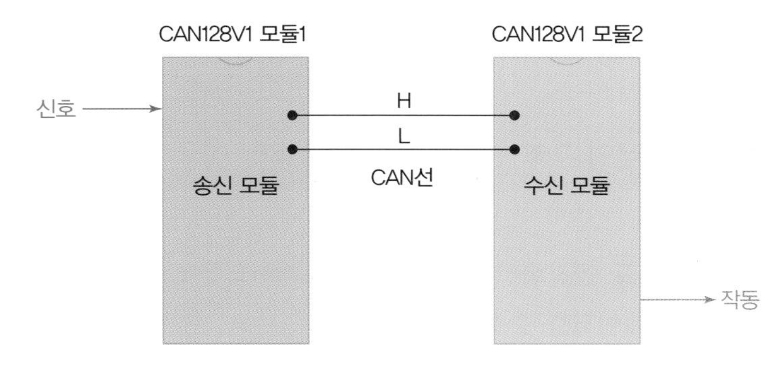

[그림 2-1] CAN통신 기초공작 개요

브레드보드에 CAN신호 처리가 가능한 ECU(CAN128V1 모듈)를 2개 설치하여 스위치 입력 신호를 받는 ECU(송신 모듈)에서 CAN선을 통해 다른 ECU(수신 모듈)에 제어신호가 전달된다. 이때 CAN선으로 전달된 제어신호에 의해 수신 모듈의 LED가 작동되도록 한다.

이 장에서는 간단한 CAN통신 실습을 통해 CAN통신의 송/수신 구조를 이해할 수 있다.

NOTE

여기서 CAN통신과 관련한 기초사항은 필자의 저서 《자동차 미케닉을 위한 자동차 전자제어 시스템》을 참고하거나, 인터넷을 통해 자료를 모아 미리 공부를 해두자.

1-2 자기주도 공작 목표

① CAN통신의 구조를 이해하고, 데이터를 송/수신할 수 있다.
② 코딩을 쉽게 적용할 수 있다.

1-3 제어 알고리즘 구상

송신 모듈에 연결된 스위치를 누르면 수신 모듈에 연결된 LED가 작동되도록 한다. 동시에 송신 모듈에 연결된 LED도 점등된다.

1-4 구성부품

브레드보드 2개, CAN128V1 모듈 2개, LED, 푸시버튼 스위치, 배선, 콘덴서, 7805 정전압 IC

1-5 CAN통신 프레임 구조

엔진 ECU에서 다른 ECU로 엔진회전수 2,000 rpm의 데이터를 CAN선에 실어 송신할 경우, [그림 2-2]와 같은 구조로 데이터를 송신한다.

"엔진회전수"를 ID로 설정하고, "2,000 rpm" 데이터를 Data영역에 실어 CAN선에 띄운다.

- Identifier : 첫 11 bit에는 어떤 ECU가 어떤 정보를 보내는가에 대한 정보(ID) 메시지가 내장된다.
- Data : 보내는 데이터 신호가 내장된다.

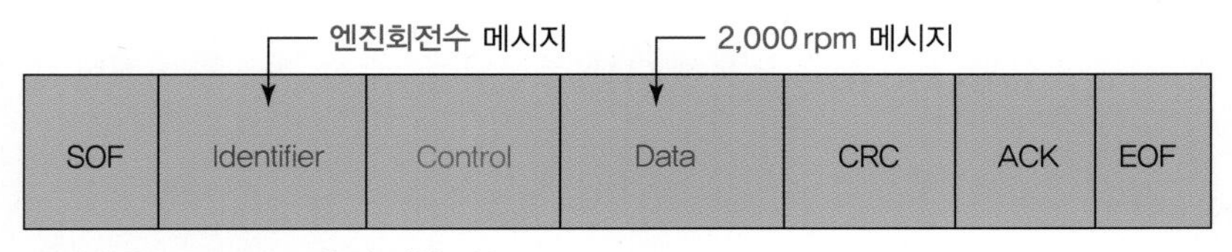

[그림 2-2] CAN 프레임 구조와 데이터 송신

1-6 CAN 네트워크 통신방법

CAN 데이터 통신은 [그림 2-3]과 같은 과정을 거쳐 CAN선을 통해 필요한 데이터를 송/수신하게 된다.

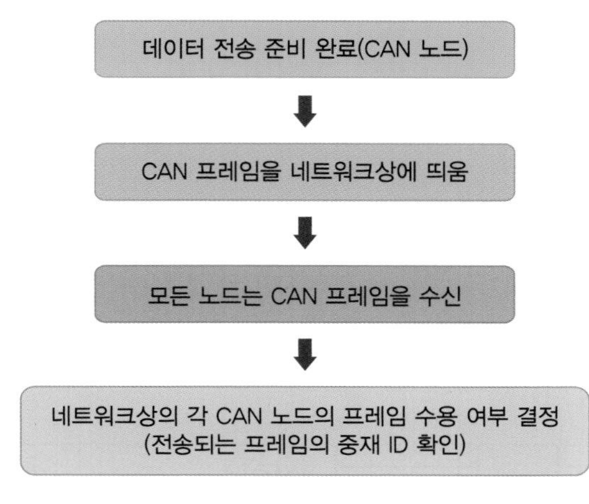

[그림 2-3] CAN 데이터 송신방법

1-7 CAN 하드웨어 구조와 기능

[그림 2-4]는 CAN Driver와 CAN Controller를 포함한 CAN 하드웨어 구조를 나타낸다.

① CAN Transceiver 역할 : CAN 버스 또는 MCU에서 송/수신되는 데이터를 전기적인 신호로 바꾸어 준다. 즉, MCU에서 온 송신용 데이터는 CAN 버스에 싣기 위한 송신용 데이터(CAN통신 송신데이터)로 변환되고, CAN 버스로부터 받은 수신용 데이터(CAN 통신 수신데이터)는 MCU에 전달하기 위한 수신용 데이터로 변환된다.

② CAN Controller 역할 : [그림 2-5]에서 내부 버퍼를 가지고 있으며, Transceiver(Driver)에서 전달되는 수신 메시지에 대해 필요한 데이터인지 아닌지를 ID로 구별한 후, 필요한 데이터인 경우 MCU로 전달한다.

- 송신 MOb : CAN 채널(channel)은 송신으로 설정된 모든 MOb를 스캔(scan)하고, 가장 높은 우선권을 가진 MOb를 찾아서 전송할 준비를 한다.

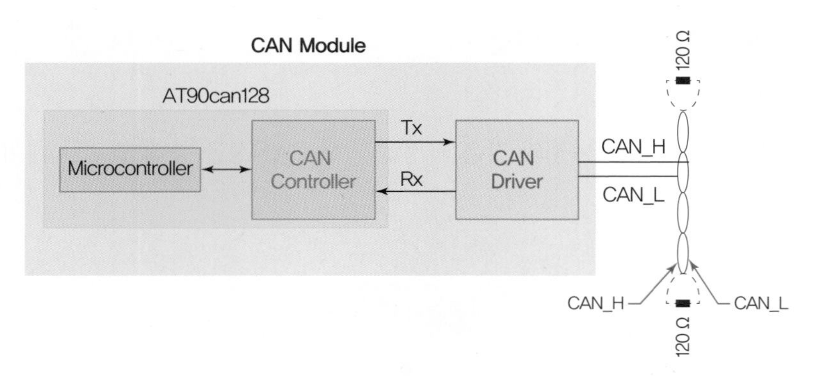

[그림 2-4] CAN 하드웨어 구조

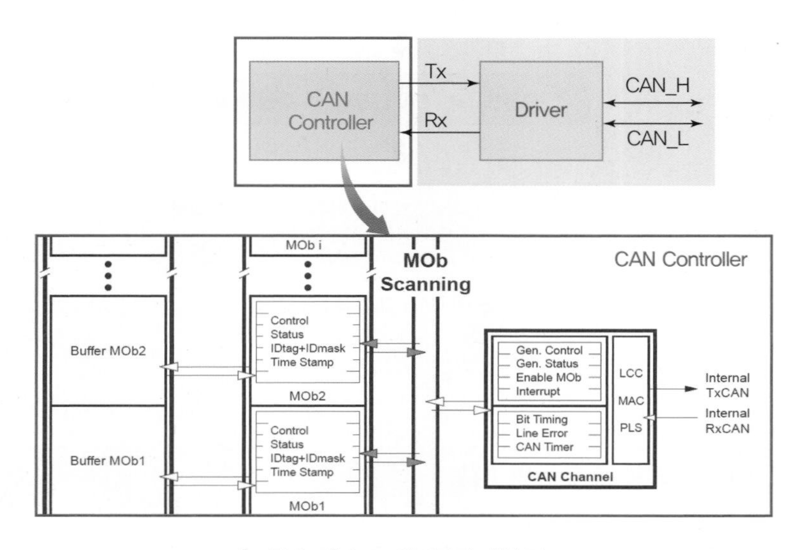

[그림 2-5] CAN 컨트롤러 내부 구조

- 수신 MOb : 프레임 식별자(ID)가 CAN 버스에서 수신될 때, CAN 채널은 수신 MOb에 있는 모든 MOb를 스캔하고 일치하는 가장 높은 우선권을 가진 MOb를 찾는다. 이때 일치하는 MOb가 있을 경우, 일치하는 MOb의 IDT, IDE, DLC값을 수신된 값으로 바꾼다.

CAN 데이터의 송/수신 과정을 그림으로 나타내면 [그림 2-6]과 같다

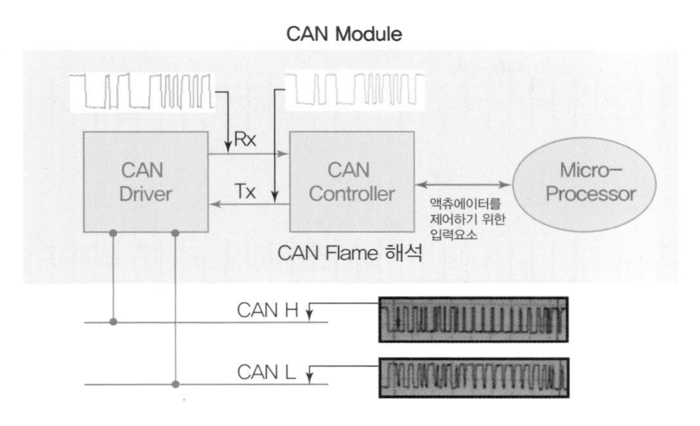

[그림 2-6] CAN 메시지 송/수신 과정 및 파형

1-8 CAN128V1 모듈 단자 구조

[그림 2-7]은 CAN128V1 모듈의 전체 구성요소를 나타낸다. 그림에서 ISP 포트와 CAN선 포트, J1, J2의 위치, 핀 배열을 확인해 보기 바란다.

회로 배선연결 시에 J1, J2 핀 배열은 [그림 2-8]을 참고하여 연결한다.

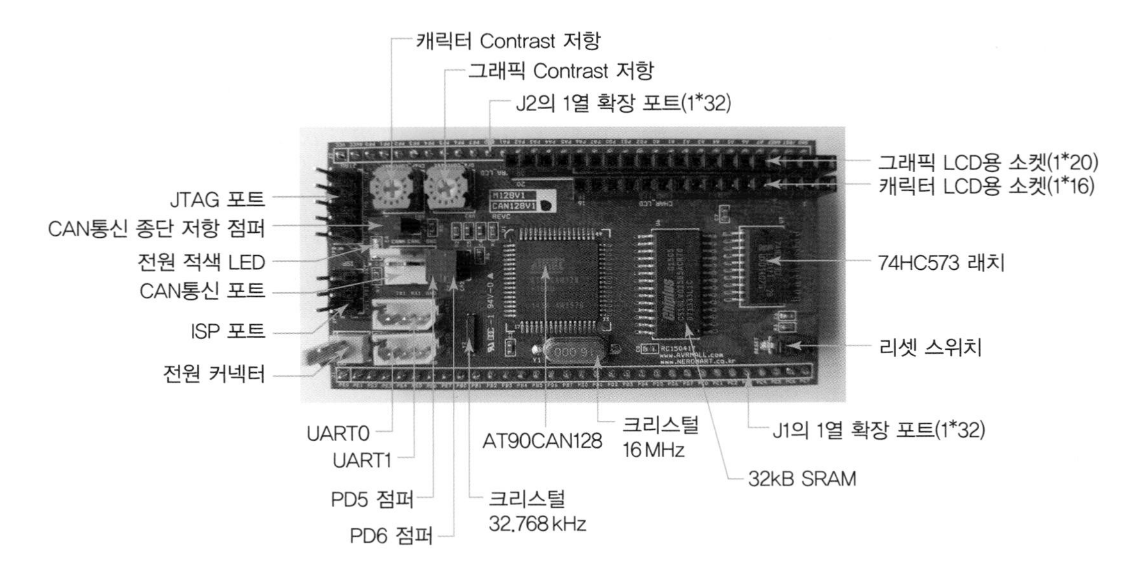

[그림 2-7] CAN128V1 구성 요소

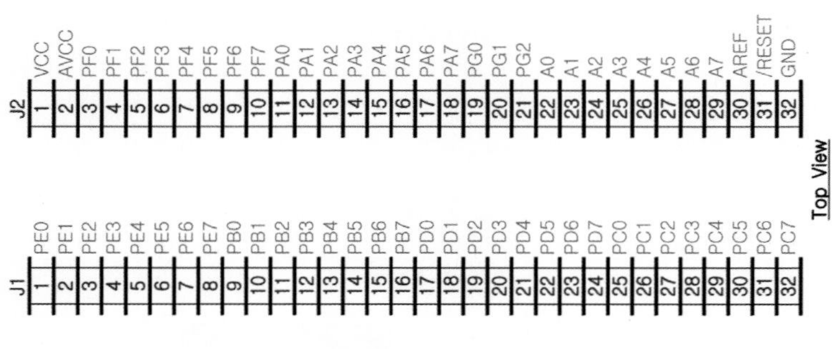

[그림 2-8] J1과 J2 핀 배열

1-9 프로그래밍 업로드하기

CAN128V1 모듈에 프로그램을 업로드할 때 [그림 2-9]를 참고하여 AVRISP를 연결하고 프로그래밍한다.

■ **AVR ISP 프로그래머로 프로그래밍하기**

JP1에 1번 방향을 기준으로 ISP의 6핀 플랫케이블을 연결하거나 ISP 연결 시 Pin번호에 맞게 연결한다. 자세한 프로그래밍 방법은 ISP 장비의 매뉴얼을 참조한다.

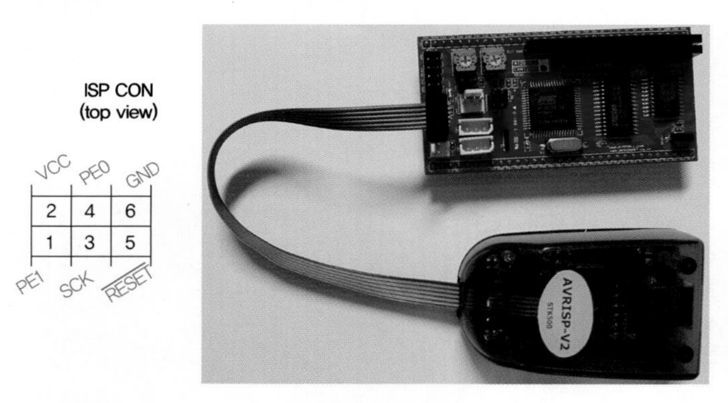

[그림 2-9] AVRISP 커넥터 연결 및 프로그래밍 업로드하기

1-10 CAN통신 시스템 회로 설계

1) 제어회로 설계

[그림 2-10]과 같이 송신 모듈에서 스위치 신호를 입력 받아 일련의 과정을 거쳐 CAN선으로 LED 작동신호를 보내면, 수신 모듈에서는 CAN선을 통해 수신한 신호를 해석하여 그 결과

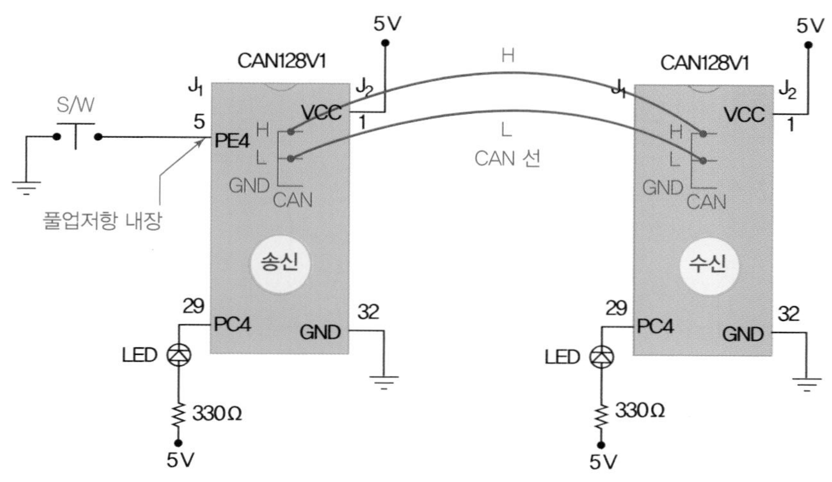

[그림 2-10] CAN통신 기초 회로(송신과 수신 모듈)

에 따라 PORTC.4로 신호를 출력하여 LED가 작동되도록 제어한다.

즉, 송신 모듈의 스위치를 작동시키면, 수신 모듈에 연결된 LED가 작동된다. 동시에 송신 모듈이 잘 작동되고 있다는 것을 확인하기 위한 송신 모듈의 LED도 작동하게 된다.

2) 간단한 송/수신 프로그램 구조

실습과 관련된 프로그램들은 "정태균의 ECU 튜닝클럽(http://cafe.daum.net/tgjung)"에 접속한 후 필요한 파일들을 확인하기 바란다.

제시된 프로그램을 기초로 우리가 필요로 하는 창의적 시스템과 자동차시스템 튜닝 프로그램을 설계해 보자. 우리는 소프트웨어 프로그래머가 되는 것이 목표가 아니라, 자동차 기술인으로서 CAN 통신시스템을 기술적으로 잘 이해하고 좀 더 융합기술 경쟁력을 가지는 것이 이 책을 공부하는 주된 목표임을 잊지 말자.

따라서, 이 책은 CAN통신 프로그램 개발자의 관점에서가 아니라, 자동차 CAN통신 시스템을 이해하려고 하는 기술인의 관점에서 설명하려고 한다. 만약, CAN통신 관련 프로그램을 이해하기가 너무 어려우면, 이 책에서 설명하는 프로그램은 CAN통신을 이해하기 위한 도구로만 활용한다고 생각해 보자.

① 송신 프로그램 구조

송신 프로그램(tx_can1.c)은 송신 모듈에 업로드하여 사용한다. 송신 프로그램(tx_can1.c)의 내용을 간단히 분석하면 아래와 같다.

```
#include <90can128.h> // tx_can1.c 프로그램명//
void can_init(void)     // CAN 초기화 함수
{
   • CAN 레지스터 초기화 및 리셋
   • CAN ID TAG 설정(0x123)
}
void main(void) // 메인 함수
{
   • 포트 입·출력 설정
   • can_init( ); 호출
     do{// 반복 실행
            • 스위치 신호 입력
            • 송신 모듈 LED 작동
            • CAN 신호 출력(CAN선으로)
            • 대기
     }while(1);
}
```

② 수신 프로그램 구조

수신 프로그램(rx_can1.c)은 수신 모듈에 업로드한다. 수신 프로그램(rx_can1.c)의 내용을 간단히 분석하면 아래와 같다.

```
#include <90can128.h>     // rx_can1.c 프로그램명//
void can_init(void)       // CAN 초기화 함수
{
      • CAN 레지스터 초기화 및 리셋
      • 수신 CAN ID TAG, MASK 설정(0x123, 0x000)
      • CAN 인터럽트 설정
}

void main(void)
{
```

```
        • 포트 입 · 출력 설정
        • can_init( ); 호출
      do{// 반복 실행
          CAN 인터럽트 발생 대기
        }while(1);
}

interrupt [CAN_IT] void can_interrupt(void) // CAN 인터럽트 함수
{
  • CAN 메시지 수신
  • CAN 데이터 수신 후, 신호 출력(LED 작동)
}
```

1-11 작동 확인하기

[그림 2-11]과 같이 CAN통신 회로를 구성하여 의도한 대로 잘 작동되는지 확인해 본다. 오실로스코프를 CAN선에 연결하여 파형을 확인해 보면 정확한 작동을 확인할 수 있다.

[그림 2-11] 송/수신 모듈 작동 확인

CHAPTER

02 CAN통신 응용공작

2-1 CAN 레지스터 공작

2-1-1 공작 개요

CAN통신의 기본 구조를 이해한 후, [그림 2-12]와 같이 회로를 구성하여 CAN선에 띄워진 여러 데이터 중 각각의 수신 모듈에서 자신이 필요한 데이터를 선별해서 수신하는 원리를 이해하고 실습용 자동차에 손쉽게 적용할 수 있도록 한다.

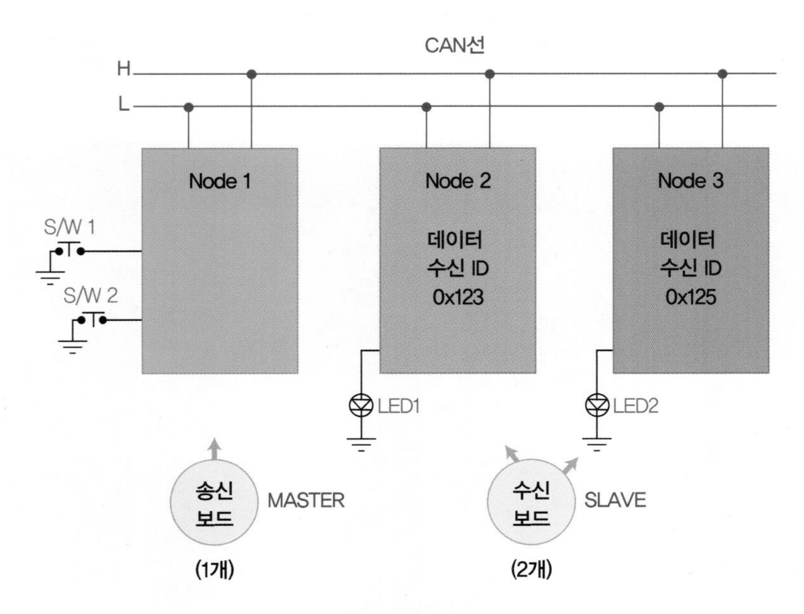

[그림 2-12] CAN통신 응용공작 개요

2-1-2 제어 알고리즘 구상

브레드보드에 3개의 ECU(CAN128V1, node)를 설치하여 서로 CAN선으로 통신하면서 원하는 ID의 데이터를 수신하도록 한다.

① 송신 모듈의 S/W1을 누르면 수신 모듈인 노드2의 LED가 점등되고, S/W2를 누르면 노드3의 LED가 점등된다.

② CAN128V1 모듈 3개를 이용하여 각각의 모듈에 수신 가능한 고유 ID를 부여하고, CAN선에 띄워진 ID 중에서 고유 ID를 인식하여 그 데이터를 수신하고 제어할 수 있도록 한다.

2-1-3 구성부품

브레드보드 2개, CAN128V1 모듈 3개, LED 2개, 푸시버튼 스위치 2개, 배선, 콘덴서, 7805 정전압 IC, AVRISP 커넥터(6핀)

2-1-4 CAN통신 시스템 회로 설계

[그림 2-13]과 같이 제어회로를 설계해 보자. 입력스위치(S/W1, S/W2) 회로에는 풀업저항이 내장되어 있으므로 모듈 외부에 별도의 풀업저항을 연결할 필요가 없다.

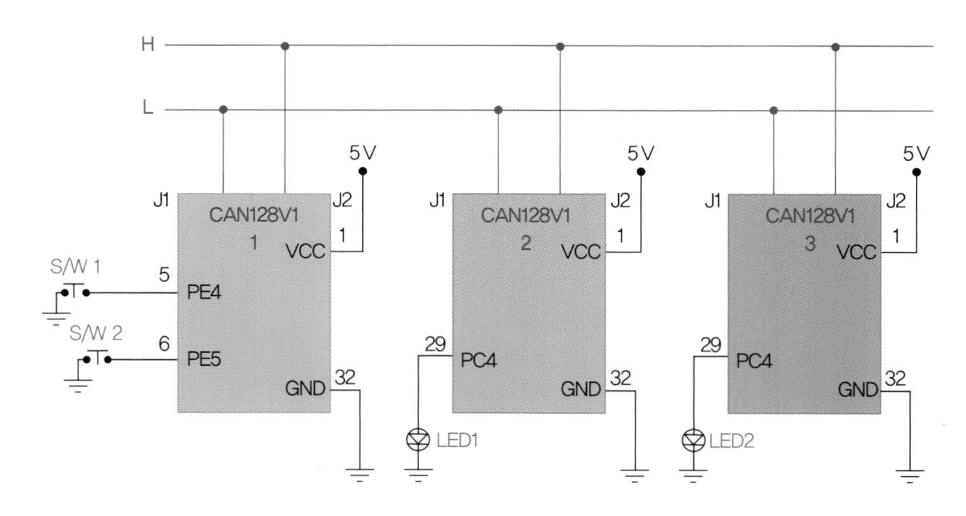

[그림 2-13] CAN통신 응용 회로도

송신 모듈(CAN128V1-1)에서 S/W1, S/W2의 신호를 입력 받아 CAN선으로 수신 ID와 함께 특정 포트(PC4)의 LED 작동신호를 보내면, 각각의 수신 모듈(CAN128V1-2, CAN128V1-3)에서는 CAN선을 통해 전해진 신호를 받아 필요한 ID의 데이터만을 수신하여 특정 포트(PC4)의 LED가 작동되도록 신호를 출력한다.

즉, 송신 모듈의 스위치를 작동시키면, 수신 모듈에서는 CAN선을 통해 송신 모듈에서 보낸 ID를 선별하여 수신함으로써 각각의 수신 모듈의 LED가 작동된다.

2-1-5 CAN 레지스터

1) CAN 프레임 구조

CAN 레지스터를 이해하고 분석하기 위해서는 [그림 2-14]와 같은 CAN 프레임 구조를 이해하여야 한다.

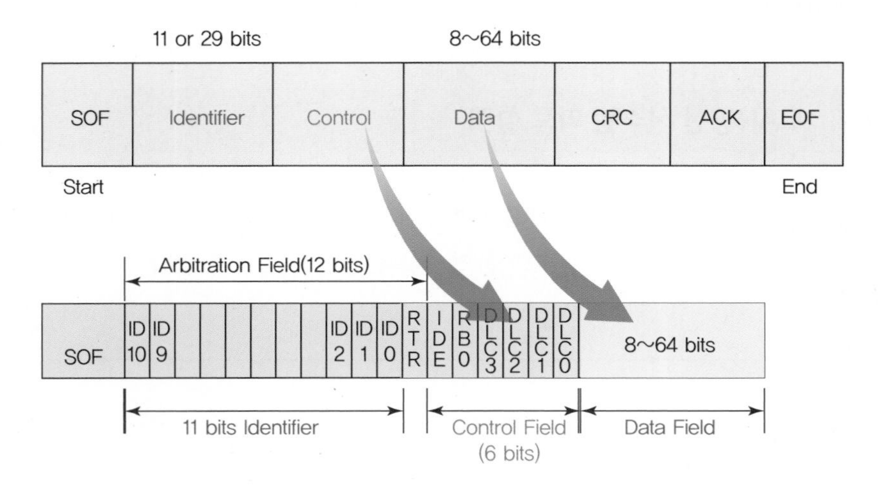

[그림 2-14] CAN 프레임 구조

- SOF(Start-Of-Frame) 비트: 메시지의 시작을 표시함.
- 중재 ID(Arbitration ID) 필드: 메시지를 식별하고 메시지의 우선순위를 지정함.
- IDE(Identifier Extension) 비트: 표준과 확장 프레임을 구분함.
- RB0(Reserved Bit 0) 비트: 예약 비트 0
- RTR(Remote Transmission Request) 비트: 원격 프레임과 데이터 프레임을 구별함.
- DLC(Data Length Code): 데이터 필드의 바이트 수를 표시함.
- 데이터 필드: 데이터로 구성(0~8byte)됨.

- CRC(Cyclic Redundancy Check): 오류 검출에 사용함.
- ACK(ACKnowledgement): 메시지를 정확하게 수신한 모든 CAN 컨트롤러는 메시지의 끝에 ACK 비트를 전송하고, 전송한 노드는 CAN 버스상에 ACK 비트 유무를 확인하고, ACK가 발견되지 않으면 전송을 재시도
- EOF(End-Of-Frame) 비트: 메시지의 끝을 표시함.

2) CAN 레지스터 분석

(1) CAN 레지스터 구분

CAN 레지스터는 CAN 일반 레지스터와 CAN MOB 레지스터로 구분할 수 있다.

① CAN 일반 레지스터 : 주로 CAN 초기화와 인터럽트 처리

② CAN MOB 레지스터 : CAN 프레임을 구성

CAN 프레임을 구성하는 레지스터는 CANCDMOB, CANIDT, CANMSG로 나타낼 수 있으며, ID, RTR, IDE, DLC, Data[0:8]로 구성되어 있다.

(2) CAN 프레임 구성 레지스터의 특성

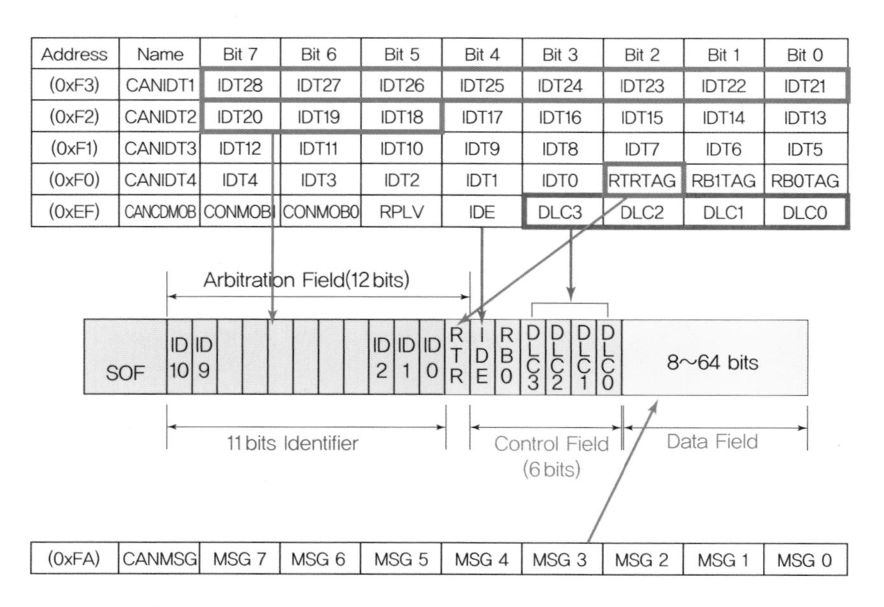

Address	Name	Bit 7	Bit 6	Bit 5	Bit 4	Bit 3	Bit 2	Bit 1	Bit 0
(0xF3)	CANIDT1	IDT28	IDT27	IDT26	IDT25	IDT24	IDT23	IDT22	IDT21
(0xF2)	CANIDT2	IDT20	IDT19	IDT18	IDT17	IDT16	IDT15	IDT14	IDT13
(0xF1)	CANIDT3	IDT12	IDT11	IDT10	IDT9	IDT8	IDT7	IDT6	IDT5
(0xF0)	CANIDT4	IDT4	IDT3	IDT2	IDT1	IDT0	RTRTAG	RB1TAG	RB0TAG
(0xEF)	CANCDMOB	CONMOB1	CONMOB0	RPLV	IDE	DLC3	DLC2	DLC1	DLC0

(0xFA)	CANMSG	MSG 7	MSG 6	MSG 5	MSG 4	MSG 3	MSG 2	MSG 1	MSG 0

[그림 2-15] AT90CAN128 레지스터와 표준 데이터 프레임의 관계

(3) 송/수신 관련 레지스터

① 송신 레지스터: CANIDT1, CANIDT2 레지스터를 사용하며, 송신 ID(송신 데이터의 ID 설정)를 설정하는 역할을 한다.

② 수신 레지스터

• ID TAG 설정: [그림 2-16]에서 CANIDT1, CANIDT2 레지스터를 사용하며, 수신할 ID(수신 데이터의 ID를 설정)를 설정한다.

Bit	15/7	14/6	13/5	12/4	11/3	10/2	9/1	8/0	
	-	-	-	-	-	RTRTAG	-	RB0TAG	CANIDT4
	-	-	-	-	-	-	-	-	CANIDT3
	IDT2	IDT1	IDT0	-	-	-	-	-	CANIDT2
	IDT10	IDT9	IDT8	IDT7	IDT6	IDT5	IDT4	IDT3	CANIDT1
Bit	31/23	30/22	29/21	28/20	27/19	26/18	25/17	24/16	
Read/Write	R/W	R/W	R/W	R/W	R/W	R/W	R/W	R/W	
Initial Value	-	-	-	-	-	-	-	-	

V2.0 part B

Bit	15/7	14/6	13/5	12/4	11/3	10/2	9/1	8/0	
	IDT4	IDT3	IDT2	IDT1	IDT0	RTRTAG	RB1TAG	RB0TAG	CANIDT4
	IDT12	IDT11	IDT10	IDT9	IDT8	IDT7	IDT6	IDT5	CANIDT3
	IDT20	IDT19	IDT18	IDT17	IDT16	IDT15	IDT14	IDT13	CANIDT2
	IDT28	IDT27	IDT26	IDT25	IDT24	IDT23	IDT22	IDT21	CANIDT1

[그림 2-16] CANIDT1, CANIDT2 레지스터

Bit	15/7	14/6	13/5	12/4	11/3	10/2	9/1	8/0	
	-	-	-	-	-	RTRMSK	-	IDEMSK	CANIDM4
	-	-	-	-	-	-	-	-	CANIDM3
	IDMSK2	IDMSK1	IDMSK0	-	-	-	-	-	CANIDM2
	IDMSK10	IDMSK9	IDMSK8	IDMSK7	IDMSK6	IDMSK5	IDMSK4	IDMSK3	CANIDM1
Bit	31/23	30/22	29/21	28/20	27/19	26/18	25/17	24/16	
Read/Write	R/W	R/W	R/W	R/W	R/W	R/W	R/W	R/W	
Initial Value	-	-	-	-	-	-	-	-	

V2.0 part B

Bit	15/7	14/6	13/5	12/4	11/3	10/2	9/1	8/0	
	IDMSK4	IDMSK3	IDMSK2	IDMSK1	IDMSK0	RTRMSK	-	IDEMSK	CANIDM4
	IDMSK12	IDMSK11	IDMSK10	IDMSK9	IDMSK8	IDMSK7	IDMSK6	IDMSK5	CANIDM3
	IDMSK20	IDMSK19	IDMSK18	IDMSK17	IDMSK16	IDMSK15	IDMSK14	IDMSK13	CANIDM2
	IDMSK28	IDMSK27	IDMSK26	IDMSK25	IDMSK24	IDMSK23	IDMSK22	IDMSK21	CANIDM1
Bit	31/23	30/22	29/21	28/20	27/19	26/18	25/17	24/16	
Read/Write	R/W	R/W	R/W	R/W	R/W	R/W	R/W	R/W	
Initial Value	-	-	-	-	-	-	-	-	

[그림 2-17] CANIDM1, CANIDM2 레지스터

• ID MASK 설정: [그림 2-17]에서 CANIDM1, CANIDM2 레지스터를 사용하며, 수신할 ID(수신 데이터의 ID)의 수용 범위를 설정한다.

- IDT(identifier tag): ID(식별자) 태그 비트
- IDMSK(identifier mask): ID(식별자) 마스크 비트
- IDEMSK(identifier extension mask): 확장 ID 마스크 비트
- RTRTAG(remote transmission request TAG): 원격송신요청 태그 비트
- RTRMSK(remote transmission request MSK): 원격송신요청 마스크 비트

(4) 수신 시 CAN 필터링 요약

① 전체 필터링(특정 ID 하나만 받음)

■ ID MSK 설정

ID MASK = 0x7FF, 즉 CANIDM1 = 0xFF(0b11111111), CANIDM2 = 0xE0(0b11100000)이면, 특정 ID TAG 하나만 수신한다.

수신 시에 ID MSK = 0x7FF(0b111 1111 1111)로 설정하면, CANIDM1 = 0xFF(0b11111111), CANIDM2 = 0xE0(0b11100000)이 된다.

[그림 2-18]은 ID MASK에서 CANIDM1, CANIDM2를 구하는 방법을 설명하고 있다.

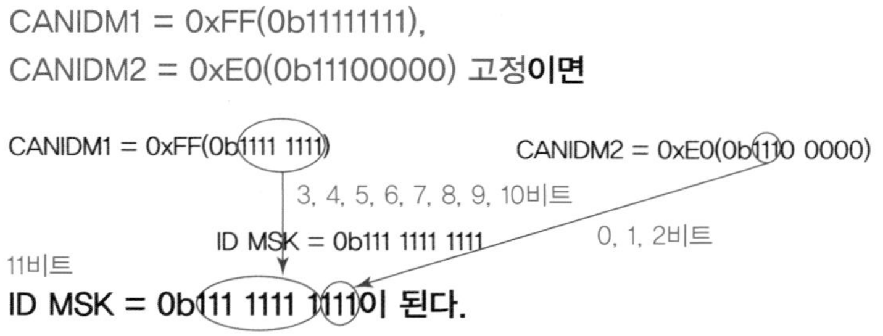

CANIDM1 = 0xFF(0b11111111),
CANIDM2 = 0xE0(0b11100000) 고정**이면**

CANIDM1 = 0xFF(0b1111 1111)
CANIDM2 = 0xE0(0b1110 0000)
3, 4, 5, 6, 7, 8, 9, 10비트
ID MSK = 0b111 1111 1111
0, 1, 2비트
11비트
ID MSK = 0b111 1111 1111이 된다.

IDMSK2	IDMSK1	IDMSK0	–	–	–	–	–	CANIDM2
IDMSK10	IDMSK9	IDMSK8	IDMSK7	IDMSK6	IDMSK5	IDMSK4	IDMSK3	CANIDM1

[그림 2-18] 전체 필터링의 경우 ID MSK 설정

■ ID TAG 설정

수신 시 ID TAG = 0x264(0b010 0110 0100)로 설정하였을 경우, CANIDT1 = 0x4C(0b01001100), CANIDT2 = 0x80(0b10000000)이 된다.

[그림 2-19]는 ID TAG에서 CANIDT1, CANIDT2를 구하는 방법을 설명하고 있다.

수신 시 CANIDT1 = 0x4C, CANIDT2 = 0x80, 즉 ID TAG = 0x264 / CANIDM1 = 0xFF,

CANIDM2 = 0xE0, 즉 ID MASK = 0x7FF로 설정한 경우 ID 0x264만 수신할 수 있다.

CAN 표준 프레임에서 수신 시 하나의 ID=0x264만의 데이터를 받을 경우
- ID MSK(11비트) = 0b111 1111 1111(0x7FF)
- ID TAG(11비트) = 0b010 0110 0100(0x264)

수신 시 ID TAG = 0x120만 받기를 원할 때, ID MASK = 0x7FF, ID TAG = 0x120이므로, 프로그램상에서는 CANIDM1 = 0xFF, CANIDM2 = 0xE0 / CANIDT1 = 0x24, CANIDT2 = 0x00으로 설정하면 된다.

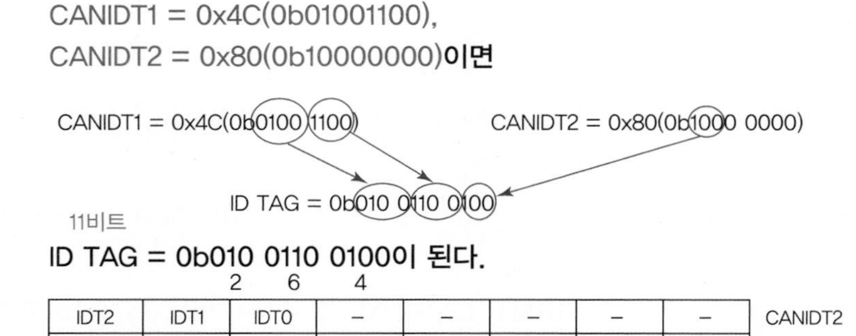

IDT2	IDT1	IDT0	–	–	–	–	–	CANIDT2
IDT10	IDT9	IDT8	IDT7	IDT6	IDT5	IDT4	IDT3	CANIDT1

[그림 2-19] 전체 필터링의 경우 ID TAG 설정

② 부분 필터링(일정 범위 ID만 받음)

■ ID MSK 설정

수신 시 ID MASK = 0x7F8, 즉 CANIDM1 = 0xFF(0b11111111), CANIDM2 = 0x00(0b00000000)이면, 일정 범위의 ID를 수신할 수 있다.

수신 시 ID MSK = 0x7F8(0b111 1111 1000)이면 CANIDM1 = 0xFF(0b11111111), CANIDM2 = 0x00(0b00000000)이 된다.

■ ID TAG 설정

수신 시 ID TAG = 0x12x(0b001 0010 0xxx)로 설정할 경우, ID 0x120~0x127까지 8개의 ID를 수신할 수 있다.

ID TAG = 0b001 0010 0xxx이면 CANIDT1 = 0x24(0b0010 0100), CANIDT2 = 0bxxx0 0000이 된다.

CANIDT2값		ID TAG값	
CANIDT2 = 0bxxx0 0000		ID TAG = 0b001 0010 0xxx	
CANIDT2 = 0b**000**0 0000	0x00	ID TAG = 0b001 0010 0**000**	0x120
CANIDT2 = 0b**001**0 0000	0x20	ID TAG = 0b001 0010 0**001**	0x121
CANIDT2 = 0b**010**0 0000	0x40	ID TAG = 0b001 0010 0**010**	0x122
CANIDT2 = 0b**011**0 0000	0x60	ID TAG = 0b001 0010 0**011**	0x123
CANIDT2 = 0b**100**0 0000	0x80	ID TAG = 0b001 0010 0**100**	0x124
CANIDT2 = 0b**101**0 0000	0xA0	ID TAG = 0b001 0010 0**101**	0x125
CANIDT2 = 0b**110**0 0000	0xC0	ID TAG = 0b001 0010 0**110**	0x126
CANIDT2 = 0b**111**0 0000	0xE0	ID TAG = 0b001 0010 0**111**	0x127

ID MASK = 0x7F8, ID TAG = 0b001 0010 0xxx(0x120 ~ 0x127)이면 ID 0x120~0x127의 8개의 ID를 수신할 수 있다.

예를 들어, ID MASK = 0x7F8, ID TAG = 0x120(0x121~0x127도 동일)으로 수신을 설정할 경우, 수신되는 ID TAG는 0x120~0x127까지 수용할 수 있다. 즉, ID TAG = 0x120뿐만 아니라, 0x121~0x127까지도 수용할 수 있다.

실제 프로그램상에서는 수신 ID TAG = 0x120, ID MASK = 0x7F8일 경우, CANIDT1 = 0x24, CANIDT2=0x00 / CANIDM1 = 0xFF, CANIDM2 = 0x00으로 설정해 주면 된다.

CAN 표준 프레임에서 일정 범위(0x120~0x127, 8개)의 ID까지 받을 경우

- ID MSK(11비트) = 0b111 1111 1000(고정)
- ID TAG(11비트) = 0b001 0010 0xxx(변동, 8개)

만약, 수신 시 0x260~0x267까지 ID를 받기 원한다면, ID TAG = 0b010 0110 0xxx(0x260~0x267 중의 하나)로 설정하면 된다.

③ 노 필터링(모든 ID 받음)

■ ID MSK 설정

수신 시 ID MSK = 0x000(0b000 0000 0000), 즉 CANIDM1 = 0x00(0b00000000), CANIDM2 = 0x00(0b00000000)이면, 모든 ID(0x000~0x7FF)를 수용한다.

ID MSK = 0x00(0b000 0000 0000)이면, CANIDM1 = 0x00(0b00000000), CANIDM2 = 0x00(0b00000000)이 된다.

■ ID TAG 설정(모든 ID 받음)

CANIDT1 = 0bxxxx xxxx, CANIDT2 = 0bxxx0 0000이면 모든 ID TAG(0x000~0x7FF)를 수용한다.

ID TAG = 0bxxx xxxx xxxx이면, CANIDT1 = 0bxxxxxxxx, CANIDT2 = 0bxxx00000이 된다.

CANIDT1값		CANIDT2값	
CANIDT1 = 0bxxxx xxxx		**CANIDT2 = 0bxxx0 0000**	
CANIDT1 = 0b**0000 0000**	0x00	CANIDT2 = 0b**000**0 0000	0x00
CANIDT1 = 0b**0000 0001**	0x10	CANIDT2 = 0b**001**0 0000	0x20
⋮		⋮	
CANIDT1 = 0b**1111 1111**	0xFF	CANIDT2 = 0b**111**0 0000	0xE0

ID TAG값	
ID TAG = 0bxxx xxxx xxxx	
ID TAG = 0b**000 0000 0000**	0x000
ID TAG = 0b**000 0000 0001**	0x001
ID TAG = 0b**000 0000 0010**	0x002
⋮	
ID TAG = 0b**111 1111 1111**	0x7FF

ID MASK = 0x000, ID TAG = 0bxxx xxxx xxxx(0x000~0x7FF)이면, 모든 ID를 수신할 수 있다. 예로, 수신 ID MASK = 0x000, ID TAG = 0x264(또는 0xxxx의 모든 ID)로 수신을 설정하더라도 CAN선으로부터 모든 ID TAG를 수용할 수 있다. 즉, ID TAG = 0x264뿐만 아니라 0x000~0x7FF까지 수용할 수 있다.

CAN 표준 프레임에서 모든 ID(0x000~0x7FF)의 데이터를 받을 경우

− ID MSK(11비트) = 0b000 0000 0000

− ID TAG(11비트) = 0bxxx xxxx xxxx(11비트의 모든 수)

2-1-6 송/수신 데이터 저장

[그림 2-20]에서 CAN 제어기가 프로그램에 의하여 설정된 식별자(ID)와 일치하는 식별자(ID)를 가진 메시지를 수신하였을 경우에만 메시지가 저장되고, 인터럽트를 통하여 응용 프로그램이 동작된다.

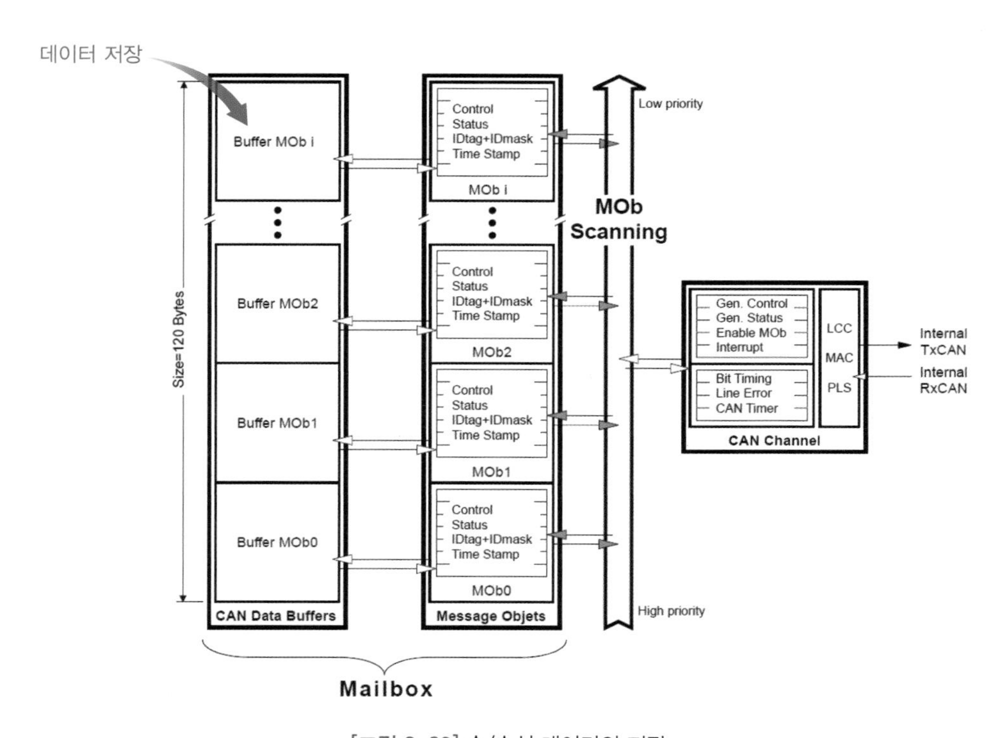

[그림 2-20] 송/수신 데이터의 저장

① 송신 MOb: CAN 채널은 '송신'으로 설정된 모든 MOb를 스캔하고, 가장 높은 우선권을 가진 MOb를 찾아서 전송할 준비를 한다.

② 수신 MOb: 프레임 식별자(ID)가 CAN 네트워크상에서 수신될 때, CAN 채널은 수신 MOb에 있는 모든 MOb를 스캔하고, 일치하는 가장 높은 우선권을 가진 MOb를 찾는다. 이때 일치하는 MOb가 있으면 일치하는 MOb의 IDT, IDE, DLC값을 수신된 값으로 갱신한다.

2-1-7 송/수신 프로그램 구조 및 이해

1) 송신 프로그램 구조 및 이해

송/수신 프로그램은 "정태균의 ECU 튜닝클럽(http://cafe.daum.net/tgjung)"의 메뉴(스마트카 코딩 프로젝트/프로젝트2 CAN 통신 공작)에서 필요한 예제 파일을 확인하고 필요에 따라 부분적으로 수정하여 사용한다. 송신 프로그램(tx_can2.c)은 송신 모듈에 다운로드하여 사용한다.

이번 프로그램에서는 수신 CAN ID TAG를 0x123, 0x125로 할당해서 실습하도록 한다.

송신 프로그램(tx_can2.c) 내용을 간단히 분석하면 아래와 같다.

```
#include <90can128.h> // tx_can2.c 프로그램명//
void can_init(void)    // CAN 초기화 함수
{
  • CAN 레지스터 초기화 및 리셋
  • CHANNEL 설정
}
void main(void)// 메인 함수
{
  • 포트 입 · 출력 설정
  • can_init(); 호출
 do{  //  반복 실행
    • 스위치 신호 입력
    • 송신 CAN ID, TAG 설정(0x123 또는 0x125)
    • 송신 모듈 LED 작동
    • CAN 신호 출력(CAN선으로)
    • 대기

 }while(1);
}
```

• 송신 CAN 필터링 요약

```
CAN node1의 CANIDT1, CANIDT2 레지스터 설정
        // 스위치 신호 입력
        if(SW1==0){
                /*Channel 0: identifier = 11bits, CANIDT=0x123 */
                CANIDT1 = 0x24;         // 송신 DATA의 ID가 0x123
                CANIDT2 = 0x60;
                CANIDT4 & = ~0x04;
                ;
                PORTC=0b00010000;       // 송신 ECU도 LED 작동
                }
        else if(SW2==0){
                    /* Channel 0: identifier = 11bits, CANIDT=0x125 */
                    CANIDT1 = 0x24;   // 송신 DATA의 ID가 0x125
                    CANIDT2 = 0xA0;
                    CANIDT4 &= ~0x04;
                    ;
                    PORTC=0b00010000; // 송신 ECU도 LED 작동
                    }
        else  PORTC=0b00000000;
```

if~else문을 사용하여 각 스위치에서 입력되는 신호를 구분하여 각각의 신호에 ID를 부여한다.

2) 수신 프로그램 구조 및 이해

2개의 수신 프로그램(rx_can2_1.c 과 rx_can2_2.c) 내용을 간단히 분석하면 다음과 같다.

```
#include <90can128.h> // rx_can2_1.c 와 rx_can2_2.c 프로그램명 //
void can_init(void)   // CAN 초기화 함수
{
    • CAN 레지스터 초기화 및 리셋
```

```
    • CHANNEL0 설정
    • 수신 CAN ID TAG, MASK 설정(0x123 또는 0x125)
    • CAN 인터럽트 설정
}
void main(void)
{
    • 포트 입·출력 설정
    • can_init( ); 호출
    do{// 반복 실행
        CAN 인터럽트 발생 대기
        }while(1);
}
interrupt [CAN_IT] void can_interrupt(void)// CAN 인터럽트 함수
{
    • 설정 CAN ID 메시지 수신
    • CAN 데이터 수신 후 포트로 출력(LED 작동)
}
```

• 수신 CAN 필터링 요약

① CAN node2 CANIDT1, CANIDT2, CANIDM1, CANIDM2 레지스터 설정

```
/* Channel 0: identifier = 11bits, CANIDT=0x123 */
    CANIDT1 = 0x24; // 받을 ID가 CANIDT 0x123만 허용
    CANIDT2 = 0x60;
    CANIDM1 = 0xE0; // CAN ID 0x123만 수용
    CANIDM2 = 0xFF;
```

② CAN node3 CANIDT1, CANIDT2, CANIDM1, CANIDM2 레지스터 설정

```
/* Channel 0: identifier = 11bits, CANIDT=0x125 */
    CANIDT1 = 0x24; // 받을 ID가 CANIDT 0x125
    CANIDT2 = 0xA0;
```

```
CANIDM1 = 0x00;// 수신 ID 0x125만 허용
CANIDM2 = 0xE0;
```

이 프로그램에서는 CAN 초기화 함수 내에서 CAN ID TAG와 MASK를 부여한다.

2-1-8 작동 확인

[그림 2-21]과 같은 CAN 회로를 구성하여 스위치를 사용하면서 LED의 작동을 확인해 보자. 노트북 컴퓨터와 ECU를 연결하는 AVRISP 커넥터는 6핀으로 연결하여야 한다.

[그림 2-21] CAN 레지스터 공작 실습 확인

2-2 CAN 단방향 통신 공작

2-2-1 공작 개요

[그림 2-22]와 같이 공작한 브레드보드(자작 ECU)의 CAN선에 CAN128V1 송/수신 모듈을 연결한다.

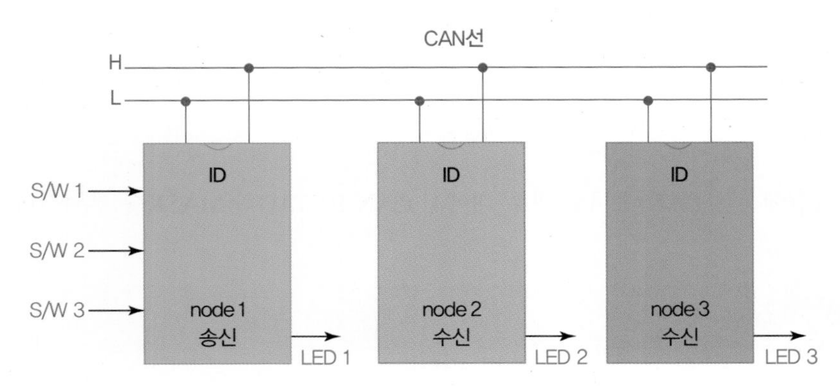

[그림 2-22] CAN ID 데이터 송/수신 공작 개략도

2-2-2 자기주도 공작 목표

① CAN통신의 작동을 이해하고, 데이터를 송/수신할 수 있다.
② 코딩을 쉽게 적용할 수 있다.

2-2-3 제어 알고리즘 구상

① node 1의 S/W 1 작동 시 node 1의 LED 1과 node 2의 LED 2가 작동
② node 1의 S/W 2 작동 시 node 1의 LED 1과 node 3의 LED 3가 작동
③ node 1의 S/W 3 작동 시 node 1의 LED 1, node 2의 LED 2, node 3의 LED 3가 작동

2-2-4 구성부품

브레드보드 2개, CAN128V1 모듈 3개, 푸시버튼 스위치 3개, LED 3개, 배선, 콘덴서, 7805 정전압 IC, AVRISP 커넥터(6핀)

2-2-5 제어회로 설계

[그림 2-23]의 입력스위치(S/W1, S/W2, S/W3) 회로에서 CAN 모듈 내에 풀업저항이 내장

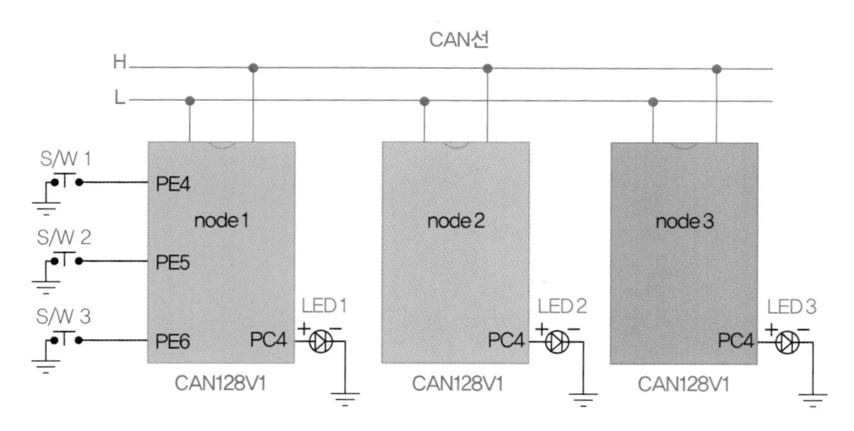

[그림 2-23] CAN 연결 회로도

되어 있으므로 모듈 외부에 별도의 풀업저항을 연결할 필요가 없다. CAN 레지스터 공작회로에서 스위치와 LED를 각각 1개씩 더 추가하여 회로를 구성하고 프로그래밍한다.

2-2-6 송/수신 프로그램 이해

1) node 1 송신 프로그램 이해

아래 제시된 송/수신 프로그램 구조를 정확히 이해하고 이를 응용하여 우리가 필요로 하는 창의적 시스템을 설계해 보자.

송신 프로그램(tx_candata_node1.c) 내용을 간단히 분석하면 아래와 같다.

```
#include <90can128.h> // tx_candata_node1.c 프로그램명//
void can_init(void) // CAN 초기화 함수
{
    • CAN 레지스터 초기화 및 리셋
    • CHANNEL 설정
}
void data_tx(void) //CAN 데이터 송신
{
    • CAN 데이터 송신
}
```

```
void main(void) // 메인 함수
{
 • 포트 입 · 출력 설정
 • can_init( ); 호출
  do{// 반복 실행
         • 스위치 신호 입력
         • 송신 CAN ID, TAG 설정(0x123 또는 0x125)
         • 송신 모듈 LED 작동
         • data_tx( ) 호출, CAN 데이터 출력(CAN선으로)
         • 대기
    }while(1);
}
```

2) node 2, node 3 수신 프로그램 이해

2개의 수신 프로그램(rx_candata_node2.c와 rx_candata_node3.c) 내용을 간단히 분석하면 아래와 같다.

```
#include <90can128.h>    // rx_candata_node2.c와 rx_candata_node3.c 프로그램명 //
void can_init(void) // CAN 초기화 함수
{
         • CAN 레지스터 초기화 및 리셋
         • CHANNEL0 설정
         • 수신 CAN ID TAG, MASK 설정(0x123 또는 0x125)
         • CAN 인터럽트 설정
}
void main(void)
{
         • 포트 입 · 출력 설정
         • can_init( );  호출
       do{  // 반복 실행
            CAN  인터럽트 발생 대기
```

```
        }while(1);
}
interrupt [CAN_IT] void can_interrupt(void) // CAN 인터럽트 함수
{
        • 설정 CAN ID 메시지 수신
        • CAN 데이터 수신 후 포트로 출력(LED 작동)
}
```

각 모듈의 수신 가능한 ID TAG와 MASK의 설정을 변경해 가면서 CAN통신의 특성을 이해해 보자.

2-2-7 작동 확인

[그림 2-24]와 같이 CAN 송/수신 공작회로를 구성하여 작동을 확인해 보자.

[그림 2-24] CAN 송/수신 공작 동작 확인

2-3 CAN 양방향 통신 공작

2-3-1 공작 개요

[그림 2-25]와 같이 2개의 node로 구성된 CAN통신 네트워크에서 node 1과 node 2는 각각 송/수신이 가능하도록 통신시스템을 구성한다.

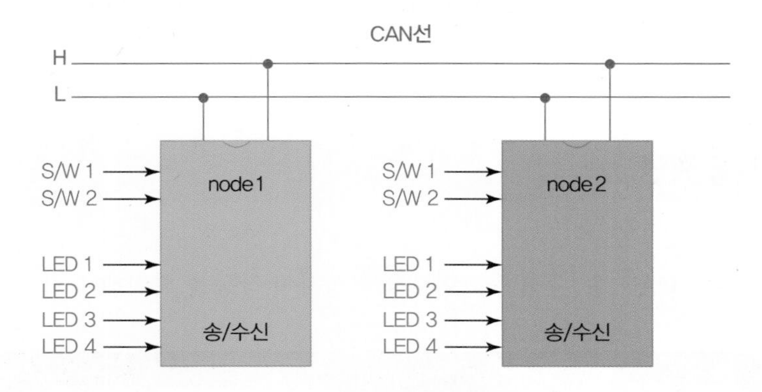

[그림 2-25] 입/출력 제어 개략도

2-3-2 제어 알고리즘 구상

각 node의 스위치는 동시에 누르지 않도록 한다.

① node 1의 S/W 1 작동 시, node 1의 LED 3와 node 2의 LED 1이 작동

② node 1의 S/W 2 작동 시, node 1의 LED 4와 node 2의 LED 2가 작동

③ node 2의 S/W 1 작동 시, node 1의 LED 1과 node 2의 LED 3가 작동

④ node 2의 S/W 2 작동 시, node 1의 LED 2와 node 2의 LED 4가 작동

2-3-3 구성부품

브레드보드 2개, CAN128V1 모듈 2개, 푸시버튼 스위치 4개, LED 8개, 배선, AVRISP 커넥터(6핀), 콘덴서, 7805 정전압 IC

2-3-4 제어회로 설계

입력스위치(S/W 1, S/W 2, S/W 3, S/W 4) 회로에서 CAN 모듈 내에 풀업저항이 내장되어 있으므로 모듈 외부에 별도의 풀업저항을 연결할 필요가 없다. [그림 2-26]과 같이 CAN 통신 회로를 구성하여 스위치와 LED의 작동에 대해 살펴보자.

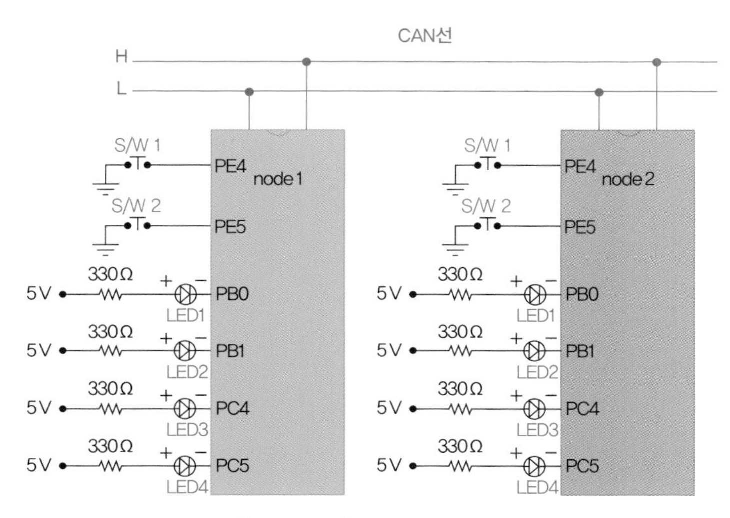

[그림 2-26] CAN 연결 회로도

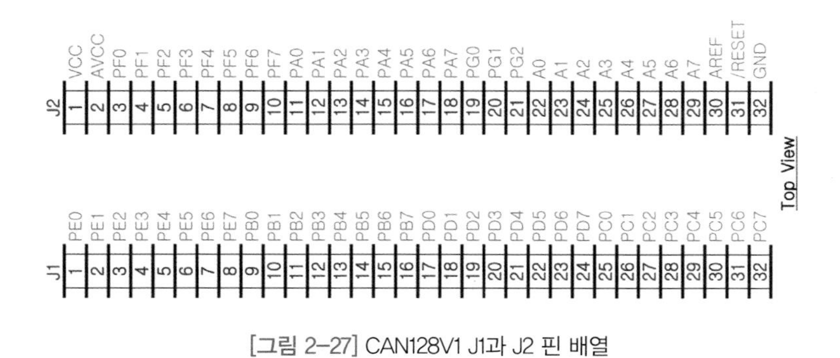

[그림 2-27] CAN128V1 J1과 J2 핀 배열

[그림 2-27]을 참고로 하여 CAN128V1의 배선을 연결한다.

2-3-5 송/수신 프로그램 구조 분석

node 1, node 2에 다음과 같이 동일한 프로그램을 업로드한다. txrx_can128.c는 데이터 송/수신에서 스위치를 눌러 스위치 신호가 입력되면 송신 모드, 스위치를 누르지 않은 상태이면 수신 모드로 설정되도록 프로그램되어 있다.

```
#include <90can128.h> // txrx_can128.c 프로그램명
void can_init(void)
{
   • CAN 초기화 설정
   • CAN ID, MASK 설정(0x123, 0x00)
}

void KEY_SCAN(void)
{
   • 스위치 입력 확인
}

void main(void)
{
    • 입출력 포트 설정
    • can_init( );
   while (1)
   {
      KEY_SCAN();
      if(inputKeyFlag)// 스위치를 누르면
      {
      • 데이터 송신 모드
      }
      else // 스위치를 누르지 않으면
      {
      • 데이터 수신 모드
      • CAN 인터럽트 발생
      }
   }
}
interrupt [CAN_IT] void can_interrupt(void)
{
  • 데이터 수신
}
```

2-3-6 트러블 발생 시 대처

CodeVisionAVR에서 AVRISP를 연결하여 ECU로 프로그램을 다운로드할 때 [그림 2-28]과 같은 메시지가 나타나면 프로그램이 업로드되지 않는다.

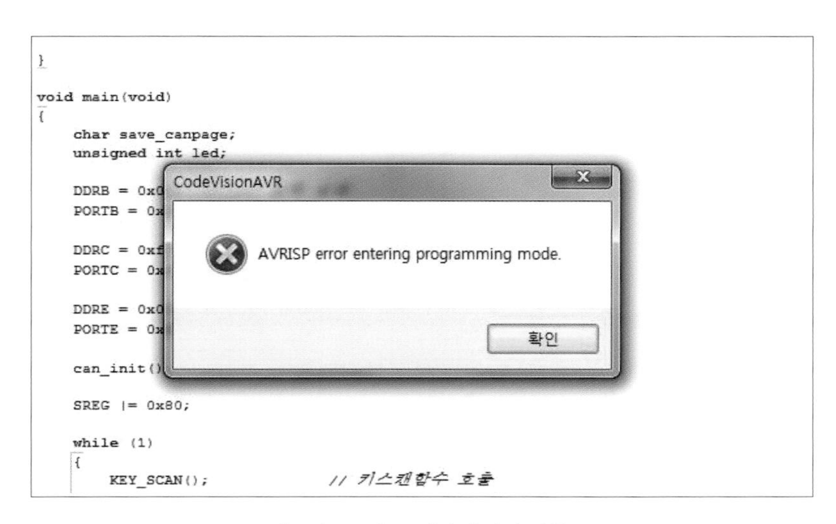

[그림 2-28] 트러블 메시지 발생

우선, CAN 회로에서 단순하고 기본적인 배선만 연결하면 문제점이 사라질 수 있다. 그 상태에서 프로그램을 다운로드하고 복잡한 원래 회로를 다시 연결하여 작동시키면 된다.

2-3-7 작동 확인

[그림 2-29]와 같은 CAN통신 회로를 구성하여 양방향 데이터 송/수신을 확인해 보자. 2개의 CAN 모듈이 송/수신 데이터에 따라 마스터와 슬레이브 두 개의 역할을 할 수 있다.

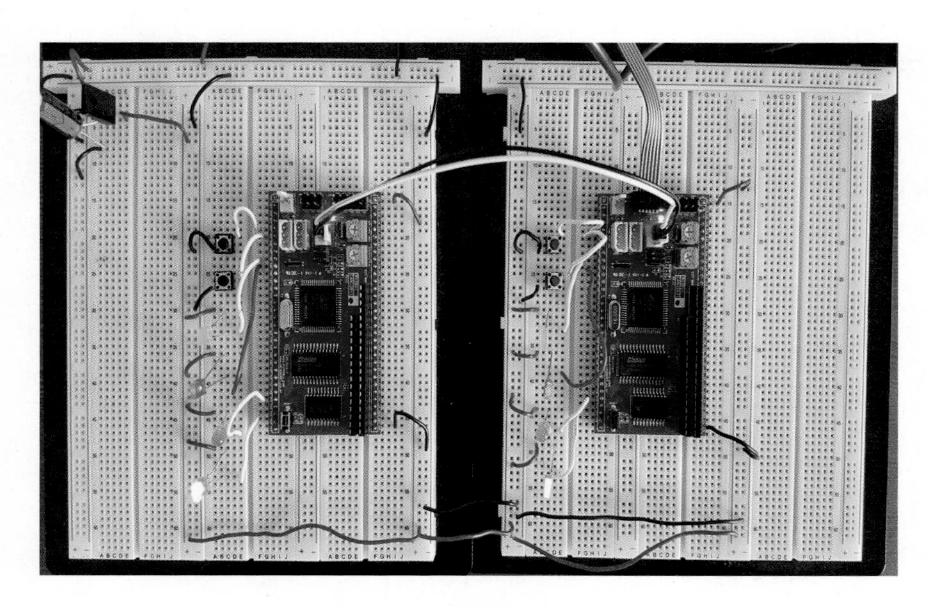

[그림 2-29] CAN통신 작동 확인

2-3-8 응용 제어(과제)

지금까지 학습한 회로와 프로그램을 확장하여 자동차시스템에 응용해 보자. 이제는 각 ECU 입/출력 데이터를 쌍방향 통신하는 것이 가능하므로 자동차 시스템에 적용하여 새로운 자동차 CAN통신 시스템을 구성한다.

CHAPTER

03 CAN통신 전조등 공작

3-1 공작 개요

CAN통신이 적용되지 않는 구형 자동차에서 2개의 자작 ECU(CAN128V1 모듈)를 사용하며, 스위치 신호를 받은 송신 모듈과 전조등을 작동시키는 수신 모듈이 서로 CAN선으로 연결되어 데이터를 송·수신할 수 있도록 [그림 2-30]과 같은 회로를 구성한다.

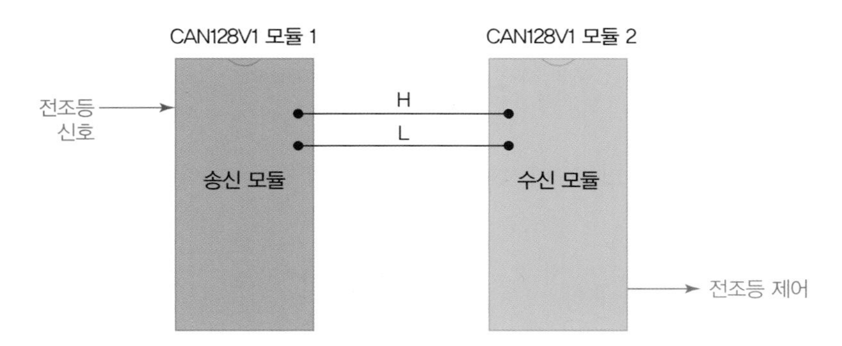

[그림 2-30] CAN통신 전조등 제어 개요

3-2 자기주도 공작 목표

① CAN통신의 작동을 이해하고, 전조등 회로도를 정확히 분석할 수 있다.

② C언어 코딩을 쉽게 적용할 수 있다.

3-3 전장회로도 분석

[그림 2-31]과 같이 자동차의 전조등 회로도를 정확히 분석하여 다기능스위치의 H, L 신호단자와 송신 모듈의 입력단자를 서로 연결하고, 수신 모듈과 실습용 차량의 전조등 릴레이(2개, H/L) 코일 출력단자를 정확히 연결하여 전조등을 제어한다.

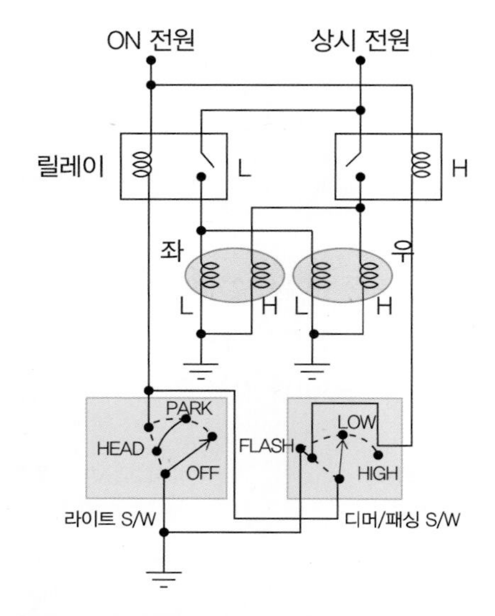

[그림 2-31] 전조등 회로 개략도(모델: EF소나타)

3-4 제어 알고리즘 구상

브레드보드에 2개의 ECU(CAN128V1, 송신 모듈과 수신 모듈)를 설치하여 전조등 스위치(H, L)를 작동시킬 때 송신 모듈(CAN128V1 모듈1)이 스위치 신호를 받아 H와 L신호를 구분하고, CAN선을 통하여 수신 모듈(CAN128V1 모듈2)과 서로 통신하면서 구형 차량(EF소나타)의 전조등에 작동신호(H, L)를 전달하여 전조등을 작동시킨다.

3-5 구성부품

브레드보드 2개, CAN128V1 모듈 2개, IRF540 2개, 전자릴레이 2개, 배선, AVRISP 커넥터, 콘덴서, 7805 정전압 IC

NOTE

전자릴레이 대신 실습용 자동차의 전조등 릴레이(H/L)를 사용할 수도 있다.

3-6 전조등 회로 제어 시스템 설계

먼저 배선을 연결하기 전에 실습용 자동차에서 전조등 회로 부분의 입/출력 단자를 정확히 분석하여야 한다. 실습용 자동차에서 다기능스위치 커넥터의 전조등 H, L 단자를 송신 모듈의 입력단자와 연결하고, 수신 모듈의 출력단자는 전조등의 H, L 단자에 연결하여 [그림 2-32]와 같은 전조등 제어시스템을 구성한다.

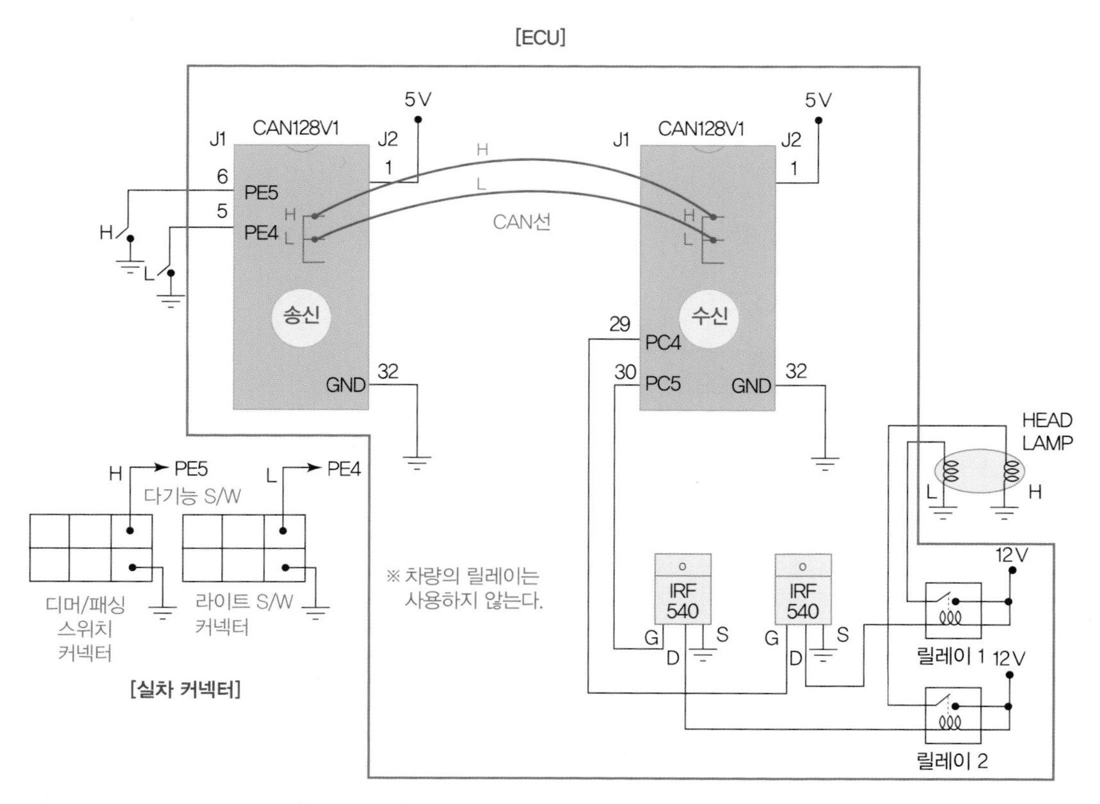

[그림 2-32] 전조등 회로와 CAN통신 시스템 연결 회로도

1) 실습용 자동차(EF소나타)의 전조등 스위치와 CAN128V1 모듈의 입력포트 연결

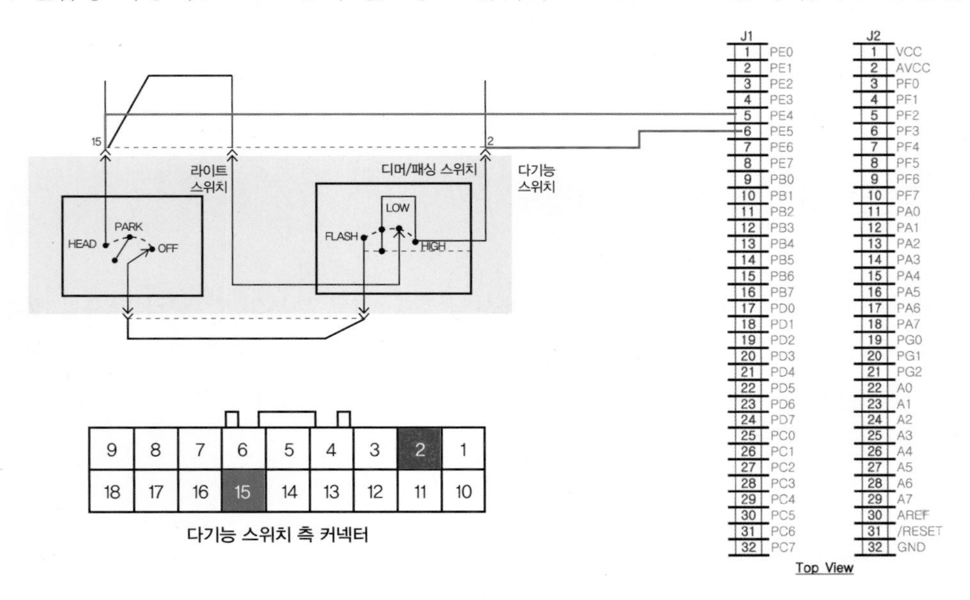

[그림 2-33] 전조등 스위치와 CAN128V1 모듈의 연결

2) 실습용 차량(EF소나타)의 전조등과 CAN128V1 모듈의 출력포트 연결

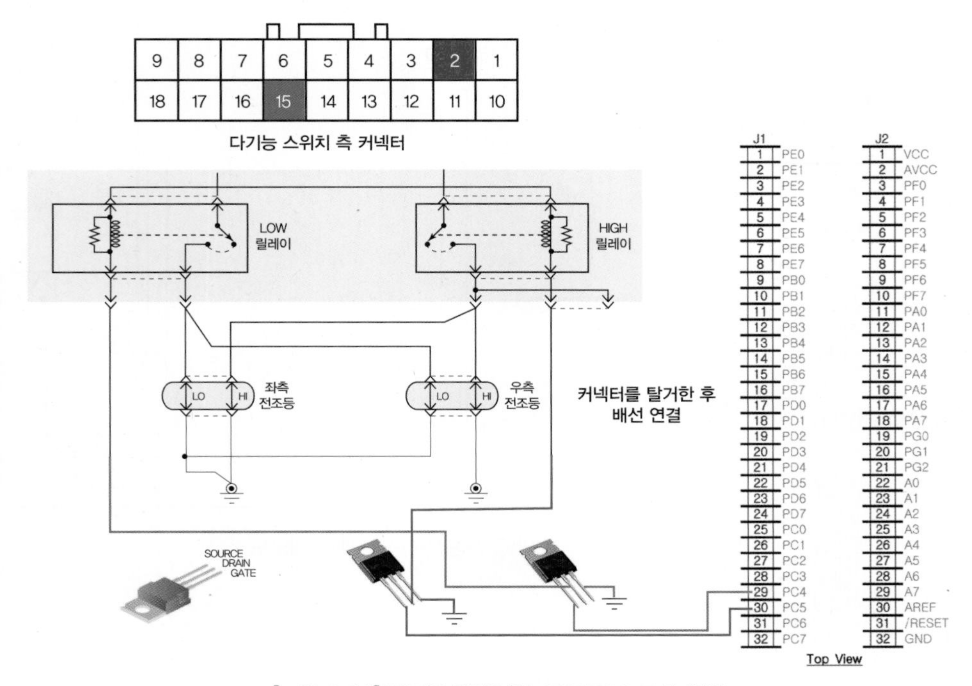

[그림 2-34] 전조등 릴레이와 CAN128V1 모듈 연결

[그림 2-33], [그림 2-34]는 전조등 스위치와 전조등 릴레이가 CAN128V1과 연결되는 입/출력 포트 단자를 나타낸다.

주의사항

ECU 회로를 자동차 전장회로와 연결할 때, 자동차 전장회로의 배선을 함부로 절단해서는 안되며, 반드시 해당 배선과 연결된 커넥터를 분리하여 해당 커넥터 단자에 연결해야 한다.

3-7 송/수신 프로그램 이해

1) 송신 프로그램 이해

송/수신 프로그램은 "정태균의 튜닝클럽(http://cafe.daum.net/tgjung)"에서 예제 파일을 참고로 하여 필요에 따라 부분적으로 수정하여 사용한다.

이번 프로그램에서는 CAN ID TAG를 0x123으로 할당해서 실습하도록 한다. 송신 프로그램(tx_can_head.c)의 내용을 간단히 분석하면 아래와 같다.

```
#include <90can128.h> // tx_can_head.c 프로그램명 //
void can_init(void)    // CAN 초기화 함수
{
  • CAN 레지스터 초기화 및 리셋
  • CHANNEL 설정
  • CAN ID TAG 설정(0x123)
}
void main(void) // 메인 함수
{
  • 포트 입·출력 설정
  • can_init( ); 호출
 do{// 반복 실행
    • 전조등 스위치 신호 입력
    • CAN 신호 출력(CAN선으로)
    • 대기
  }while(1);
}
```

2) 수신 프로그램 이해

수신 프로그램(rx_can_head.c)의 내용을 간단히 분석하면 아래와 같다.

```
#include <90can128.h> // rx_can_head.c 프로그램명 //
void can_init(void)    // CAN 초기화 함수
{
        • CAN 레지스터 초기화 및 리셋
        • CHANNEL0 설정
        • 수신 CAN ID TAG, MASK 설정(0x123, 0x00000000)
        • CAN 인터럽트 설정
}
void main(void)
{
        • 포트 입 · 출력 설정
        • can_init( ); 호출
      do{// 반복 실행
          CAN 인터럽트 발생 대기
         }while(1);
}
interrupt [CAN_IT] void can_interrupt(void)// CAN 인터럽트 함수
{
        • CAN 메시지 수신
        • CAN 데이터 수신 후 포트로 출력(전조등 H, L 제어)
}
```

3-8 작동 확인

실습용 자동차에 CAN ECU를 연결하여 CAN 네트워크 통신이 의도한 대로 작동되는지 확인한다.

3-9 응용 제어(과제)

더 나아가 자동차의 다른 시스템(도어시스템)에도 CAN통신을 적용하여 자신의 자동차기술 능력을 향상시켜 보자.

프로젝트 03

자동차 블루투스 공작

1장 블루투스 모듈 분리형 공작

2장 블루투스 모듈 일체형 공작

Smart Car Coding Project

CHAPTER

01 블루투스 모듈 분리형 공작

1-1 LED 제어 공작

1) 공작 개요

ATmega128 모듈과 블루투스 모듈(HC-06)을 사용하여 원격으로 LED와 전구를 작동시켜 보고, 더 나아가 [그림 3-1]과 같이 자동차 시스템을 제어해 본다.

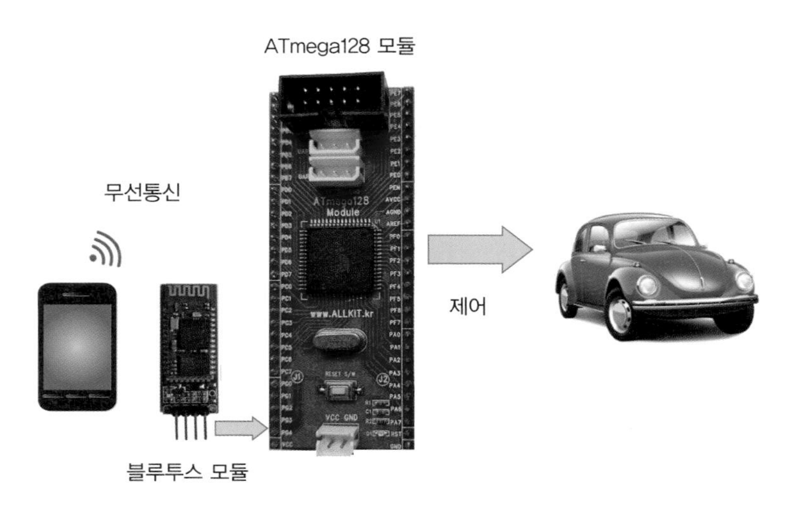

[그림 3-1] LED 블루투스 모듈을 연결한 무선통신 개요

2) 자기주도 공작 목표

① 블루투스 모듈의 작동을 이해하고, 전장회로도를 정확하게 분석할 수 있다.

② 코딩을 쉽게 이해할 수 있다.

3) LED를 사용한 기초회로 공작

(1) 기본 회로 설계

블루투스 모듈을 사용한 기본회로를 [그림 3-2]와 같이 구성하여 5 V용 LED와 12 V용 전구를 작동시켜 본다.

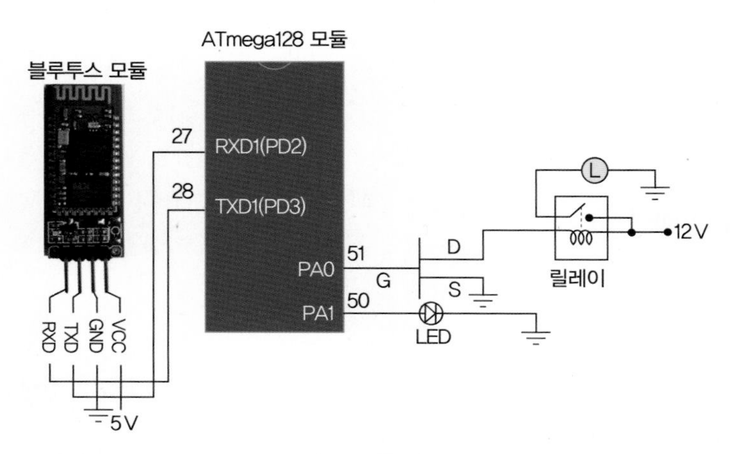

[그림 3-2] 블루투스 모듈을 사용한 ATmega128 모듈 기본 회로

7805 정전압 회로와 ATmega128 모듈의 전원(5 V)과 접지는 회로도에서 생략하였다.

(2) 제어 알고리즘 구상

블루투스 모듈과 ATmega128 모듈을 사용하여 만든 자작 ECU회로에 연결된 LED와 전구를 무료 스마트폰 앱인 “bluetooth controller”를 사용하여 작동시켜 본다.

(3) 구성부품

ATmega128 모듈, HC-06 블루투스 모듈, 브레드보드, 스마트폰, 무료 앱(bluetooth controller), LED, 자동차용 전구 및 릴레이, IRF540, 콘덴서, 7805 정전압 IC

(4) 작동 특성

ECU의 작동특성은 [표 3-1]과 같이 나타낼 수 있다.

[표 3-1] ECU 작동 특성

부 품	작동 신호	작동 전압
블루투스 모듈	UART 시리얼 통신	5V
전구	ON	12V
	OFF	0V
LED	ON	5V
	OFF	0V

(5) ATmega128 모듈과 HC-06 블루투스 모듈의 단자 연결

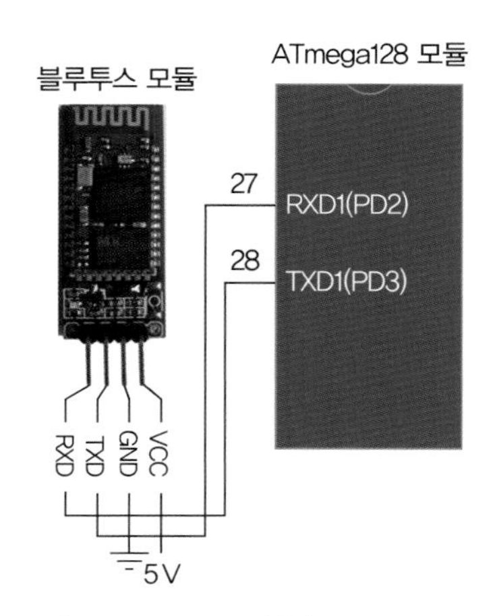

[그림 3-3] ATmega128 모듈과 HC-06 모듈의 연결

ATmega128 모듈 단자와 블루투스 모듈 단자의 연결은 [그림 3-3]과 같다.

4) 프로그램 구조 설명

블루투스 모듈을 사용한 원격제어 프로그램(bt128_ledlamp.c)은 아래와 같이 설계할 수 있다.

```
#include<mega128.h> // bt128_ledlamp.c

void init_serial(void)  { // 초기화 함수
                          통신 초기화
                          }
void init_port(void)  { // 출력포트 설정 함수
```

```
                        DDRA=0xFF;
                        PORTA=0x00;
                        }
void control(void)  { // 데이터 수신 및 출력제어 함수
                       통신데이터 수신
                       ;
                       switch(n)  {  // LED, 램프 작동
                                    case '1':
                                             PORTC=0b00000001;  // led 점등
                                             break;
                                    case '2':
                                             PORTC=0b00000000;// led 소등
                                             break;
                                    case '3':
                                             PORTC=0b00000010;// lamp 점등
                                             break;
                                    case '4':
                                             PORTC=0b00000000;// lamp 소등
                                             break;
                                    default:PORTC=0b00000000;
                                            break;
                                     }
                       }

void main(void)// 메인 함수
{
 init_serial(); // 호출
 init_port(); // 호출

while(1) {
          control(); // 호출
         }
}
```

앞으로 실습할 프로그램은 "정태균의 ECU 튜닝클럽(http://cafe.daum.net/tgjung)"에 접속한 후, 필요한 파일을 확인한다. 제시된 프로그램을 기초로 필요한 창의적인 시스템을 설계하여, 스마트폰을 사용한 자동차시스템 원격제어 프로그램을 설계해 보자.

5) 스마트폰 앱 설치

브레드보드 회로가 완성되면 전원이 연결되었는지 확인하고 작동준비를 한다. 우선 무료 블루투스 앱인 "bluetooth controller"를 설치한 후 다음을 실행한다.

① 블루투스 화면에서 "장치 검색"을 클릭하여 연동할 블루투스 모듈을 검색하여 선택한다.
② 페어링 후 [그림 3-4]와 같은 화면에서 키 설정작업을 한다.
③ 키 설정이 완성되면 스마트폰으로 작동을 확인해 본다.

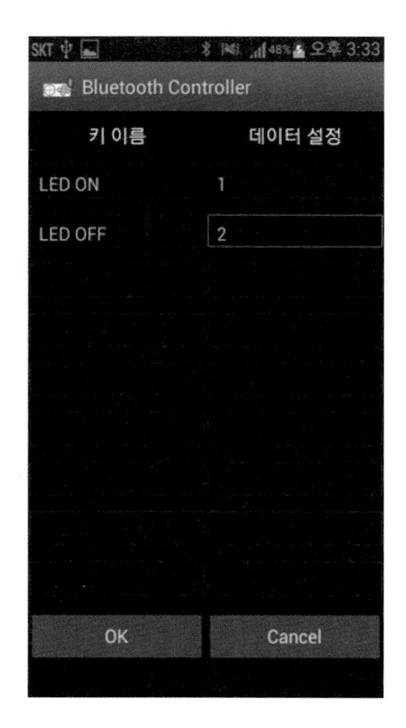

[그림 3-4] 키 설정

자세한 설정작업은 카페(정태균의 ECU 튜닝클럽)나 인터넷으로 검색하여 확인해 본다.

6) 작동 확인

[그림 3-5]와 같이 블루투스 모듈이 설치된 브레드보드에서 스마트폰 앱을 사용하여 LED와 전구를 ON/OFF 작동시켜 본다.

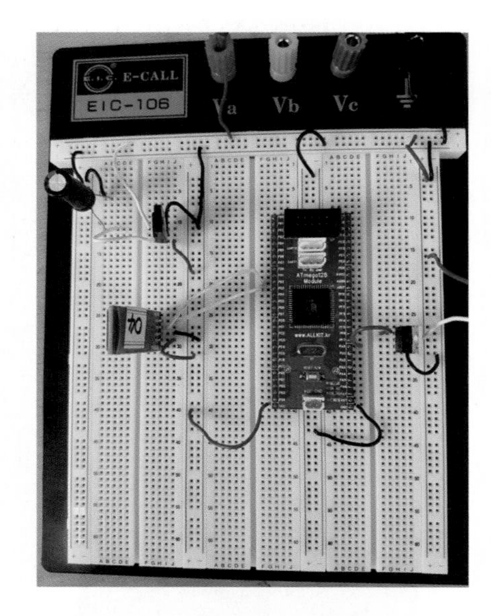

[그림 3-5] 블루투스 모듈을 사용한 원격제어 공작

LED를 사용한 기초회로 공작에 익숙해지면, 피에조 스피커 등도 연결하여 작동시켜 보자.

1-2 도어 락 제어 공작

1) 공작 개요

[그림 3-6]과 같이 자작 ECU를 구성하고 스마트폰으로 실습용 자동차의 도어 락을 제어해 본다. 스마트카의 공작에서 가장 중요한 것은 먼저 전장회로도를 정확히 분석할 수 있는 능력을 기르는 것이다.

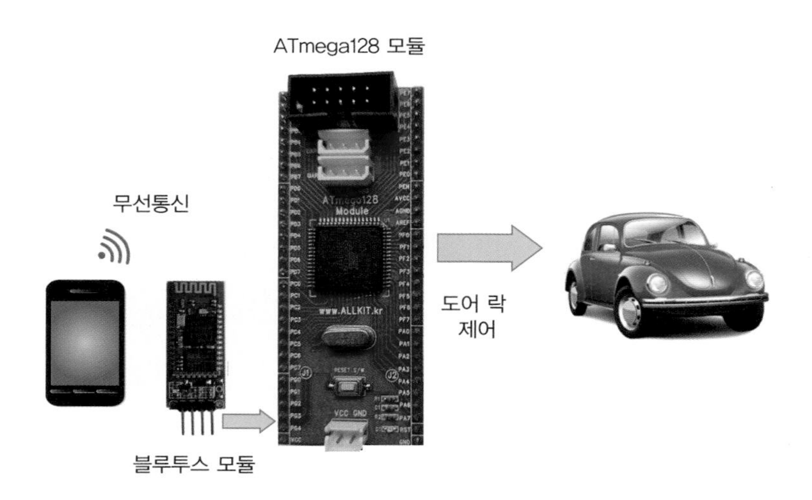

[그림 3-6] 도어 락 제어 공작 개요

2) 자기주도 공작 목표

① 도어 락의 작동을 이해하고, 전장회로도를 정확히 분석할 수 있다.
② C언어 코딩을 쉽게 적용할 수 있다.

3) 제어 알고리즘 구상

블루투스 모듈과 ATmega128 모듈을 사용하여 만든 자작 ECU 회로를 실습용 자동차의 도어 락 회로에 연결하고, 무료 스마트폰 앱인 "bluetooth controller"를 사용하여 스마트폰으로 원격 작동시켜 본다.

4) 구성부품

ATmega128 모듈, HC-06 블루투스 모듈, 브레드보드, 스마트폰, 무료 앱(bluetooth controller), IRF540, 실습용 EF소나타, AVRISP 커넥터, 콘덴서, 7805 정전압 IC

5) 제어회로 설계

(1) 제어회로 설계

실습용 자동차에 자작 ECU를 [그림 3-7]과 같이 연결할 때, 실습용 자동차(EF소나타)의 배선을 자르지 않고 커넥터를 탈거한 후 핀으로 해당 커넥터 단자에 연결한다. 회로도를 잘 분석한 후에 [그림 3-8]과 같이 도어 언락 스위치가 연결되는 커넥터 단자(13, 14번)에 [그림 3-7]의 IRF540 드레인(D) 단자를 연결한다.

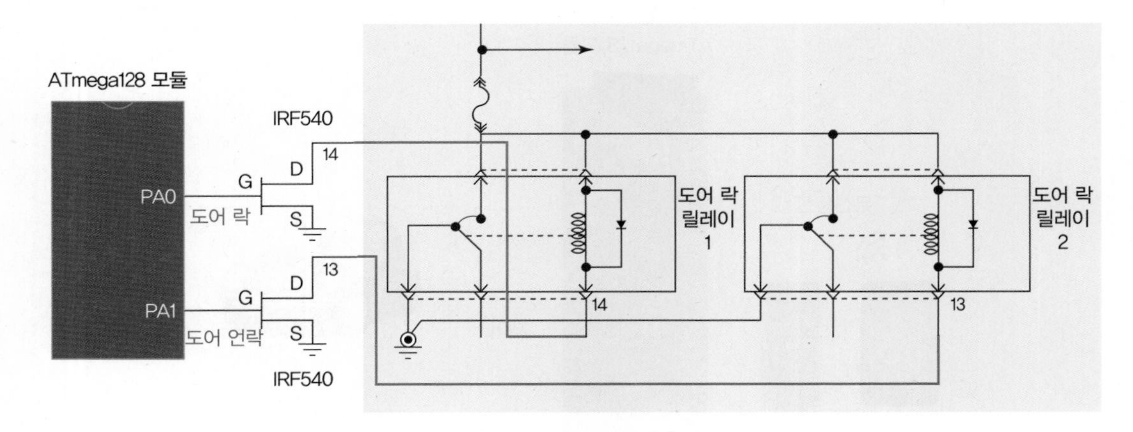

[그림 3-7] 도어 락 시스템 제어 회로도

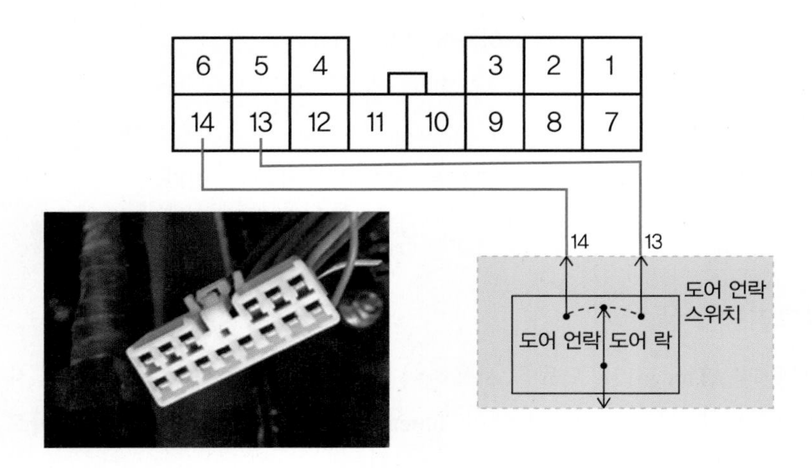

[그림 3-8] 도어 락 커넥터 단자 연결

(2) 출력 특성

[표 3-2]는 도어 락 시스템의 ECU 출력포트 단자에서의 출력 전압 특성을 나타낸다.

[표 3-2] 도어 락 시스템 출력 특성

작동		출력전압
도어 락	PA0	5V
	PA1	0V
도어 언락	PA0	0V
	PA1	5V

6) 프로그램 구조 설명

도어 락 원격제어 프로그램(bt128_doorlock.c)의 구조는 아래와 같다.

```
#include<mega128.h>//bt128_doorlock.c

void init_serial(void) { // 초기화 함수
                         통신 초기화
                         }
void init_port(void) { // 출력포트 설정 함수
                       DDRA=0xFF;
                       PORTA=0x00;
                       }
void control(void) { // 데이터 수신 및 출력제어 함수
                     통신데이터 수신
                     ;
                     switch(ndata) {
                                   case '1': // 도어 락
                                             PORTA = 0b00000001;
                                             break;
                                   case '2': // 도어 언락
                                             PORTA = 0b00000010;
                                             break;
                                   default: ;
                                   }
                     }

void main(void) // 메인 함수
{
 init_serial(); // 호출
 init_port(); // 호출

 while(1) {
           control(); // 호출
          }
}
```

7) 작동 확인

[그림 3-9]와 같은 자작 ECU를 활용한 원격 도어 락 제어시스템을 실습용 자동차에 적용하여 작동을 확인해 보자. [그림 3-10, 3-11]과 같이 자작 ECU를 실습용 자동차의 도어 락/언락 회로에 연결한다.

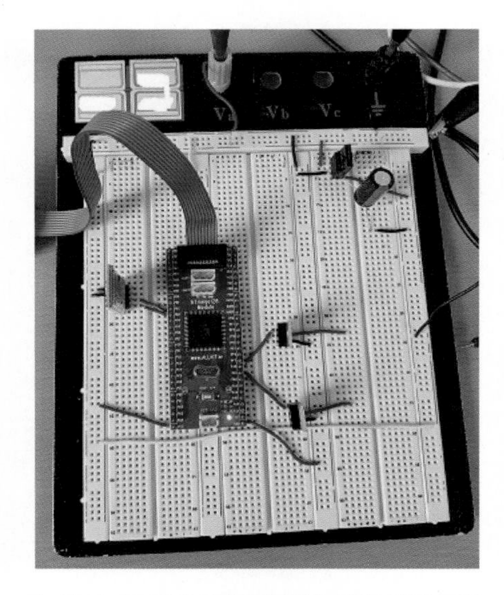

[그림 3-9] 도어 락/언락 자작 ECU 작동 확인

[그림 3-10] 도어 락 커넥터 단자 배선 연결

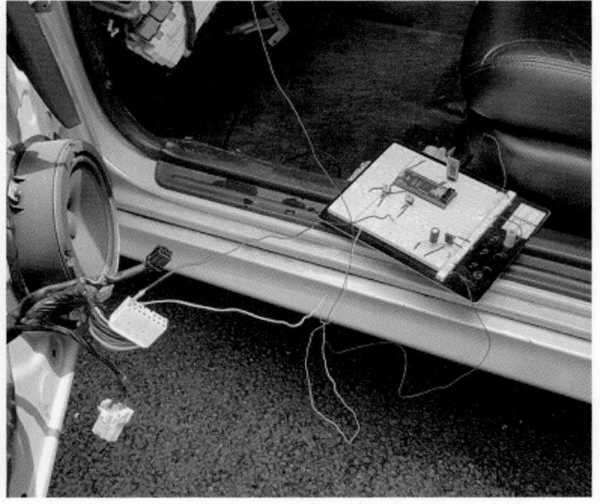

[그림 3-11] 자작 ECU를 도어 락 회로에 연결한 상태

1-3 원격 시동제어 공작

1) 공작 개요

[그림 3-12]와 같이 자작 ECU를 구성하고 스마트폰을 사용하여 실습용 자동차(EF소나타)의 스타터를 제어해 본다. 스마트카의 공작에서 가장 중요한 것은 먼저 전장회로도를 정확히 분석하고 응용할 수 있는 능력을 기르는 것이다.

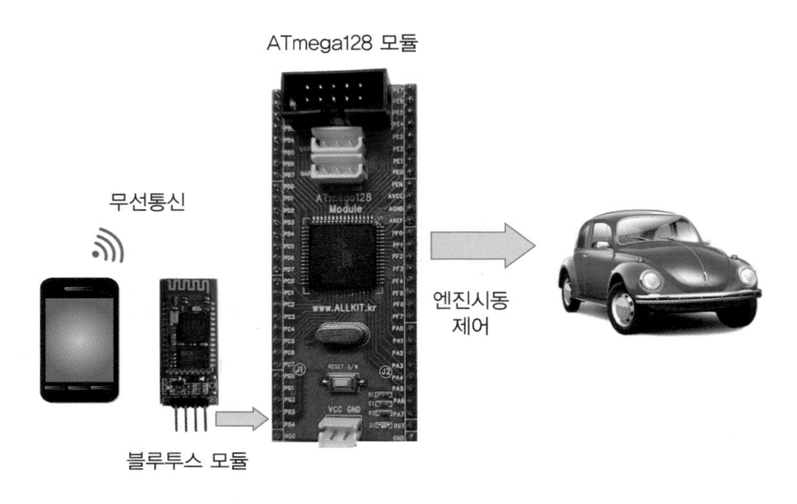

[그림 3-12] 원격 시동제어 공작 개요

2) 자기주도 공작 목표

① 시동회로 작동을 이해하고, 관련 전장회로도를 정확히 분석할 수 있다.

② C언어 코딩을 쉽게 적용할 수 있다.

③ 필요로 하는 회로를 설계할 수 있다.

3) 제어 시스템 구상

블루투스 모듈과 ATmega128 모듈을 사용하여 만든 자작 ECU 회로를 실습용 자동차(EF소나타)의 스타터 회로에 연결하고, 스마트폰 앱인 "bluetooth controller"를 사용하여 스마트폰으로 원격시동 실습을 한다.

4) 구성부품

ATmega128 모듈, HC-06 블루투스 모듈, 브레드보드, 스마트폰, 앱(bluetooth controller),

IRF540 2개, 실습용 EF소나타, 릴레이(4핀) 2개, AVRISP 커넥터, 콘덴서, 7805 정전압 IC

5) 제어회로 설계

주어진 실습용 자동차의 엔진 회로도를 정확히 분석하고 점화스위치 커넥터를 탈거한 후, 해당 단자(점화 스위치와 연결된 커넥터의 반대 측)에 [그림 3-13]과 같이 배선을 연결하여 엔진시동을 제어한다. 물론, 탈거한 커넥터에서 점화 스위치를 통해서 입력되는 전원(12 V)과 접지는 기본적으로 연결해야 한다.

원격시동 제어실습의 경우, 지도교수의 지도하에 반드시 핸드브레이크를 작동한 후에 실습용 자동차가 안전한 상태에 있는지 확인하고 실습한다.

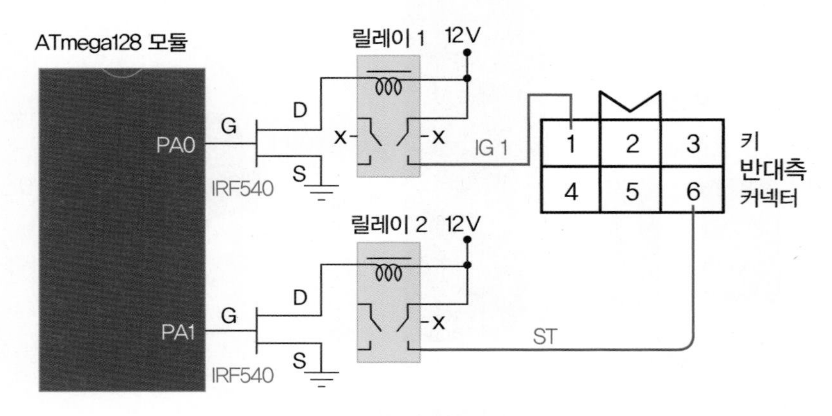

[그림 3-13] 원격 엔진시동 회로도(모듈의 전원과 접지 생략)

6) 출력 특성

[표 3-3]은 원격 시동제어용 ECU 출력포트 단자에서의 출력전압 특성을 나타낸다.

[표 3-3] ECU 출력포트 단자의 출력 특성

작동		출력전압
KEY ON (IG1)	PA0	5V
	PA1	0V
엔진 시동 (크랭킹)	PA0	5V
	PA1	5V
KEY OFF (시동 꺼짐)	PA0	0V
	PA1	0V

7) 스마트폰 앱(bluetooth controller) 키 설정

스마트폰에서 원격으로 엔진을 시동하기 위한 앱의 키 설정은 [그림 3-14]와 같이 진행한다.

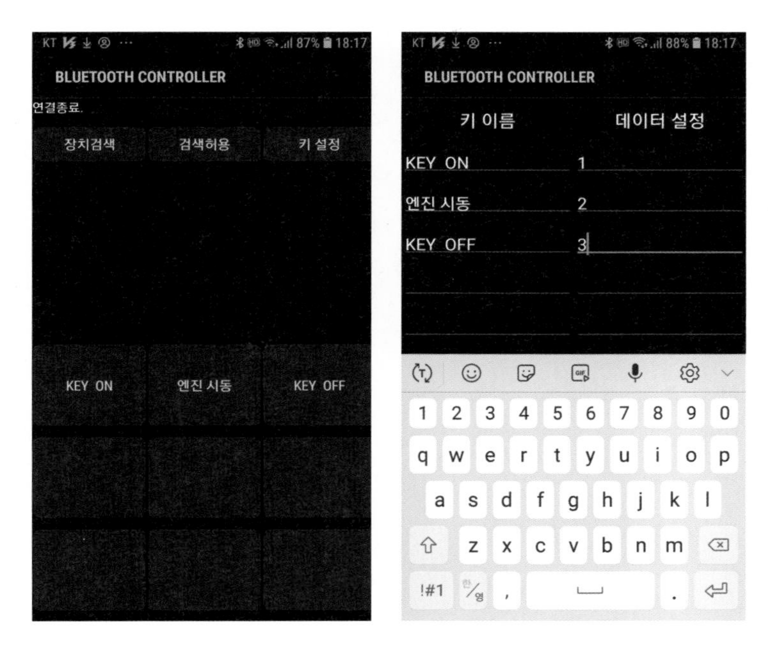

[그림 3-14] 스마트폰 앱의 키 설정

8) 프로그램 구조

원격으로 시동을 제어하기 위한 프로그램(bt128_start.c)의 구조는 아래와 같다.

```
#include<mega128.h> // bt128_start.c

void init_serial(void)  { // 초기화 함수
                            •통신 초기화
                            }
void init_port(void)  { // 출력포트 설정 함수
                          •출력포트 설정
                          }
void control(void)  { // 데이터 수신 및 출력제어 함수
                        •통신데이터 수신
```

```
                    ;
                    switch(ndata) { // 원격 엔진 시동
                            case '1'://IG1 ON
                                    PORTA = 0b00000001;
                                    break;
                            case '2': // 크랭킹 후 시동 유지
                                    PORTA = 0b00000011;
                                    delay_ms(3000);
                                    PORTA=0b00000001;
                                    break;
                            case '3': // IG1 OFF, ST OFF(시동 꺼짐)
                                    PORTA = 0b00000000;
                                    break;
                            default: ;
                    }
            }

void main(void)// 메인 함수
{
 init_serial(); // 호출
 init_port(); // 호출

 while(1) {
          control(); // 호출
          }
}
```

9) 작동 확인

[그림 3-15]와 같이 회로가 구성이 되면 실습용 자동차에 적용하여 작동을 확인해 본다.

[그림 3-15] 원격 시동용 회로의 구성

자동차 시동을 제어할 경우에는 특히 안전에 유의하여 작업을 실시한다.

CHAPTER

02 블루투스 모듈 일체형 공작

2-1 원격시동 제어 공작

1) BTmini 연결 회로 연결 및 단자

블루투스 모듈인 HC-06을 별도로 연결하지 않고 BTmini 모듈(블루투스 모듈 내장)을 사용하여 원격시동 제어 공작을 해보자. BTmini와 관련된 회로는 [그림 3-16]과 같이 연결한다. 실습 중에 발생되는 BTmini 모듈과 관련한 기술적인 문제는 "프로젝트 00. 2장 하드웨어 및 소프트웨어 소개"에 기술한 해당 제품의 제작사에 문의하기 바란다.

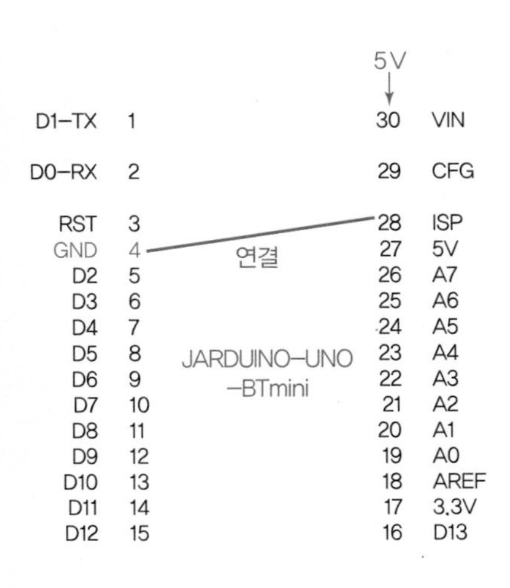

[그림 3-16] CodeVisionAVR 환경에서 사용하기 위한 BTmini 연결 및 단자

2) 자기주도 공작 목표

① 블루투스 통신을 이해하고, 시동회로의 전장회로도를 정확히 분석할 수 있다.
② 코딩을 쉽게 이해할 수 있다.

3) ATmega328p 포트별 단자

BTmini 모듈에서 사용하는 마이크로프로세서는 ATmega328p 타입으로 [그림 3-17]과 같은 단자 구조를 가지고 있다.

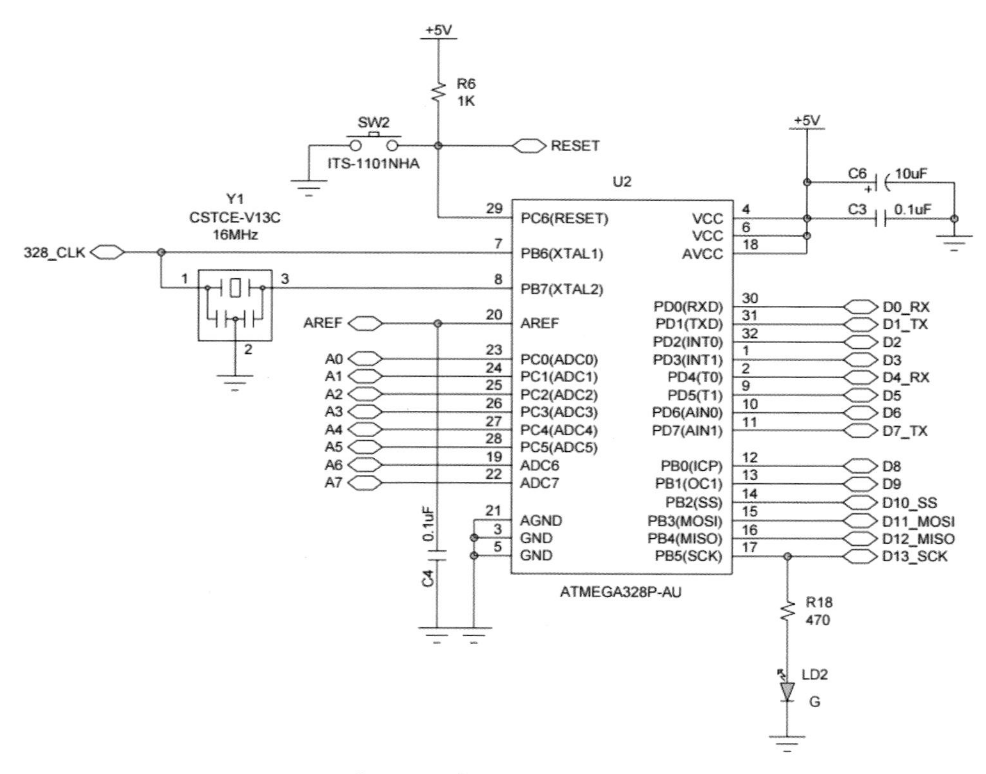

[그림 3-17] 포트별 단자 구조

4) 원격시동 제어회로도

실습용 자동차에 [그림 3-18]과 같이 배선을 연결하여 스마트폰으로 원격제어 실습을 한다. 키 스위치 반대쪽 커넥터 단자를 연결할 때, 전원(12 V)과 접지는 커넥터를 탈거시킬 때 차단되므로 반드시 전원을 공급해 주어야 한다. 여기서 출력단자는 PORTC로 설정한다.

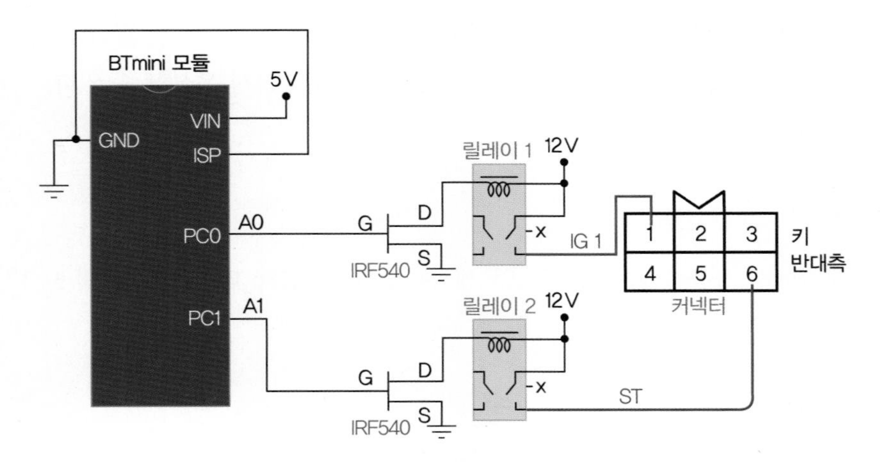

[그림 3-18] BTmini 제어회로도

NOTE

원래 BTmini 모듈은 아두이노 우노 모듈(스케치 사용 가능)로 사용할 수 있도록 개발되었으나, 이 책의 BTmini 블루투스 공작에서는 CodevisionAVR 환경에서 사용하기 위해 부득이하게 사용 환경을 변경했다.

사용 중 모듈과 관련한 필요한 기술적인 내용은 제작사 홈페이지(http://www.jcnet.co.kr)와 카페(임베디드 홀릭, cafe.naver.com/lazydigital)를 참고하기 바란다.

5) 제어 프로그램 구조 설명

원격시동 제어 프로그램(bt_328p_engine.c)의 주요 구조는 아래와 같이 설계할 수 있다.

```
#include<mega328p.h> // bt_328p_engine.c

interrupt[USART_RXC]void usart(void)
{
•데이터 수신
 }
void main(void)
{
•출력포트 설정
•통신 레지스터 초기화
```

```
#asm("sei")
while(1){
        switch(data){
                    case '1': // 엔진 시동
                            PORTC = 0b000000011;
                            delay_ms(3000);
                            PORTC=0b00000001;
                            data=0;
                            break;
                    case '2': // 엔진 정지, 전원차단
                            PORTC = 0b00000000;
                            break;
                    default: ;
                }
        }
}
```

6) 작동 확인

(1) 전원 연결

자작 ECU를 사용하여 엔진을 원격시동할 때는 컴퓨터와 분리된 별도의 전원을 사용해야 하므로 [그림 3-19]와 같이 연결해야 한다.

[그림 3-20]에 나타낸 USB 5 V 전원은 초기에 프로그램을 설계하면서 자작 ECU 회로와 프로그램이 정확하게 작동하는지를 확인하기 위해, 컴퓨터와 ECU가 USB 마이크로 커넥터로 연결되어 있는 상태에서 바로 프로그램을 컴파일하면서 확인할 때 사용한다.

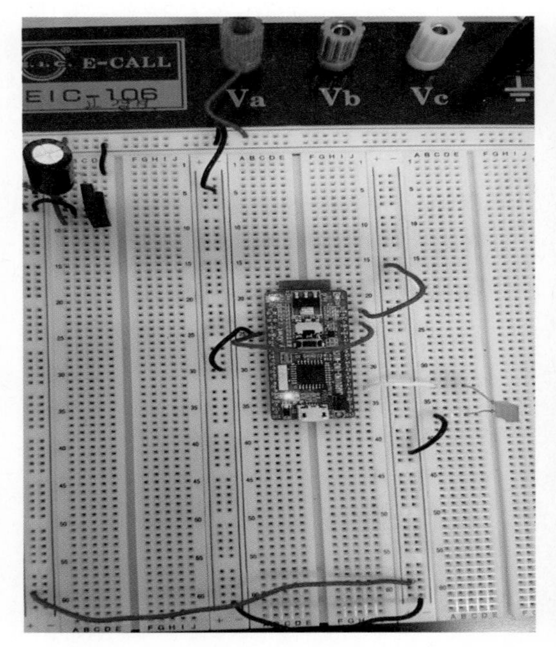

[그림 3-19] 독립적인 5V 전원 사용(실차 실습 시)

[그림 3-20] USB 5V 전원을 사용 시

(2) 작동 확인하기

원격제어용 시동회로가 구성되면 실습용 자동차에 적용하여 그 작동을 확인한다.

시동 작업을 할 때에는 반드시 안전사항(주변 확인, 핸드브레이크 작동, 변속레버 중립 등)을 점검한 후에 작동해야 한다.

2-2 원격 인히비트 스위치 제어 공작

1) 공작 개요

무료 블루투스 앱인 "bluetooth controller"를 사용하여 원격으로 [그림 3-21]과 같은 자동변속기의 인히비트 스위치(P, R, N, D)를 제어한다.

[그림 3-21] 인히비트 스위치

2) 자기주도 공작 목표

① 자동변속기의 작동을 이해하고, 전장회로도를 정확히 분석할 수 있다.
② 코딩을 쉽게 적용할 수 있다.
③ 인히비트 스위치의 기능을 정확히 이해한다.

3) 구성부품

브레드보드, BTmini 모듈, 저항, 콘덴서, 7805 정전압 IC, IRF540 4개, 4핀 릴레이 또는 HK19F 8핀 릴레이 4개, 배선, USB 마이크로 커넥터

4) 제어회로 설계

인히비트 스위치는 [그림 3-22]와 같은 회로로 구성되어 있으며, 스마트폰의 원격작동으로 P, R, N, D 변속신호(12V)를 PCM으로 전달하기 위해 [그림 3-23]과 같은 회로를 구성하였다.
회로도에서 BTmini(블루투스 기능 내장)와 연결되는 7805 정전압 IC의 회로는 생략하였다.

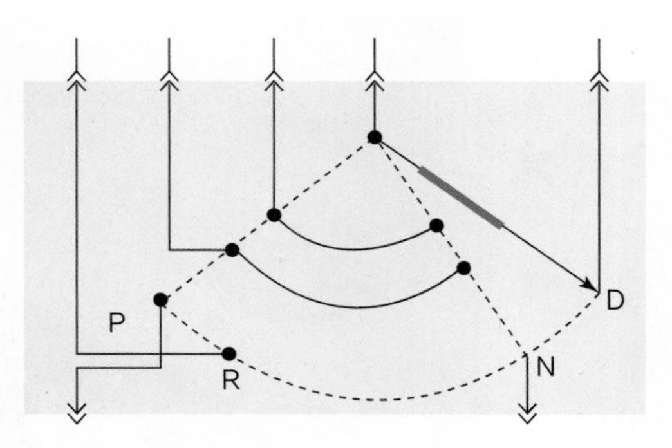

[그림 3-22] 인히비트 스위치 회로

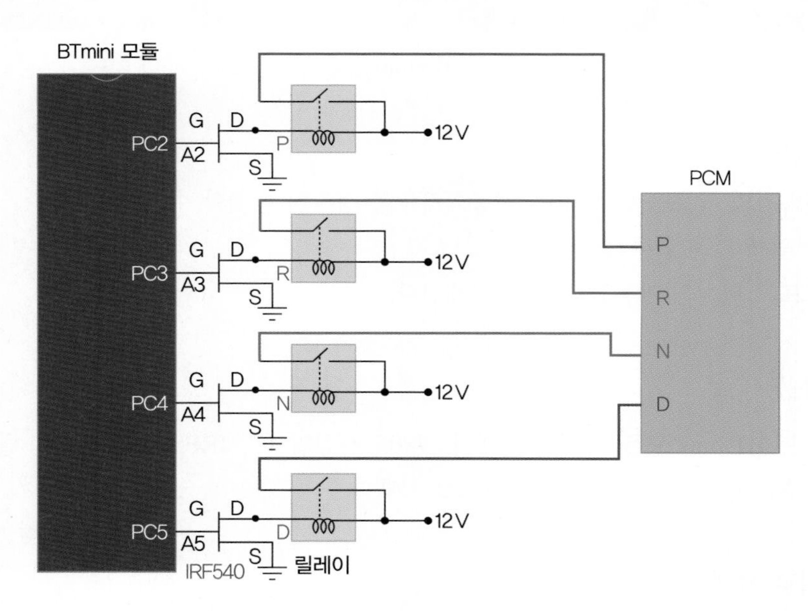

[그림 3-23] 원격 인히비트 스위치 제어회로

5) 프로그램 구조 설명

인히비트 스위치의 P, R, N, D를 제어하기 위한 프로그램(bt_328p_inhibt.c)은 아래와 같다.

```
#include<mega328p.h>// bt_328p_inhibit.c
#include<delay.h>
#include<io.h>
```

```
unsigned char data=0x00;

interrupt[USART_RXC]void usart(void)
{
•데이터 수신
 }
void main(void)
{
•출력포트 설정
•통신 레지스터 초기화

 #asm("sei")
 while(1){
          switch(data){
                         case '3': // P
                                  PORTC = 0b00000100;
                                  break;
                         case '4': // R
                                  PORTC = 0b00001000;
                                  break;
                         case '5': // N
                                  PORTC = 0b00010000;
                                  break;
                         case '6': // D
                                  PORTC = 0b00100000;
                                  break;
                         case '7': // 엔진 정지, 전원 차단
                                  PORTC = 0b00000000;
                                  break;
                         default: ;
                       }
         }
 }
```

프로그램을 BTmini에 업로드할 때는 브레드보드와 연결한 전원을 차단한 상태에서 USB 마이크로 커넥터를 컴퓨터와 BTmini에 연결하고 프로그램을 BTmini에 업로드한다(전원은 USB에서 공급). 그런 다음 USB 마이크로 커텍터를 분리하고, 브레드보드에서 전원을 연결하여 회로를 작동시킨다.

6) 작동 확인

[그림 3-24, 25]와 같이 브레드보드에서 원격으로 인히비트 스위치의 P, R, N, D를 변환시켜 보고, 작동이 잘 되면, 자동변속기 시뮬레이터에 연결하여 작동을 확인한다.

실습용 자동차에서의 작동실습은 안전을 고려하여 적용하지 않는 것이 좋다. 만약, 자동차 전문가 또는 지도교수의 책임하에 모든 안전사항을 점검한 후 차체를 리프트로 들어 올려 4개의 바퀴가 자유로운 상태에서는 자동차 적용실습을 고려해 볼 수 있다.

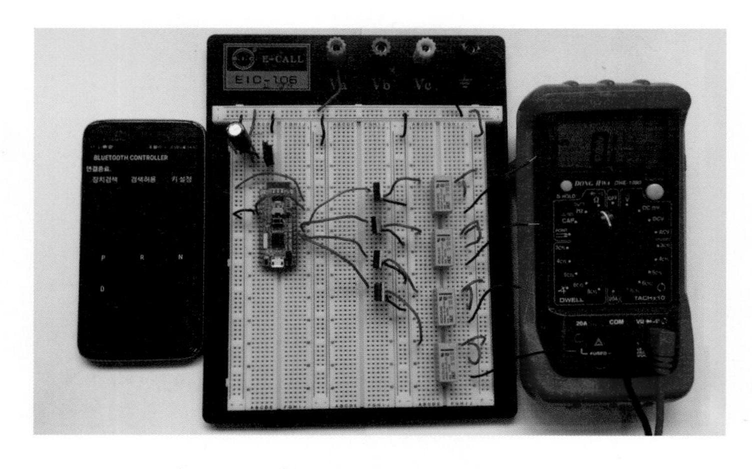

[그림 3-24] 브레드보드에서의 작동 확인 (1)

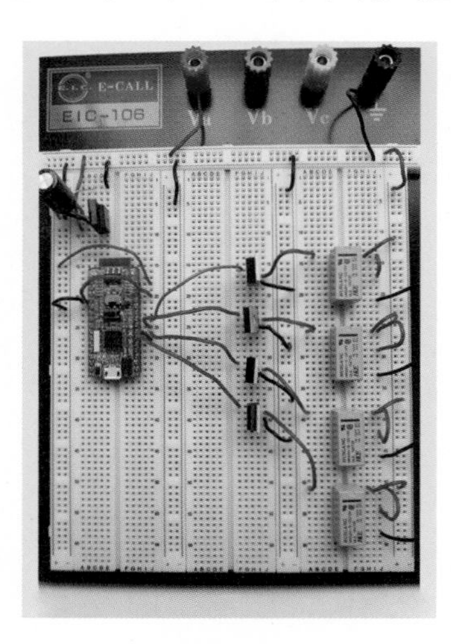

[그림 3-25] 브레드보드에서의 작동 확인 (2)

2-3 원격 인히비트 스위치 및 엔진시동 제어 공작

1) 공작 개요

무료 공개 스마트폰 앱을 사용하여 [그림 3-26]과 같이 원격으로 인히비트 스위치와 엔진시동을 제어한다.

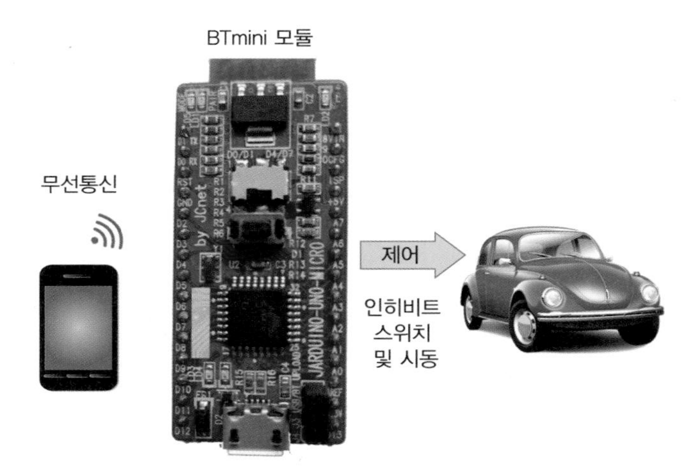

[그림 3-26] 원격 인히비트 스위치와 엔진시동 제어 공작 개요

2) 자기주도 공작 목표

① 자동변속기의 작동을 이해하고, 전장회로도를 정확히 분석할 수 있다.

② C언어 코딩을 쉽게 적용할 수 있다.

3) 구성부품

브레드보드, BTmini 모듈, 저항, 콘덴서, IRF540 6개, HK19F 8핀 릴레이 6개[그림 3-27], 배선, USB 마이크로 커넥터, 7805 정전압 IC

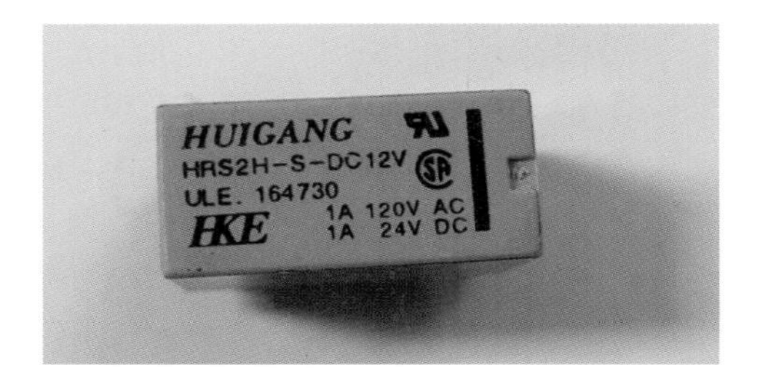

[그림 3-27] HK19F 8핀 릴레이

4) 제어회로 설계

[그림 3-28]과 같은 회로를 구성하여 인히비트 스위치가 P 또는 N일 때 엔진시동이 가능하도록 제어할 수 있다. [그림 3-29]와 같이 우선 PC0와 연결되어 있는 IG ON 릴레이를 작동시켜 다른 릴레이로 공급되는 12 V 전원을 공급할 수 있도록 회로를 설계하였다.

PC2 단자는 P, PC4 단자는 N을 제어하며 각각의 릴레이는 [그림 3-30]과 같은 형태로 다른 릴레이와는 구조가 다르다. 이는 P와 N 작동 시에만 PC1과 연결된 시동 릴레이에 전원이 공급되도록 하기 위함이다. 엔진시동을 위한 배선 연결은 "프로젝트 03. 2장 원격제어 시동"을 참고하기 바란다. 물론 배선도는 주어진 자동차의 차종에 따라 차이가 있을 수 있으므로 해당 차종의 회로도를 정확히 분석한 후에 연결하도록 한다.

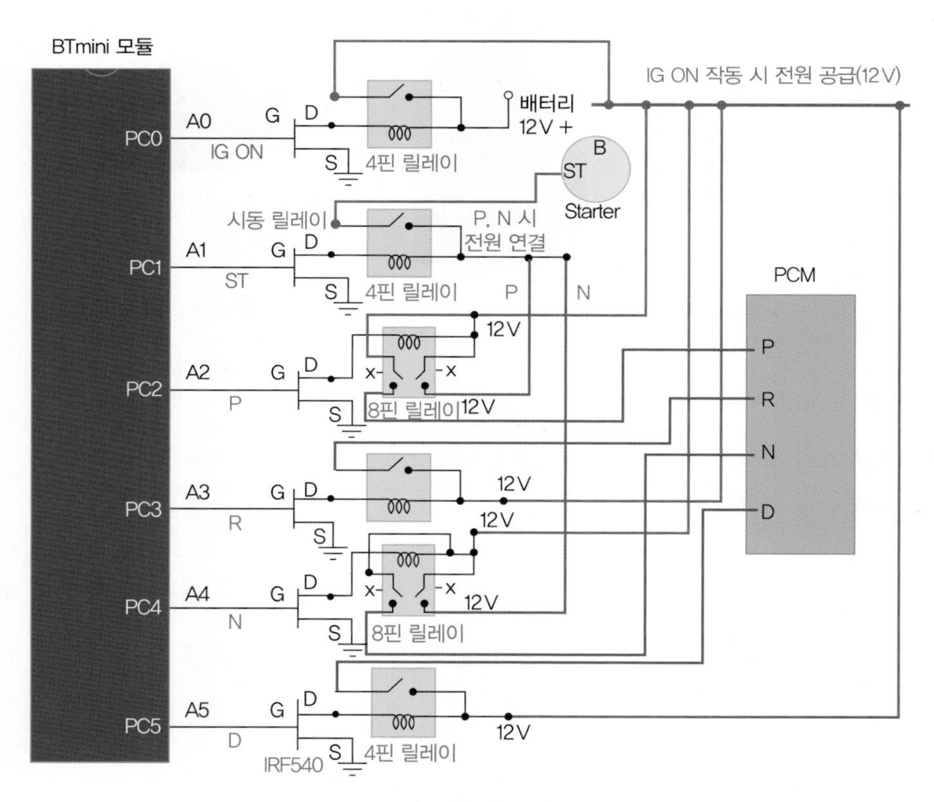

[그림 3-28] 원격 인히비트 스위치 및 엔진시동 제어 공작

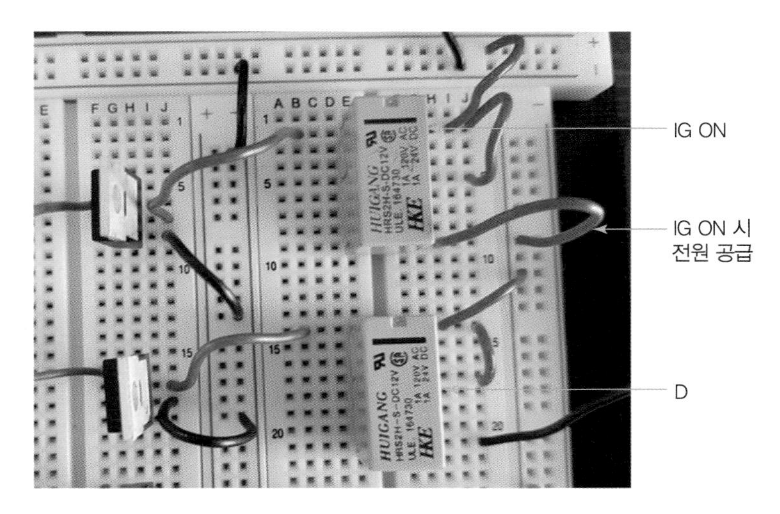

[그림 3-29] IG ON 릴레이 작동에 의한 전원 공급

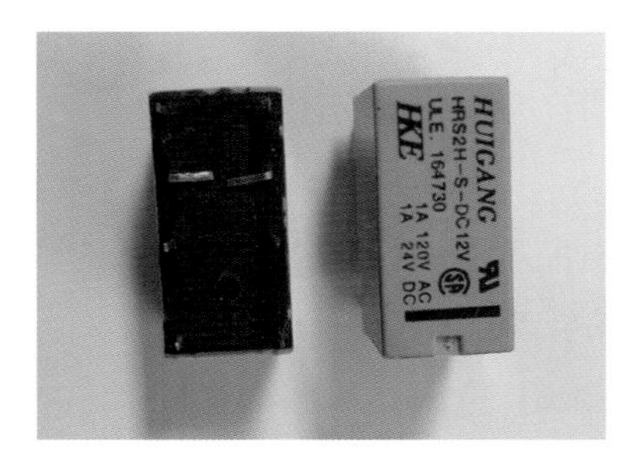

[그림 3-30] HK19F 릴레이 형상

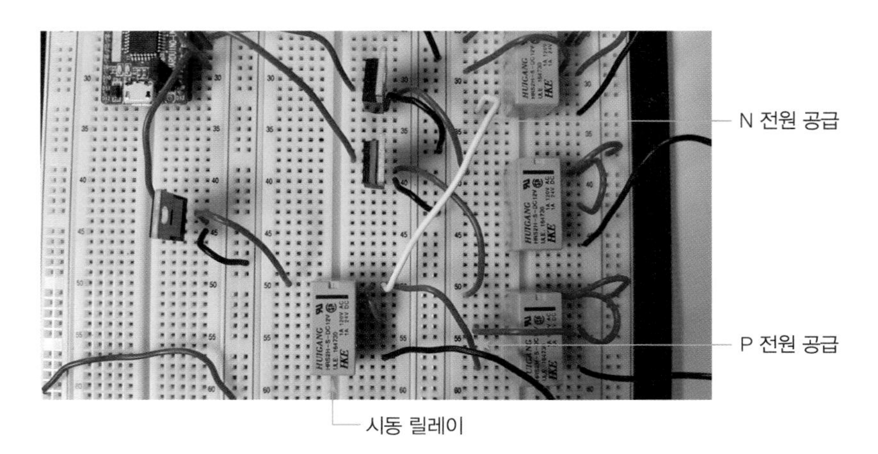

[그림 3-31] 시동 릴레이의 전원 연결

[그림 3-31]은 P와 N에서 공급되는 시동릴레이 전원공급을 나타낸다.

5) 릴레이의 입출력 특성

P와 N에 사용되는 HK19F 릴레이는 [그림 3-32]와 같은 구조이다. 4핀 릴레이를 사용할 경우, “N”이나 “P”에서 시동릴레이에 전원을 공급할 때 그 전원이 역으로 PCM의 P나 N단자에 전달되어 오류를 일으킬 수 있다.

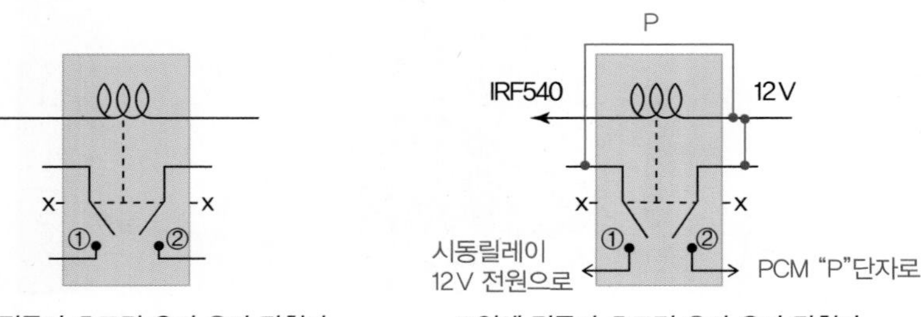

[그림 3-32] P와 N에 사용되는 릴레이의 구조

6) 프로그램 구조 설명

인히비트 스위치를 거쳐 P와 N 작동 시에만 엔진시동이 가능하도록 아래와 같이 프로그램(bt_328p_inhibit_engine.c)을 설계하였다.

```
#include<mega328p.h> // bt_328p_inhibit_engine.c
#include<delay.h>
#include<io.h>

unsigned char data=0x00;

interrupt[USART_RXC]void usart(void)
{
•데이터 수신
 }

void main(void)
{
 unsigned int p=0, n=0, a=0, b=0;
```

•출력포트 설정
•통신 레지스터 초기화

```
#asm("sei")
while(1){
            if(data=='1'){
                            p=0;
                            n=0;
                            PORTC = 0b00000001; // 키 ON
                            b=PORTC; // 키 온 신호 저장
                            }
            else if(data=='2'){ // 엔진시동
                                  if(p==1){
                                            a=PORTC;
                                            PORTC=0b00000111;
                                            delay_ms(3000);
                                            ;
                                            PORTC=a;
                                            n=0;
                                            data=0;
                                            }
                                  else if(n==1){
                                                  a=PORTC;
                                                  PORTC=0b00010011;
                                                  delay_ms(3000);
                                                  ;
                                                  PORTC=a;
                                                  p=0;
                                                  data=0;

                                              }
                                  }
            else if(data=='3'){
                                 n=0;
```

```
                            p=1;
                            PORTC =b | 0b00000100; // P
                            }
            else if(data=='4'){
                            p=0;
                            n=0;
                            PORTC =b | 0b00001000; // R
                            }
            else if(data=='5'){
                            p=0;
                            n=1;
                            PORTC =b | 0b00010000; // N
                            }
            else if(data=='6'){
                             p=0;
                             n=0;
                             PORTC =b | 0b00100000; // D
                             }
            else if(data=='7'){
                            p=0;
                            n=0;
                            PORTC = 0b00000000; // 엔진 정지, 전원 차단
                            }
        }
}
```

7) 작동 확인

[그림 3-33]을 참고로 하여 나만의 독창적인 회로를 구성하여 엔진 시뮬레이터에서 작동을 확인해 보자.

실습용 자동차에서의 작동실습은 안전을 고려하여 적용하지 않는 것이 좋다. 만약, 자동차 전문가 또는 지도교수의 책임하에 모든 안전사항을 점검한 후 차체를 리프트로 들어 올려 4개의 바퀴가 자유로운 상태라면 자동차 적용실습을 고려할 수 있다.

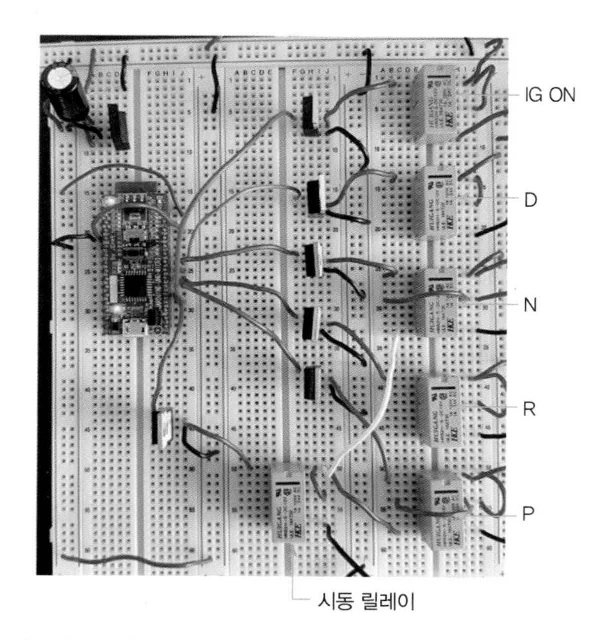

[그림 3-33] 인히비트 스위치와 엔진시동을 위한 회로

예시된 프로그램은 기본적인 작동을 제어하기 위한 것이므로, 주어진 자동차 시스템을 정확히 이해하여 좀 더 진화된 프로그램을 설계해 보기 바란다.

[그림 3-34]를 참고로 하여 주어진 실습용 자동차의 스타트 릴레이를 사용하여 프로젝트를 수행해 보자.

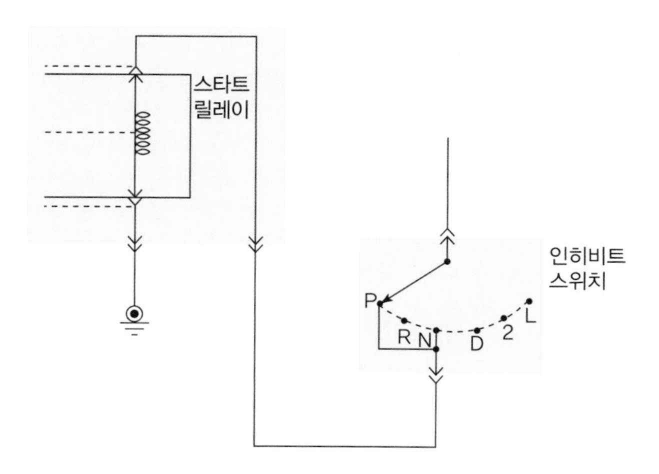

[그림 3-34] 인히비트 스위치와 스타트 릴레이의 배선 연결도

2-4 원격 와이퍼 모터 INT 제어 공작

1) 공작 개요

[그림 3-35]와 같이 자작 ECU에서 와이퍼 시스템(INT)을 작동시킬 수 있도록 설계한다. 이때 작동주기는 일정하게 유지한다.

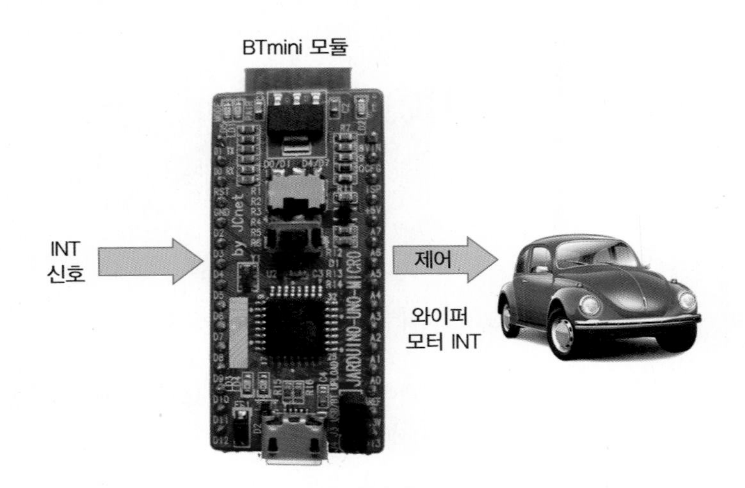

[그림 3-35] 와이퍼 모터 INT 제어 공작 개요

2) 자기주도 공작 목표

① 와이퍼 모터 작동을 이해하고, 전장회로도를 정확히 분석할 수 있다.
② C언어 코딩을 쉽게 적용할 수 있다.
③ 와이퍼 모터 INT 기능을 정확히 이해할 수 있다.

3) 실습 단계 구상

자작 ECU에서 와이퍼 시스템의 간헐(INT)기능을 작동시킬 수 있도록 설계한다. 토글스위치를 사용한 INT 스위치에서 입력신호를 받으면 ECU에서 주기적으로 와이퍼 모터를 작동하기 위한 신호를 출력한다.

우선,

① 브레드보드에 토글스위치와 LED를 사용하여 간헐작동 회로와 프로그램을 구성하고 그 작동을 확인한다.

② 잘 작동되면 간헐 제어만 작동되도록 실습용 자동차에 적용해 본다.
③ 토글스위치 대신 가변저항을 연결하여 와이퍼 모터의 INT 주기를 변화시켜 본다.
④ 마지막으로 실제 실습용 자동차의 다기능 스위치 INT 회로에 연결하여 실제 자동차에서의 작동과 동일하게 제어한다.

와이퍼 회로는 다른 회로도에 비해 난해하므로, 회로도와 작동을 충분히 이해한 후에 실습해야 한다.

4) 구성부품

브레드보드, ATmega328p BTmini 모듈, 전자릴레이 2개, IRF540 3개, 토글스위치, USB 마이크로 커넥터, 콘덴서, 7805 정전압 IC, 가변저항

5) 실습용 자동차에서 INT 신호 확인(INT 신호 측정해 보기)

① BCM(에탁스)에서 [그림 3-36]의 위치에서 출력되는 INT 신호를 확인해 보자.
② 다기능 스위치 INT 단자에서 에탁스로 입력되는 INT 신호변화(저항변화에 의한 전압변화)도 확인해 보자.

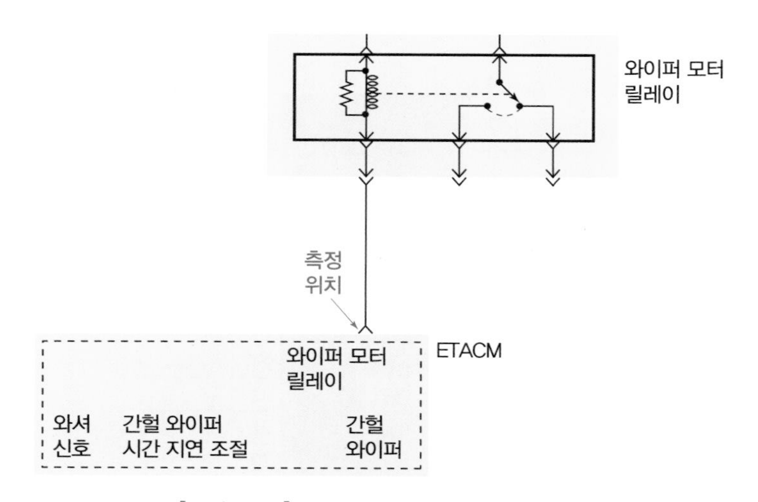

[그림 3-36] 와이퍼 모터 간헐신호 측정위치

6) 간단한 간헐신호 제어회로 설계(LED와 토글스위치 사용)

(1) 제어회로 설계

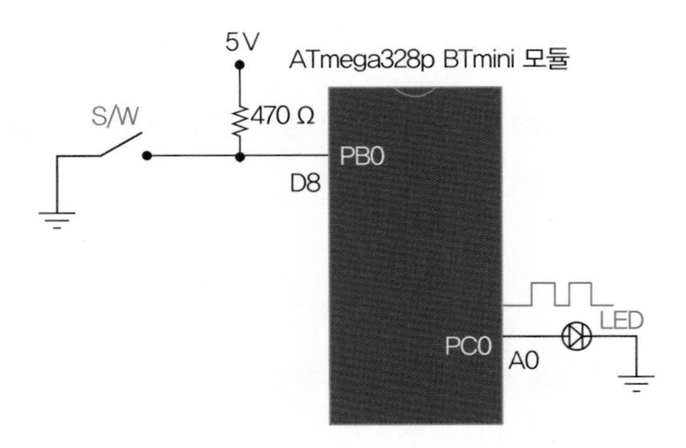

[그림 3-37] LED로 간헐 신호 출력 확인

[그림 3-37]과 같이 먼저 간단한 회로를 구성하여 와이퍼 모터 간헐제어 프로그램이 잘 작동되는지를 확인한다.

[그림 3-38]과 [그림 3-39]를 서로 비교하여 ATmega328p 포트와 BTmini 외관 핀 연결도를 확인하고 ECU에 정확하게 배선한다.

JARDUINO-UNO-BTmini

핀 이름	번호	번호	핀 이름
D1-TX	1	30	VIN
D0-RX	2	29	BT-CFG
RST	3	28	ISP
GND	4	27	5V
D2	5	26	A7
D3	6	25	A6
D4	7	24	A5
D5	8	23	A4
D6	9	22	A3
D7	10	21	A2
D8	11	20	A1
D9	12	19	A0
D10	13	18	AREF
D11	14	17	3.3V
D12	15	16	D13

[그림 3-38] BTmini 핀 배치도

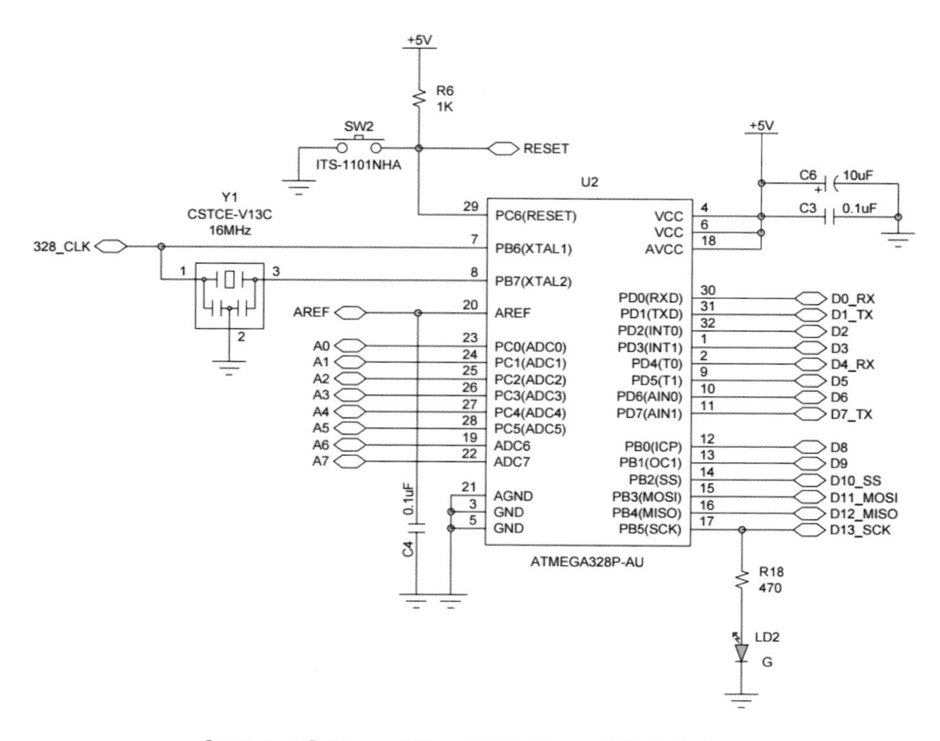

[그림 3-39] ATmega328p 포트와 BTmini 외관 핀 연결도

(2) 입/출력 특성

[그림 3-4] 스위치 ON/OFF할 때 입/출력 특성

입력 전압		출력 전압
스위치 ON	PB0(0 V)	PC0(5 V)
스위치 OFF	PB0(5 V)	PC0(0 V)

[표 3-4]는 스위치를 ON/OFF할 때 PB0와 PC0 포트의 입/출력 전압 특성을 나타낸다.

(3) 프로그램 구조 설명

스위치가 작동할 때 간헐적으로 LED를 3초 간격으로 점멸하도록 제어하는 프로그램(int_led.c)은 아래와 같다.

```
#include <mega328p.h> // int_led.c
#include <delay.h>

void main(void)
 {
  unsigned int int_sw;

  DDRB=0x00; // PORTB를 입력으로 설정
  DDRC=0xFF; // PORTC를 출력으로 설정. 0b11111111

  while(1){
             int_sw = PINB & 0b00000001;
             if(int_sw == 0b00000000){
                                          PORTC=0b00000001;
                                          delay_ms(700);
                                          PORTC=0b00000000;
                                          delay_ms(3000); // 3초
                                         }
             else PORTC=0b00000000;
            }
 }
```

(4) 작동 확인

[그림 3-40]과 같이 브레드보드에 와이퍼 모터 간헐제어회로를 구성하여 LED의 작동을 확인한다.

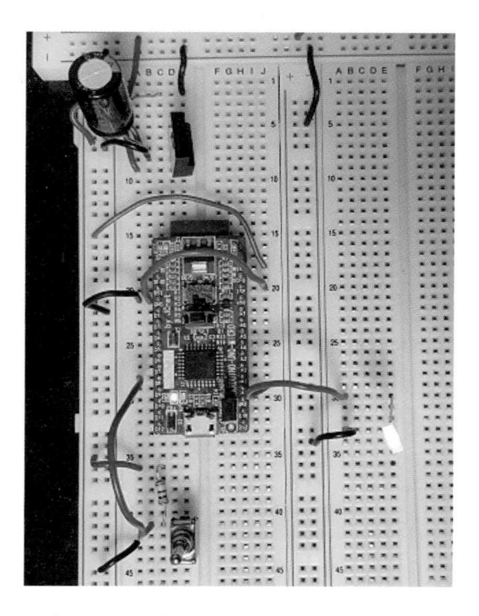

[그림 3-40] 브레드보드에서 작동 확인

7) 간헐 제어를 확인하기 위한 실습 자동차 적용

실습용 자동차에서 와이퍼 회로도를 정확히 분석하고, [그림 3-40]의 자작 ECU에서 LED와 스위치를 제거한 후에 [그림 3-41]과 같이 ECU와 자동차의 와이퍼 간헐 작동 회로를 연결하여 실습용 자동차에서 그 작동을 확인한다.

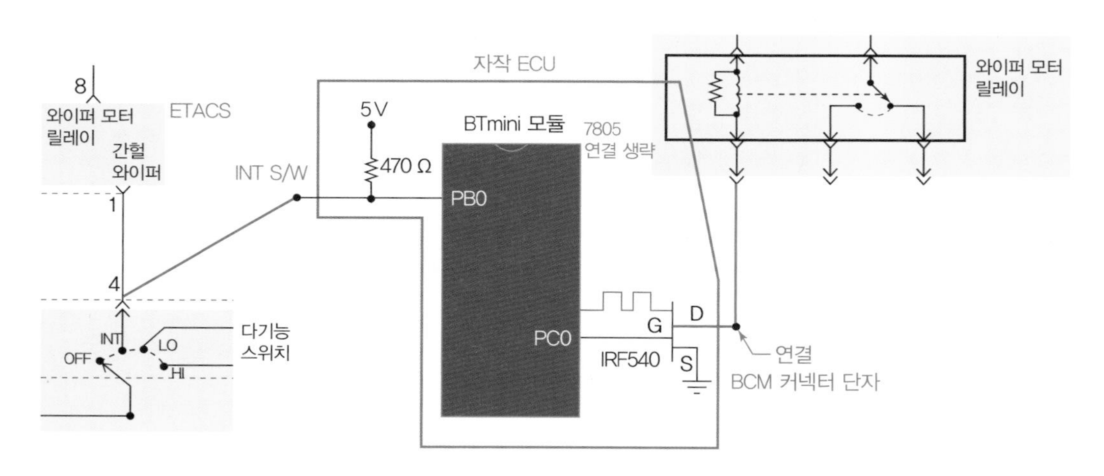

[그림 3-41] 간헐 와이퍼 작동 회로의 실차 연결도

[그림 3-42] 에탁스 커넥터에 배선 연결

실습용 자동차에서 와이퍼 모터 INT 작동을 위한 간헐신호의 출력을 제어할 때 다음 사항에 주의한다.

① 와이퍼 모터 릴레이는 실차의 것을 그대로 사용한다.
② 에탁스(BCM)에서 제어하는 것을 차단하기 위해 커넥터를 탈거하고 [그림 3-42]와 같이 배선을 연결한다.
③ 프로그램에서 간헐 주기를 적절히 조절하여 와이퍼 모터의 간헐작동이 잘 제어되도록 한다.

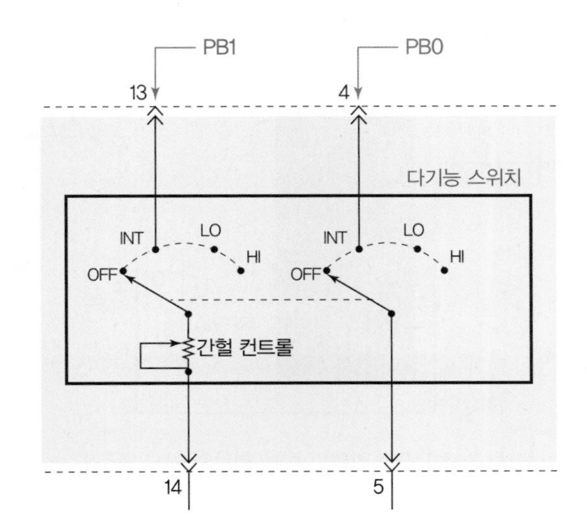

[그림 3-43] 간헐 컨트롤의 연결

8) 응용 제어(과제)

[그림 3-43]과 같이 별도의 포트 단자(PB1)로 가변저항에 의해 변화된 전압을 입력 받아, INT의 주기도 변화시킬 수 있는 회로와 프로그램을 설계해 보자.

2-5 원격 와이퍼 모터 H-L 제어 공작

1) 공작 개요

[그림 3-44]와 같이 실습용 자동차에서 원격으로 자작 ECU에서 와이퍼 시스템(H, L)을 작동시킬 수 있도록 와이퍼 모터 시스템을 공작해 보자.

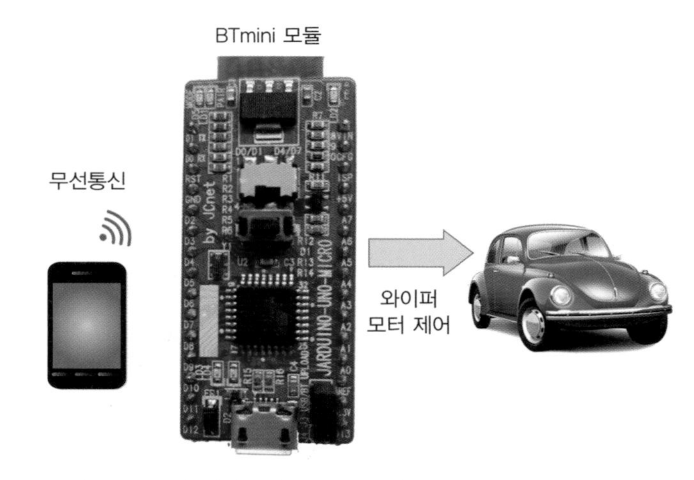

[그림 3-44] 원격 와이퍼 모터 제어 공작 개요

2) 제어회로 설계

원격으로 와이퍼 모터의 L, H를 제어하기 위한 회로를 설계한다.

[그림 3-45]와 같이 ECU에서 실습용 자동차에 배선을 연결한 후에 스마트폰을 사용하여 원격으로 와이퍼 모터를 제어해 본다.

다음의 연결 커넥터는 탈거하도록 한다.

- 다기능 스위치 와이퍼 모터 커넥터
- 에탁스와 와이퍼 모터 연결 커넥터

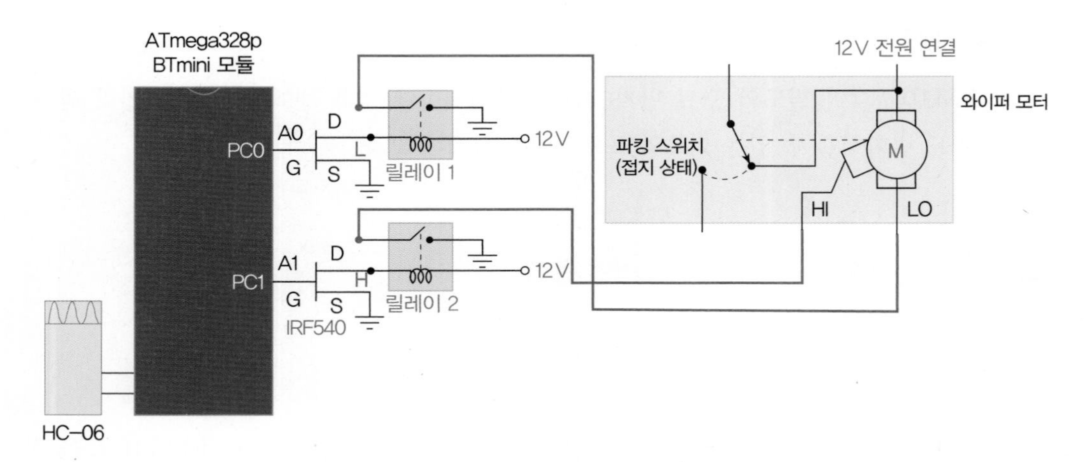

[그림 3-45] 실습용 자동차에서의 와이퍼 모터 제어 배선 연결

3) 제어 프로그램 구조

와이퍼 모터 제어 프로그램(bt_328p_wiper.c)의 주요 구조는 아래와 같이 설계할 수 있다.

```
#include<mega328p.h> // bt_328p_wiper.c

interrupt[USART_RXC]void usart(void)
{
• 데이터 수신
 }

void main(void)
{
• 출력포트 설정
• 통신 레지스터 초기화

 #asm("sei")
 while(1){
         switch(data){
                       case '1': // low
                                PORTC = 0b000000001;
```

```
                        break;
                case '2': // high
                        PORTC = 0b00000010;
                        break;
                case '3': // 정지
                        PORTC = 0b000000000;
                        break;
                default: ;
            }
        }
    }
```

4) 작동 확인

실습용 자동차에 자작 ECU를 연결하여 원격으로 와이퍼 모터를 제어해 보자. 이때 와이퍼 모터를 작동 중에 정지시킬 경우, 와이퍼 모터가 제자리로 돌아오지 않을 수 있다.

와이퍼 모터 릴레이의 위치는 일반적으로 [그림 3-46]과 같이 엔진룸의 퓨즈박스에 위치해 있다.

[그림 3-46] 와이퍼 모터 릴레이 위치

5) 응용 제어(과제)

① 와이퍼 모터가 작동 중에 정지하더라도 와이퍼 암이 제자리로 돌아와 정지할 수 있도록 전장회로도를 참고로 하여 ECU 회로와 프로그램을 설계해 보자.

② 자작 ECU 회로에 추가하여 L, H뿐만 아니라, INT도 제어할 수 있도록 전장회로도를 정확히 분석하여 ECU 회로도를 설계해 보자.

이때 작동 간헐 주기도 여러 단계로 설계하여 와이퍼 모터를 작동시켜 보자.

프로젝트

04

자동차 앱 인벤터 공작

1장 따라 하기

2장 블루투스 적용 공작

3장 자동차 앱 공작

4장 자동차 진단정보 표시 공작

Smart Car Coding Project

CHAPTER

01 따라 하기

1-1 공작 개요

자동차시스템을 원격제어하기 위한 스마트폰 앱을 스마트폰 앱 개발 툴인 앱 인벤터 2를 사용하여 쉽게 설계할 수 있다. 앱 인벤터 2 접속에서 사용까지의 관련사항들은 [그림 4-1]과 같은 앱 인벤터 인터넷 사이트(http://appinventor.mit.edu/explore/)를 참고로 활용하거나 관련 서적을 참고한다.

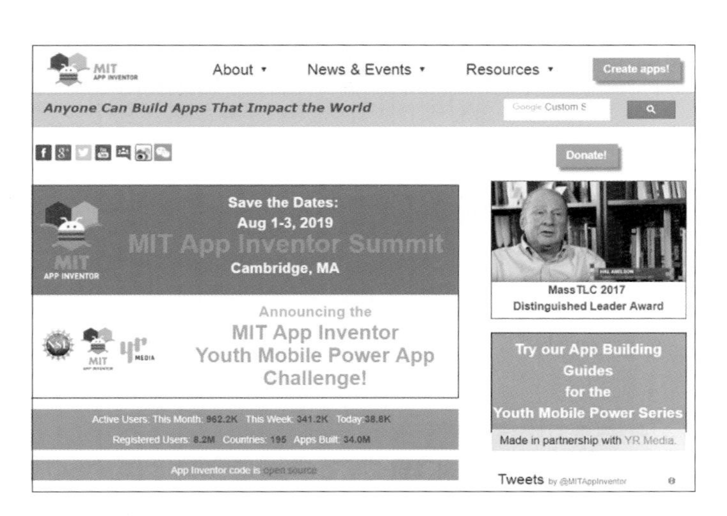

[그림 4-1] MIT App Inventor 초기 화면

1-2 따라 하기

스마트자동차를 원격제어하기 위한 스마트폰 앱 설계와 관련해서는 다음을 활용한다.

① 시중에 출간되어 판매되고 있는 앱 인벤터2 서적을 참고한다.

② [그림 4-2]의 한국과학창의재단 공식 유튜브(https://www.youtube.com/channel/UCRU2G2NpTuOBqAySTAxXrAw)에 접속하여 앱 인벤터2 관련 동영상을 활용한다.

[그림 4-2] 한국과학창의재단 공식 유튜브 화면

③ [그림 4-3]과 같이 유튜브에 접속하여 앱 인벤터2 학습 관련 동영상을 활용한다.

[그림 4-3] YouTube 동영상의 활용

NOTE

"따라 하기"를 충실히 이해해야 다음 프로젝트에 나오는 공작들을 제대로 학습할 수 있다. 앱 인벤터 2의 사용방법은 조금만 시간을 투자하면 누구나 쉽게 이해할 수 있으므로 이 책에서는 생략하기로 한다.

CHAPTER

02 블루투스 적용 공작

2-1 블루투스 연결 및 해제 공작

1) 공작 개요

이 장에서는 스마트카를 제어하기 위해 스마트폰에서 BTmini 모듈의 HC-06 블루투스 모듈과 블루투스 통신을 하기 위한 앱을 디자인하고 코딩하도록 한다. 이 공작은 스마트카를 스마트폰으로 원격 제어하기 위한 가장 기본적인 사항이라 할 수 있다. 처음에는 스마트폰 앱 설계가 어려울 수 있으므로, 주어진 앱 인벤터 예제 프로그램을 무조건 따라서 해 보자(예제 프로그램은 다음 카페에 수록).

2) 자기주도 공작 목표

스마트폰 앱을 직접 설계할 수 있다.

3) 따라 하기(앱 명칭: app_connect_1.apk)

(1) 앱 화면 디자인

앱 인벤터 2에서 [그림 4-4]와 같이 블루투스 연결 및 해제를 위한 앱을 디자인할 수 있다. 앱 디자인에 좀 더 익숙해진다면, 사용하기에 편리한 독특한 디자인을 구성할 수 있다.

(2) 블록 설계(코딩)

스마트폰을 블루투스로 연결시키기 위한 코딩은 http://appinventor.pevest.com/?p=520에 소개된 Bluetooth client 예제를 참고하여 [그림 4-5]와 같이 설계한다.

[그림 4-4] 앱 화면 디자인하기 예

```
언제 블루투스_연결 .선택 전
실행 지정하기 블루투스_연결 . 요소 값 블루투스_클라이언트1 . 주소와 이름들

언제 블루투스_연결 .선택 후
실행 만약 호출 블루투스_클라이언트1 .연결
                주소 블루투스_연결 . 선택된 항목
     그러면 지정하기 블루투스_연결상태 . 텍스트 값 " 블루투스 연결 "
```

[그림 4-5] 블루투스 연결 및 해제를 위한 블록 설계 예

(3) .aia 와 .apk 파일 생성

필요한 절차는 앱 인벤터2 관련 동영상이나 참고서적으로 확인한다.

(4) .apk 파일을 스마트폰으로 전송

앱 인벤터2에서 빌드를 선택하고, QR코드나 컴퓨터를 통해 .apk 파일을 스마트폰으로 전송하여 앱을 설치한다.

(5) 스마트폰 앱에서 블루투스 연결 및 해제

① 블루투스 연결을 선택하면 스마트폰에 등록되어 있는 외부 블루투스 기기(BTmin 블루투스 모듈)의 주소와 이름을 가져와 스마트폰 화면에 표시된다.

② 페어링된 목록에서 기기를 선택하면 스마트폰과 외부 블루투스 기기가 통신으로 연결된다.

③ 블루투스 해제를 선택하면 스마트폰과 외부 블루투스 기기의 통신이 차단된다.

4) 구성부품

브레드보드, 7805 정전압 IC, 콘덴서 1,000 ㎌, ATmega328p BTmini 모듈, 스마트폰, USB 마이크로 커넥터, LED 1개

5) 작동 확인

[그림 4-6]과 같이 BTmini 모듈을 연결하여 실제로 앱이 잘 작동되는지 확인한다.

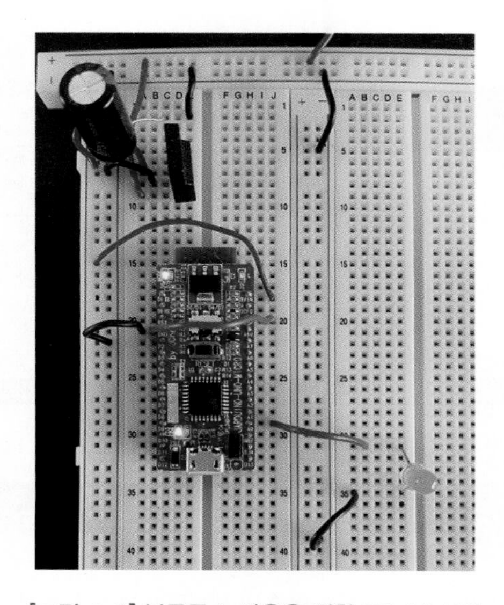

[그림 4-6] 블루투스 사용을 위한 BTmini 설치

BTmini 모듈에 5 V 전원만 공급되면 작동확인이 가능하다.

NOTE

블루투스 연결 및 해제와 관련된 앱 인벤터 2의 앱 코딩 정보와 지식은 온라인상에서 쉽게 얻을 수 있다.

2-2 LED ON/OFF 제어 공작

1) 공작 개요

스마트폰과 브레드보드에 설치된 BTmini의 블루투스 모듈을 블루투스 통신으로 연결하여 LED를 ON/OFF하기 위한 앱을 디자인하고 코딩한다.

2) 따라 하기(앱 명칭: app_led.apk)

(1) 앱 화면 디자인

[그림 4-7] 앱 화면 디자인하기 예

앱 인벤터 2에서 [그림 4-7]과 같이 LED를 ON/OFF하기 위한 앱을 디자인할 수 있다. 앱 디자인에 좀 더 익숙해진다면, 사용하기에 편리한 독특한 디자인을 구성할 수 있으며, 여러 자료를 참고로 하여 [그림 4-7]과 같이 가상 스마트폰 화면에 ON/OFF 스위치를 만들 수 있다.

(2) 블록 설계(코딩)

스마트폰을 블루투스로 연결하기 위한 자세한 코딩은 관련 카페에 있는 예제를 참고하여 이해한 후에 [그림 4-8]과 같은 독창적인 프로그램을 설계한다.

```
언제 블루투스_해제 .클릭
실행 호출 블루투스_클라이언트1 .연결 끊기
     지정하기 블루투스_연결상태 . 텍스트 값 " 블루투스 해제 "

언제 LED_ON .클릭
실행 만약 블루투스_연결 . 활성화
     그러면 호출 블루투스_클라이언트1 .텍스트 보내기
                                    텍스트 " 1 "

언제 LED_OFF .클릭
실행 만약 블루투스_연결 . 활성화
     그러면 호출 블루투스_클라이언트1 .텍스트 보내기
                                    텍스트 " 2 "
```

[그림 4-8] 블록 설계 예

3) 구성부품

브레드보드, 7805 IC, 콘덴서 1,000 ㎌, ATmega328p BTmini 모듈, 스마트폰, USB 마이크로 커넥터, LED 1개

4) LED 연결 회로도

앞장의 BTmini 단자 연결도를 참고로 하여 회로도를 그리고 [그림 4-9]와 같이 LED를 연결한다. 블루투스 모듈 HC-06은 BTmini 모듈에 내장되어 있다.

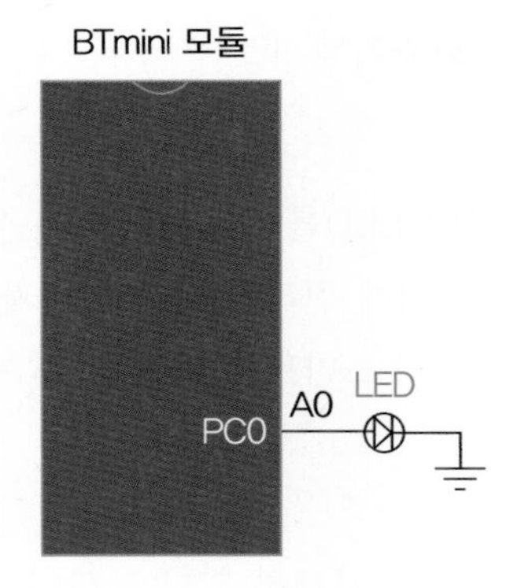

[그림 4-9] 연결 회로도

5) LED 작동을 위한 블루투스 수신 제어 프로그램 구조

블루투스 통신의 수신 프로그램(bt_328p_led.c) 내용을 간단히 분석하면 아래와 같다.

```
#include<mega328p.h> // bt_328p_led.c

interrupt[USART_RXC]void usart(void)
{
 •스마트폰으로부터 작동 신호 수신
 }

void main(void)
{
 •수신포트 설정
 •통신레지스터 초기화
  while(1){
           switch(data){
                        case '1': // '1'이면 LED ON
                                  PORTC=0b11111111;
                                  break;
                        case '2': // '2'이면 LED OFF
                                  PORTC=0b00000000;
                                  break;
                        default:PORTC=0b00000000;
                                 break;
                       }
           }
}
```

이 프로그램에서는 switch~case 문을 활용하여 LED가 연결된 PORTC를 제어해 본다.

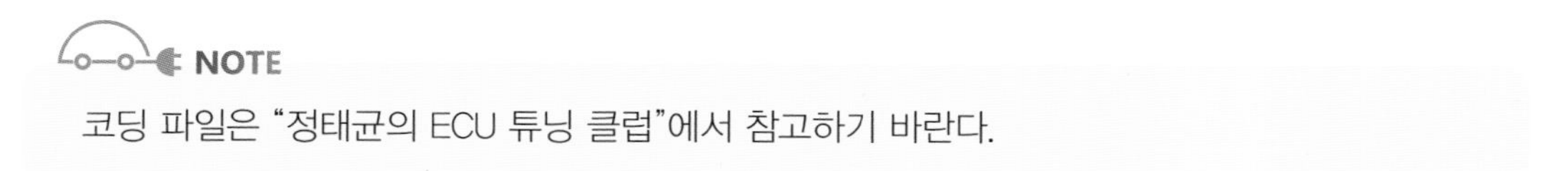
NOTE

코딩 파일은 "정태균의 ECU 튜닝 클럽"에서 참고하기 바란다.

6) 작동 확인

[그림 4-10]과 같은 회로를 구성하여 직접 설계한 스마트폰 앱이 정상적으로 잘 작동되는지를 확인해 본다.

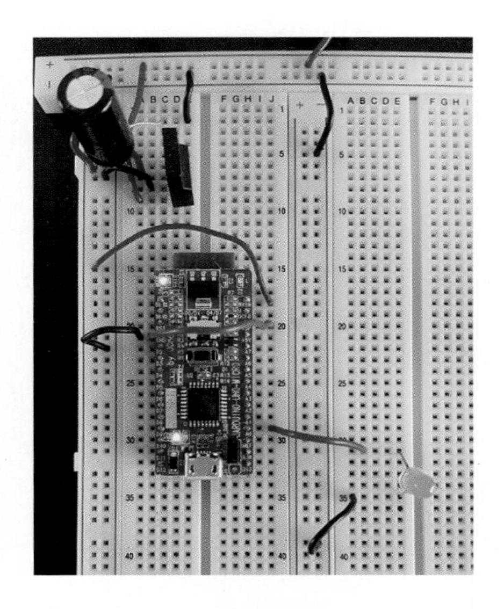

[그림 4-10] BTmini 모듈을 이용한 블루투스 LED ON/OFF 공작

2-3 2개 LED ON/OFF 제어 공작

1) 공작 개요

스마트폰 앱과 BTmini 모듈의 블루투스 모듈을 블루투스 통신으로 연결하여 LED 2개를 ON/OFF 제어하기 위한 앱을 디자인하고 코딩해 보자.

2) 따라 하기(앱 명칭: app_led2.apk)

(1) 앱 화면 디자인

앱 인벤터2에서 [그림 4-11]과 같이 LED 2개를 ON/OFF하기 위한 앱을 디자인할 수 있다.

[그림 4-11] 앱 화면 디자인하기 예

(2) 블록 설계(코딩)

스마트폰을 블루투스로 연결시키기 위한 코드는 [그림 4-12]의 예제를 참고하여 창의적으로 설계한다.

```
언제 블루투스_해제 .클릭
실행 호출 블루투스_클라이언트1 .연결 끊기
     지정하기 블루투스_연결상태 . 텍스트 값 " 블루투스 해제 "

언제 LED1_ON .클릭
실행 만약 블루투스_연결 . 활성화
     그러면 호출 블루투스_클라이언트1 .텍스트 보내기
                                   텍스트 " 1 "

언제 LED1_OFF .클릭
실행 만약 블루투스_연결 . 활성화
     그러면 호출 블루투스_클라이언트1 .텍스트 보내기
                                   텍스트 " 2 "
```

[그림 4-12] 2개의 LED를 제어하기 위한 코딩 예

3) 구성부품

브레드보드, 7805 IC, 콘덴서, 1,000 ㎌, ATmega328p BTmini 모듈, USB 마이크로 커넥터, 스마트폰

4) 제어회로도

2개의 LED를 제어하기 위한 BTmini 모듈의 LED 연결 회로도는 [그림 4-13]과 같다.

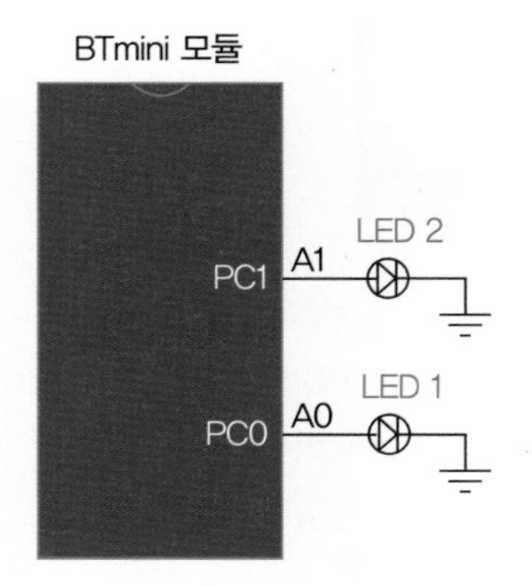

[그림 4-13] 제어회로도

5) 프로그램 구조

블루투스 통신을 위한 수신 프로그램(bt_328p_led2.c)의 내용을 간단히 분석하면 아래와 같다. LED1과 LED2가 동시에 켜질 수 있도록 프로그래밍한다.

```
#include<mega328p.h> // bt_328p_led2.c

interrupt[USART_RXC]void usart(void)
{
• 스마트폰으로부터 작동 신호 수신
 }

void main(void)
{
• 수신포트 설정
```

• 통신레지스터 초기화

```
while(1){
        switch(data){
                case '1':// LED ON
                        a=1;
                        if((a==1)&&(b==1))PORTC=0b00000011;
                        else PORTC=0b00000001;
                        break;
                case '2':// LED OFF
                        a=0;
                        if(b==1)PORTC=0b00000010;
                        else PORTC=0b00000000;
                        break;
                case '3':// LAMP ON
                        b=1;
                        if((a==1)&&(b==1))PORTC=0b00000011;
                        else PORTC=0b00000010;
                        break;
                case '4':// LAMP OFF
                        b=0;
                        if(a==1)PORTC=0b00000001;
                        else PORTC=0b00000000;
                        break;
                default: ;
            }
        }
}
```

6) 작동 확인

[그림 4-14]와 같은 회로를 구성하여 직접 설계한 스마트폰 앱이 정상적으로 작동되는지 확인해 본다.

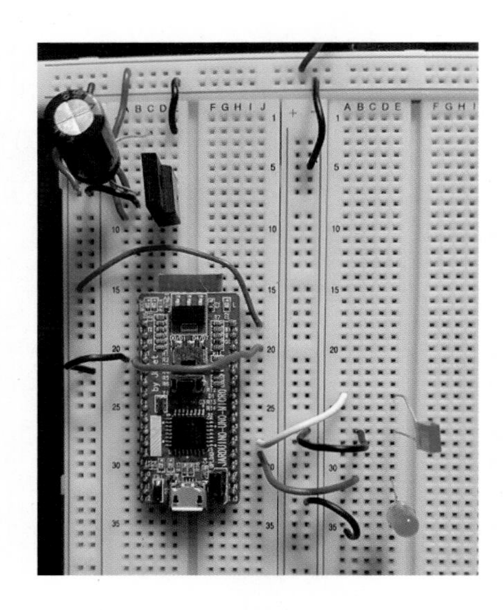

[그림 4-14] LED 2개를 작동하기 위한 블루투스 통신 회로

2-4 송신 데이터 표시 공작

1) 공작 개요

스마트폰에서 블루투스 통신을 통하여 BTmini 모듈로 송신되는 데이터를 표시할 수 있는 앱을 만들어 보자.

2) 따라 하기(앱 명칭: app_dataView.apk)

(1) 앱 화면 디자인

[그림 4-15]와 같이 LED 스위치 단자 아래에 스마트폰에서 ECU로 송신되는 데이터를 표시할 수 있도록 화면을 설계한다.

[그림 4-15] 앱 송신 데이터 표시 앱 화면 디자인 예

(2) 블록 설계(코딩)

스마트폰을 블루투스로 연결시키기 위한 코드는 [그림 4-16]과 같은 예제를 참고하여 창의적으로 설계한다. 자세한 코딩은 관련 카페에 있는 예제를 참고하여 설계한다.

```
언제 시계1 .타이머
실행 만약 블루투스_클라이언트1 . 연결 상태
     그러면 지정하기 데이터 . 텍스트 값 " 데이터 : "
            지정하기 레이블3 . 텍스트 값 호출 블루투스_클라이언트1 .텍스트 받기
                                                    바이트 수

언제 블루투스_해제 .클릭
실행 호출 블루투스_클라이언트1 .연결 끊기
     지정하기 블루투스_연결상태 . 텍스트 값 " 블루투스 해제 "

언제 LED1_ON .클릭
실행 만약 블루투스_연결 . 활성화
     그러면 호출 블루투스_클라이언트1 .텍스트 보내기
                                    텍스트 " 1 "
```

[그림 4-16] 데이터 표시를 위한 코딩 예

(3) 스마트폰 화면 확인

[그림 4-17]과 같이 스마트폰 화면에 ECU로 송신한 데이터를 확인한다.

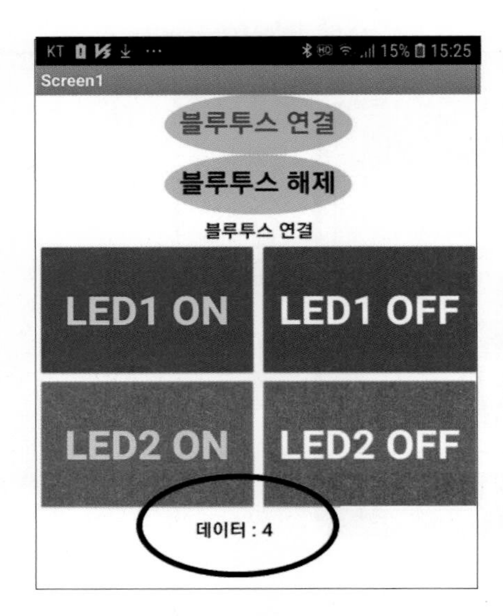

[그림 4-17] 데이터 표시를 위한 화면

CHAPTER

03 자동차 앱 공작

3-1 공작 제어

이 장에서는 스마트폰으로 BTmini의 블루투스 모듈과 블루투스 통신을 통하여 스마트카의 자동차시스템(엔진 시동과 도어 락/언락)을 제어하기 위한 앱을 디자인하고 코딩한다.

3-2 앱 인벤터 설계(앱 명칭: car_engine_lock.apk)

1) 앱 화면 디자인

[그림 4-18] 앱 화면 디자인하기 예

앱 인벤터 2에서 [그림 4-18]과 같이 자동차시스템을 제어하기 위한 앱을 디자인할 수 있다. 앱 디자인에 좀 더 익숙해진다면, 사용하기에 편리한 독특한 디자인을 구성할 수 있다. 지금까지 실습한 기본적인 사항을 활용하여 우리가 필요로 하는 자동차시스템 제어 앱을 설계해 보자.

2) 제어 알고리즘 구상

① ENGINE ON 버튼을 누르면 엔진시동이 걸린다. 이때 IG1으로 12 V가 연결되고, ST는 3초 동안 12 V가 걸린 후 0 V가 된다.
② ENGINE OFF 버튼을 누르면 모든 출력이 0 V가 된다.
③ DOOR LOCK 버튼을 누르면 A2(5 V), A3(0 V)가 된다.
④ DOOR UNLOCK 버튼을 누르면 A2(0 V), A3(5 V)가 된다.

3) 블록 설계(코딩)

스마트폰을 블루투스로 연결하여 ECU를 제어하기 위한 코딩은 이전의 예제를 참고하여 창의적으로 설계한다.

3-3 자동차시스템 제어 연결 회로도 설계

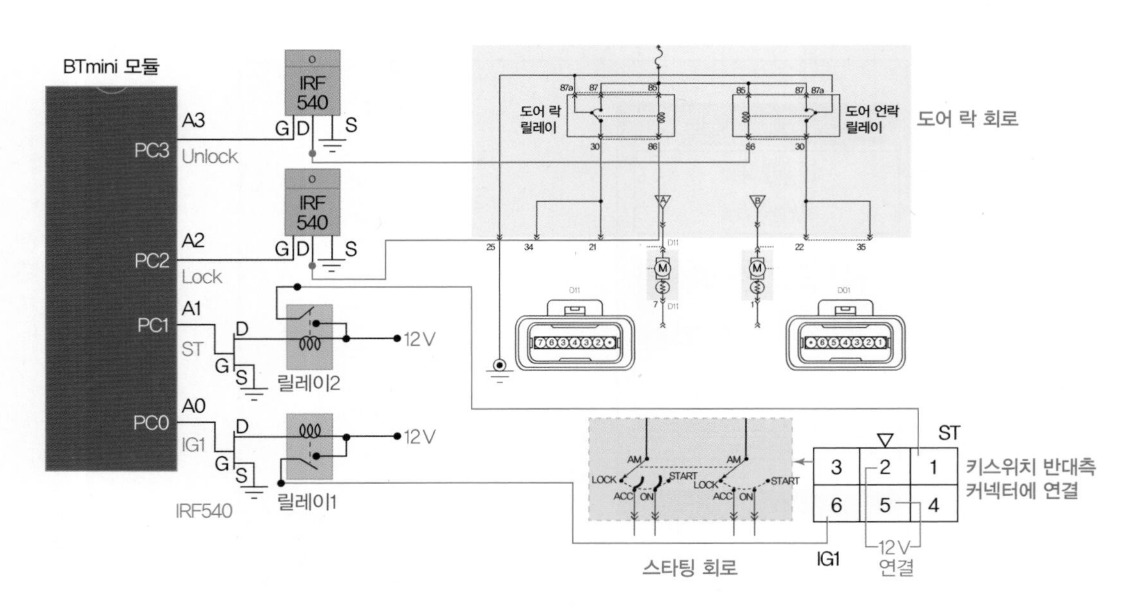

[그림 4-19] 앱 인벤터 제어 연결 회로도(모델: EF소나타)

프로젝트 03의 BTmini 핀 배치도를 참고로 하여 엔진 시동과 도어 락/언락을 위한 회로도를 그리고 [그림 4-19]와 같이 연결한다.

3-4 입/출력 특성

스마트폰 앱으로 자동차시스템을 제어하기 위해 필요한 입/출력 특성을 정리하면 [표 4-1]과 같다.

[표 4-1] 앱 인벤터 제어 입/출력 특성

입력	출력
ENGINE ON 버튼	A0(5V), A1(5V), A3(0V), A4(0V)
ENGINE OFF 버튼	A0(0V), A1(0V), A3(0V), A4(0V)
DOOR LOCK 버튼	A0(5V), A1(0V), A3(5V), A4(0V)
DOOR UNLOCK 버튼	A0(5V), A1(0V), A3(0V), A4(5V)

3-5 구성부품

브레드보드, 7805 IC, 콘덴서, 1,000㎌, ATmega328p BTmini 모듈, IRF540 4개, 스마트폰, USB 마이크로 커넥터

3-6 제어 프로그램 구조

수신 프로그램(bt_328p_engine_lock.c)의 내용을 간단히 분석하면 아래와 같다.

```
#include<mega328p.h>// bt_328p_engine_lock.c
interrupt[USART_RXC]void usart(void)
{
 • 스마트폰으로부터 작동 신호 수신
 }
void main(void)
```

```
{
 • 수신포트 설정
 • 통신레지스터 초기화
  while(1){
            switch(data){
                            case '1': // 엔진 시동
                                    PORTC = 0b000000011;
                                    delay_ms(3000);
                                    PORTC=0b00000001;
                                    data=0;
                                    break;
                            case '2': // 엔진 꺼짐, 전원차단
                                    PORTC = 0b00000000;
                                    break;
                            case '3': // 도어 락
                                    PORTC = 0b00000101;
                                    break;
                            case '4': // 도어 언락
                                    PORTC = 0b00001001;
                                    break;
                            default: ;
                            }
            }
}
```

이 프로그램에서는 switch~case 문을 활용하여 자동차시스템이 연결되어 있는 PORTC를 제어하였다. 제어 프로그램에서 PORTC 각 비트의 해당 제어 요소들은 [그림 4-20]과 같이 설정하였다.

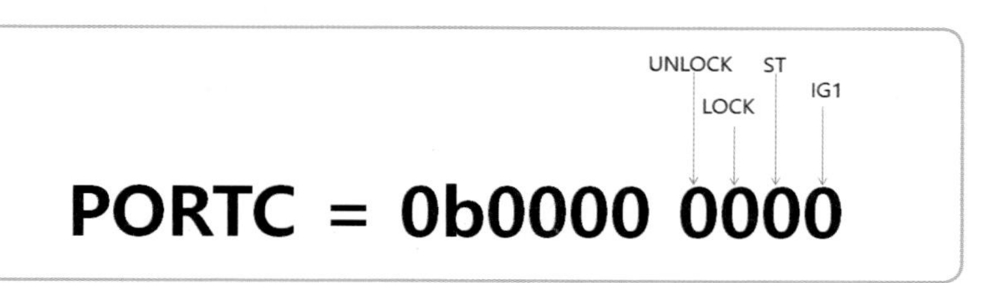

[그림 4-20] PORTC의 각 비트별 제어 요소

3-7 작동 확인

이제까지 설정한 하드웨어와 소프트웨어를 활용하여 스마트폰 앱으로 실습용 차량의 엔진 시동과 도어 락/언락을 제어해 보자. 이 과정에서 회로도를 정확히 분석하고 튜닝할 수 있는 능력을 기를 수 있고, 코딩과 스마트폰 앱의 활용능력을 배양할 수 있다.

3-8 응용 공작(과제)

요즈음 거의 모든 자동차에 적용되고 있는 "내 차 주차 위치 파악"을 위한 스마트폰 앱과 ECU 제어 프로그램을 설계해 보자. 스마트폰 앱에서 "주차 위치"를 누르면, 비상등이 점멸하고 동시에 경음기가 작동되도록 코딩해 보자.

CHAPTER

04 자동차 진단정보 표시 공작

4-1 엔진회전수 측정 공작

1) 공작 개요

OBD2 단자에서 ELM327 동글을 이용하여 CAN통신 데이터의 진단정보를 스마트폰으로 읽기 위한 앱을 디자인하고 코딩하도록 한다.

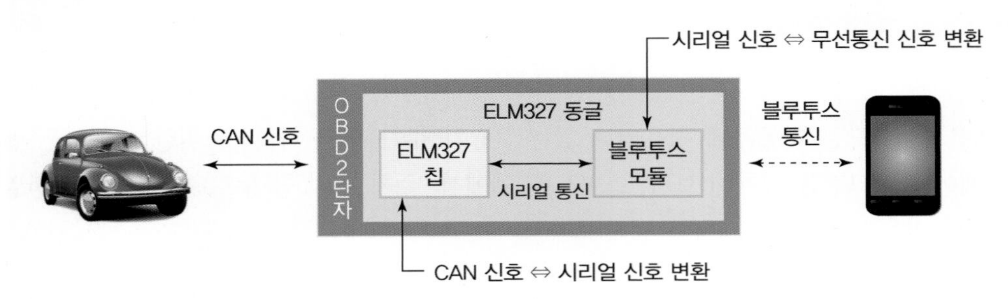

[그림 4-21] 자동차 OBD2 공작 개요

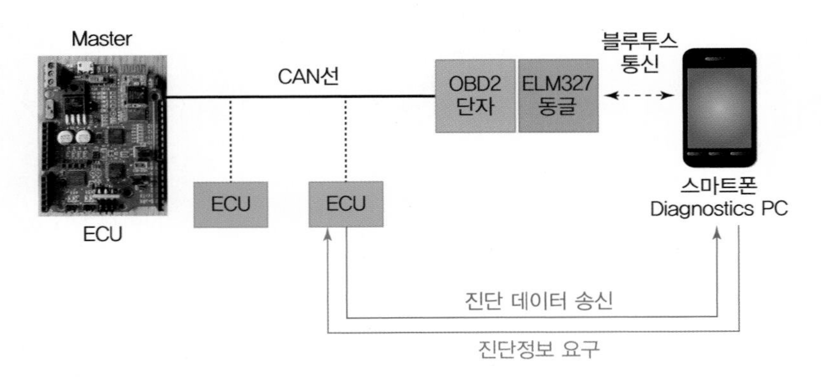

[그림 4-22] 진단정보 송/수신 과정

[그림 4-21]은 스마트폰에서 자동차의 정보를 보기 위해 필요한 ELM327 동글의 기능을 나타내고, [그림 4-22]는 스마트폰에서 자동차 진단정보를 보기 위한 송/수신의 과정을 나타낸다.

(1) PID(OBD의 Parameter ID) 코드의 흐름

[그림 4-23]과 같이 PID 코드 입력(스마트폰) → PID 송신 → CAN선 → PID 수신(ECU) → 요청 PID 처리(ECU) → PID 데이터 송신(ECU) → CAN선 → 데이터 수신(스마트폰) → PID 데이터 표시(스마트폰)의 과정을 거친다. [그림 4-24]는 PID 코드의 일부를 나타낸다.

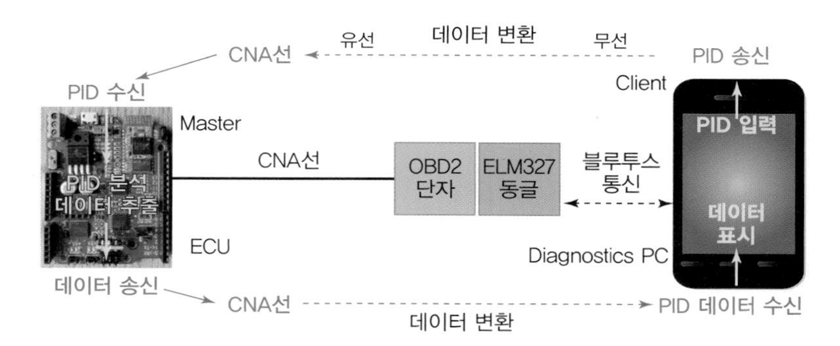

[그림 4-23] PID 코드 처리 과정

Mode (hex)	PID (hex)	Data bytes returned	Description	Min value	Max value	Units	Formula
01	00	4	PIDs supported[01-20]				Bit encoded [A7..D0]= = [PID 0x01..PID 0x20] See below.
01	01	4	Monitor status since DTCs cleared. (Includes malfunction indicator lamp (MIL) status and number of DTCs.)				Bit encoded. See below.
01	02	2	Freeze DTC				
01	03	2	Fuel system status				Bit encoded. See below.
01	04	1	Calclated engine load value	0	100	%	A*100/255
01	05	1	Engine coolant temperature	-40	215	℃	A-40
01	06	1	Short term fuel % trim—Bank 1	-100 Subtracting Fuel(Rich Condition)	99.22 Adding Fuel (Lean Condition)	%	(A-128)* 100/128

[그림 4-24] PID 코드의 예

NOTE

PID란 무엇인가?

OBD2의 Parameter ID는 차량의 고장진단기가 ECU로 작동상태를 요구하는 코드이다. 일반적으로 자동차에서 OBD2 커넥터로 연결하는 진단기구는 PID를 사용하여 진단한다.

(2) 데이터 측정 과정

먼저 블루투스 통신이 연결되어 데이터 통신이 가능하게 되면, OBD2 단자를 통하여 스마트폰에서 PID 코드를 차량 ECU로 보내고, 그 후 ECU에서 전송하는 차량의 센서 데이터를 받을 수 있도록 준비하여야 한다. 이 과정은 [그림 4-25]와 같은 코딩 내용을 담은 "OBD2 연결" 버튼으로 처리한다.

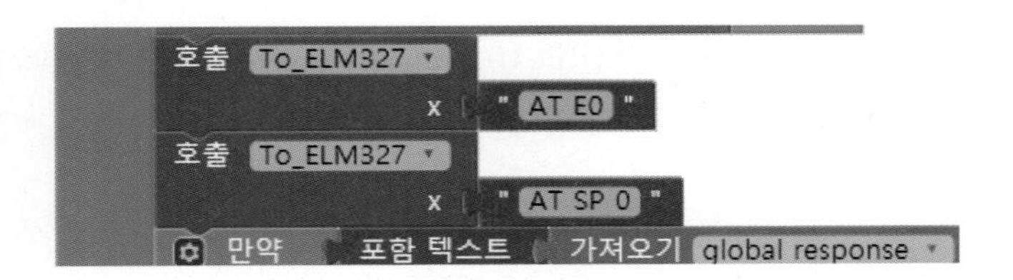

[그림 4-25] ELM327 응답 데이터 수신을 위한 코딩 예

(3) 수신 데이터 표시

"OBD2 연결" 버튼 조작으로 원하는 차량의 센서 데이터들을 화면에 표시한다.

2) 구성부품

ELM327 동글, 스마트폰

3) 자동차 진단정보 측정(앱 명칭: APP_OBD2_RPM.apk)

다양한 자동차 진단정보 중에서 엔진회전수를 측정할 수 있는 스마트폰 앱을 설계해 보자.

(1) 앱 화면 디자인

앱 인벤터 2에서 [그림 4-26]과 같이 엔진회전수를 표시하기 위한 앱을 디자인할 수 있다. 앱 디자인에 좀 더 익숙해지면, 사용하기에 편리한 독특한 디자인을 구성할 수 있다.

(2) 블록 설계(코딩)

스마트폰으로 엔진회전수를 표시하기 위한 코드는 [그림 4-27]과 같이 설계할 수 있으며, 이전의 예제를 참고하여 창의적으로 설계해 보자.

코딩과 관련한 상세한 내용은 네이버 카페 "임베디드 공작소"의 관련 내용을 참고한다.

[그림 4-26] 엔진회전수 측정 앱 화면 디자인하기 예

[그림 4-27] 엔진회전수 측정 블록 설계의 일부분

(3) ELM327 동글을 OBD2 단자에 설치

자동차 진단정보 데이터를 얻기 위해 [그림 4-28]과 같은 OBD2 단자에 [그림 4-29]의 ELM327 동글을 설치한다.

[그림 4-28] OBD2 단자

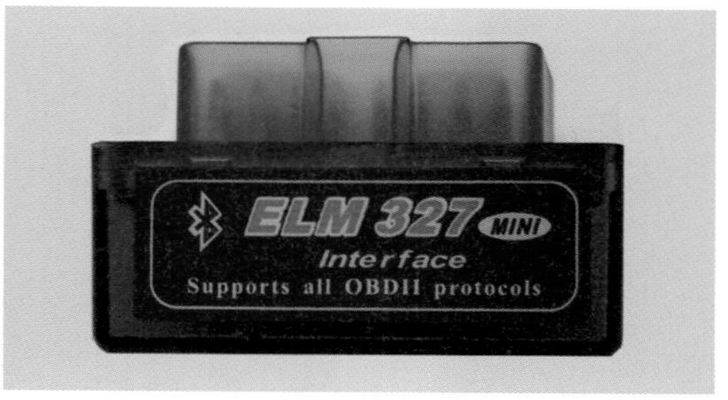

[그림 4-29] ELM327 동글

4) 작동 확인

ELM327 동글을 실습용 자동차의 OBD2 단자에 연결한 후, [그림 4-30]과 같이 스마트폰으로 실시간 자동차 진단정보를 측정할 수 있다.

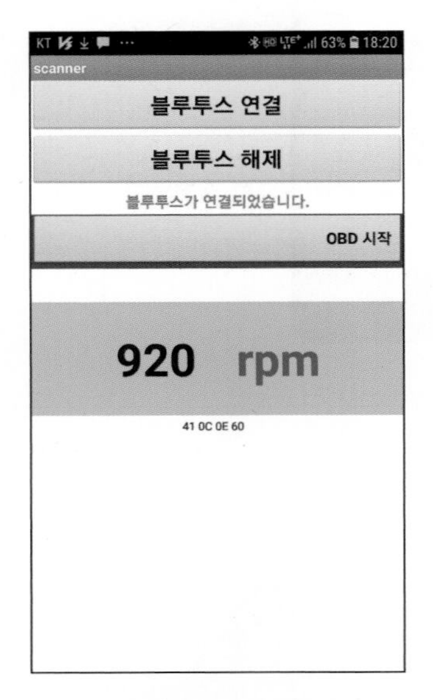

[그림 4-30] 실시간 스마트폰 화면

제시된 앱을 바탕으로 여러 기능을 보완하여 완벽한 자동차 진단정보 앱으로 설계해 보자. [그림 4-31]과 같이 ELM327을 자동차의 OBD2 단자에 연결하고 [그림 4-32]와 같이 원격으로 스마트폰 앱을 사용하여 엔진회전수를 측정할 수 있다.

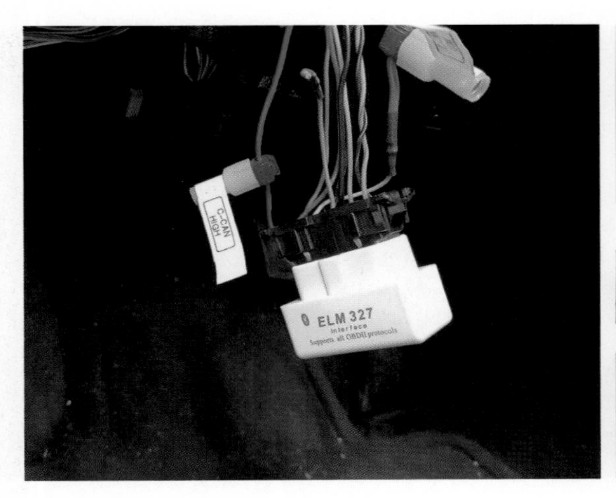

[그림 4-31] ELM327 동글의 설치

[그림 4-32] 실시간 RPM 측정

5) 응용 제어(과제)

엔진회전수 측정 앱(APP_OBD2_RPM.aia와 APP_OBD2_RPM.apk) 코딩을 잘 분석하여 배터리 전압, 차량속도, 엔진 냉각수 온도를 측정하기 위한 독창적인 앱을 설계해 보자.

4-2 CAN 데이터 16진수 표시 공작

1) 공작 개요

OBD2 단자에서 ELM327 동글을 이용하여 CAN통신 데이터의 진단정보를 16진수로 스마트폰에서 읽어 보기 위한 앱을 디자인하고 코딩한다.

[그림 4-33]은 전문적인 CAN TOOL로 잡은 CAN 데이터를 나타낸다.

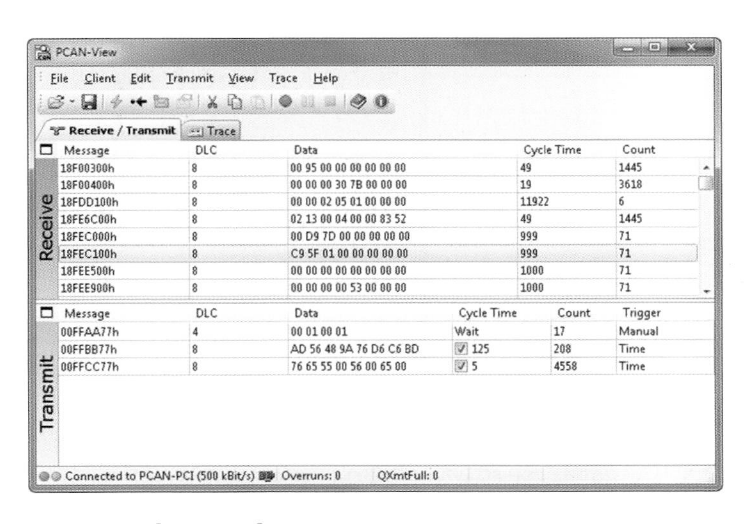

[그림 4-33] OBD2 단자를 통한 CAN 데이터 보기

NOTE

OBD 관련 전문용어

- MIL(Malfunction Indicating Lamp)
- 고장코드(DTC, Diagnostic Trouble Code)
- 센서 측정값(Freeze Frame)
- 진단장치(GST, Generic Scan Tool)
- PID(Parameter ID): 차량 고장진단기가 차량으로 작동상태를 요구하는 코드

2) 구성부품

ELM327 동글, 스마트폰

3) 자동차 진단정보 측정(앱 명칭: CAN_ID_CHECK.apk)

다양한 자동차 CAN 데이터를 측정할 수 있는 스마트폰 앱을 설계해 보자.

(1) 앱 화면 디자인

앱 인벤터 2에서 [그림 4-34]와 같이 CAN 데이터를 표시하기 위한 앱을 디자인할 수 있다. 앱 디자인에 좀 더 익숙해지면, 사용하기에 편리한 독특한 디자인을 구성할 수 있다.

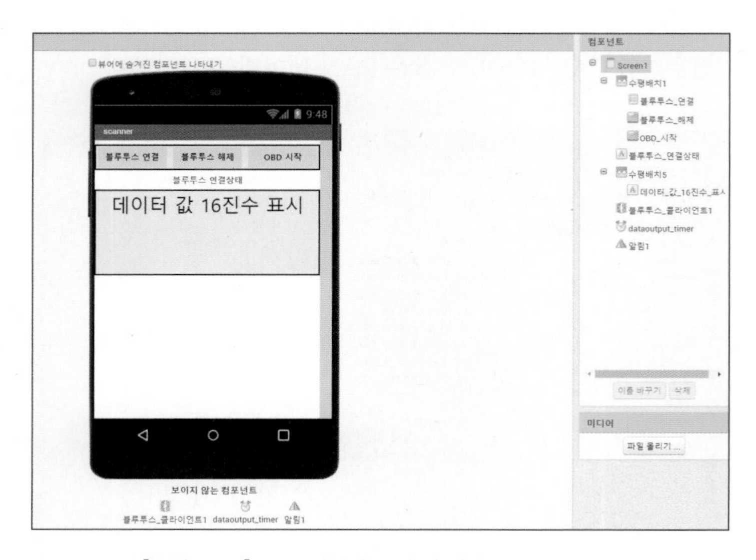

[그림 4-34] CAN 데이터 표시 앱 화면 디자인하기 예

(2) 블록 설계(코딩)

스마트폰으로 CAN 데이터를 표시하기 위한 코드는 [그림 4-35]와 같이 설계할 수 있으며, 이전의 예제를 참고하여 창의적으로 설계한다.

[그림 4-35] CAN 데이터 표시 블록 설계의 일부분

(3) ELM327 동글을 OBD2 단자에 설치

자동차 CAN 데이터를 얻기 위해 OBD2 단자에 ELM327 동글을 설치한다.

4) 작동 확인

ELM327 동글을 실습용 자동차의 OBD2 단자에 연결한 후, [그림 4-36]과 같이 스마트폰으로 실시간 자동차 CAN 데이터를 측정할 수 있다.

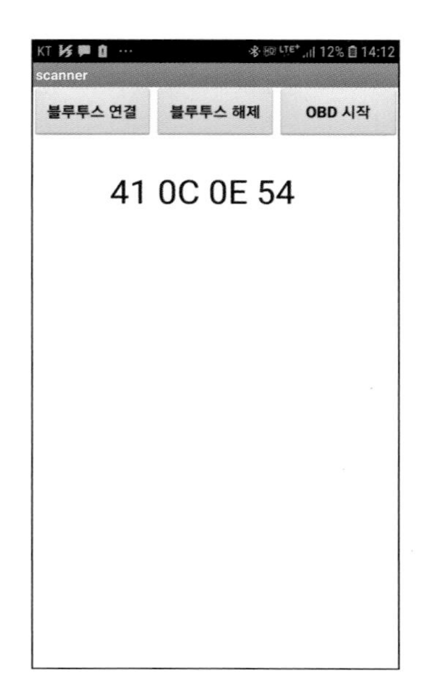

[그림 4-36] 실시간 스마트폰 화면

제시된 앱을 바탕으로 여러 기능들을 보완하여 완벽한 자동차 진단정보 앱으로 설계해 보기 바란다.

5) 응용 제어(과제)

CAN 데이터 표시 앱 코딩을 잘 분석하여 많은 정보를 상세하게 표시하기 위한 앱을 독창적으로 설계해 보자.

프로젝트

05

자동차 음성인식 공작

1장 엔진 시동 및 도어 락 음성인식 공작

2장 방향지시등 및 비상등 음성제어 공작

Smart Car Coding Project

CHAPTER

01 엔진 시동 및 도어 락 음성인식 공작

1-1 공작 개요

이 장에서는 [그림 5-1]과 같이 음성명령으로 자동차시스템(엔진 시동과 도어 락/언락)을 제어하기 위한 앱의 디자인과 코딩에 대해 살펴본다.

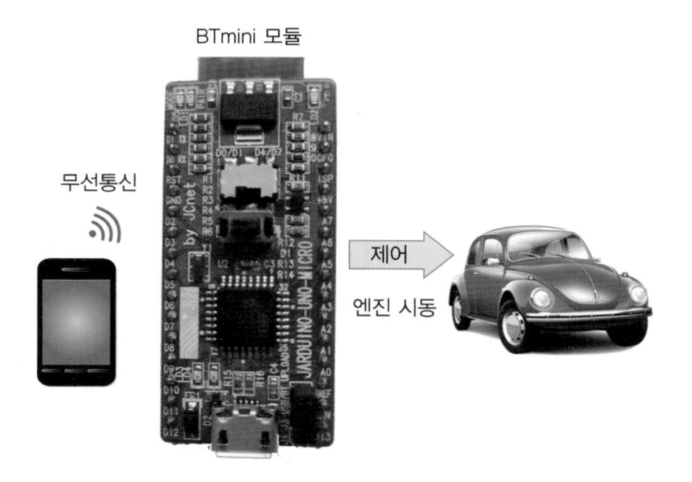

[그림 5-1] 엔진 시동을 위한 음성제어 공작 개요

1-2 앱 인벤터 설계(앱 명칭: app_voice_start_lock.apk)

1) 앱 화면 디자인

앱 인벤터 2에서 [그림 5-2]와 같이 자동차시스템을 음성으로 제어하기 위한 앱을 디자인할 수 있다. 앱 디자인에 좀 더 익숙해지면, 사용하기에 편리한 독특한 디자인을 구성할 수 있다.

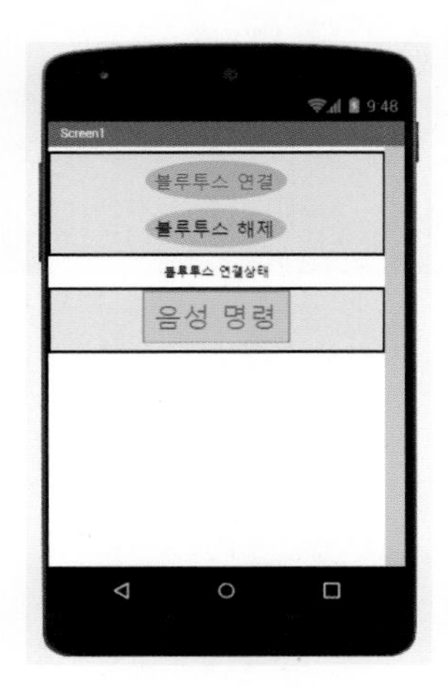

[그림 5-2] 앱 화면 디자인하기 예

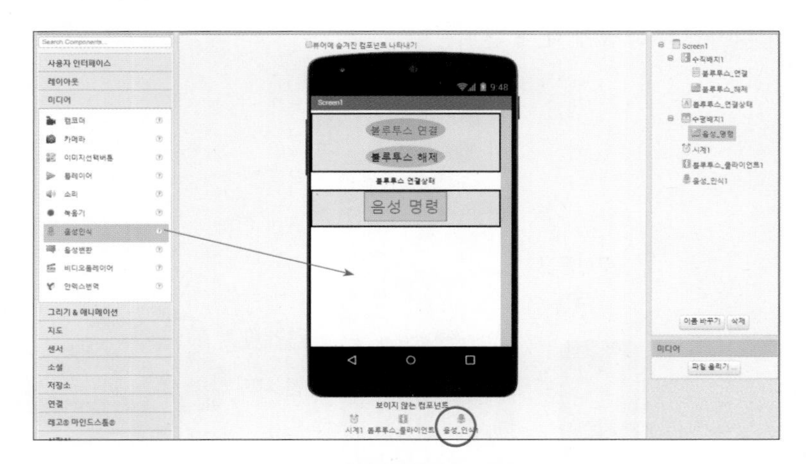

[그림 5-3] 음성인식 기능 넣기

지금까지 실습한 기본적인 사항을 활용하여 재미있는 자동차시스템 음성제어 앱을 설계해 보자. 음성인식을 실행하기 위해서는 [팔레트]-[미디어]에서 음성인식 기능을 [그림 5-3]과 같이 실행시킨다.

2) 제어 알고리즘 구상

① 음성으로 "엔진 시동"이라 명령하면, 엔진 시동이 걸린다. 이때 IG1은 12V, ST는 3초 동안 12 V가 걸린 후에 0 V가 된다.
② 음성으로 "엔진 정지" 명령을 하면, 모든 출력이 0 V가 된다.
③ 음성으로 "문 닫아" 명령을 하면, A2는 5 V가 되고 A3는 0 V가 된다.

④ 음성으로 "문 열어" 명령을 하면, A2는 0 V가 되고 A3는 5 V가 된다.

음성명령을 선택할 때에 여러 음성명령을 인식시킨 경우, 스마트폰의 음성 인식기에서 가장 잘 인식하는 것을 선택한다.

3) 블록 설계(코딩)

스마트폰을 사용한 음성명령으로 자동차시스템들을 제어하기 위한 코드는 [그림 5-4]와 같은 예제를 참고하여 창의적으로 설계한다.

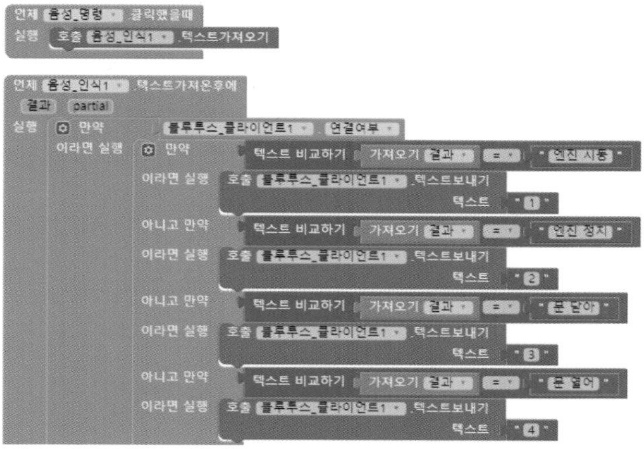

[그림 5-4] 음성명령을 위한 블록 설계 예

1-3 구성부품

브레드보드, 7805 IC, 콘덴서, 1,000 ㎌, BTmini 모듈, 전자릴레이 2개, IRF540 4개, 스마트폰, LED 4개, USB 마이크로 커넥터

1-4 제어회로 및 프로그램 설계

1) 확인용 회로 설계

[그림 5-5], [그림 5-6]과 같이 LED를 사용한 회로를 설계하고, 브레드보드와 BTmini 모듈을 사용하여 앱과 제어프로그램이 정확히 작동하는지를 확인한다.

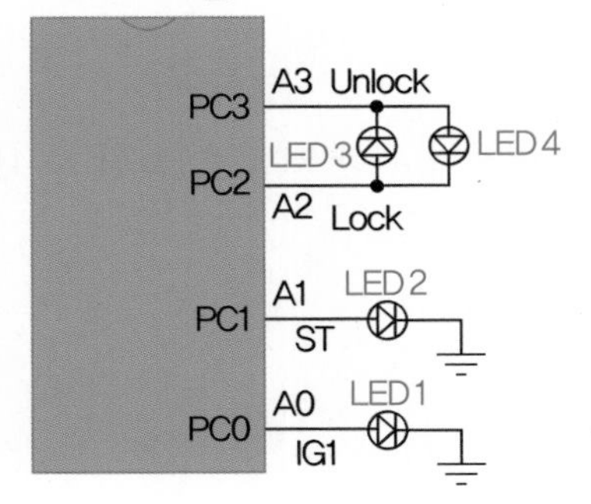

[그림 5-5] 실습 전 확인을 위한 회로도

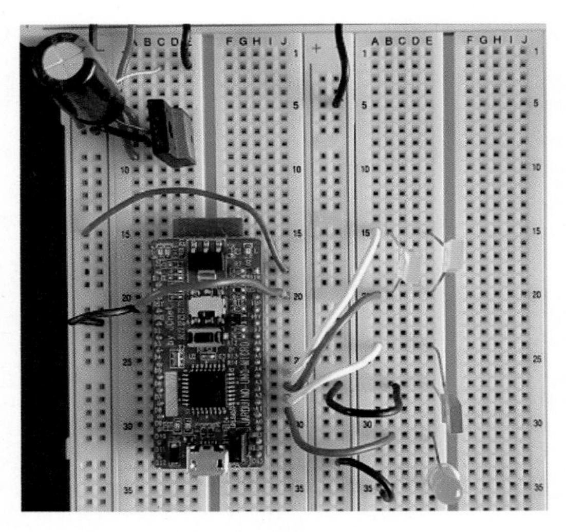

[그림 5-6] 확인용 회로

2) 확인용 프로그램 설계

수신 프로그램(bt_328p_voice.c) 구조를 간단히 분석하면 아래와 같다.

```
#include<mega328p.h> // bt_328p_voice.c
interrupt[USART_RXC]void usart(void)
{
  • 스마트폰으로부터 음성명령 신호 수신
 }
void main(void)
{
  • 수신포트 설정
  • 통신레지스터 초기화
   while(1){
            switch(data){
                        case '1': // 엔진 시동
                                    PORTC=0b000000011;
                                    delay_ms(3000);
                                    PORTC=0b00000001;
                                    data=0;
```

```
                    break;
                case '2': // 엔진 정지, 전원차단
                    PORTC=0b00000000;
                    break;
                case '3': // 문 닫아
                    PORTC=0b00000101;
                    break;
                case '4': // 문 열어
                    PORTC=0b00001001;
                    break;
                default: ;
                }
        }
}
```

1-5 실습용 자동차 적용

1) 회로 설계

프로젝트 03. 2장 블루투스 모듈 일체형 공작에서 살펴본 [그림 3-16], [그림 3-17]의 BTmini 핀 배치도를 참고하여 엔진 시동과 도어 락/언락을 위한 회로도를 설계하고 [그림 5-7]과 같이 연결한다. 실습용 자동차는 전자제어가 많이 적용되지 않은 비교적 구형 자동차로 선택하는 것이 좋다.

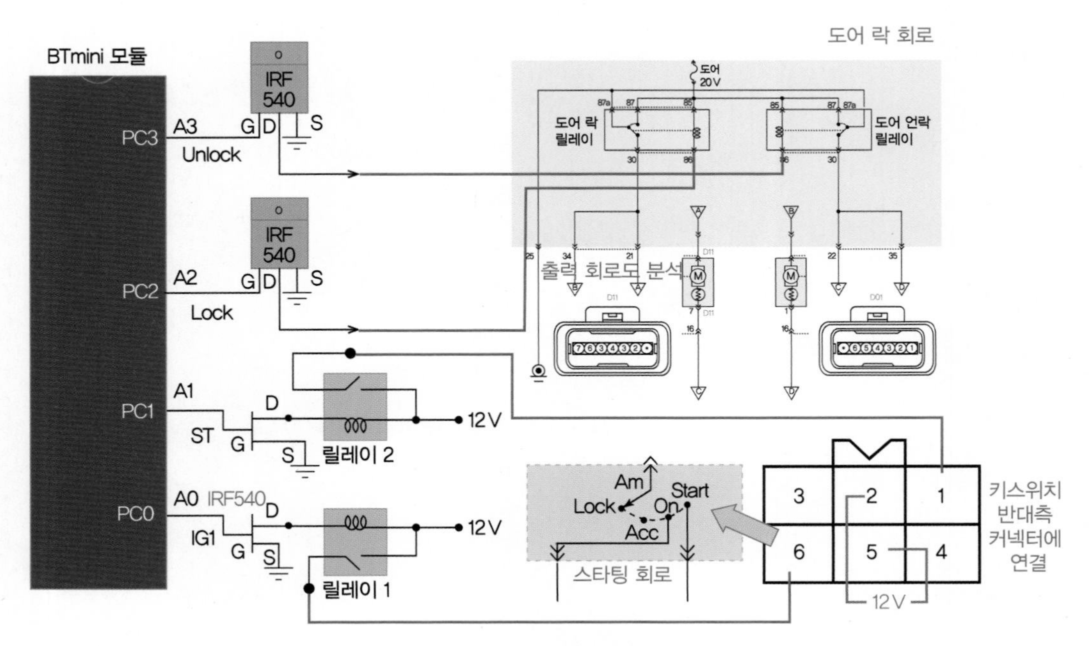

[그림 5-7] 연결 회로도(모델: EF소나타)

2) 입/출력 특성

[표 5-1]은 음성제어 명령에 따른 입/출력 특성을 나타낸다.

[표 5-1] 음성제어 입/출력 특성

음성 명령(입력)	출력
엔진 시동(1)	A0(5V), A1(5V), A3(0V), A4(0V)
엔진 정지(2)	A0(0V), A1(0V), A3(0V), A4(0V)
문 닫아(3)	A0(5V), A1(0V), A3(5V), A4(0V)
문 열어(4)	A0(5V), A1(0V), A3(0V), A4(5V)

3) ECU 제어 프로그램 구조

앞의 대체 프로그램(bt_328p_voice.c)을 그대로 적용해 보고, 이후에 보다 창의적인 프로그램을 설계하여 적용해 보자.

1-6 작동 확인

이제까지 학습한 하드웨어와 소프트웨어 응용능력을 활용하여 직접 설계한 음성명령 앱으로 실습용 자동차의 엔진 시동과 도어 락/언락을 제어해 보자. 이 과정에서 어떤 실습용 자동차가 주어지더라도 회로도를 정확히 분석하고 튜닝할 수 있는 능력을 키울 수 있고, 또한 코딩과 스마트폰 앱의 활용능력을 배양할 수 있다.

또한, 블록설계 시 [그림 5-8]과 같이 설계할 수도 있다. 앱 화면 디자인은 [그림 5-2]의 것을 그대로 활용하고, 독창적으로 변경하여 블록을 재설계해 보자.

```
언제 음성_인식1 .텍스트가져온후에
  결과  partial
실행  만약  블루투스_클라이언트1 . 연결여부
      이라면 실행  지정하기 레이블2 . 텍스트 값  음성_인식1 . 결과
                   만약  텍스트 비교하기  가져오기 결과  =  "엔진 시동"
                   이라면 실행  호출 블루투스_클라이언트1 .텍스트보내기
                                        텍스트  "1"
                   아니고 만약  텍스트 비교하기  가져오기 결과  =  "엔진 정지"
                   이라면 실행  호출 블루투스_클라이언트1 .텍스트보내기
                                        텍스트  "2"
                   아니고 만약  텍스트 비교하기  가져오기 결과  =  "문 닫아"
                   이라면 실행  호출 블루투스_클라이언트1 .텍스트보내기
                                        텍스트  "3"
                   아니고 만약  텍스트 비교하기  가져오기 결과  =  "문 열어"
                   이라면 실행  호출 블루투스_클라이언트1 .텍스트보내기
                                        텍스트  "4"
```

[그림 5-8] 재설계한 코딩 예

CHAPTER 02

방향지시등 및 비상등 음성제어 공작

2-1 공작 개요

이 장에서는 [그림 5-9]와 같이 음성명령으로 자동차시스템(방향지시등 및 비상등)을 제어하기 위한 앱을 디자인하고 코딩해 보자.

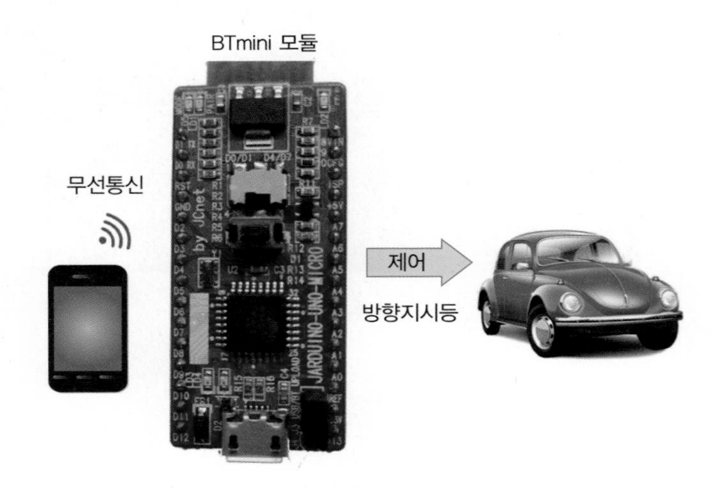

[그림 5-9] 방향지시등에 적용한 음성제어 공작 개요

2-2 앱 인벤터 설계(앱 명칭: app_voice_lamp.apk)

1) 앱 화면 디자인

앱 인벤터 2에서 [그림 5-10]과 같이 자동차시스템을 음성으로 제어하기 위한 앱을 디자인할 수 있다. 앱 디자인에 좀 더 익숙해지면, 사용하기에 편리한 독특한 디자인을 구성할 수 있다.

지금까지 살펴본 기본적인 사항들을 활용하여 재미있는 자동차시스템 음성제어 앱을 설계해 보자.

[그림 5-10] 앱 화면 디자인하기 예

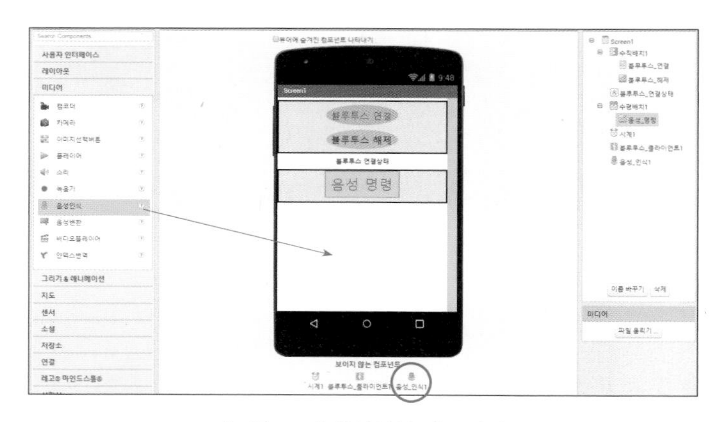

[그림 5-11] 음성인식 기능 넣기

음성인식을 실행하기 위해서는 [팔레트]-[미디어]에서 음성인식 기능을 [그림 5-11]과 같이 실행시킨다.

2) 제어 알고리즘 구상

① 음성으로 "좌회전"을 명령하면 좌측 방향지시등이 점멸한다.
② 음성으로 "우회전"을 명령하면 우측 방향지시등이 점멸한다.
③ 음성으로 "비상"을 명령하면 좌·우측 방향지시등이 점멸한다.
④ 음성으로 "중지"를 명령하면 방향지시등 점멸이 멈춘다.

음성명령을 선택할 때는 여러 음성명령을 인식시켜서 스마트폰의 음성 인식기에서 가장 잘 인식하는 것으로 선택한다.

3) 블록 설계(코딩)

스마트폰을 사용한 음성명령으로 자동차시스템들을 제어하기 위한 코드는 [그림 5-12]와 같은 예제를 참고하여 창의적으로 설계한다.

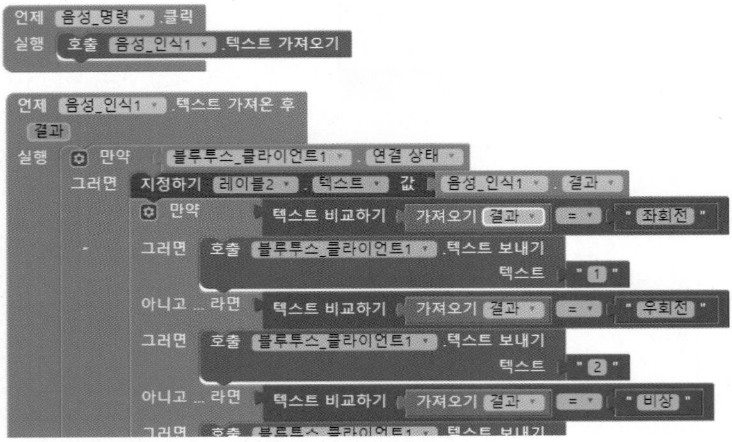

[그림 5-12] 음성명령을 위한 블록 설계 예

2-3 구성부품

브레드보드, 7805 IC, 콘덴서 1,000 μF, BTmini 모듈, IRF540 2개, 스마트폰, USB 마이크로 커넥터, 전자릴레이 2개

2-4 제어 회로 및 프로그램 설계

1) 제어 회로 설계

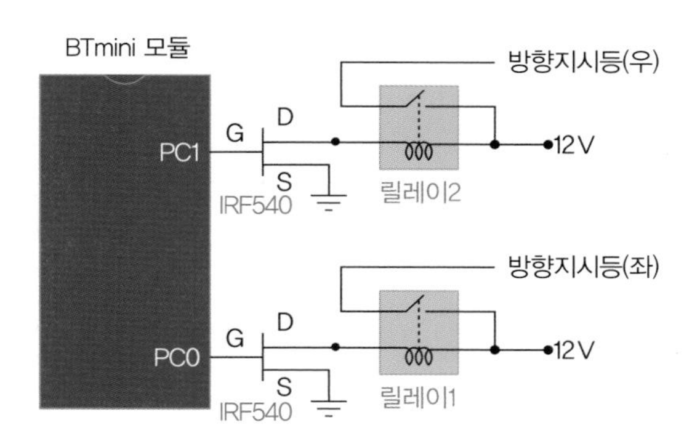

[그림 5-13] 방향지시등 및 비상등 음성명령 회로도

방향지시등 및 비상등을 음성명령으로 제어하기 위한 회로도는 [그림 5-13]과 같이 설계할 수 있다.

2) 입/출력 특성

[표 5-2]는 방향지시등 및 비상등을 음성명령으로 제어하기 위한 BTmini 모듈 입/출력 포트의 전압변화를 나타낸다. 출력은 주기적으로 5 V/0 V(램프 점멸)를 500 ms 간격으로 2회 반복하게 된다.

[표 5-2] 음성제어 시 입/출력 특성

음성 명령(입력)	출력
좌회전(1)	PC0(5 V), PC1(0 V)
우회전(2)	PC0(0 V), PC1(5 V)
비상(3)	PC0(5 V), PC1(5 V)
중지(4)	PC0(0 V), PC1(0 V)

3) 프로그램 설계

수신 프로그램(bt_328p_voice_lamp.c)의 구조를 간단히 분석하면 아래와 같다.

```
#include<mega328p.h> // bt_328p_voice_lamp.c
interrupt[USART_RXC]void usart(void)
{
• 스마트폰으로부터 음성명령 신호 수신
 }
void main(void)
{
• 수신포트 설정
• 통신레지스터 초기화
  while(1){
           switch(data){
                        case '1': // 좌회전 점멸
                                 PORTC=0b000000001;
                                 delay_ms(500);
                                 PORTC=0b00000000;
                                 delay_ms(500);
                                 break;
                        case '2': // 우회전 점멸
                                 PORTC=0b00000010;
                                 delay_ms(500);
                                 PORTC=0b00000000;
                                 delay_ms(500);
                                 break;
                        case '3': // 비상등 점멸
                                 PORTC=0b00000011;
                                 delay_ms(500);
                                 PORTC=0b00000000;
                                 delay_ms(500);
```

```
                    break;
                case '4': // 중지
                    PORTC=0b00000000;
                    break;
                default: ;
                }
        }
}
```

2-5 실습용 자동차 적용

앞에서 기술한 BTmini 핀 배치도를 참고하여 방향지시등 및 비상등 음성제어를 위한 배선을 실습용 자동차의 방향지시등 회로에 [그림 5-14]와 같이 연결한다.

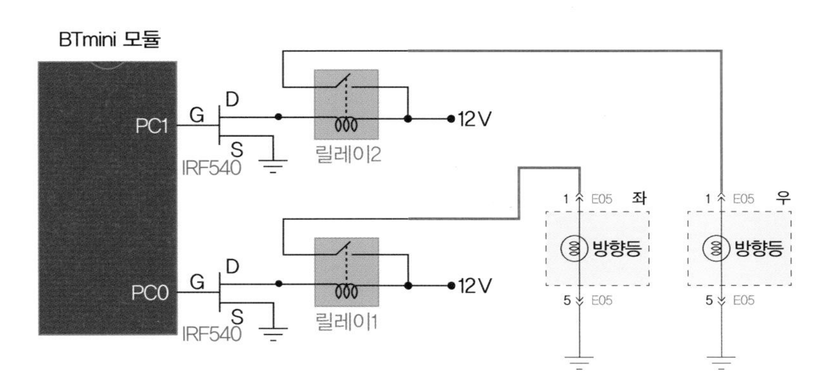

[그림 5-14] 연결 회로도(모델: EF소나타)

2-6 작동 확인

이제까지 학습한 하드웨어와 소프트웨어 응용능력을 활용하여 직접 설계한 음성명령 앱으로 실습용 자동차의 방향지시등 및 비상등을 제어해 보자. 이 과정에서 어떤 자동차가 주어지더라도 회로도를 정확히 분석하고 튜닝할 수 있는 능력을 키울 수 있고, 또한 코딩과 스마트폰 앱의 활용능력을 향상시킬 수 있다.

프로젝트
06

자동차 모터 공작

Smart Car Coding Project

CHAPTER

01 모터 회전 공작

1-1 공작 개요

[그림 6-1]과 같이 LB1630 모터 드라이버를 사용하여 모터를 정방향, 역방향, 정지 동작으로 변환시켜 보자.

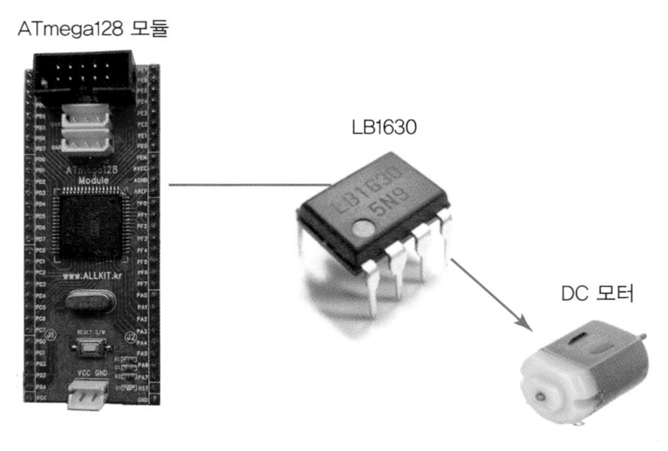

[그림 6-1] 모터 공작 개요

1-2 DC 모터의 작동

[그림 6-2]에 나타낸 DC 모터는 전기적 에너지를 운동에너지로 변환시키는 장치이다.

[그림 6-2] DC 모터

1-3 모터 드라이버의 필요성

마이크로컨트롤러의 내부 구조상 MCU는 모터를 직접 동작시킬 만한 충분한 전류를 공급할 수 없다. 또한, 모터 회전 방향을 순방향 또는 역방향으로 회전시키거나, 정지시킬 필요성도 발생한다.

따라서, MCU가 제어하면서 모터에 전기적인 힘을 전달하고, 방향을 마음대로 변환시키기 위해서는 [그림 6-3]과 같이 H브릿지 회로를 가진 외부 드라이버 회로가 필요하다.

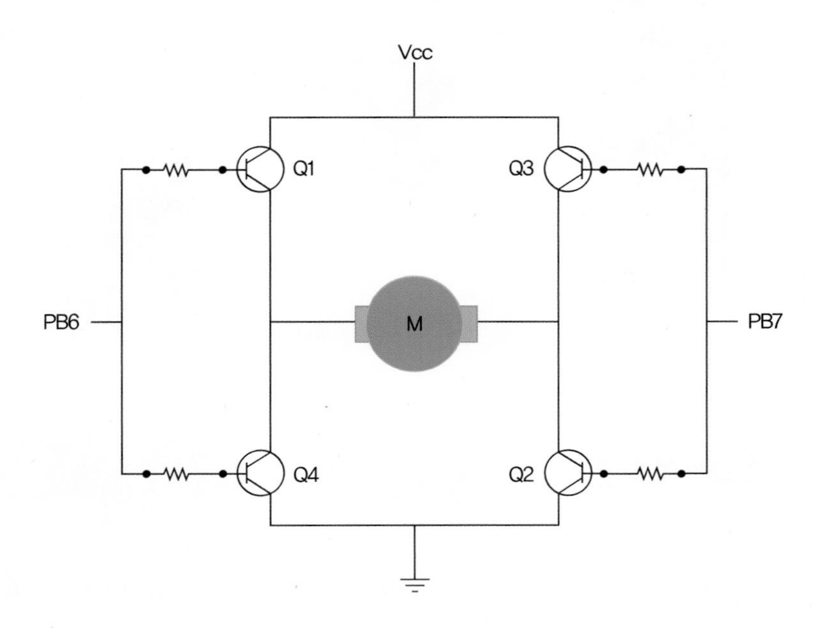

[그림 6-3] H브릿지 회로

1-4 LB1630 모터 드라이버

LB1630은 정방향 또는 역방향 회전만 제어가 가능하고 듀티(Duty) 제어에 의한 모터 회전속도는 제어할 수 없다.

1) LB1630 핀 배치도 및 연결도

[표 6-1]은 LB1630의 진리표를 나타낸다.

[표 6-1] LB1630의 진리표

IN1	IN2	OUT1	OUT2	모터 동작
High	Low	High	Low	시계 방향 회전
Low	High	Low	High	반시계 방향 회전
High	High	Off	Off	정지(Standby)
Low	Low	Off	Off	정지(Standby)

[그림 6-4]는 LB1630의 핀 배치도를 나타내고, [그림 6-5]는 LB1630 모터 드라이버의 핀 연결도를 나타낸다.

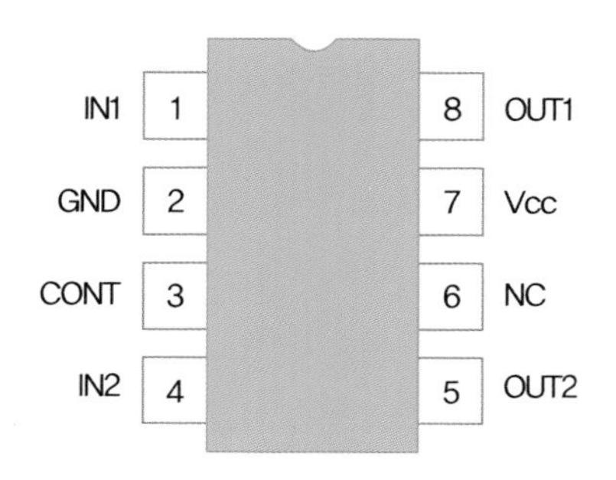

[그림 6-4] LB1630 핀 배치도

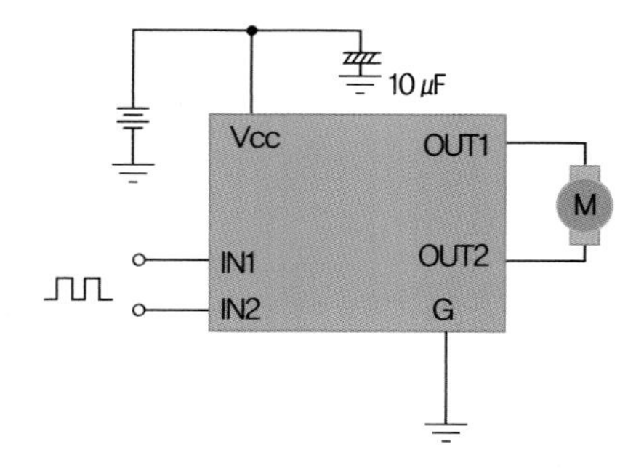

[그림 6-5] LB1630 핀 연결도

2) 기본적인 LB1630 회로도

기본적으로 [그림 6-6]과 같이 모터, ATmega128 모듈, 그리고 LB1630 모터 드라이버를 연결한다.

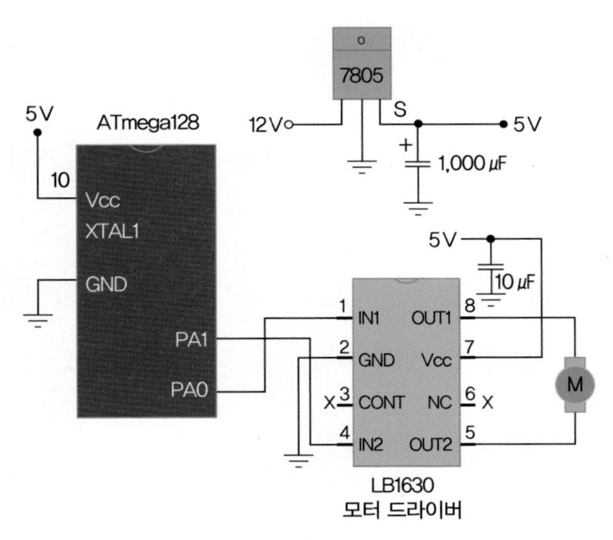

[그림 6-6] DC모터 제어를 위한 LB1630 기본 회로도

3) 구성부품

브레드보드, ATmega128 모듈, 7805 정전압 IC, 1,000 μF 콘덴서, 10 μF 콘덴서, 배선, AVRISP USB 커넥터, LB1630 모터 드라이버, 소형 DC 모터

4) LB1630 모터 드라이버 공작

(1) 정방향 회전 제어

아래와 같은 프로그램(motor_driver.c)을 설계하여 모터의 정방향 제어를 실습해 보자.

```
#include<mega128.h> // motor_driver.c
#include<delay.h>

 void main(void)
 {
    DDRA=0XFF // PORTA 모든 핀을 출력으로 설정
    PORTA=0b00000000
    ;
    while(1)  { // 정방향만 제어
               PORTA=0b00000001
```

```
                delay_ms(500);
                PORTA=0b00000000
                delay_ms(2000);
               }
    }
```

(2) 정방향과 역방향 회전 제어

아래와 같은 기본 프로그램(motor_driver1.c)을 활용하여 모터를 정방향과 역방향으로 제어해 보자.

```
#include<mega128.h> // motor_driver1.c
#include<delay.h>

 void main(void)
 {
    DDRA=0XFF; // PORTA 모든 핀을 출력으로 설정
    PORTA=0b00000000;
    ;
    while(1)  { // 정방향 제어
                PORTA=0b00000001;
                delay_ms(500);
                PORTA=0b00000000;
                delay_ms(2000);
                ;
                PORTA=0b00000010; // 역방향 제어
                delay_ms(500);
                PORTA=0b00000000;
                delay_ms(2000);
               }
    }
```

(3) 좌/우 모터 2개 제어

① 프로그램 설계

좌/우 모터 2개를 구동할 수 있는 [그림 6-7]의 회로도와 프로그램(motor_driver2.c)을 참고하여 보다 효율적인 프로그램을 설계하여 모터를 구동해 보자.

```
#include <mega128.h> // motor_driver2.c
#include <delay.h>
#define CW   0x03       // PA1=0, PA0=1, PA3=0, PA2=1(forward)
#define CCW  0x0A       // PA1=1, PA0=0, PA3=1, PA2=0(reverse)
#define STOP1 0x0F      // PA1=1, PA0=1, PA3=1, PA2=1(standby)
#define STOP2 0x00      // PA1=0, PA0=0, PA3=0, PA2=0(standby)

void main(void)
{
 DDRA = 0x0F; // PA0, PA1, PA2, PA3만 출력
 while(1)
        {
         PORTA = CW;
         delay_ms(1000); // 1초 forward
         PORTA = STOP1;
         delay_ms(3000); // 3초 standby(stop)
         PORTA = CCW;
         delay_ms(5000); // 1초 reverse
         PORTA = STOP2;
         delay_ms(1000); // 3초 standby(stop)
        }
}
```

② 회로도 설계

[그림 6-7]과 같은 회로를 이해하고 좀 더 개선된 회로를 설계하여 모터에 적용해 보자.

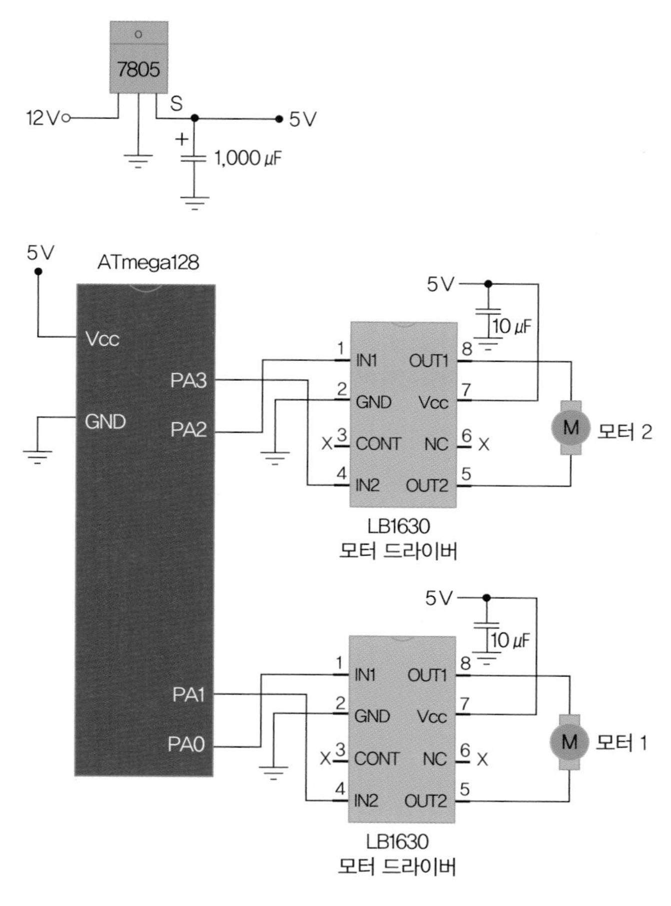

[그림 6-7] 모터 2개를 제어하기 위한 모터 드라이버 회로도

③ 작동 확인

[그림 6-8]과 같이 회로를 구성하여 LB1630 모터 드라이버의 작동을 확인해 보자.

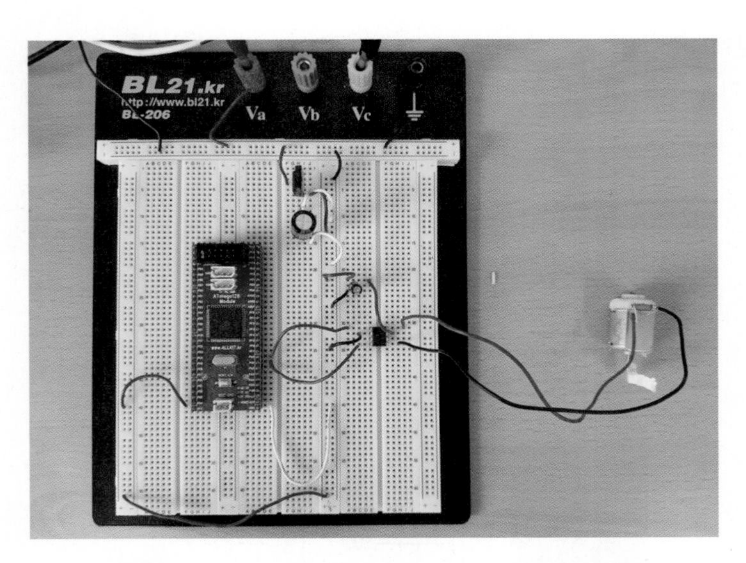

[그림 6-8] LB1630 모터 드라이버를 사용한 모터 정방향 제어

CHAPTER

02 모터 회전속도 및 방향 제어 공작

2-1 공작 개요

[그림 6-9]와 같이 드라이버를 사용하여 모터의 동작을 정방향 · 역방향 회전, 정지 동작으로 변환시켜 보고, 또한 C언어로 프로그램을 구성하여 모터의 회전속도도 제어해 보자.

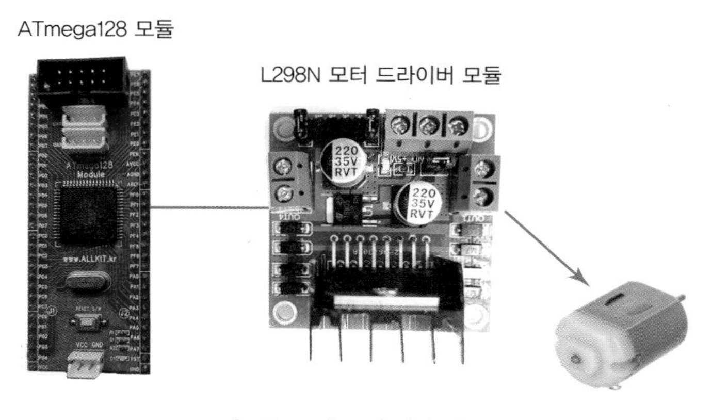

[그림 6-9] 모터 제어 개요

2-2 PWM 제어

ATmega128의 타이머/카운터는 파형발생기능을 가지고 있다.

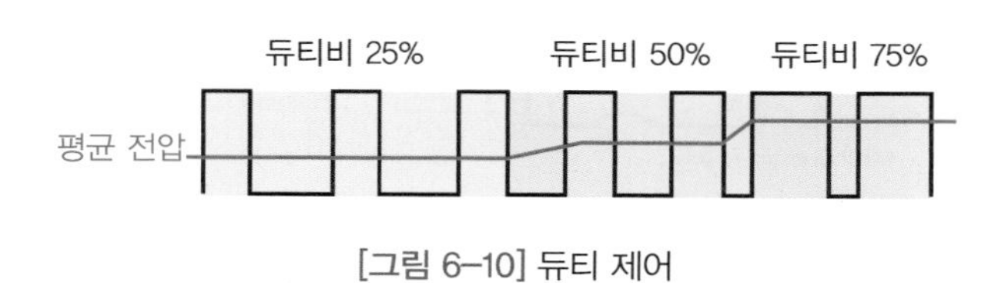

[그림 6-10] 듀티 제어

파형발생기능은 PWM이 주가 되는데 비교적 빠른 주파수로 구형파를 출력하면서 [그림 6-10]과 같이 H와 L의 비, 즉 듀티비(duty ratio)를 바꿈으로써 평균전압을 조절하여 DC 모터 등의 속도를 직접 제어하거나 원하는 DC 전압을 얻을 수 있다.

2-3 DC 모터의 변속 제어

DC 모터의 속도를 연속적으로 변화시키기 위해서는 어떻게 해야 할까? 기본적으로 DC 모터에 가해지는 전압을 변화시키면 모터의 속도를 변화시킬 수 있다. 즉, 모터 코일에 흐르는 전류와 모터의 회전속도는 정비례하기 때문에 모터의 구동전압을 변화시키면 모터의 회전속도를 가변적으로 할 수 있다. 이 구동전압을 변화시키는 방법으로 아날로그 방식과 펄스폭 변조 방식이 있다.

① 아날로그 방식: 직접 구동전압을 변화시키는 방법이다.

② 펄스폭 변조방식: PWM 방식은 결과적으로는 구동전압을 바꾸는 것과 같은 효과를 나타내지만 펄스폭을 변화시키는 것이므로 펄스폭 변조(PWM, Pulse Width Modulation)라고 한다.

자동차 속도를 제어하기 위해서는 모터의 속도제어가 필요하므로, 이제부터는 PWM 제어를 할 수 있는 모터 드라이버에 대해 살펴본다.

2-4 L298N 모터 드라이버 회로

1) 핀 배치도 및 진리표

[그림 6-11]과 [표 6-2]는 L298N 모터 드라이버의 핀 배치도와 진리표를 나타낸다.

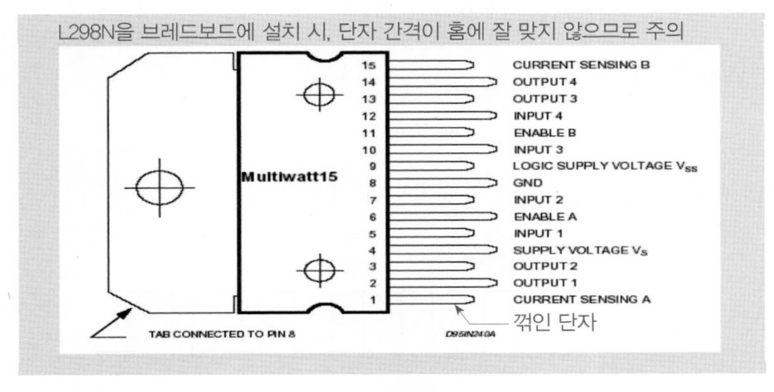

[그림 6-11] L298N의 핀 배치도

[표 6-2] L298N의 핀 배치도

<table>
<tr><th>ENA</th><th>In1</th><th>In2</th><th>Out1</th><th>Out2</th><th>Motor1</th></tr>
<tr><td>L</td><td>X</td><td>X</td><td>Z</td><td>Z</td><td>Stop</td></tr>
<tr><td rowspan="4">H</td><td rowspan="2">H</td><td>L</td><td>Vin-Vdrop</td><td>L</td><td>Forward</td></tr>
<tr><td>H</td><td>Z</td><td>Z</td><td>Stop</td></tr>
<tr><td rowspan="2">L</td><td>L</td><td>Z</td><td>Z</td><td>Stop</td></tr>
<tr><td>H</td><td>L</td><td>Vin-Vdrop</td><td>Backward</td></tr>
</table>

<table>
<tr><th>ENB</th><th>In3</th><th>In4</th><th>Out3</th><th>Out4</th><th>Motor2</th></tr>
<tr><td>L</td><td>X</td><td>X</td><td>Z</td><td>Z</td><td>Stop</td></tr>
<tr><td rowspan="4">H</td><td rowspan="2">H</td><td>L</td><td>Vin-Vdrop</td><td>L</td><td>Forward</td></tr>
<tr><td>H</td><td>Z</td><td>Z</td><td>Stop</td></tr>
<tr><td rowspan="2">L</td><td>L</td><td>Z</td><td>Z</td><td>Stop</td></tr>
<tr><td>H</td><td>L</td><td>Vin-Vdrop</td><td>Backward</td></tr>
</table>

2) DC모터 제어를 위한 L298N 모터 드라이버 단품 회로도

[그림 6-12]와 [그림 6-13]은 L298N과 모터의 회로 결선도를 나타낸다.

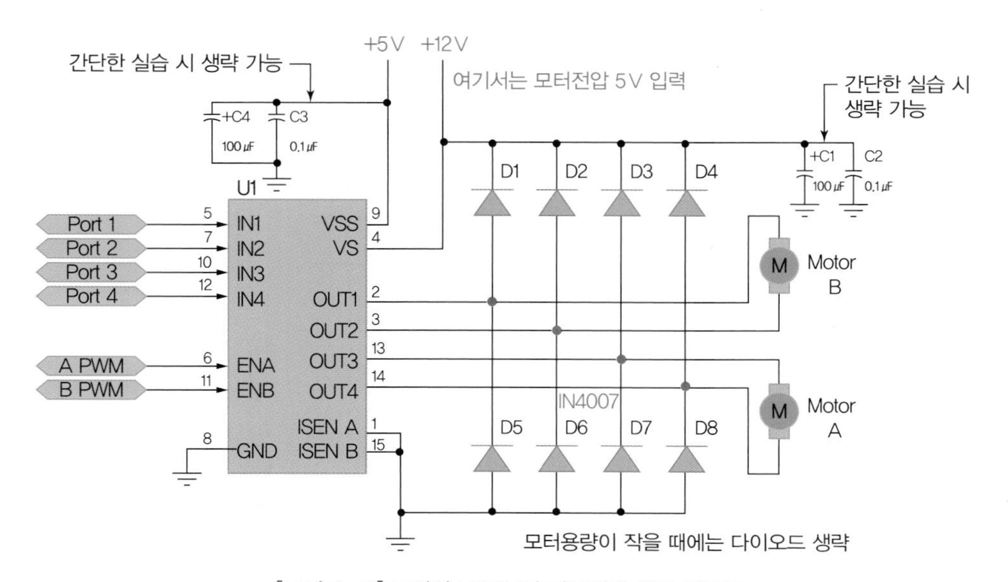

[그림 6-12] 모터와 L298N의 기본적인 회로 연결도

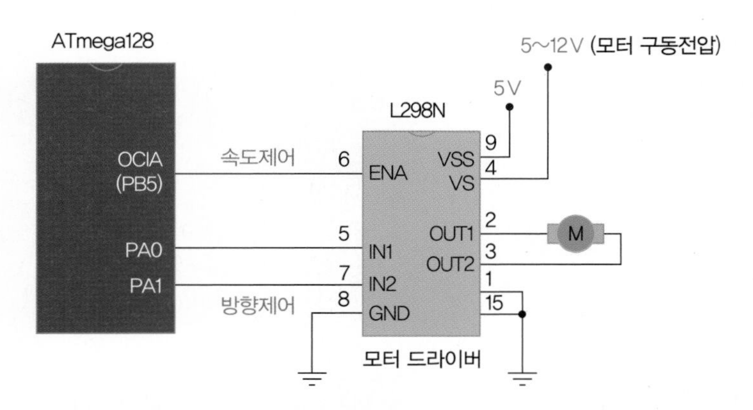

[그림 6-13] 모터의 회전속도와 방향을 제어하기 위한 결선도

2-5 구성부품

브레드보드, ATmega128 모듈, 7805 정전압 IC, 1,000㎌ 콘덴서, 배선, AVRISP USB 커넥터, L298N 모터 드라이버 모듈, 모형 전기자동차용 DC 모터 2개

모터를 사용한 공작 시에는 L298N 모터 드라이버 단품을 사용하면 회로 연결이 복잡해지므

[그림 6-14] L298N 모터 드라이버 모듈

로, [그림 6-12]의 복잡한 회로를 [그림 6-14]와 같이 하나의 모듈로 만든 L298N 모터 드라이버 모듈을 사용한다.

이제부터는 [그림 6-14]와 같은 L298N 모터 드라이버 모듈을 사용하여 공작한다.

[그림 6-15]에서 설명한 단자에 각 배선을 연결하여 모터를 제어한다.

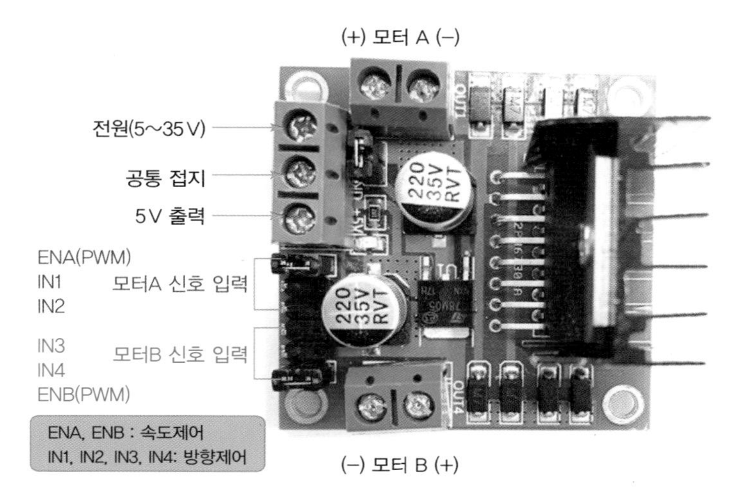

[그림 6-15] L298N 모듈의 연결 단자 설명

2-6 제어 알고리즘

모터를 한쪽 방향으로 최고 속도(듀티비 100%)에서 시작하여 점점 감소시켜 최소 속도(듀티비 0%)로 회전시키고, 정지한 후에 다시 역방향으로 듀티비를 100%에서 점점 감소시켜 0%로 회전시킨 후에 정지한다. 이 과정을 반복한다.

2-7 제어 프로그램 구조(전/후진 및 속도제어)

다음과 같은 pwm_motor.c 프로그램을 참고하여 한쪽 모터를 제어해 보자.

```
#include <mega128.h> // pwm_motor.c
#include <delay.h>

#define CW   0b00000010 // PA0=1, PA1=0(forward)
#define CCW  0b00000001 // PA0=0, PA1=1(reverse)
#define STOP1 0x0F      // PA0=1, PA1=1(standby)
```

```
#define STOP2 0x00    // PA0=0, PA1=0(standby)

void main(void)
{
 DDRA=0xFF;
 DDRB=0xFF;
 ;
 •PWM 설정
 while(1) {
            PORTA = CW; // 전진, 회전
            OCR1A=0x00FF; // 듀티비 100%
            delay_ms(3000);
            OCR1A=0x00C9; // 듀티비 80%
            delay_ms(3000);
            OCR1A=0x007F; // 듀티비 50%
            delay_ms(3000);
            OCR1A=0x004B; // 듀티비 30%
            delay_ms(3000);
            OCR1A=0x0019; // 듀티비 10%
            delay_ms(3000);
            OCR1A=0x0000; // 듀티비 0%
            delay_ms(3000);
            ;
            PORTA = STOP2;
            delay_ms(1000); // 1초 standby(stop)
            ;
            PORTA = CCW;// 후진, 회전
            OCR1A=0x00FF;// 듀티비 100%
            delay_ms(3000);
            OCR1A=0x00C9;// 듀티비 80%
            delay_ms(3000);
            OCR1A=0x007F;// 듀티비 50%
            delay_ms(3000);
```

```
            OCR1A=0x004B; // 듀티비 30%
            delay_ms(3000);
            OCR1A=0x0019; // 듀티비 10%
            delay_ms(3000);
            OCR1A=0x0000; // 듀티비 0%
            delay_ms(3000);
            ;
            PORTA = STOP2;
            delay_ms(1000); // 1초 standby(stop)
        }
}
```

앞에서 기술한 제어 프로그램을 잘 이해한 다음 좀 더 효율적인 프로그램을 설계하여 모터를 제어해 보자.

NOTE

pwm_motor.c 등 모든 소스프로그램은 다음 카페 "정태균의 ECU 튜닝 클럽"에서 찾아볼 수 있다.

■ OCR1A와 듀티비의 관계

OCR1A	듀티비(%)
00	0
19	10
33	20
4B	30
64	40
7F	50
96	60
AF	70
C9	80
E2	90
FF	100

2-8 작동 확인

L298N 모터 드라이버와 같은 단품이 아닌 [그림 6-14]의 모듈을 사용하여 [그림 6-15]와 같이 연결한다(그림 6-13의 회로도 참고). 이번 공작에서는 편의상 모형 전기자동차용 모터와 프레임을 사용하여 그 작동을 확인한다(한쪽 바퀴만 구동됨).

실습용 자동차에 L298N 모터 드라이버를 적용할 경우, [그림 6-16]과 같이 ATmega128 모듈과 모터 드라이버 모듈을 사용한 기본적인 작동을 익힌 후에, 엔진의 냉각팬 모터 제어, ETC 모터 제어 등에 적용해 볼 수 있다.

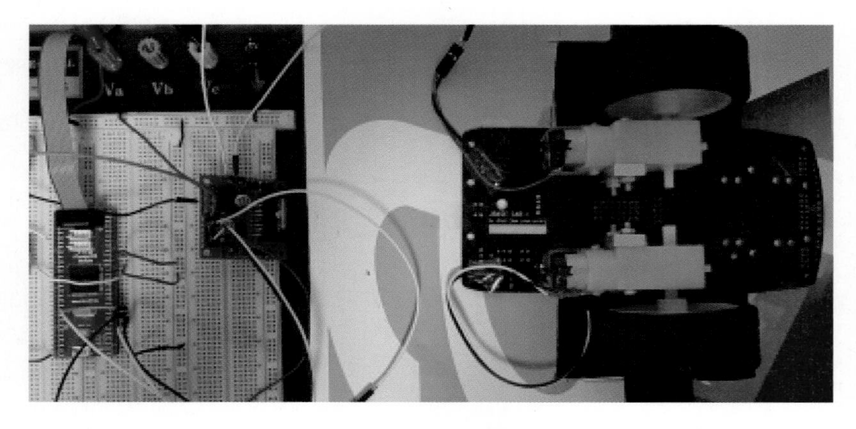

[그림 6-16] L298N 모터 드라이버를 사용한 모터 구동

NOTE

ATmega128 모듈, L298N 모듈, 그리고 모터의 배선 연결이 잘 이해되지 않으면 다음 장(3장 자동차 적용 모터 제어 공작)의 회로도를 참고하기 바란다.

CHAPTER

03 자동차 적용 모터 제어 공작

3-1 냉각수온 센서에 의한 냉각팬 제어 공작

1) 공작 개요

[그림 6-17]과 같이 수온센서의 입력값을 이용하여 냉각팬 모터의 회전속도를 변화시켜 본다. 이번 공작은 엔진냉각수 온도가 변화될 경우 가변저항값이 변화되고, 이 값을 받은 ECU에 의해 모터의 속도가 어떻게 제어되는지를 이해하기 위한 것이다.

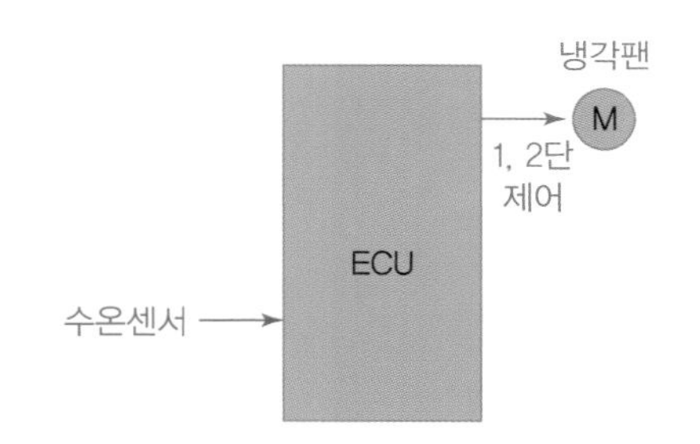

[그림 6-17] 수온센서에 의한 냉각팬 공작 개요

2) 제어 알고리즘[수온센서(가변저항)값의 변화]

① 냉각수 온도가 상승하면 듀티값이 증가하여 모터의 회전속도가 증가한다.
② 냉각수 온도가 하강하면 듀티값이 감소하여 모터의 회전속도가 감소한다.

[그림 6-18]은 냉각수 온도와 출력전압의 관계를 나타낸다.

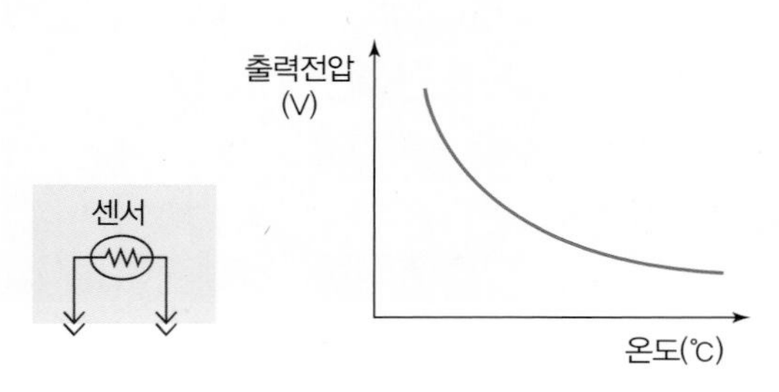

[그림 6-18] 냉각수 온도 변화와 출력전압의 관계

3) 구성부품

브레드보드, ATmega128 모듈, 7805 정전압 IC, 1,000 ㎌ 콘덴서, 배선, AVRISP USB 커넥터, L298N 모터 드라이버 모듈, 가변저항, 냉각팬 모터

4) 제어 회로도 설계

냉각팬 모터를 제어하기 위한 회로의 배선 연결도는 [그림 6-19]와 같이 나타낼 수 있다.

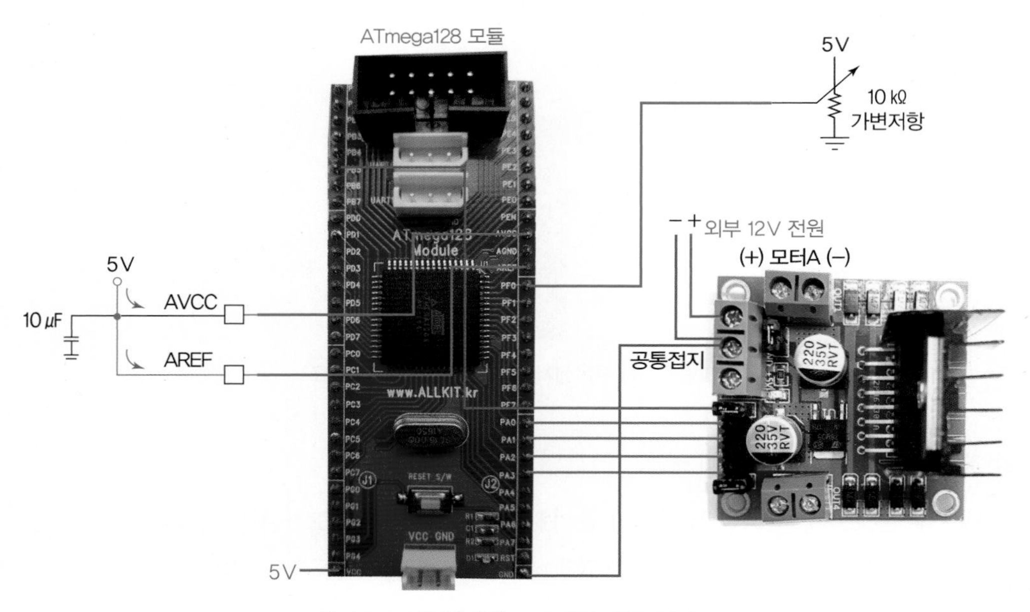

[그림 6-19] 냉각팬 모터 제어 회로 연결도

5) 제어 프로그램 설계

아래 프로그램(motor_fan.c)을 참고하여 냉각팬 모터를 제어해 보자. 모터의 작동이 잘 이해

된다면, 좀 더 개선된 프로그램을 사용하여 모터를 제어해 보기 바란다.

```
#include <mega128.h> // motor_fan.c
#include <delay.h>
#define MOTOR_CW 0b00001010 // PA0=1, PA1=0, PA2=1, PA3=0(L298 Forward)

float ADC_F;
int ADC_I;

void main(void)
{
 DDRA=0xFF;
 DDRB=0xFF;
 ;
 // ADC 설정 //
 ADMUX=0x40; // 0b01000000, ADC0 입력
 ADCSRA=0xE7; // 0b11100111, ADC 인에이블, 프리스케일러 128분주
 ;
 //** PWM 설정**//
 TCCR1A=0b10100001; // 8비트 분해능, 고속 PWM 모드
 TCCR1B=0x0A; // 8분주, TCCR1B=0b00001010
 TCNT1=0x0000; // 타이머/카운터1 레지스터 초기값
 ;
 PORTA = MOTOR_CW; // 전진, 회전
 ;
 while(1){
            delay_us(250); // 변환 시간 동안 딜레이
            ADC_I=ADCW;
             ADC_F=(float)ADC_I*5.0/1023.0; // 0~5.0V 전압으로 변환
            if(ADC_F==0.0){ // 0V이면 듀티비 0, 정지
                          OCR1A=0x0000; // 듀티비 0%, PD5(OCR1A)단자로 출력
                          }
            else if(ADC_F<=1.0){ // 0~1.0V이면 듀티비 20%
                              OCR1A=0x0033; // 듀티비 20%, PD5(OCR1A)단자로 출력
```

```
                    }
        else if(ADC_F<=2.0){ // 1.1~2.0 V이면 듀티비 40%
                            OCR1A=0x0064; // 듀티비 40%, PD5(OCR1A)단자로 출력
                            }
        else if(ADC_F<=3.0){ // 2.1~3.0 V이면 듀티비 60%
                            OCR1A=0x0096; // 듀티비 60%, PD5(OCR1A)단자로 출력
                            }
        else if(ADC_F<=4.0){ // 3.1~4.0 V이면 듀티비 80%
                            OCR1A=0x00C9; // 듀티비 80%, PD5(OCR1A)단자로 출력
                            }
        else{               // 4.1~5.0 V이면 듀티비 100%
                        OCR1A=0x00FF; // 듀티비 100%, PD5(OCR1A)단자로 출력
                        }
    }
}
```

6) 작동 확인

냉각팬 모터 제어 작동을 실습할 때는 안전을 고려하여, 모터 단품실습의 경우에 반드시 모터에 달려 있는 팬을 제거하거나 실습용 자동차에 장착되어 있는 상태에서 실습을 수행한다.

7) 응용 제어(과제)

위 공작을 기초로 하여 [표 6-3]과 같이 정확한 데이터를 적용하여 실습용 자동차에서 정밀하게 냉각팬을 제어해 보자.

[표 6-3] 수온센서의 출력특성

온도(℃)	저항값(kΩ)
0	5.79
20	2.31~2.59
40	1.15
80	0.32

3-2 ETC 모터 제어 공작

1) 공작개요

[그림 6-20]과 같이 가속 페달 신호를 이용하여 엔진 스로틀 밸브의 열림 각도를 변화시켜 보자. 이 공작은 [그림 6-21]에서 가속페달을 밟을 경우 가변저항값이 변화되고, 이 값을 받은 ECU가 어떻게 ETC 모터의 회전을 변화시켜 스로틀 밸브의 열림 각도를 제어하는지 이해하기 위한 것이다.

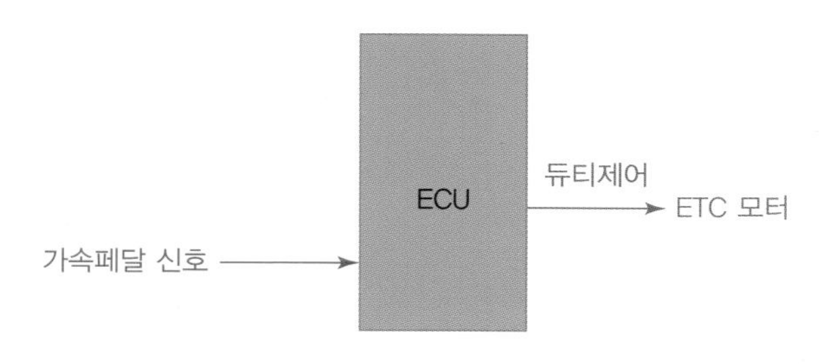

[그림 6-20] ETC 모터 제어 방식

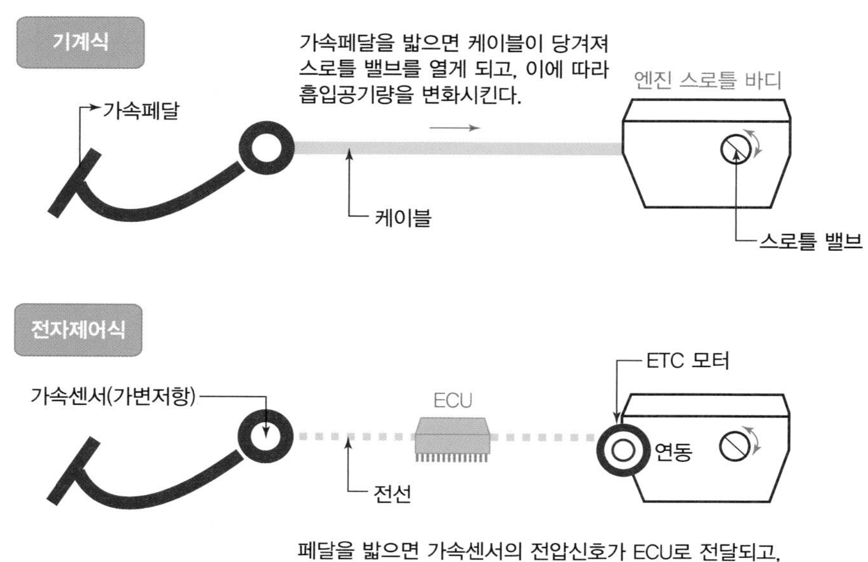

[그림 6-21] 기계식과 전자제어식 스로틀 밸브 제어 비교

2) ETC의 구조

[그림 6-22]는 ETC의 구조를 간단하게 나타낸 것이다.

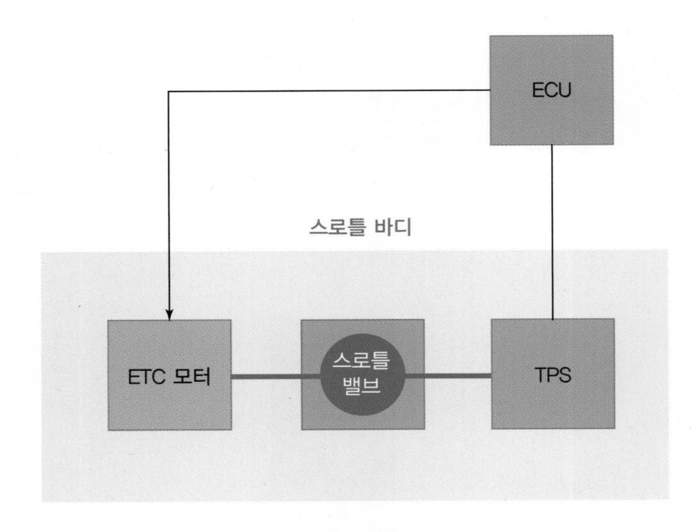

[그림 6-22] 스로틀 바디의 구조

3) 자기주도 공작 목표

① ETC 회로 작동을 이해하고, 관련 전장회로도를 정확히 분석할 수 있다.
② 코딩을 쉽게 이해할 수 있다.
③ 필요한 회로를 설계할 수 있다.

4) 구성부품

브레드보드, ATmega128 모듈, 7805 정전압 IC, 1,000 μF 콘덴서, 배선, AVRISP USB 커넥터, L298N 모터 드라이버 모듈, 가변저항, ETC 바디

5) 제어 회로도 설계

[그림 6-23]은 ETC 모터를 제어하기 위한 연결 회로도를 나타낸다.

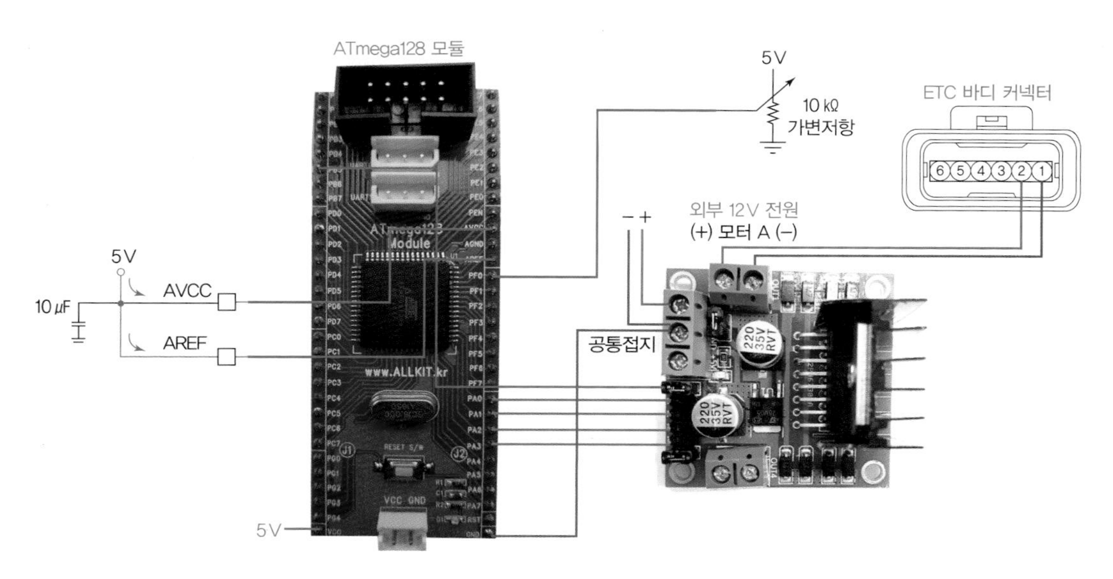

[그림 6-23] ETC 모터 제어 회로 연결도

6) 제어 프로그램 설계

아래 프로그램(etc_motor.c)을 참고하여 모터를 제어해 보자. 모터의 작동이 잘 이해된다면, [표 6-4]를 적용한 좀 더 개선된 프로그램을 사용하여 모터를 제어해 보기 바란다.

[표 6-4] 스로틀 밸브 개도에 따른 출력전압 변화

스로틀 개도(°)	TPS1	
	실제 개도량(%)	출력값(3.3V 기준)
0	10.0	0.33
10	19.5	0.64
20	29.0	0.96
30	38.6	1.27
40	48.1	1.59
50	57.6	1.90
60	67.1	2.22
70	76.7	2.53
80	86.2	2.84
87.1	93.0	3.07

```
#include <mega128.h> // etc_motor.c
#include <delay.h>

#define MOTOR_CW  0b00001010 // PA0=1, PA1=0, PA2=1, PA3=0(L298 Forward)

float ADC_F;
int ADC_I;

void main(void)
{
 DDRA=0xFF;
 DDRB=0xFF;
 ;
 •ADC 설정
 ;
 •PWM 설정
 ;
 PORTA = MOTOR_CW; // 전진, 회전
 ;
  while(1){
            delay_us(250); // 변환 시간 동안 딜레이
            ADC_I=ADCW;
            ADC_F=(float)ADC_I*5.0/1023.0; // 0~5.0V 전압으로 변환
            if(ADC_F<=0.3){ // 0~0.3V이면 듀티비 0%
                              OCR1A=0x0000;    // 듀티비 0%, PD5(OCR1A)단자로 출력
                              }
            else if(ADC_F<=0.4){ // 0.3~0.4V이면 듀티비 10%
                                    OCR1A=0x0019; // 듀티비 10%, PD5(OCR1A)단자로 출력
                                    }
            else if(ADC_F<=0.6){ // 0 .4~0.6V이면 듀티비 20%
                                    OCR1A=0x0033; // 듀티비 20%, PD5(OCR1A)단자로 출력
                                    }
```

```
        else if(ADC_F<=0.9){ // 0.6~0.9V이면 듀티비 30%
                          OCR1A=0x004B; // 듀티비 30%, PD5(OCR1A)단자로 출력
                          }
        else if(ADC_F<=1.2){ // 0.9~1.2V이면 듀티비 40%
                          OCR1A=0x0064; // 듀티비 40%, PD5(OCR1A)단자로 출력
                          }
        else if(ADC_F<=1.5){ // 1.2~1.5V이면 듀티비 50%
                          OCR1A=0x007F; // 듀티비 50%, PD5(OCR1A)단자로 출력
                          }
        else if(ADC_F<=1.8){ // 1.5~1.8V이면 듀티비 60%
                          OCR1A=0x0096; // 듀티비 60%, PD5(OCR1A)단자로 출력
                          }
        else if(ADC_F<=2.1){ // 1.8~2.1V이면 듀티비 70%
                          OCR1A=0x00AF; // 듀티비 70%, PD5(OCR1A)단자로 출력
                          }
        else if(ADC_F<=2.4){ // 2.1~2.4V이면 듀티비 80%
                          OCR1A=0x00C9; // 듀티비 80%, PD5(OCR1A)단자로 출력
                          }
        else if(ADC_F<=2.7){ // 2.4~2.7V이면 듀티비 90%
                          OCR1A=0x00E2; // 듀티비 90%, PD5(OCR1A)단자로 출력
                          }
        else              { // 2.7~3.0V 이면 듀티비 100%
                          OCR1A=0x00FF; // 듀티비 100%, PD5(OCR1A)단자로 출력
                          }
        }
}
```

7) 작동 실습

L298N 모듈을 사용하여 [그림 6-24]와 같이 기본적인 작동을 확인할 수 있다. ETC 모터 구동을 위한 보다 자세한 사항은 정비지침서와 전장회로도를 참고한다.

[그림 6-24] L298N 모듈을 사용한 ETC 모터 구동

ETC 모듈의 내부 구조는 [그림 6-25]와 같다.

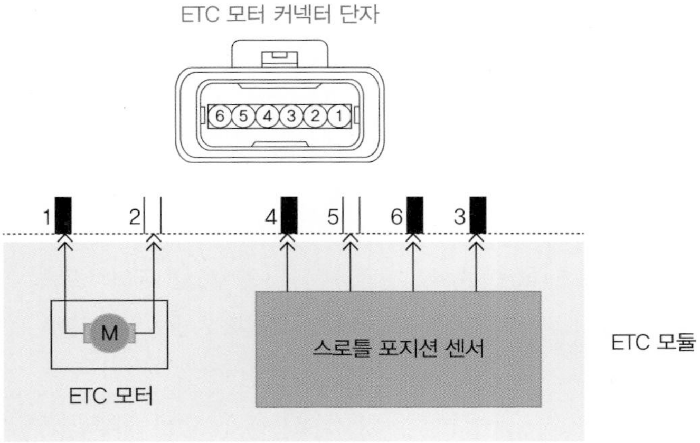

ETC 모터 커넥터 단자

6 5 4 3 2 1

1 2 4 5 6 3

M

ETC 모터

스로틀 포지션 센서

ETC 모듈

[그림 6-25] ETC 모듈의 단자 구조

[그림 6-26] ETC 모터 작동 (1)

[그림 6-27] ETC 모터 작동 (2)

[그림 6-28] ETC 모터 작동 (3)

[그림 6-26~28]은 ETC 모터의 작동을 나타낸다.

3-3 가속페달(가변저항)에 의한 모터(바퀴) 속도 제어 공작

1) 공작 개요

[그림 6-29]와 같이 가속 페달(가변저항)을 사용하여 모터(바퀴)의 회전속도를 변화시켜 본다. 이 공작은 가속페달을 밟을 경우 가변저항값이 변화되고, 이 값을 받은 ECU에 의해 2개 모터(바퀴)의 속도가 어떻게 제어되는지를 이해하기 위한 것이다.

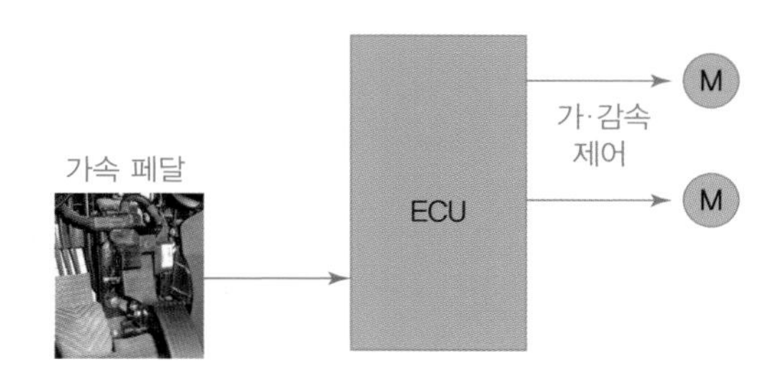

[그림 6-29] 가속페달에 의한 모터 속도 변화

2) 자기주도 공작 목표

① 모터 작동을 이해하고, 관련 전장회로도를 정확히 분석할 수 있다.
② 코딩을 쉽게 이해할 수 있다.
③ 필요한 회로를 설계할 수 있다.
④ PWM 신호를 잘 활용할 수 있다.

3) 제어 알고리즘(가변저항값의 변화)

① 저항값이 증가하면 듀티값이 증가하여 모터(바퀴)의 회전속도가 증가한다.
② 저항값이 감소하면 듀티값이 감소하여 모터(바퀴)의 회전속도가 감소한다.

4) 구성부품

브레드보드, ATmega128 모듈, 7805 정전압 IC, 1,000 ㎌ 콘덴서, 배선, AVRISP USB 커넥터, L298N 모터 드라이버 모듈, 소형 DC 모터(바퀴 달린 모형 전기자동차용) 2개

5) 제어 회로도 설계

가변저항에 의한 모터 회전속도를 제어하기 위한 회로는 [그림 6-30]과 같이 설계할 수 있다.

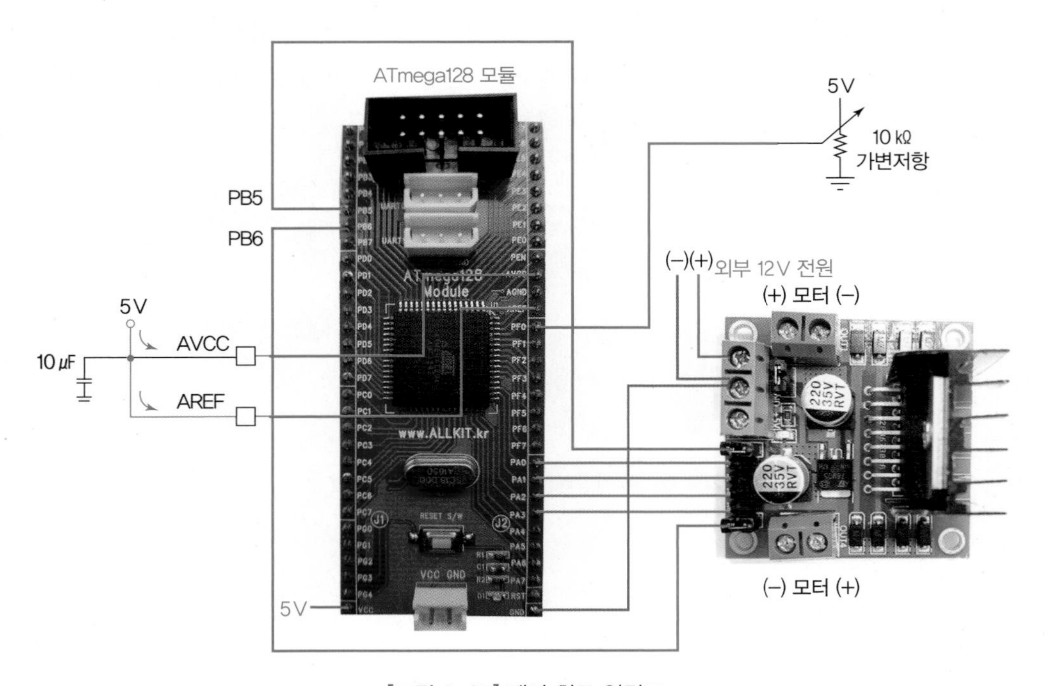

[그림 6-30] 제어 회로 연결도

6) 제어 프로그램 설계

아래 프로그램(motor_pedal.c)을 참고하여 모터를 제어해 보자. 모터의 작동이 잘 이해된다면, 좀 더 개선된 프로그램을 사용하여 모터를 제어해 보기 바란다.

```
#include <mega128.h> // motor_pedal.c
#include <delay.h>

#define MOTOR_CW  0b00001010 // PA0=1, PA1=0, PA2=1, PA3=0(L298 Forward)

float ADC_F;
int ADC_I;

void main(void)
{
 DDRA=0xFF;

 DDRB=0xFF;
 ;
 // ADC 설정 //
 ADMUX=0x40;  // 0b01000000, ADC0 입력
 ADCSRA=0xE7; // 0b11100111, ADC 인에이블, 프리스케일러 128분주
 ;
 //** PWM 설정**//
 TCCR1A=0b10100001; // 8비트 분해능, 고속 PWM 모드
 TCCR1B=0x0A;          // 8분주, TCCR1B=0b00001010
 TCNT1=0x0000;        // 타이머/카운터1 레지스터 초기값
 ;
 PORTA = MOTOR_CW;  // 전진, 회전
 ;
  while(1){
          delay_us(250); // 변환 시간 동안 딜레이
          ADC_I=ADCW;
```

```
        ADC_F=(float)ADC_I*5.0/1023.0; // 0~5.0V 전압으로 변환
        if(ADC_F==0.0){// 0V이면 듀티비 0, 정지
                  OCR1A=0x0000; // 듀티비 0%, PD5(OCR1A)단자로 출력
                  OCR1B=0x0000; // 듀티비 0%, PD4(OCR1B)단자로 출력
                  }
        else if(ADC_F<=1.0){ // 0~1.0V이면 듀티비 20%
                      OCR1A=0x0033; // 듀티비 20%, PD5(OCR1A)단자로 출력
                      OCR1B=0x0033; // 듀티비 20%, PD4(OCR1B)단자로 출력
                      }
        else if(ADC_F<=2.0){ // 1.1~2.0V이면 듀티비 40%
                      OCR1A=0x0064; // 듀티비 40%, PD5(OCR1A) 단자로 출력
                      OCR1B=0x0064; // 듀티비 40%, PD4(OCR1B)단자로 출력
                      }
        else if(ADC_F<=3.0){ // 2.1~3.0V이면 듀티비 60%
                      OCR1A=0x0096; // 듀티비 60%, PD5(OCR1A)단자로 출력
                      OCR1B=0x0096; // 듀티비 60%, PD4(OCR1B)단자로 출력
                      }
        else if(ADC_F<=4.0){ // 3.1~4.0V이면 듀티비 80%
                      OCR1A=0x00C9; // 듀티비 80%, PD5(OCR1A)단자로 출력
                      OCR1B=0x00C9; // 듀티비 80%, PD4(OCR1B)단자로 출력
                      }
        else{ // 4.1~5.0V 이면 듀티비 100%
            OCR1A=0x00FF;    // 듀티비 100%, PD5(OCR1A)단자로 출력
            OCR1B=0x00FF; // 듀티비 100%, PD4(OCR1B)단자로 출력
            }
        }
}
```

7) 작동 확인

L298N 모듈을 사용하여 [그림 6-31]과 같이 모터 2개가 회전하는 기본적인 작동을 확인해 볼 수 있다.

[그림 6-31] L298N 모듈을 사용한 모터 구동

8) 응용 제어(과제)

앱 인벤터 2의 슬라이더 기능을 활용하여 앱을 설계하고, 스마트폰으로 모터의 속도를 제어해 보자.

프로젝트

07

전기자동차 공작

1장 BM 모듈 공작

2장 바퀴 회전제어 공작

3장 자작 전기자동차 공작

4장 미니 전기자동차 공작

5장 음성인식 전기자동차 공작

Smart Car Coding Project

CHAPTER

01 BM 모듈 공작

1-1 BM 모듈 개요

전기자동차 공작에는 [그림 7-1]과 같은 BM 모듈을 사용한다. BM 모듈은 "프로젝트 00. 프로젝트 시작하기"의 2장과 4장에 소개되어 있다.

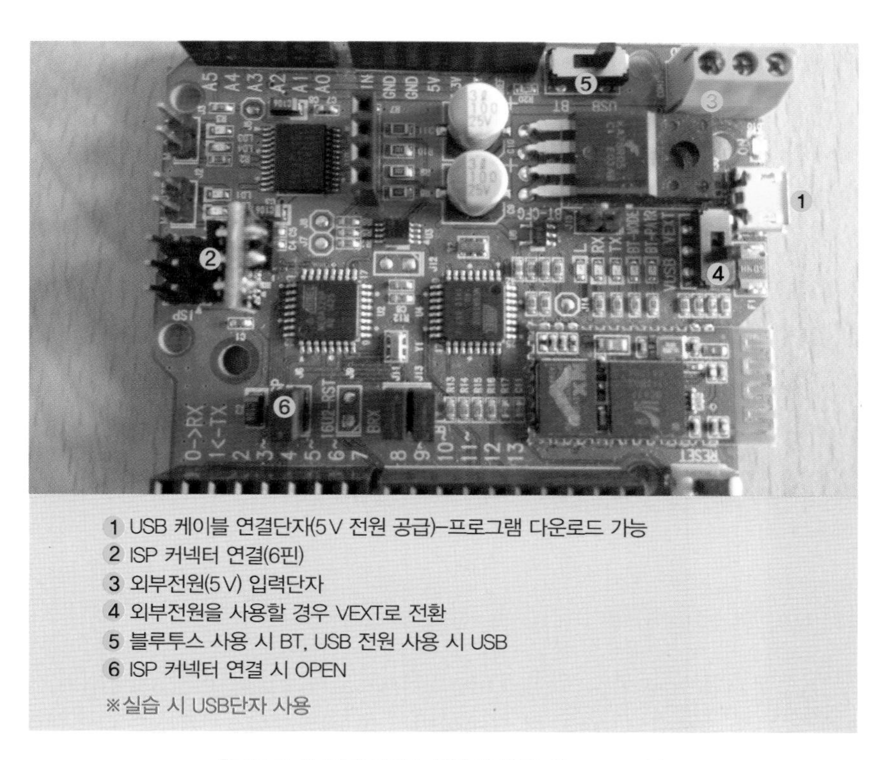

[그림 7-1] 전기자동차 공작에 사용되는 BM 모듈

1-2 공작 목표

BM 모듈의 기능을 이해하고 전기자동차 공작에 활용할 수 있다.

1-3 BM 모듈 사용 환경

BM 모듈은 아두이노 환경에서 개발되었으나 CodeVisionAVR 환경에서도 사용할 수 있다. 이 책에서는 CodeVisionAVR 환경에서 코딩한다.

CodeVisionAVR 환경에서 BM 모듈에 프로그램을 업로드하는 방법은 아래와 같다.

① 먼저 BM 모듈의 모드 선택 점퍼 [그림 7-1의 ⑥]을 분리(OPEN)하고, 업로드 선택 스위치를 'USB' 라벨 위치 [그림 7-1의 ⑤]로 이동한다.

② USB 미니 케이블을 이용하여 BM 모듈과 PC를 연결한다. 이때 RX LED에만 불이 잠시 들어왔다가 꺼지면 정상이다. 단, 이 경우 프로그램 업로드는 가능하지만, 퓨즈비트에 대한 쓰기는 금지된다(퓨즈비트 쓰기 금지 기능).

만약, 응용 프로그램 업로드 외에 퓨즈비트도 수정하는 경우에는 리셋스위치를 먼저 누른 상태에서 USB 케이블을 연결한 후 리셋스위치를 놓아야 한다. 이때는 RX LED에 불이 2번 반복하여 켜졌다 꺼지게 되는데, 이 모드에서는 퓨즈비트에 대한 쓰기도 가능하다.

1-4 TB6612FNG 모터 드라이버

1) 핀 배치도와 핀 기능 설명

BM 모듈에는 모터를 구동하기 위한 TB6612FNG 모터 드라이버가 내장되어 있다. [그림 7-2]와 [그림 7-3]은 TB6612FNG 모터 드라이버의 핀 배치도와 핀 기능을 나타낸다.

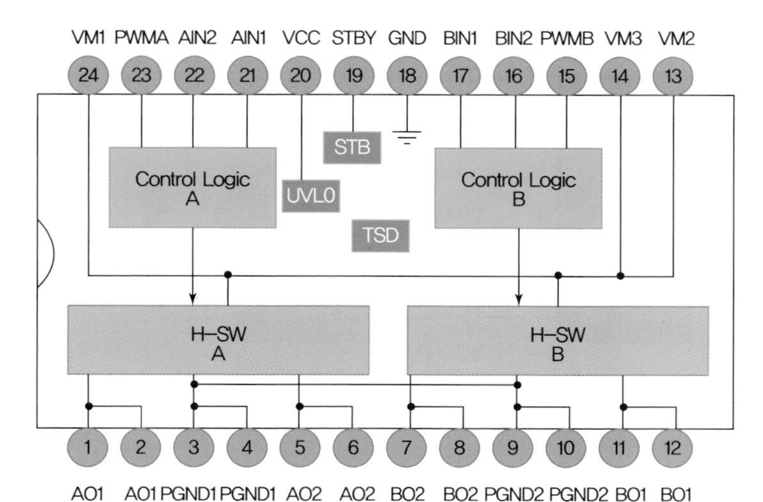

[그림 7-2] TB6612FNG 모터 드라이버 핀 배치도

No.	Pin Name	I/O	Function
1	AO1	O	ch A output1
2	AO1		
3	PGND1	—	Power GND 1
4	PGND1		
5	AO2	O	ch A output2
6	AO2		
7	BO2	O	ch B output2
8	BO2		
9	PGND2	—	Power GND 2
10	PGND2		
11	BO1	O	ch B output1
12	BO1		
13	VM2	—	Motor supply (2.5 V to 13.5 V)
14	VM3		
15	PWMB	I	ch B PWM input / 200 kΩ pull-down at internal
16	BIN2	I	ch B input 2 / 200 kΩ pull-down at internal
17	BIN1	I	ch B input 1 / 200 kΩ pull-down at internal
18	GND	—	Small signal GND
19	STBY	I	"L"=standby / 200 kΩ pull-down at internal
20	Vcc	—	Small signal supply
21	AIN1	I	ch A input 1 / 200 kΩ pull-down at internal
22	AIN2	I	ch A input 2 / 200 kΩ pull-down at internal
23	PWMA	I	ch A PWM input / 200 kΩ pull-down at internal
24	VM1	—	Motor supply (2.5 V~13.5 V)

[그림 7-3] TB6612FNG 모터 드라이버의 핀 기능 설명

2) DC 모터 구동을 위한 TB6612FNG 연결 회로도

[그림 7-4]는 모터 2개를 사용하는 TB6612FNG 모터 드라이버의 BM 모듈 연결도를 나타낸다. 이 회로는 BM 모듈에 연결된 상태이므로 별도로 배선을 연결할 필요는 없다. 자세한 연결도는 [그림 7-6]에서 알아볼 수 있다.

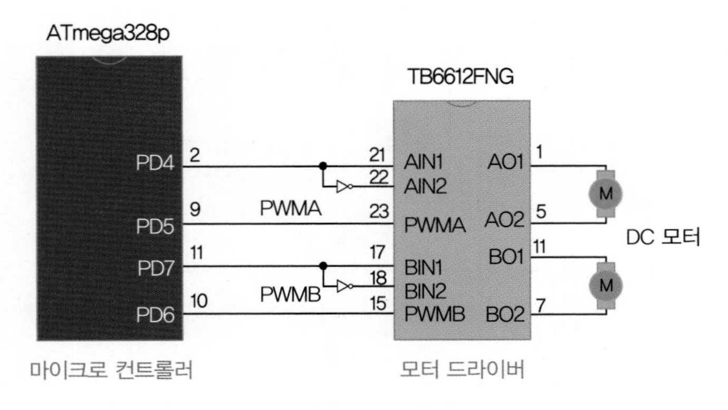

[그림 7-4] TB6612FNG 모터 드라이버 연결도

		PD4	PD7	PD5	PD6
CW	:	1	0	1	1
CCW	:	0	1	1	1
STOP	:			0	0

[그림 7-5] 모터의 회전 제어 시 ATmega328p 포트의 출력

[그림 7-5]는 모터의 회전을 제어하기 위해 TB6612FNG에 연결된 ATmega328p 포트의 출력을 나타낸다.

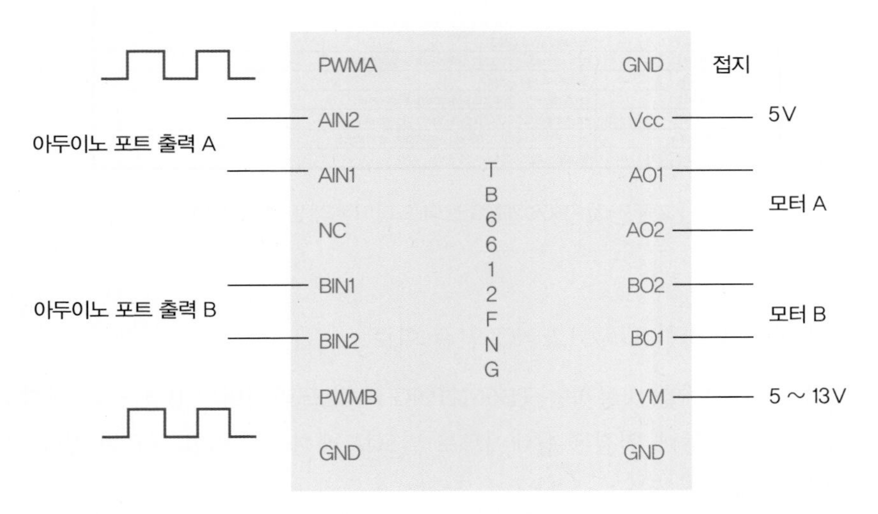

[그림 7-6] 주변 부품과 TB6612FNG 모터 드라이버의 연결도

1-5 CodeVisionAVR로 코딩 시 주의사항

1) #include ⟨mega328p.h⟩로 설정한다.

2) 화면의 Files에서 chip과 clock을 선택한다.

[그림 7-7]에서 Chip은 "ATmega328p", Clock는 "16MHz"를 선택한다.

3) 화면의 After Build에서 program fuse bit를 선택하지 않는다.

[그림 7-8]에서 "program fuse bit"는 선택하지 않는다. 퓨즈비트는 "MCU를 어떻게 사용하겠다"라는 설정이다.

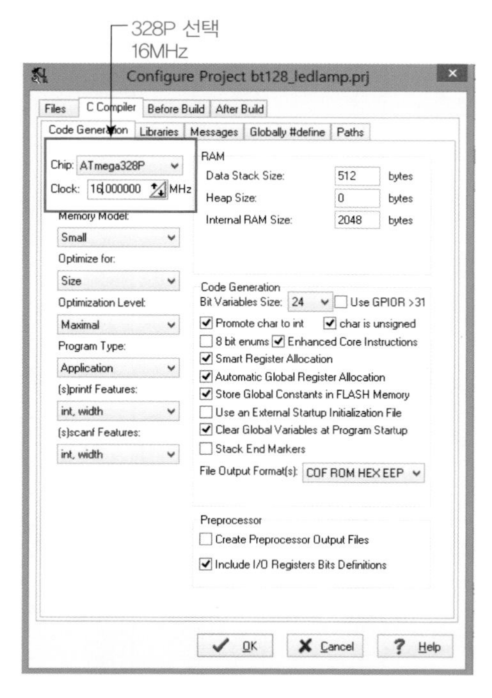

[그림 7-7] CodeVisionAVR의 설정 (1)

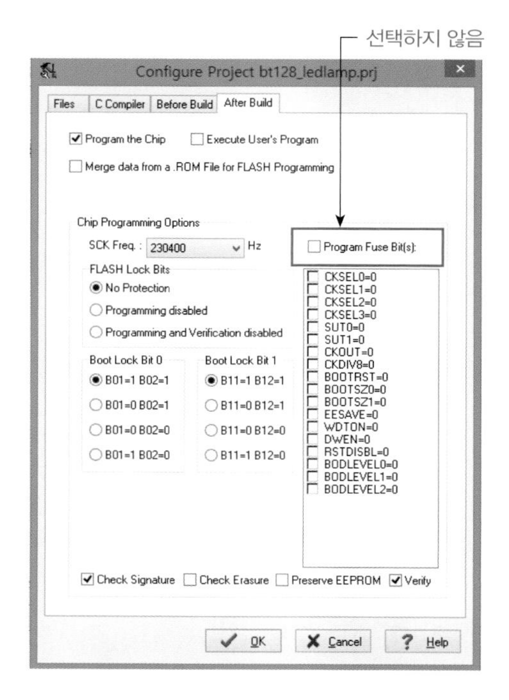

[그림 7-8] CodeVisionAVR의 설정 (2)

4) CodeVisionAVR 사용 시 발생할 수 있는 트러블 관리

장치관리자에서 설정된 포트가 컴파일러의 설정된 포트 사용범위를 벗어나는 경우가 발생할 수 있다. 즉, [그림 7-9]에서와 같이 컴퓨터 장치관리자에서 설정된 포트가 CodeVisionAVR의 포트 선택 범위를 벗어나거나, 이미 사용 중인 경우가 발생할 수 있다. 이때는 [그림 7-10]과 같은 과정을 거쳐 강제로 포트를 재설정하여 사용하도록 한다.

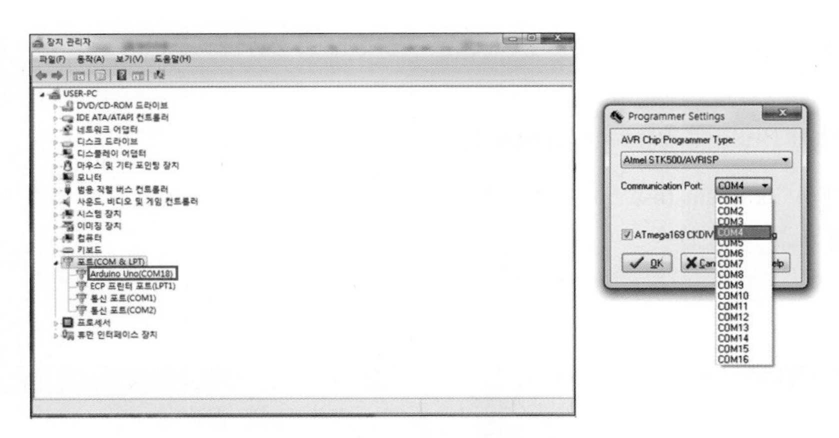

[그림 7-9] CodeVisionAVR 포트의 선택범위를 벗어난 경우

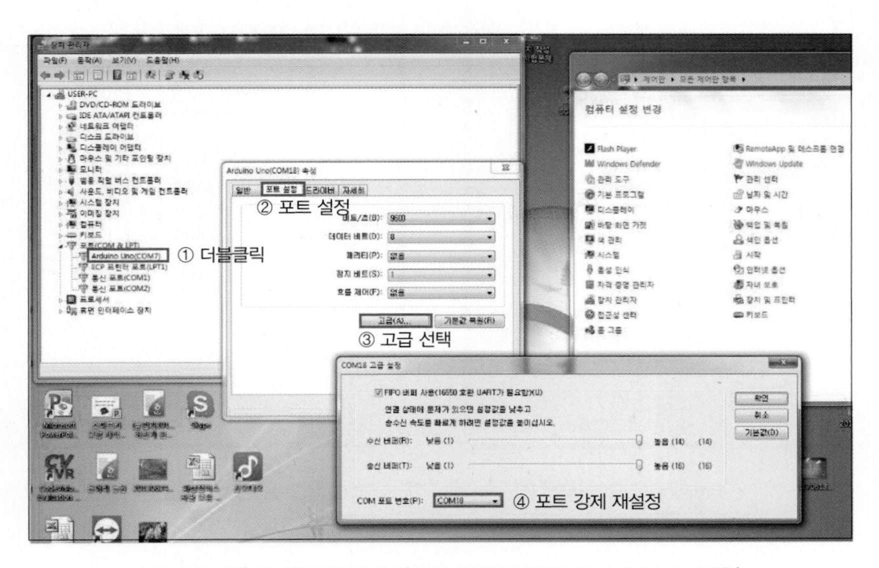

[그림 7-10] 단계적 해결방법(윈도 버전에 따라 차이가 날 수 있음)

CHAPTER

02 바퀴 회전제어 공작

2-1 바퀴 정속제어 공작

1) 공작 개요

시중에서 쉽게 구입할 수 있는 모형 카 프레임을 사용하여 [그림 7-11]과 같이 프레임과 모터, 바퀴, BM 모듈, 배터리 케이스를 설치하여 바퀴를 정속으로 제어해 본다. BM 모듈에는 2개의 모터 드라이버와 함께 블루투스 모듈이 내장되어 있다.

[그림 7-11] 바퀴 회전제어를 위한 바퀴 설치

시중에서 구입할 수 있는 [그림 7-12]와 같은 모형 전기자동차는 나중에 공작하는 프로젝트에서 각종 센서를 부착하여 자율주행자동차로 공작해 볼 수 있다.

[그림 7-12] 모형 전기자동차

2) 자기주도 공작 목표

① BM 모듈의 기능을 이해하고 전기자동차 DC 모터 제어에 활용할 수 있다.
② 코딩을 쉽게 적용할 수 있다.

3) 제어 알고리즘 구상

[그림 7-13]과 같은 제어시스템으로 단순하게 좌/우 바퀴의 모터를 동시에 정속으로 구동한다.
① 좌/우 바퀴가 전진 방향으로 2초 동안 회전 후 1초 동안 정지한다.
② 좌/우 바퀴가 후진 방향으로 2초 동안 회전 후 1초 동안 정지한다.
③ ①, ②의 과정을 반복한다.

[그림 7-13] BM 모듈을 사용한 바퀴제어

4) 구성부품

프레임, BM 모듈, DC모터 2개, 바퀴 2개, 배터리 케이스, 배터리 1.5V 4개

 NOTE

BM 모듈은 블루투스 모듈과 모터 드라이브(TB6612FNG)가 내장되어 있다.

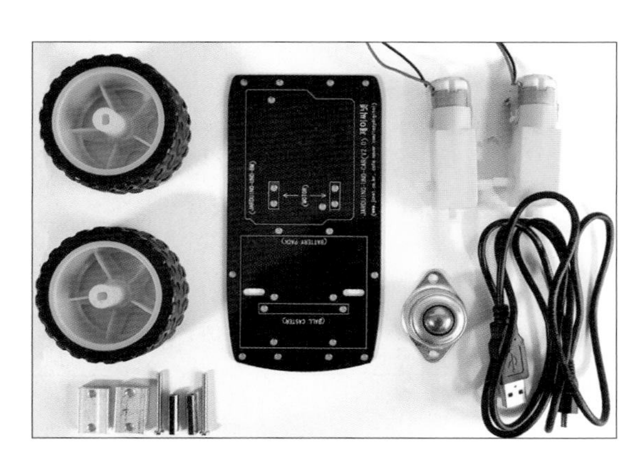

[그림 7-14] 시중에서 구입할 수 있는 프레임과 모터, 바퀴

모터를 제어하는 모듈을 제외한 [그림 7-14]와 같은 부품들은 시중에서 쉽고 저렴하게 구매할 수 있다.

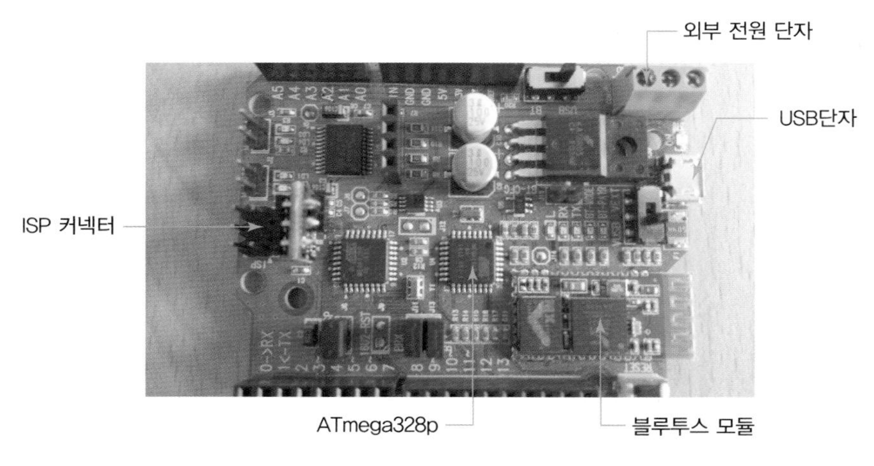

[그림 7-15] BM 모듈의 구조

이 장에서 사용하는 BM 모듈의 구조는 [그림 7-15]와 같다. BM 모듈에 대한 관련사항은 "프로젝트 00. 프로젝트 시작하기"의 2장 하드웨어와 소프트웨어 소개를 참고하기 바란다.

5) 모터 구동 회로 및 프로그램 설계

(1) 모터 구동 회로

BM 모듈과 모터는 [그림 7-16]과 같이 연결되어 있다. 모터 드라이버와의 배선 연결은 모듈화되어 직접 연결할 필요는 없다.

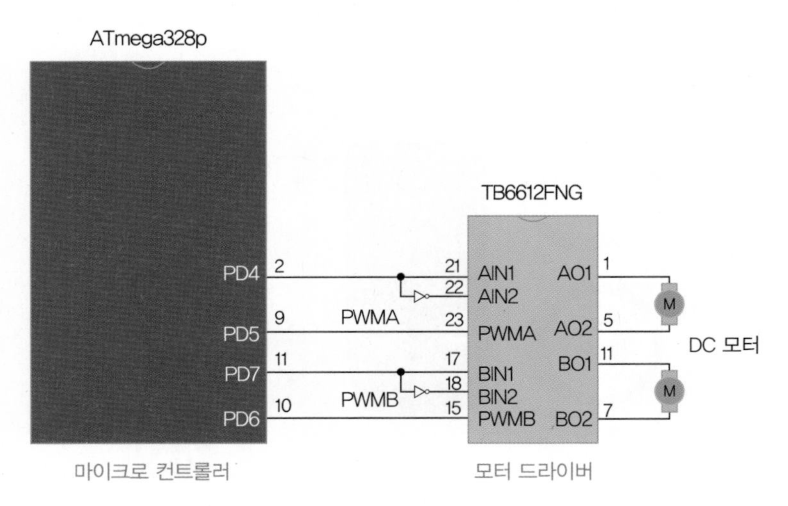

[그림 7-16] 모터 구동 회로

(2) BM 모듈의 입/출력 연결

BM 모듈과 배터리 전원 선택 및 연결은 [그림 7-17]과 같이 스위치를 선택하고, [그림 7-18]과 같이 배선을 연결한다(외부 전원단자에서 전원 연결은 DCV와 GND 선택).

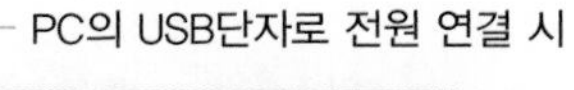

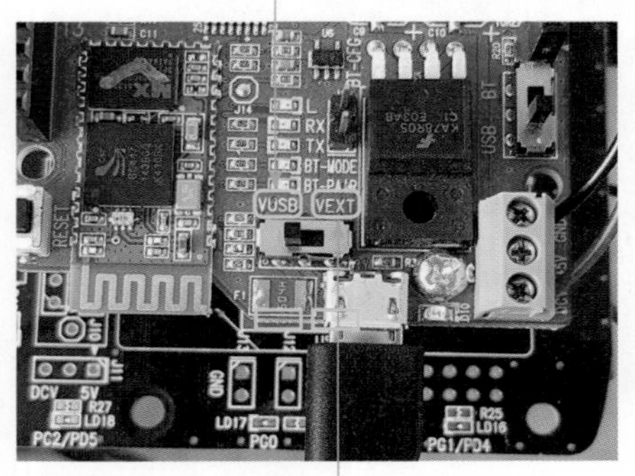

[그림 7-17] BM 모듈의 스위치 선택

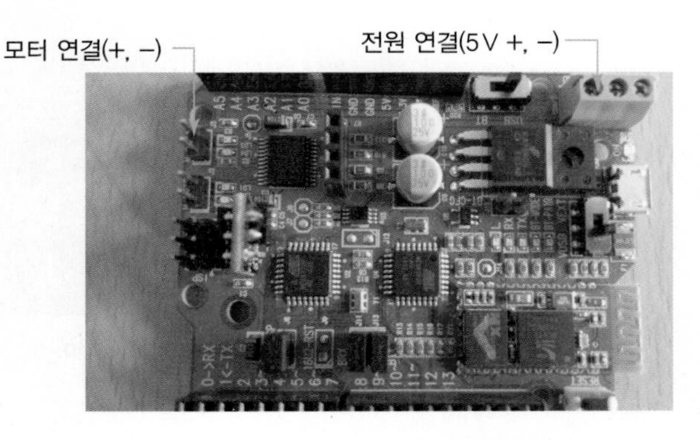

[그림 7-18] BM 모듈의 전원과 모터 배선 연결

(3) 모터 드라이브(TB6612FNG) 입/출력 제어

바퀴의 정/역방향 회전 및 정지는 [표 7-1]의 입/출력 제어도를 참고한다.

[표 7-1] BM 모듈에 사용하는 모터 드라이버 입/출력 제어도

Input				Output		
IN1	IN2	PWM	STBY	OUT1	OUT2	Mode
H	H	H/L	H	L	L	Short brake
L	H	H	H	L	H	CCW
		L	H	L	L	Short brake
H	L	H	H	H	L	CW
		L	H	L	L	Short brake
L	L	H	H	OFF(High Impedance)		Stop
H/L	H/L	H/L	L	OFF(High Impedance)		Standby

(4) 프로그램 구조 설명

전/후진 제어 프로그램(328p_motor1.c)의 구조는 아래와 같다.

```
#include <mega328p.h> // 328p_motor1.c
#include <delay.h>

#define MOTOR_CW  0b01110000
#define MOTOR_CCW 0b11100000
#define MOTOR_STOP1 0b10010000
#define MOTOR_STOP2 0b00000000

void main(void)
{
 • PORTD 출력 설정
 PORTD=0b00000000;
 ;
 while(1)
        {
```

```
        PORTD = MOTOR_CW;      // 전진
        delay_ms(2000);
        PORTD = MOTOR_STOP1; // 정지
        delay_ms(1000);
        PORTD = MOTOR_CCW      // 후진
        delay_ms(2000);
        PORTD = MOTOR_STOP2  // 정지
        delay_ms(1000);
        }
}
```

전원을 연결하고 양쪽 바퀴를 제어해 보자. 바퀴의 전/후진 제어는 [그림 7-19]와 같이 PORT4, PORT7로 제어한다.

		바퀴 회전방향 제어		바퀴속도 제어(PWM)	
		PD4	PD7	PD5	PD6
CW	:	1	0	1	1
CCW	:	0	1	1	1
STOP	:			0	0

[그림 7-19] 바퀴 회전 방향 및 속도 제어

NOTE

이 책과 관련한 소스 프로그램들은 다음 카페 "정태균의 ECU 튜닝 클럽"에서 참고할 수 있으며, 예시 프로그램을 활용하여 보다 창의적인 프로그램을 설계해 보자.

6) 작동 확인

[그림 7-20]과 같이 프레임을 설치하고 전원을 연결하여 양쪽 바퀴의 전/후진 제어를 확인해 본다. 모터를 포함한 프레임의 설치 지지대는 [그림 7-21]과 같이 A4 용지박스 커버(또는 컵라면 박스)를 사용하여 간단히 제작해 볼 수 있다.

[그림 7-20] USB 케이블로 모터 전원 연결

[그림 7-21] A4용지 박스 커버로 프레임 설치 지지대 제작

NOTE

외부 전원단자 연결은 [그림 7-22]와 같이 DCV(+5V 연결)와 GND(-접지)에 연결한다.

[그림 7-22] 외부 전원단자의 연결

CAUTION

주의사항

USB 마이크로 케이블의 전원은 BM 모듈에 프로그램을 업로드할 때만 사용한다. 프로그램 업로드 후에는 외부 전원선택 스위치를 VEXT로 하고 [그림 7-22]와 같이 연결된 외부 전원(배터리)으로부터 전력을 공급받는다. 이때 USB 케이블은 편의상 설치한 상태 그대로 두어도 상관없다.

2-2 바퀴 변속제어 공작

1) 공작 개요

바퀴 정속제어에 이어 좌/우 바퀴의 회전속도를 변속제어해 보자.

2) 자기주도 공작 목표

① BM 모듈의 기능을 이해하고 DC 모터 제어에 활용할 수 있다.
② 코딩을 쉽게 적용할 수 있다.

3) 바퀴 가변속도 제어

(1) 전진할 때 한쪽 바퀴만 제어

■ 제어 알고리즘 설계

[그림 7-23]과 같이 한쪽 바퀴만 속도를 바꾸면서 제어해 보자.

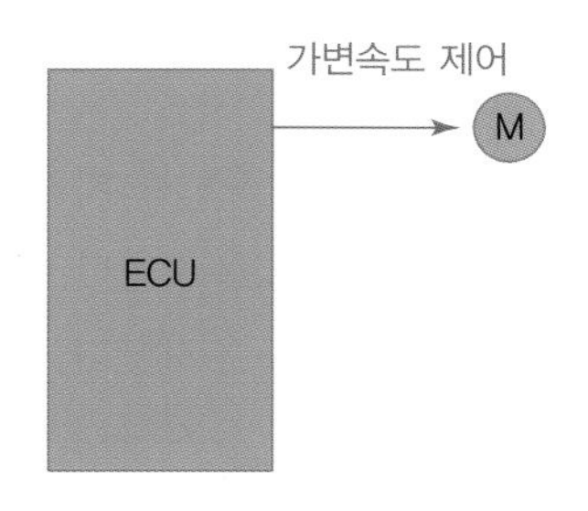

[그림 7-23] 한쪽 바퀴 가변속도 제어

■ 제어 프로그램 구조 설명

한쪽 바퀴를 제어하기 위한 프로그램(328p_motor2.c)은 아래와 같이 설계할 수 있다.

```
#include <mega328p.h> // 328p_motor2.c
#include <delay.h>

#define LOW   128
#define MID   190
#define HIGH  250

void main(void)
{
  DDRD = 0xff; // PWM 포트(OC0A, OC0B)가 포함된 포트 D 출력을 모두 출력 모드로 세팅

  while (1) {
            • PWM 모드 설정
            ;
            OCR0A = LOW; // OCR0A의 값에 따라 모터 A의 PWM 출력 조절
            delay_ms(5000);
            ;
            OCR0A = MID;
            delay_ms(5000);
            ;
            OCR0A = HIGH;
            delay_ms(5000);
            }
}
```

(2) 전진할 때 양쪽 바퀴 제어

■ 제어 알고리즘 설계

[그림 7-24]와 같이 좌/우 바퀴의 모터회전 속도를 차례로 변화시켜 본다.

① 전진방향, 양쪽 바퀴를 저속회전으로 3초 유지한다.

② 전진방향, 양쪽 바퀴를 중속회전으로 3초 유지한다.

③ 전진방향, 양쪽 바퀴를 고속회전으로 3초 유지한다.

④ 위 ①~③의 과정을 반복한다.

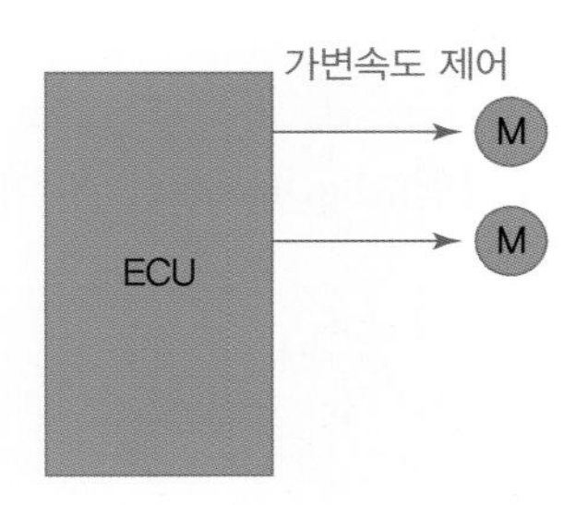

[그림 7-24] 양쪽 바퀴 가변속도 제어

■ 프로그램 구조 설명

아래는 전진방향으로 모터회전 속도를 제어하는 프로그램(328p_motor_diff.c)이다.

```
#include <mega328p.h> // 328p_motor_speed.c

#define L   120
#define M  190
#define H  250

void main(void)
{
   • PORTD 출력 설정

   while (1) {
                • PWM 모드 설정
                ;
                // 저속
```

```
            OCR0A = L;
            OCR0B = L;
            delay_ms(3000);    // 3초 딜레이
            // 중속
            OCR0A = M;
            OCR0B = M;
            delay_ms(3000);    // 3초 딜레이
            // 고속
            OCR0A = H;
            OCR0B = H;
            delay_ms(3000);    // 3초 딜레이
            }
}
```

(3) 양쪽 바퀴 각각 차동 제어

■ 제어 알고리즘 설계

[그림 7-25]와 같이 좌/우 바퀴의 모터회전 속도를 차례로 각각 차동 변화시켜 본다.

① 전진방향, 양쪽 바퀴를 각각 다른 속도로 3초 유지한다.

② 전진방향, 양쪽 바퀴를 ①과 다른 속도로 3초 유지한다.

③ 전진방향, 양쪽 바퀴를 같은 속도로 3초 유지한다.

④ 위 ①~③의 과정을 반복한다.

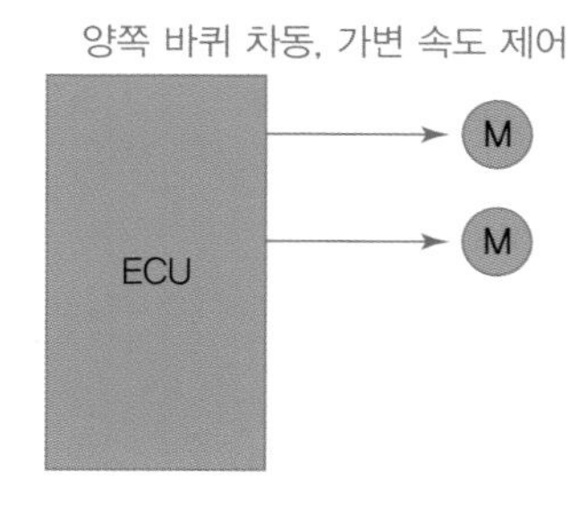

[그림 7-25] 양쪽 바퀴 차동 가변속도 제어

■ 프로그램 구조 설명

다음은 전진방향으로 양쪽 바퀴를 차동 제어하는 프로그램(328p_motor_diff.c)이다.

```
#include <mega328p.h> // 328p_motor_diff.c
#include <delay.h>

#define L   120
#define M   190
#define H   250

void main(void)
{
  • PORTD 출력 설정

  while (1) {
            • PWM 모드설정
            ;
            // OCR0A의 값에 따라 모터 A의 PWM 출력 조절
            OCR0A = L;
            OCR0B = M;
            delay_ms(3000);

            OCR0A = L;
            OCR0B = H;
            delay_ms(3000);

            OCR0A = H;
            OCR0B = H;
            delay_ms(3000);
            }
}
```

(4) 양쪽 바퀴 전/후진 제어

■ 제어 알고리즘 설계

원하는 제어 알고리즘을 설계하여 양쪽 바퀴를 제어해 보자.

■ 프로그램 구조 설명

다음은 전/후진 방향으로 양쪽 바퀴를 제어하는 프로그램(328p_motor_pair.c)을 나타낸 것이다.

```
#include <mega328p.h> // 328p_motor_pair.c
#include <delay.h>

#define CW  0b01110000    // PC4=1, PC7=0, PC5=1, PC6=1

#define CCW 0b11100000   // PC4=0, PC7=1, PC5=1, PC6=1
#define STOP 0b10010000 // PC4=1, PC7=1, PC5=0, PC6=0
#define L  120
#define M  170
#define H  250

void main(void)
{
 • PORTD 출력 설정
 • PWM 모드 설정
 ;
 TCNT0=0x00;// 타이머/카운터0 레지스터 초기값

 while(1)
      {
       PORTD = CW; // 전진
       OCR0B=L;    // PD5(OC0B)단자로 출력
       OCR0A=L;    // PD6(OC0A)단자로 출력
       delay_ms(2000); // 2초 forward
       ;
       PORTD = CW; // 전진
       OCR0B=M;
       OCR0A=M;
       delay_ms(2000); // 2초 forward
       ;
```

```
        PORTD = STOP;
        OCR0B=0;
        OCR0A=0;
        delay_ms(5000); // 5초 standby(stop)
        ;
        PORTD = CCW;       // 후진
        OCR0B=L;
        OCR0A=L;
        delay_ms(2000); // 2초 reverse
        ;
        //PORTD = CCW;   // 후진
        OCR0B=M;
        OCR0A=M;
        delay_ms(2000); // 2초 reverse
        ;
        PORTD = CCW;       // 후진
        OCR0B=H;
        OCR0A=H;
        delay_ms(2000); // 2초 reverse
        ;
        //PORTD = STOP;
        OCR0B=0;
        OCR0A=0;
        delay_ms(5000); // 5초 standby(stop)
        }
}
```

4) 작동 확인

설계한 각각의 프로그램을 BM 모듈에 적용하여 [그림 7-26]과 같이 실제 바퀴의 작동을 확인해 보자.

[그림 7-26] 양쪽 바퀴의 회전 확인

NOTE

이 책과 관련한 소스 프로그램은 다음 카페 "정태균의 ECU 튜닝 클럽"에서 참고할 수 있으며, 예시 프로그램을 활용하여 보다 창의적인 프로그램을 설계해 보자.

CHAPTER

03 자작 전기자동차 공작

3-1 기본 구동시스템 제작

1) 공작 개요

전기자동차의 구동 및 제어시스템을 이해하기 위해 [그림 7-27]과 같이 쉽게 구할 수 있는 재료인 페트병을 이용하여 소형 자작 전기자동차를 제작해서 구동해 본다.

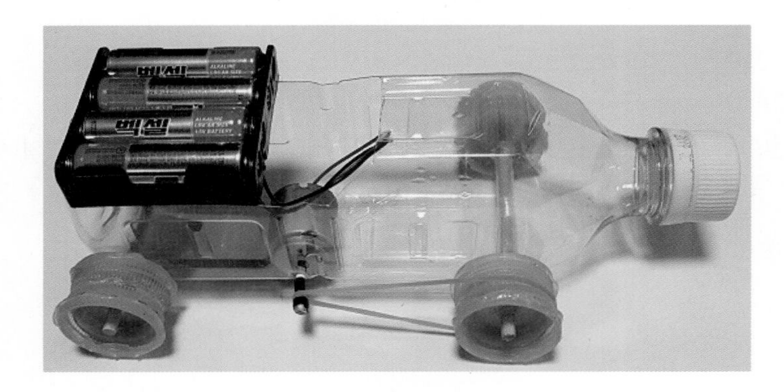

[그림 7-27] 자작 소형 전기자동차

2) 자기주도 공작 목표

① 전기자동차의 기본 구조를 이해할 수 있다.
② 코딩을 쉽게 적용할 수 있다.

3) 기본 구동시스템 제작

소형 DC 모터와 배터리를 사용하여 자작 전기자동차가 구동될 수 있도록 제작한다.

4) 구성부품

페트병, 플라스틱 병뚜껑(4개), 볼펜 심, 글루건, 납땜 인두기(구멍뚫기용), 고무줄, 대나무 꼬치, 건전지(1.5 V 4개) 및 건전지 케이스, DC 모터(3~6 V, 정격전류 0.15 A, 정격출력 1.5 W)

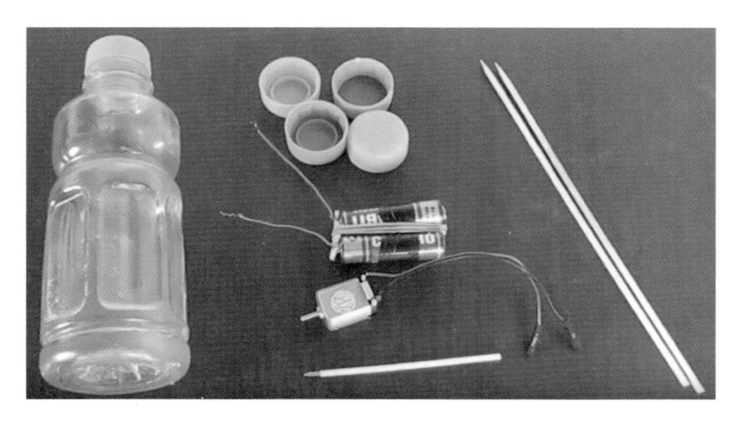

[그림 7-28] 자작 전기자동차 구성부품

5) 제작방법

유튜브 동영상 "페트병을 활용한 전기자동차 만들기(https://www.youtube.com/watch?v=pr9v01kC9LI)"를 참고하여 [그림 7-29]와 같이 자작 전기자동차를 제작한다.

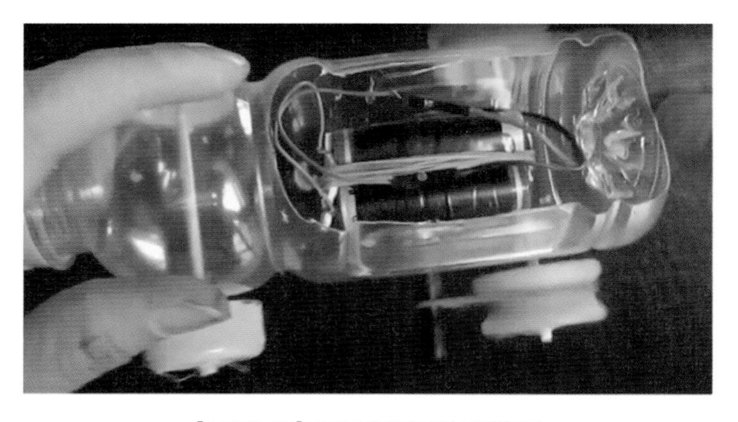

[그림 7-29] 자작 전기자동차 제작하기

6) 작동 확인

건전지의 전원으로 모터를 구동하여 자작 전기자동차가 잘 작동하는지를 확인한다. 이때, 자작 전기자동차는 전진만 가능하다.

3-2 자작 전기자동차 제어 공작

1) 공작 개요

기본 구동시스템 제작에서 만든 자작 전기자동차에 [그림 7-30]과 같이 ECU(BM 모듈)를 연결하고 스마트폰(안드로이드폰)으로 제어가 가능하도록 제작해 보자.

[그림 7-30] BM 모듈에 의해 제어되는 자작 전기자동차

2) 공작 목표

① 전기자동차의 구조를 이해하고 그 구동을 제어할 수 있다.

② 코딩을 쉽게 적용할 수 있다.

3) 구성부품

구동 ECU(BM 모듈), 스마트폰(안드로이드폰), 스마트폰 앱(앱 인벤터2로 제작한 앱 또는 공개 앱 사용), 자작 소형 전기자동차

4) 연결 회로 구성

BM 모듈에 배터리 전원(또는 USB 케이블)과 모터를 [그림 7-31]과 같이 연결한다.

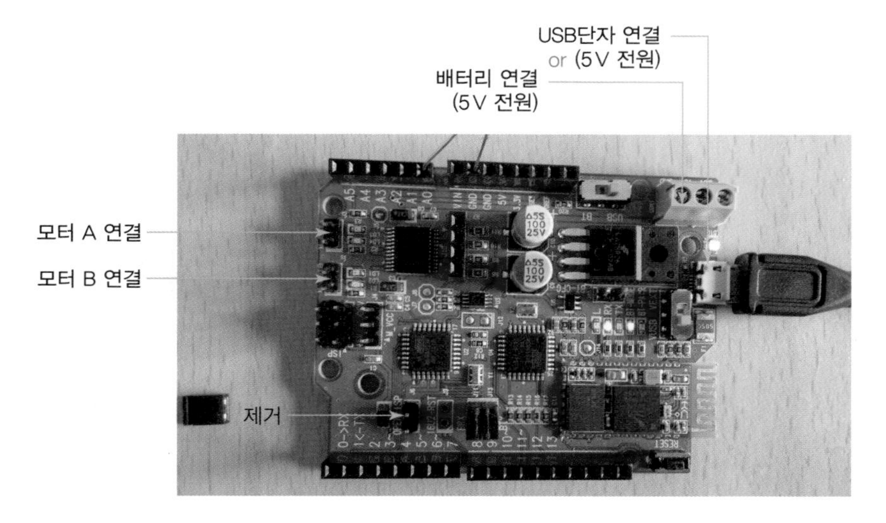

[그림 7-31] BM 모듈과 모터 및 전원 연결도

5) 제어 알고리즘

① 전진 버튼을 누르면 자작 전기자동차가 일정한 속도로 전진한다.

② 정지 버튼을 누르면 자작 전기자동차가 정지한다.

③ 후진 버튼을 누르면 자작 전기자동차가 일정한 속도로 후진한다.

6) 사용 스마트폰 앱

① 공개 앱 "블루투스 컨트롤러"를 사용하여 제어해 본다.

② 앱 인벤터 2를 사용하여 직접 스마트폰 앱을 설계해 본다.

7) 직접 앱 설계(bt_bm_ev.apk)

(1) 앱 디자이너 설계

앱 인벤터 2의 앱 디자이너를 활용하여 [그림 7-32]와 같이 나만의 독창적인 디자인으로 설계한다.

(2) 블록 코딩 설계

앱 인벤터 2의 블록 코딩을 활용하여 [그림 7-33]과 같이 나만의 독창적인 코딩을 설계한다.

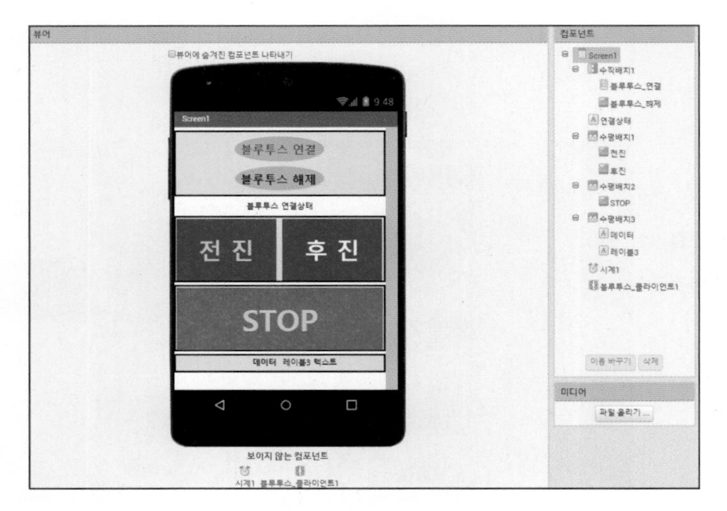

[그림7-32] 앱 디자인 예

언제 시계1 .타이머가작동할때
실행 만약 블루투스_클라이언트1 . 연결여부
이라면 실행 지정하기 데이터 . 텍스트 값 " 데이터 : "
지정하기 레이블3 . 텍스트 값 호출 블루투스_클라이언트1 .텍스트받기
바이트수

언제 블루투스_해제 .클릭했을때
실행 만약 블루투스_클라이언트1 . 연결여부
이라면 실행 호출 블루투스_클라이언트1 .연결끊기
지정하기 연결상태 . 텍스트 값 " 블루투스 해제 "

[그림 7-33] 코딩 설계 예

8) 모터 구동 제어 프로그램 구조

스마트폰의 블루투스 신호를 수신하여 모터를 구동하기 위한 프로그램(bt_bm_ev.c)의 내용을 간단히 분석하면 아래와 같다.

```
#include<mega328p.h>              // bt_bm_ev.c
#define MOTOR_CW  0b01110000    // PC4=1, PC7=0, PC5=1, PC6=1
#define MOTOR_CCW 0b11100000    // PC4=0, PC7=1, PC5=1, PC6=1
#define MOTOR_STOP 0b10010000 // PC4=1, PC7=1, PC5=0, PC6=0

interrupt[USART_RXC]void usart (void) // 인터럽트 함수
{
```

```
 • 스마트폰으로부터 작동 신호 수신
 }

void main(void)
{
 • 수신포트 설정
 • PWM 설정
 • 통신레지스터 초기화
  while(1){
         switch(data){
                  case '1':
                           PORTD = MOTOR_CW; // 전진
                           OCR0B=200;
                           OCR0A=200;
                           break;
                  case '2':
                           PORTD = MOTOR_CCW; // 후진
                           OCR0B=200;
                           OCR0A=200;
                           break;
                  case '3':
                           PORTD = MOTOR_STOP;
                           OCR0B=0;
                           OCR0A=0;
                           break;
                  }
         }
}
```

NOTE

이 책과 관련한 소스 프로그램들은 다음 카페 "정태균의 ECU 튜닝 클럽"에서 참고할 수 있으며, 예시 프로그램을 활용하여 보다 창의적인 프로그램을 설계해 보자.

9) 작동 확인

제어 프로그램을 BM 모듈에 업로드하여 스마트폰으로 [그림 7–34]와 같이 자작 전기자동차의 작동을 확인한다. 프레임에 모터와 바퀴를 조립한 상태에서 작동 테스트를 한 후에, 자작 전기자동차에 연결하여 실제 주행으로 확인해 본다.

기존 건전지 대신에 리튬폴리머 전지를 활용하여 자작 전기자동차를 구동해 보자. 이때 리튬폴리머 전지를 고정하는 마운트는 3D 프린터를 활용하여 제작해 보자(프로젝트 11 참고).

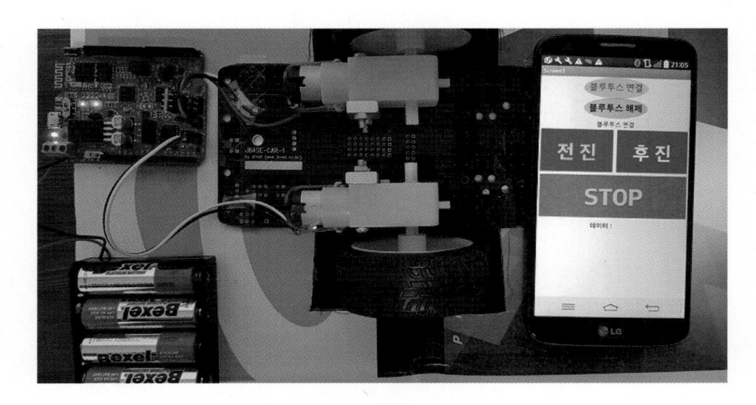

[그림 7–34] 스마트폰으로 작동을 확인(테스트)

[그림 7–35] 다양한 형태의 자작 전기자동차

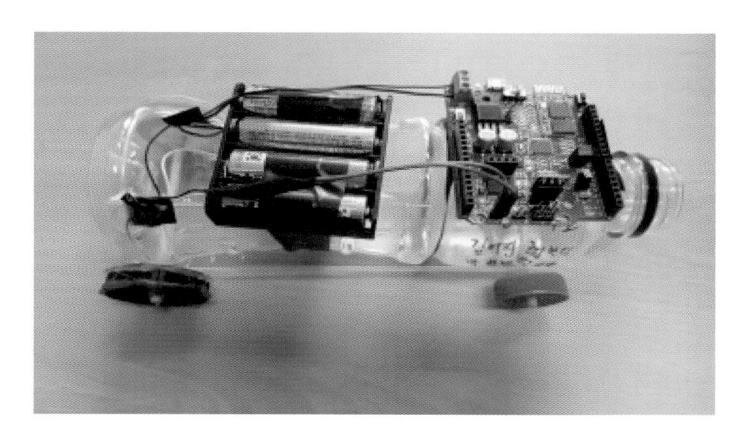

[그림 7-36] 완성된 모형 자작 전기자동차

[그림 7-35], [그림 7-36]과 같이 제작한 자작 전기자동차가 잘 작동하면, 넓은 장소에서 구동시험을 해보자.

CHAPTER

04 미니 전기자동차 공작

4-1 기본 구동시스템 제작

1) 공작 개요

전기자동차 구동 및 제어시스템을 이해하기 위해 시중에서 구입한 [그림 7-37]과 같은 프레임 키트(ECU 제외)와 BM 모듈을 사용하여 스마트폰으로 모터속도와 방향을 제어할 수 있는 미니 전기자동차를 제작해서 구동해 보자.

이후의 장에서는 앞에서 공작한 자작 전기자동차나 이번 공작에서 만드는 미니 전기자동차를 활용하여 자율주행자동차 등의 공작에 활용하게 된다.

[그림 7-37] 미니 전기자동차 프레임 예

2) 기본 구동시스템 제작

프레임 키트와 BM 모듈을 사용하여 미니 전기자동차가 구동될 수 있도록 제작한다. 본 실습에서는 편의상 모터 2개만 사용하여 제어한다.

3) 구성부품

[그림 7-38]과 같은 미니 전기자동차 프레임 키트는 인터넷에서 저렴하게 구매(ECU 제외)할 수 있으며, 여기에 [그림 7-39]와 같은 BM 모듈을 연결하여 모터를 구동하게 된다.

4) 제어 알고리즘

① 전진 버튼을 누르면 미니 전기자동차가 단계적으로 속도를 높여 전진한다.

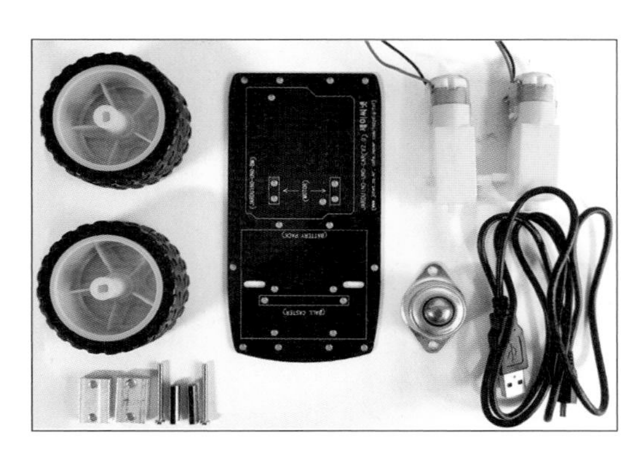

[그림 7-38] 미니 전기차 프레임 키트

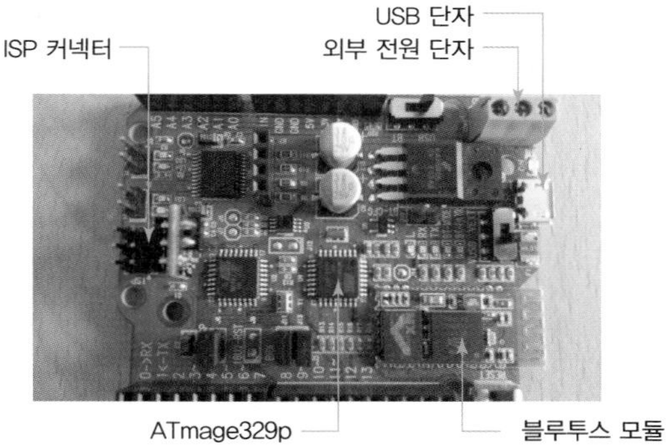

USB 단자
ISP 커넥터
외부 전원 단자
ATmage329p
블루투스 모듈

[그림 7-39] BM 모듈

② 정지 버튼을 누르면 미니 전기자동차가 정지한다.

③ 후진 버튼을 누르면 미니 전기자동차가 단계적으로 속도를 높여 후진한다.

5) 앱 인벤터2 설계

(1) 앱 디자이너 설계

앞에서 살펴본 앱 디자이너를 활용하여 [그림 7-40]과 같이 나만의 독창적인 앱 디자인을 설계한다.

9:48
Screen1
블루투스 연결
블루투스 해제
블루투스 연결상태
전 진
후 진
STOP
데이터 레이블3 텍스트

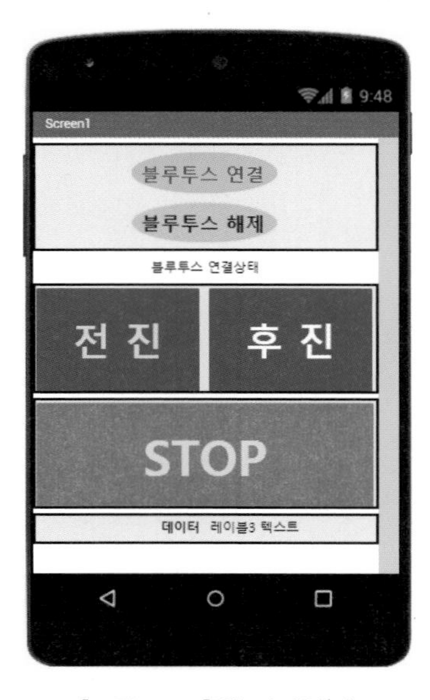

[그림 7-40] 앱 디자인 예

(2) 블록 코딩 설계

앞의 블록 코딩을 활용하고 [그림 7-41]과 같은 나만의 독창적인 코딩을 설계한다.

언제 전진 .클릭했을때
실행 만약 블루투스_연결 . 활성화
이라면 실행 호출 블루투스_클라이언트1 .텍스트보내기
텍스트 " 1 "

언제 후진 .클릭했을때
실행 만약 블루투스_연결 . 활성화
이라면 실행 호출 블루투스_클라이언트1 .텍스트보내기
텍스트 " 2 "

[그림 7-41] 독창적인 블록 코딩 설계 예

6) 제어 프로그램 구조

BM 모듈에 업로드할 프로그램(bt_bm_miev.c)의 내용을 간단히 분석하면 아래와 같다.

```
#include<mega328p.h>              // bt_bm_miev.c
#define MOTOR_CW  0b01110000      // PC4=1, PC7=0, PC5=1, PC6=1
#define MOTOR_CCW 0b11100000      // PC4=0, PC7=1, PC5=1, PC6=1
#define MOTOR_STOP 0b10010000 // PC4=1, PC7=1, PC5=0, PC6=0
#define L  120
#define M  180
#define H  230

interrupt[USART_RXC]void usart (void) // 인터럽트 함수
{
 • 스마트폰으로부터 작동 신호 수신
 }

void main (void)
{
 • 수신포트 설정
 • PWM 설정
```

• 통신레지스터 초기화

```
while(1){
      switch(data){
                  case '1':
                        PORTD = MOTOR_CW; // 전진
                        OCR0B=H;
                        OCR0A=H;
                        delay_ms(3000);
                        OCR0B=M;
                        OCR0A=M;
                        delay_ms(3000);
                        OCR0B=L;
                        OCR0A=L;
                        delay_ms(3000);
                        break;
                  case '2':
                        PORTD = MOTOR_CCW; // 후진
                        OCR0B=M;
                        OCR0A=M;
                        delay_ms(3000);
                        OCR0B=L;
                        OCR0A=L;
                        delay_ms(3000);
                        break;
                  case '3':
                        PORTD = MOTOR_STOP;
                        OCR0B=0;
                        OCR0A=0;
                        break;
                  }
      }
}
```

7) 작동 확인

설계한 프로그램을 미니 전기자동차에 업로드하여 스마트폰으로 작동상태를 확인한다.

이 책에서 다루는 내용과 관련한 소스 프로그램들은 다음 카페 "정태균의 ECU 튜닝 클럽"에서 참고할 수 있다. 예시 프로그램을 활용하여 보다 창의적인 프로그램을 설계해 보자.

8) 응용 공작(과제)

① 미니 전기자동차 공작이 익숙해지고 작동에 자신감이 생기면, 앱 인벤터 2를 사용한 앱에서 슬라이더를 추가하여 모터의 속도를 제어해 보자.

② 앞바퀴 모터의 구동속도를 조절하여 좌/우 회전이 가능하도록 제어해 보자.

③ 앱의 디자인도 [그림 7-42]와 같이 자신의 취향에 맞게 설계해 보자.

[그림 7-42] 화면 디자인 예

NOTE

ODIY 한국과학창의재단 유튜브 채널(https://www.youtube.com/channel/UCRU2G2NpTuOBqAySTAxXrAw)에 접속하여 "앱 인벤터-스마트폰으로 RC카 조종하기 1, 2부"를 참고로 한다.

CHAPTER

05 음성인식 전기자동차 공작

5-1 공작 개요

3장과 4장에서 공작한 전기자동차를 활용하여 [그림 7-43]과 같이 음성으로 전기자동차의 구동을 제어해 보자.

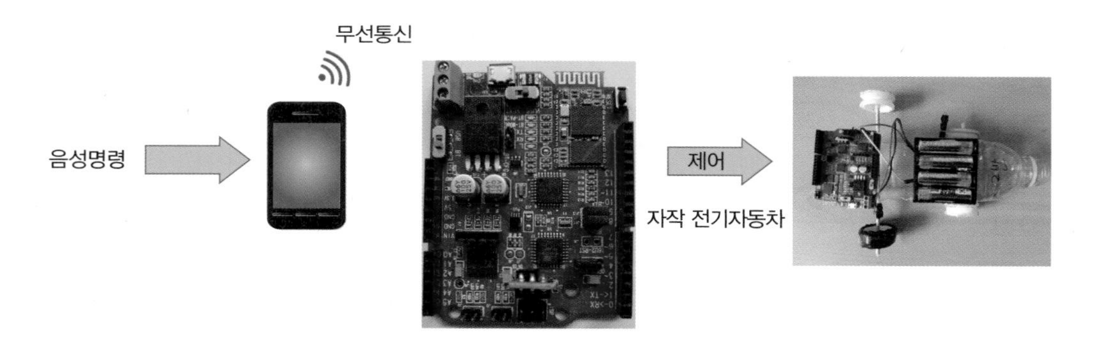

[그림 7-43] 음성인식 전기자동차 제어 개요

5-2 제어 알고리즘

① 전진, 후진, 정지의 음성 명령에 의해 직진 방향으로 전기자동차를 구동한다.
② 좌회전, 우회전의 음성 명령에 의해 전기자동차가 방향을 전환한다.
③ 저, 중, 고의 음성 명령에 의해 전기자동차의 속도가 달라진다.

5-3 앱 인벤터 2 설계

1) 앱 디자이너 설계(app_voice_ev.aia)

이전의 앱 디자이너를 참고하여 [그림 7-44]와 같이 자신만의 독창적인 디자인을 설계해 보자.

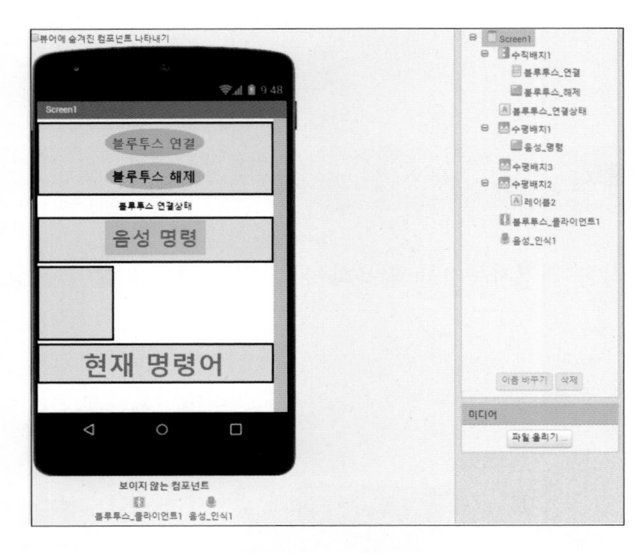

[그림 7-44] 나만의 앱 디자이너 설계 예

2) 블록 코딩 설계

이전의 블록 코딩을 활용하고 [그림 7-45]를 참고하여 자신만의 독창적인 코딩을 설계해 보자. 음성 명령어 단어를 설정할 때에는 스마트폰의 음성인식 기능이 가장 잘 인식하는 단어를 선정하여 코딩하면 좋다.

```
만약 텍스트 비교하기 레이블2 . 텍스트 = "전진"
이라면 실행 호출 블루투스_클라이언트1 .텍스트보내기
                텍스트 "1"
아니고 만약 텍스트 비교하기 레이블2 . 텍스트 = "후진"
이라면 실행 호출 블루투스_클라이언트1 .텍스트보내기
                텍스트 "2"
아니고 만약 텍스트 비교하기 레이블2 . 텍스트 = "좌회전"
이라면 실행 호출 블루투스_클라이언트1 .텍스트보내기
                텍스트 "3"
아니고 만약 텍스트 비교하기 레이블2 . 텍스트 = "우회전"
이라면 실행 호출 블루투스_클라이언트1 .텍스트보내기
                텍스트 "4"
아니고 만약 텍스트 비교하기 레이블2 . 텍스트 = "고"
```

[그림 7-45] 독창적인 블록 코딩 설계 예

5-4 제어 프로그램 구조

BM 모듈에 업로드할 프로그램(bt_bm_voice_ev.c)의 내용을 간단히 분석하면 아래와 같다.

```
#include<mega328p.h>     // bt_bm_voice_ev.c
#define CW  0b01110000   // PC4=1, PC7=0, PC5=1, PC6=1
#define CCW 0b11100000   // PC4=0, PC7=1, PC5=1, PC6=1
#define STOP 0b10010000 // PC4=1, PC7=1, PC5=0, PC6=0
#define L  100
#define M  180
#define H  230

interrupt[USART_RXC]void usart(void) // 인터럽트 함수
{
 • 스마트폰으로부터 작동 신호 수신
 }
void main(void)
{
 • 수신포트 설정
 •  PWM 설정
  • 통신레지스터 초기화
  while(1){
         switch(data){
                        case '1':
                              PORTD = CW; // 전진
                              OCR0B=150;
                              OCR0A=150;
                              break;
                        case '2':
                              PORTD = CCW; // 후진
                              OCR0B=100;
                              OCR0A=100;
                              break;
```

```
            case '3':
                PORTD = CW; // 좌회전
                OCR0B=120;
                OCR0A=200;
                break;
            case '4':
                PORTD = CW; // 우회전
                OCR0B=200;
                OCR0A=120;
                break;
            case '5':
                PORTD = CW; // 고
                OCR0B=H;
                OCR0A=H;
                break;
            case '6':
                PORTD = CW; // 중
                OCR0B=M;
                OCR0A=M;
                break;
            case '7':
                PORTD = CW; // 저
                OCR0B=L;
                OCR0A=L;
                break;
            case '8':
                PORTD = STOP;
                OCR0B=0;
                OCR0A=0;
                break;
                }
    }
}
```

5-5 작동 확인

설계한 프로그램을 스마트폰(app_voice_ev.apk)과 자작 전기자동차의 모듈(bt_bm_voice_ev.c)에 업로드하여 [그림 7-46]과 같이 프레임에 고정된 상태에서 음성으로 작동을 확인한다.

모터의 회전방향이 서로 반대가 되면 모터 전원 (+), (-)를 바꾸어 본다. 자작 전기자동차가 고정된 상태에서 정상적으로 작동되면 [그림 7-47]과 같이 넓은 장소에서 작동시험을 해 보자.

[그림 7-46] 음성으로 구동 확인

[그림 7-47] 음성제어 자작 전기자동차 구동시험

NOTE

관련 소스 프로그램을 다음 카페 "정태균의 ECU 튜닝 클럽"에서 참고할 수 있다. 예시 소스 프로그램을 활용하여 보다 창의적인 프로그램을 설계해 보자.

프로젝트

08

자동차 센서 공작

1장 초음파 센서 공작

2장 후방감지 공작

3장 센서 전압값 측정 공작

Smart Car Coding Project

CHAPTER

01 초음파 센서 공작

1-1 공작 개요

초음파 센서를 사용하여 물체와의 거리를 측정하고, 이에 따라 LED의 점멸 주기를 변화시켜 거리의 변화가 LED의 점멸로 나타나도록 [그림 8-1]과 같은 회로를 구성한다.

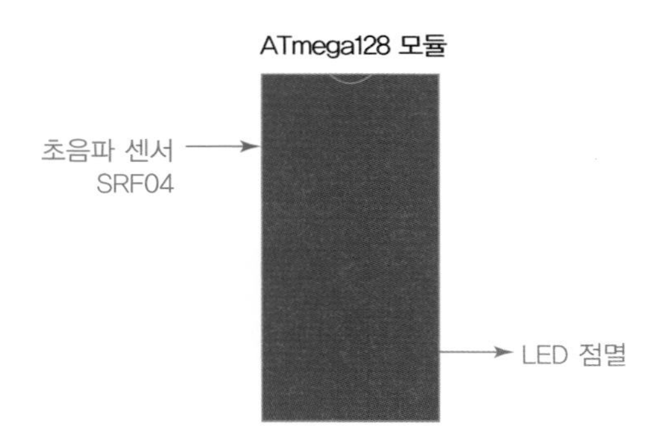

[그림 8-1] 초음파 센서 공작 개요

1-2 자기주도 공작 목표

① 초음파 센서의 작동을 이해하고, 전장회로도를 정확히 분석할 수 있다.
② 코딩을 쉽게 이해할 수 있다.

1-3 제어 알고리즘 구상

물체가 초음파 센서에 가까워지면 LED의 점멸 주기가 짧아지도록 한다.

1-4 구성부품

브레드보드, ATmega128 모듈, 초음파 센서, LED, AVRISP 케이블, 7805 정전압 IC, 1,000 ㎌ 콘덴서

1-5 초음파 센서의 원리

초음파 센서는 [그림 8-2]와 같은 과정을 거쳐 물체와의 거리를 측정한다.

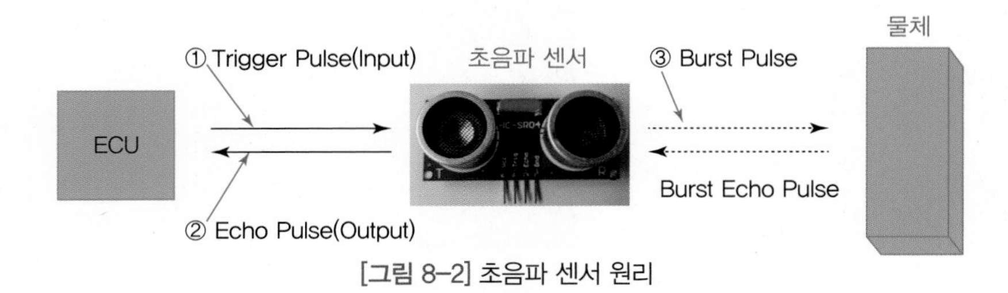

[그림 8-2] 초음파 센서 원리

① PC0에서 초음파 센서로 [그림 8-3]과 같은 펄스를 보낸다.
PC0에서 12 ㎲(10 ㎲ 이상)의 폭으로 신호 출력

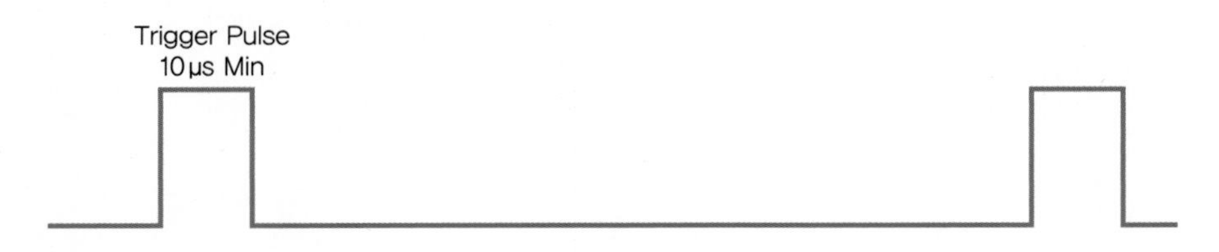

[그림 8-3] ECU에서 초음파 센서로 보내는 트리거 펄스

② 초음파 센서로부터 되돌아오는 Echo Pulse의 폭을 PC1으로 받아 타이머/카운터1(TCNT1)을 사용하여 경과시간을 계측한다.
[그림 8-4]와 같이 펄스폭의 경과시간을 계측하여 거리로 환산한다.

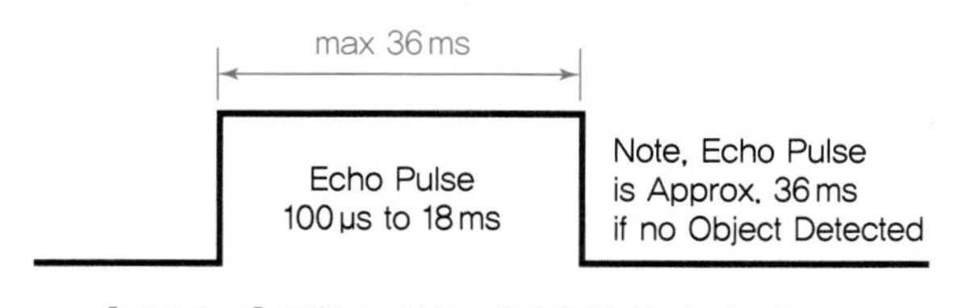

[그림 8-4] 초음파 센서로부터 출력되는 Echo Pulse

③ [그림 8-5]와 같이 초음파 센서에서 25 µs 주기로 펄스를 보낸다.
초음파 센서의 주파수는 40 kHz이므로 1펄스의 주기는 25 µs, High 펄스폭은 12.5 µs이다.

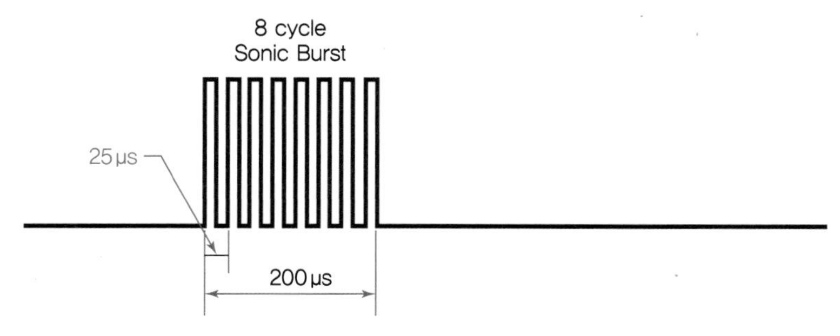

[그림 8-5] 초음파 센서로부터 출력되는 Echo Pulse

1-6 물체와의 거리 계산

① 초음파 속도(V)는 $V = 331.5 + 0.6T$(T: 온도, ℃)로 나타낼 수 있다. 온도가 25℃일 경우, $V = 0.03465$ cm/µs가 된다.

간단하게 계산하기 위해 온도를 무시하고 음파의 속도를 약 340 m/s라 하면, 음파는 1 s당 340 m(34,000 cm)를 이동하게 된다. 1 s 동안 이동거리는 34,000 cm이므로, 1 μs 동안 이동거리는 34/1,000 cm가 된다.
따라서, 1 cm 이동 시 걸리는 시간 x[μs]를 계산해 보면,

1 cm ············ x [μs]
(34/1,000) cm ············ 1 [μs]

$\therefore x = (1{,}000/34)\ \mu s \fallingdotseq 29\ \mu s$가 된다.

② 마이크로프로세서가 초음파 센서로부터 신호를 받아 거리를 계산할 때, TCNT1(타이머/카운터1)으로 count를 계측하여 계산한다. 타이머/카운터1에서 8분주 시(TCCR1B=2) 1 count는 0.5 ㎲가 된다. [그림 8-6]에서 시간 t[㎲] = TCNT1(count)×0.5 ㎲라 할 수 있다.

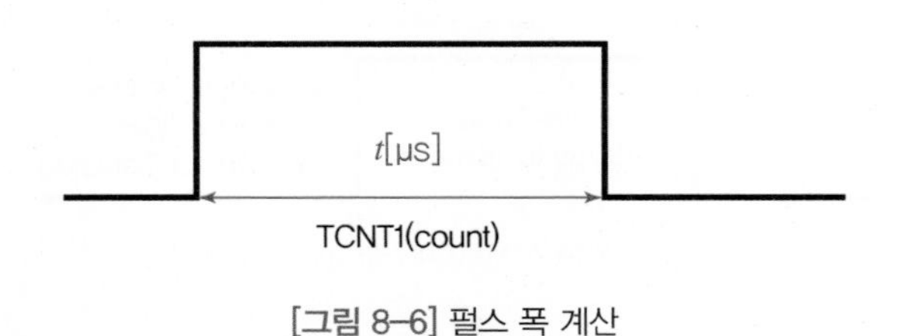

[그림 8-6] 펄스 폭 계산

③ 따라서 t[㎲]를 거리로 환산하면 다음과 같다.

①에서 초음파가 1cm 이동하는 데 걸리는 시간이 약 29 ㎲가 된다.

②에서 물체와 초음파 센서의 거리를 d[cm]라 하면, t[㎲]는 초음파 센서에서 나온 초음파가 물체에 닿아 다시 되돌아오는 거리를 측정한 것이므로, [그림 8-7]을 참고로 하면 실제 거리는 $2d$가 된다.

따라서, 1 cm ············ 29 ㎲

$2d$[cm] ··········· TCNT1×0.5 ㎲

위를 계산하면, $2d \times 29$ = TCNT1×(1/2) cm가 된다.

따라서, d = TCNT1×(1/2)×(1/58) cm가 되고, 계산하면 d = (TCNT1/116) cm가 된다.

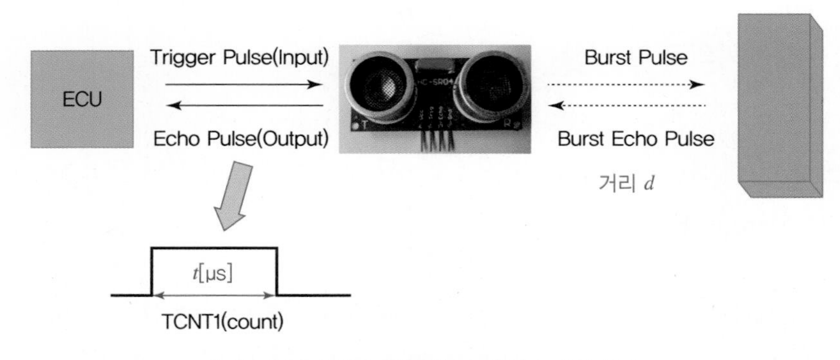

[그림 8-7] 초음파 센서에서 물체와의 거리 측정

1-7 제어회로 설계

초음파 센서를 이용한 공작의 회로도는 [그림 8-8]과 같이 설계할 수 있다.

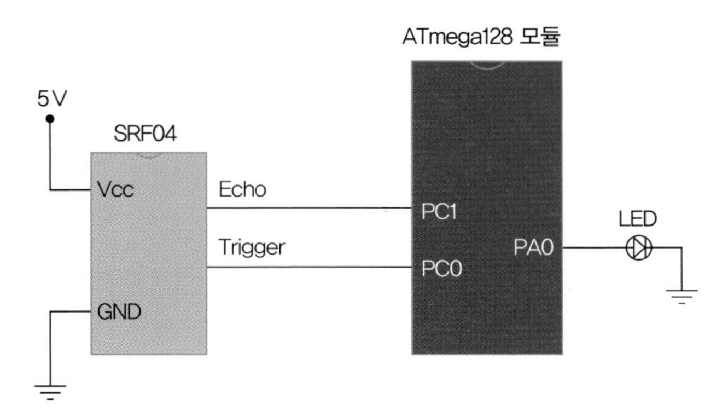

[그림 8-8] 초음파 센서 제어 회로도

1-8 프로그램 구조 설명

CodeVisionAVR을 사용한 프로그램은 아래와 같이 설계할 수 있다.

```
#include <mega128.h> // 128_sonic.c

trigger와 echo 입출력 정의 (#define)

void dist (void){          // 거리 계산 함수
                • 카운터 시작, 8분주, 0.5us
                • 카운터 정지
                • dist=TCNT1/116; cm
                • 물체와의 거리(dist) 계산
                }

void main (void){
```

```
            • 입/출력 설정
            • 타이머/카운터 동작모드 설정
            ;
            while(1){
                    dist(); // 거리 계산 함수 호출
                    ;
                  • 거리에 따른 LED 점멸주기 변화
                  • PORTA.0 출력
                    }
    }
```

128_sonic.c 소스 프로그램은 다음 카페인 “정태균의 ECU 튜닝클럽(http://cafe.daum.net/tgjung)”에 소개되어 있다.

NOTE

네이버 카페 “전자공작”에 많은 관련 C프로그래밍 자료가 소개되어 있다. 참고하여 창의적인 프로그램을 설계해 보기 바란다.

1-9 작동 확인

[그림 8-9]의 초음파 센서에서 단자 위치를 확인하고, [그림 8-10]과 같은 초음파 센서 회로를 구성하여 그 작동을 확인할 수 있다.

[그림 8-9] SRF04 초음파 센서 단자구조

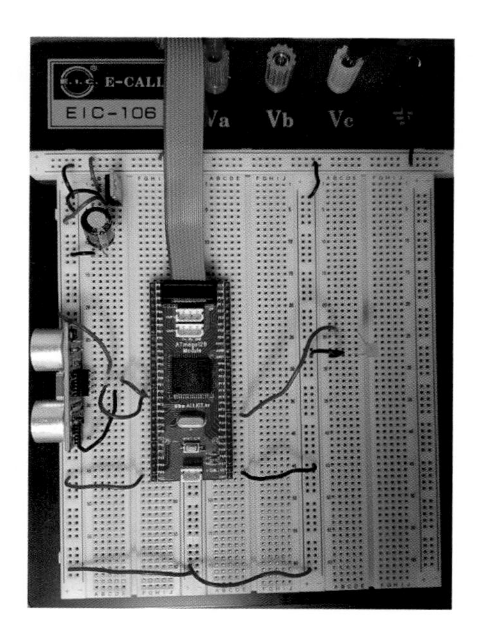

[그림 8-10] 초음파 센서의 작동 확인

NOTE

이 책과 관련한 소스 프로그램들은 다음 카페 "정태균의 ECU 튜닝 클럽"에서 참고할 수 있으며, 예시 프로그램을 활용하여 보다 창의적인 프로그램을 설계해 보자.

CHAPTER

02 후방감지 공작

2-1 공작 개요

아두이노 우노 모듈과 초음파 센서, 피에조 스피커를 [그림 8-11]과 같은 프레임의 후면에 부착하여 초음파 센서에 물체가 가까워지면 경보를 울리거나 경보 주기가 변화할 수 있게 제어한다. 이때 아두이노 IDE(통합개발환경)에서 프로그램을 실행한다.

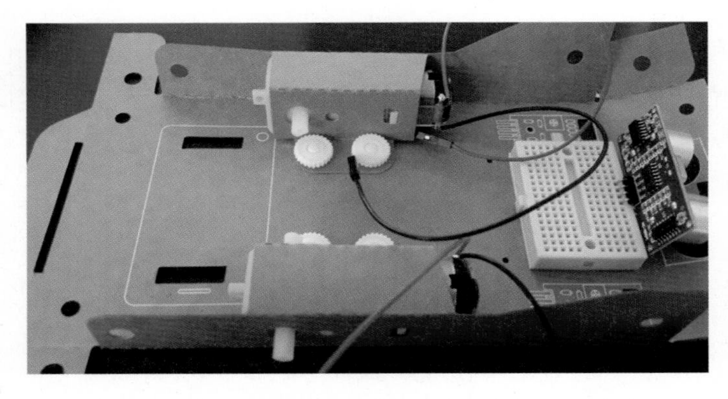

[그림 8-11] 초음파 센서를 부착한 미니 전기차 프레임의 예

NOTE

아두이노 우노 모듈과 관련하여 필요한 정보는 인터넷상에서 관련 동영상 자료를 찾아 학습하기 바란다. 예를 들면, 한국과학창의재단 공식 유튜브(https://www.youtube.com/channel/UCRU2G2NpTuOBqAySTAxXrAw)에 접속하여 아두이노 관련 동영상을 활용한다.

2-2 자기주도 공작 목표

① 아두이노 우노 모듈의 작동을 이해하고, 다른 센서들과 연결하여 작동할 수 있다.
② 코딩을 쉽게 적용할 수 있다.

2-3 제어 알고리즘 구상

물체가 초음파 센서에 가까워지면 피에조 스피커의 음발생 주기가 짧아지도록 한다.

2-4 구성부품

브레드보드, 아두이노 모듈, 초음파 센서, 피에조 스피커, 아두이노 USB 케이블, 아두이노 IDE

① 아두이노 모듈
[그림 8-12]는 이 장에서 사용하는 아두이노 우노 모듈을 나타낸다.

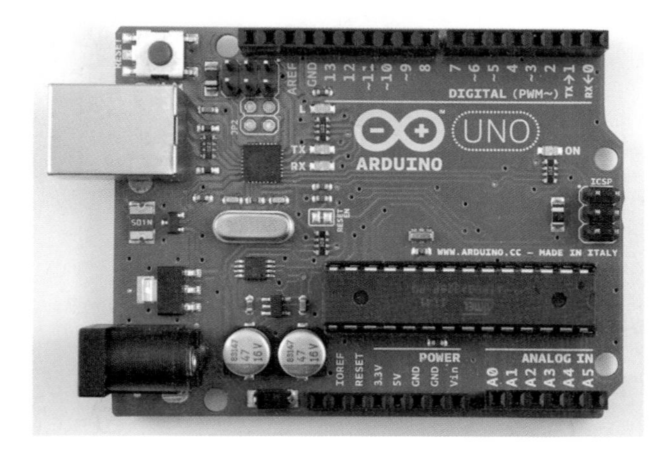

[그림 8-12] 아두이노 우노 모듈

② 초음파 센서

이 장에서는 [그림 8-13]과 같은 초음파 센서를 사용한다.

[그림 8-13] 초음파 센서(HC-SR04)

③ 피에조 스피커

물체와의 거리에 따라 음 발생주기를 변화시켜 운전자가 음을 통해 물체와의 거리를 감지할 수 있도록 [그림 8-14]와 같은 피에조 스피커를 사용한다.

[그림 8-14] 피에조 스피커

2-5 구동 회로

[표 8-1]은 각 센서 단자와 아두이노 우노 모듈의 핀 연결 위치를 나타낸다.

[표 8-1] 각 센서와 아두이노 핀의 연결

아두이노 모듈	초음파 센서	피에조 스피커
5V	Vcc	8번 PIN
GND	GND	GND
2번 PIN	Trig	
4번 PIN	Echo	

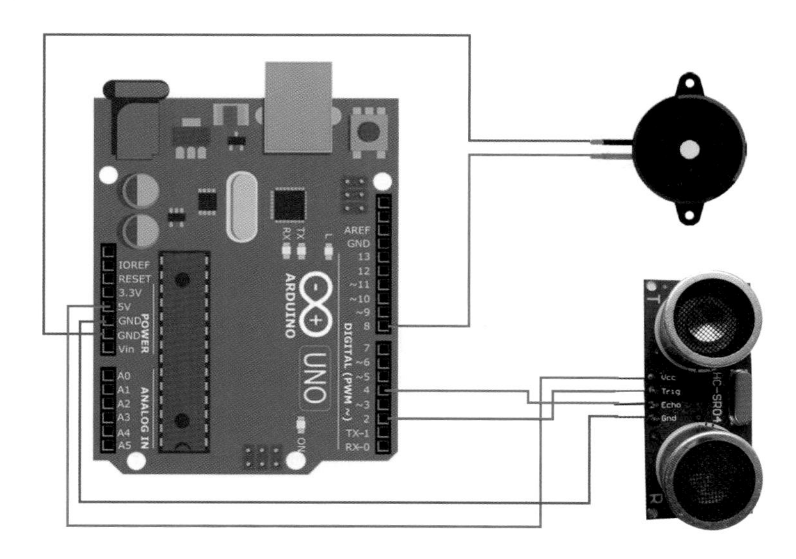

[그림 8-15] 아두이노와 초음파 센서, 피에조 스피커 연결도

브레드보드에 아두이노 우노 모듈, 초음파 센서, 피에조 스피커를 설치하고 [그림 8-15]와 같이 각각의 배선을 연결한 후, 부품이 정확히 설치되었는지 확인한다.

2-6 스케치 프로그램 구조 설명

자동차 후진 시 후방감지장치를 재현하기 위해 설계한 초음파 센서와 피에조 스피커 제어 프로그램(sonic_speaker)의 구조는 아래와 같다. 여기서는 아두이노 우노 모듈과 IDE(통합개발환경) 프로그램을 사용한다.

```
• 초음파 센서 송/수신을 위한 아두이노 핀 번호 설정
• 피에조 스피커 작동을 위한 아두이노 핀 번호 설정
void setup(){
            • 아두이노 송/수신 핀 입/출력 설정
            }
void loop() {
            • 초음파 센서 트리거를 통해 전송신호 송신
            • 거리 측정(cm 단위)
            • 거리에 따른 스피커 음 주기 변동
            }
```

2-7 작동 확인

[그림 8-16]과 같이 브레드보드에 설치하여 작동을 확인해 본다.

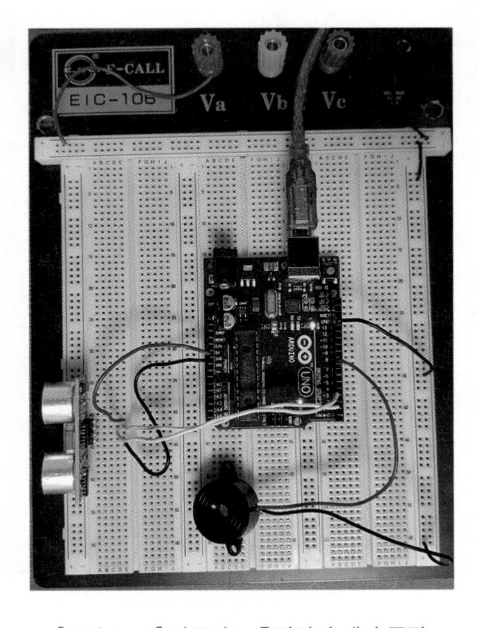

[그림 8-16] 아두이노 후방감지 제어 공작

NOTE

이 책과 관련한 소스 프로그램들은 다음 카페 "정태균의 ECU 튜닝 클럽"에서 참고할 수 있다. 관련 프로그램을 활용하여 보다 창의적인 프로그램을 설계해 보자.

2-8 응용 공작(과제)

공작한 회로가 [그림 8-16]과 같은 상태에서 잘 작동되면, 앞 장(프로젝트 07. 4장)에서 공작한 미니 전기차에 장착하여 잘 작동되는지 확인해 보자. 이때 모터 구동은 모터 드라이버가 내장된 BM 모듈(CodeVisionAVR 사용)이 담당하고, 후진 감지 제어는 아두이노 우노 모듈(스케치 사용)이 담당하도록 설계한다. 이후에 프로그래밍 언어에 익숙해지면, 하나의 모듈(BM 모듈이나 아두이노 모듈)을 사용하여 두 가지 기능을 담당할 수 있도록 구동 회로와 제어 프로그램을 설계해 보자.

더 나아가 미니 전기자동차에 보다 개선된 기능(여러 개의 초음파 센서 장착 등)을 추가하여 초보적인 자율주행자동차를 공작해 보자. 일정 거리 내에 물체가 접근하면 미니 전기자동차 후진을 자동적으로 멈추기 위한 "정지" 기능이 작동되도록 프로그래밍을 해보자.

또한, 실습용 자동차에 적용하여 작동을 확인해 보자. 이때 안전을 고려하여 자동차는 정지해 있는 상태에서 물체를 움직여 그 작동을 확인한다.

■ 아두이노 우노 계열의 아두이노 나노 소개

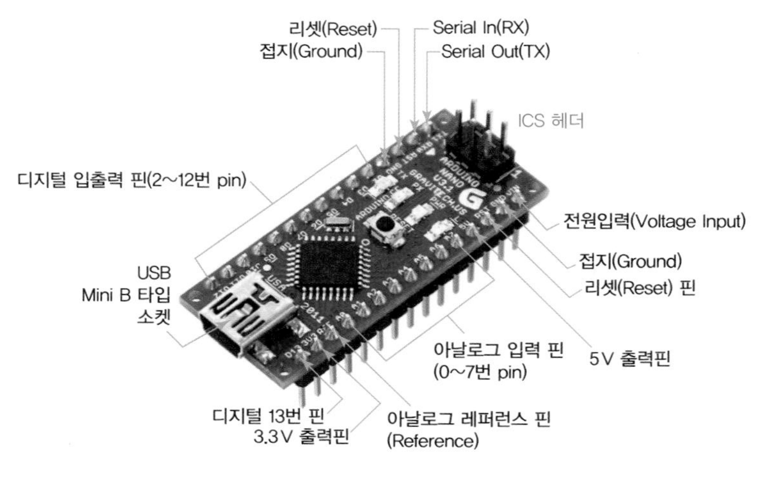

[그림 8-17] 아두이노 나노

아두이노 Nano는 아두이노 UNO 보드의 소형화 버전이며, 구조는 [그림 8-17]과 같다. UNO 보드와 같은 ATmega328 칩을 사용하고 아두이노 UNO의 기능을 그대로 제공하며, mini-B 타입 USB도 내장되어 있다.

이에 따라 UNO 계열의 보드라 부른다. 사용방법이 동일하고, IDE(통합개발환경)의 라이브러리도 그대로 사용할 수 있으며, 브레드보드에 직접 꽂아서 사용하면 회로를 구성하기도 편리하다.

CHAPTER

03 센서 전압값 측정 공작

3-1 시리얼 모니터 사용하기

1) 공작 개요

[그림 8-18]과 같이 아두이노 IDE(통합개발환경)의 시리얼 모니터 기능을 이용하여 센서(가변저항)의 전압 출력값을 나타내 보자. 센서의 출력 전압값은 일반적으로 0~5 V이다.

[그림 8-18] 센서값 출력 개요

2) 구성부품

아두이노 우노 모듈, USB 케이블, 가변저항, IDE(통합개발환경)

3) 회로 구성

[그림 8-19]와 같이 아두이노 회로를 구성한다.

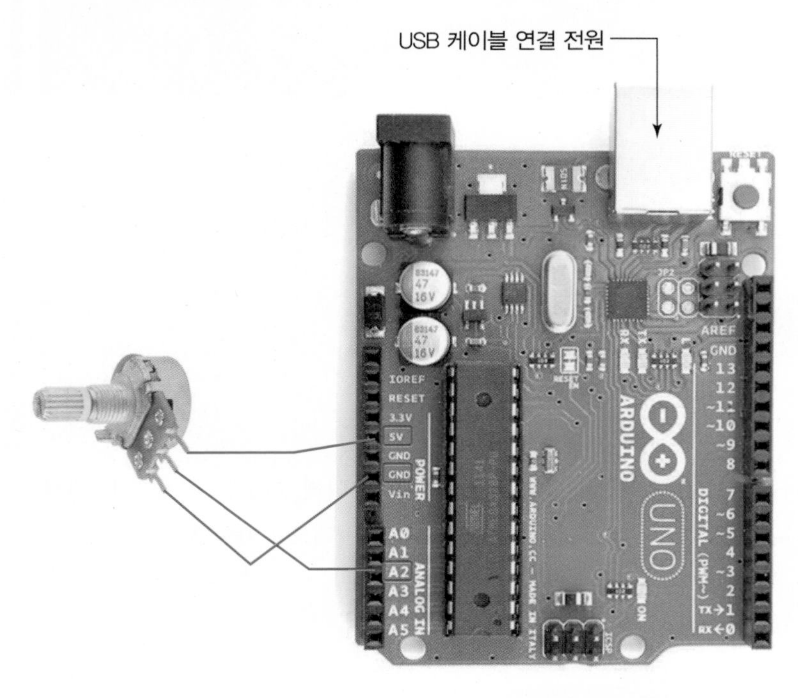

[그림 8-19] 아두이노 회로 연결

[그림 8-20], [그림 8-21]과 같이 아두이노에 가변저항을 설치하고 아두이노 회로를 연결해 보자.

[그림 8-20] 브레드보드에 연결된 아두이노 회로

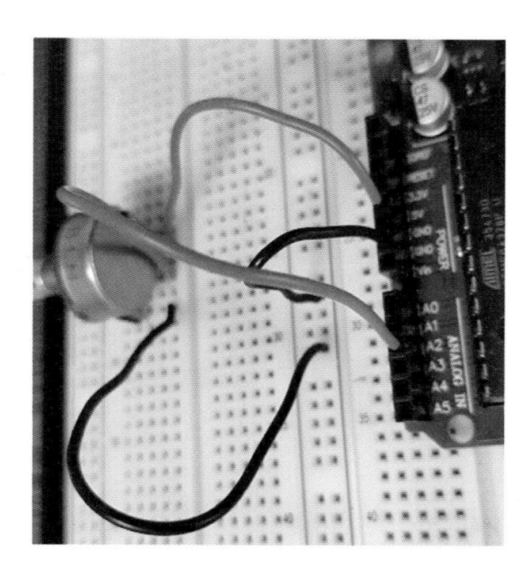

[그림 8-21] 가변저항과 핀 연결

4) IDE(통합개발환경)에서 시리얼 모니터 불러오기

센서에서 출력되는 전압값의 변화를 관찰하기 위해서는 [그림 8-22]와 같이 [툴] - [시리얼 모니터]를 클릭하여 센서의 출력값을 확인해 볼 수 있다.

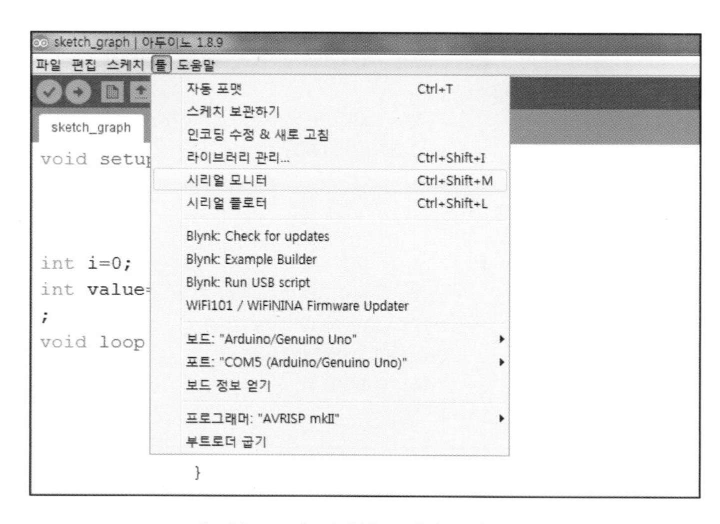

[그림 8-22] 시리얼 모니터 불러오기

■ 시리얼 모니터 실행방법

- 시리얼 포트(COM5)와 통신 속도(115200) 확인
- 아두이노 모듈에 업로드한 후, [툴] - [시리얼 모니터]를 선택하거나, 화면 오른쪽 위의 돋보기 모양 아이콘을 클릭한다.

■ 아두이노의 구성

아두이노는 [그림 8-23]과 같이 구성되어 있다.

[그림 8-23] 아두이노의 구성

5) 프로그램 설계 및 시리얼 모니터 데이터 확인

(1) 스케치 프로그램 1(sketch_monitor)

IDE(통합개발환경)에서 [그림 8-24]와 같은 프로그램을 설계하여 아두이노 모듈에 업로드하고, [그림 8-25]와 같이 0~5 V 사이의 전압값을 0~1023 범위 내에서 그 값을 표시할 수 있다.

sketch_monitor | 아두이노 1.8.9

파일 편집 스케치 툴 도움말

sketch_monitor

```
void setup() {
              Serial.begin(115200);
              pinMode(A2,INPUT);
            }
int value=0;
;
void loop() {
            value=analogRead(A2);
            Serial.print(value);
            Serial.println(",");
            delay(100);
            }
```

[그림 8-24] 스케치 프로그램 1

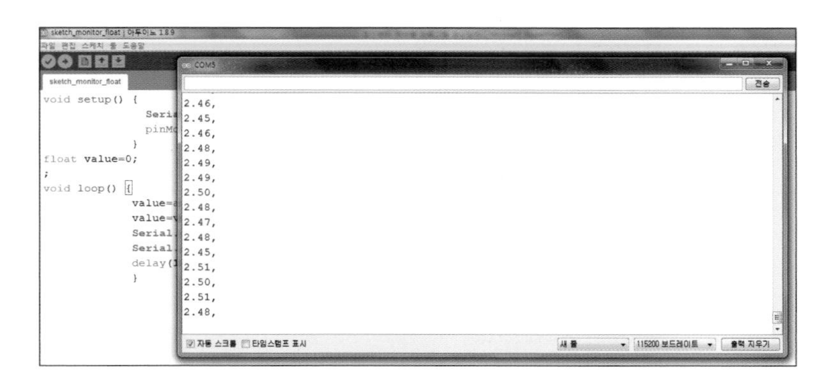

[그림 8-25] 프로그램 1의 시리얼 모니터 화면

[표 8-2] 아날로그 읽는 방식

9	8	7	6	5	4	3	2	1	0	비트 수
512	256	128	64	32	16	8	4	2	1	값

[그림 8-24]의 스케치 프로그램 내용 중의 `value=analogRead(A2);`에서 아날로그 데이터를 읽는 방식은 [표 8-2]와 같이 10개의 비트로 나누어 값을 읽어 들인다. 이때 값을 모두 더하면 1023이 되며, 최종적으로 analogRead(A2)로 얻을 수 있는 값의 범위는 0~1023이 된다. 반면에 analogWrite( )에 의해 전달되는 값은 [그림 8-26]과 같이 0~255가 된다.

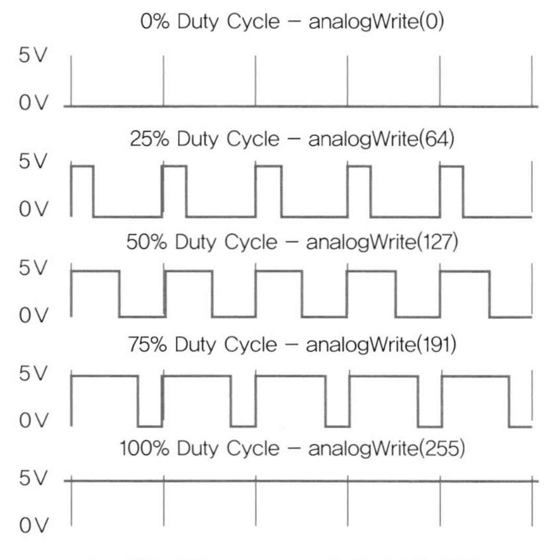

[그림 8-26] analogWrite와 듀티비의 변화

(2) 스케치 프로그램 2(sketch_monitor_int)

IDE에서 [그림 8-27]과 같은 프로그램을 설계하여 아두이노 모듈에 업로드하고, [그림 8-28]과 같이 시리얼 모니터 출력값을 정수 형태의 전압값으로 표시할 수 있다.

sketch_monitor_int | 아두이노 1.8.9

파일 편집 스케치 툴 도움말

sketch_monitor_int

```
void setup() {
              Serial.begin(115200);
              pinMode(A2,INPUT);
              }
int value=0;
;
void loop() {
              value=analogRead(A2);
              value=value/205;
              Serial.print(value);
              Serial.println(",");
              delay(100);
              }
```

[그림 8-27] 스케치 프로그램 2

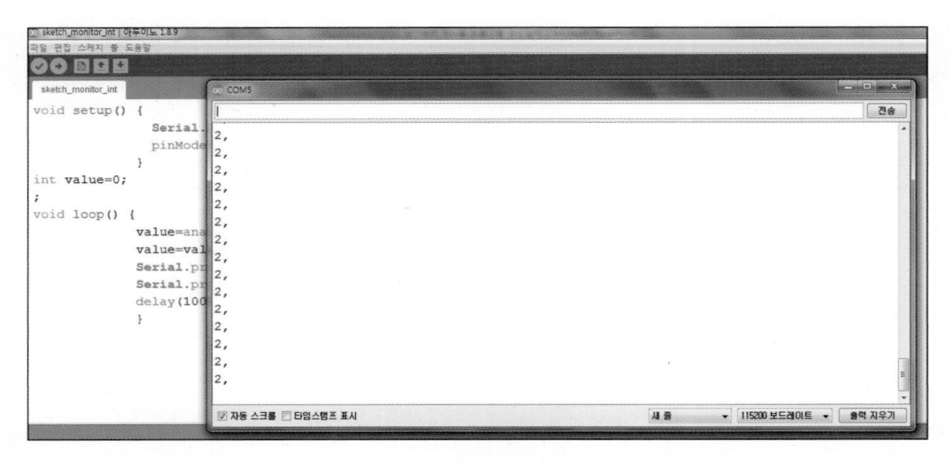

[그림 8-28] 프로그램 2의 시리얼 모니터 화면

(3) 스케치 프로그램 3(sketch_monitor_float)

IDE에서 [그림 8-29]와 같은 프로그램을 설계하여 아두이노 모듈에 업로드하고, [그림 8-30]과 같이 시리얼 모니터 출력값을 실수 형태의 전압값으로 표시할 수 있다.

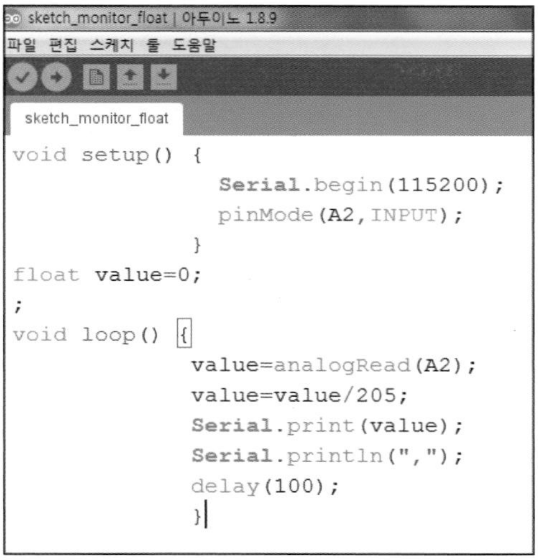

sketch_monitor_float | 아두이노 1.8.9

파일 편집 스케치 툴 도움말

sketch_monitor_float

```
void setup() {
               Serial.begin(115200);
               pinMode(A2,INPUT);
              }
float value=0;
;
void loop() {
              value=analogRead(A2);
              value=value/205;
              Serial.print(value);
              Serial.println(",");
              delay(100);
              }
```

[그림 8-29] 스케치 프로그램 3

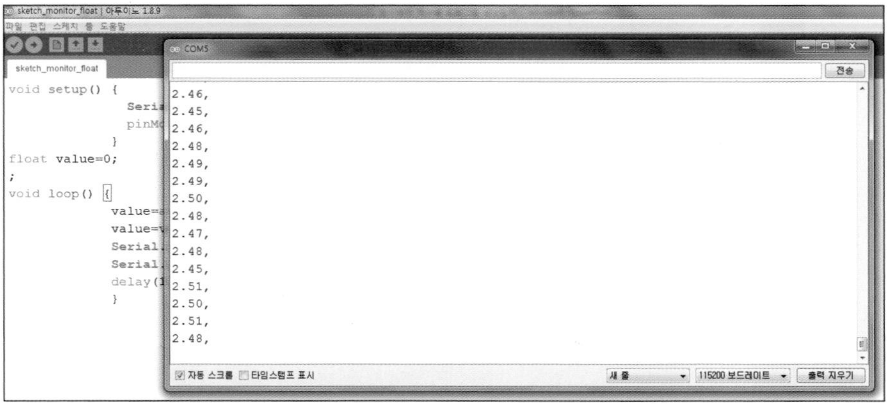

COM5

```
2.46,
2.45,
2.46,
2.48,
2.49,
2.49,
2.50,
2.48,
2.47,
2.48,
2.45,
2.51,
2.50,
2.51,
2.48,
```

자동 스크롤 타임스탬프 표시 새 줄 115200 보드레이트 출력 지우기

[그림 8-30] 프로그램 3의 시리얼 모니터 화면

3-2 리얼 오실로스코프 사용하기

리얼 오실로스코프 인터넷사이트(http://www.x-io.co.uk/downloads/Serial-Oscilloscope-v1.5.zip)에서 다운받아 압축을 풀면 바로 사용이 가능하다.

[그림 8-31]과 같이 스케치 코드를 실행한다.

```
void setup() {
        Seri
        pinMo
}
int i=0;
int value=0;
;
void loop() {
        value=
        Serial
        Serial
        delay(1
}
```

```
44,
45,
45,
45,
44,
48,
37,
49,
39,
42,
43,
50,
37,
49,
46,
```

[그림 8-31] 스케치 시리얼 모니터 실행

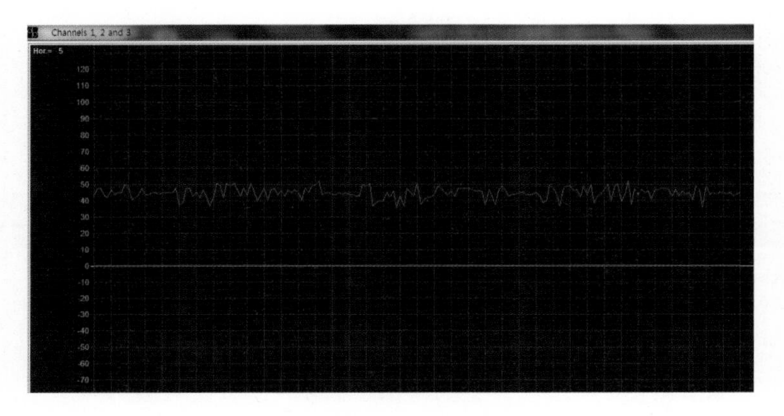

[그림 8-32] 시리얼 오실로스코프 화면

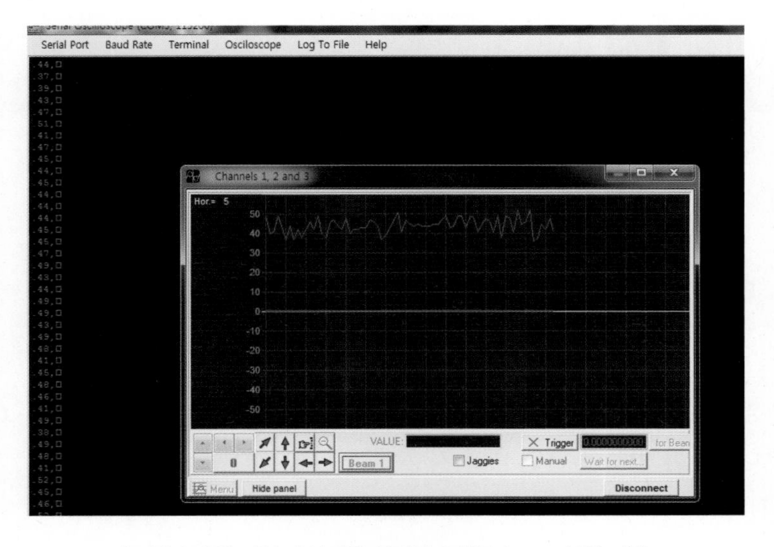

[그림 8-33] 리얼 데이터와 시리얼 오실로스코프 실행 파형

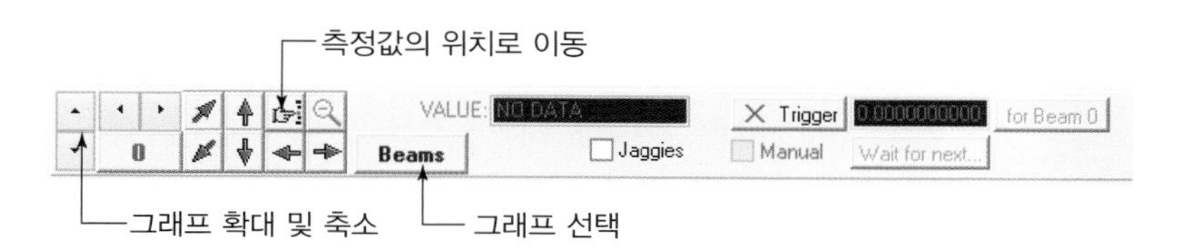

[그림 8-34] 시리얼 오실로스코프 버튼 기능 설명

[그림 8-32], [그림 8-33]과 같이 오실로스코프를 실행하여 파형을 확인해 보자. [그림 8-34]의 기능을 사용하여 오실로스코프 파형을 조절할 수 있다.

3-3 자동차 수온센서에 적용해 보기

엔진 냉각회로에 적용하여 엔진 온도상승에 따른 수온센서 출력전압값의 변화를 [그림 8-35]와 같이 연결하여 그래프로 그려보자. 이때 수온센서의 전원(자동차 배터리 전원)과 아두이노 모듈(컴퓨터 USB 전원)의 전원이 각각 다를 경우에는 공통으로 접지를 해야 정확한 데이터값을 얻을 수 있다.

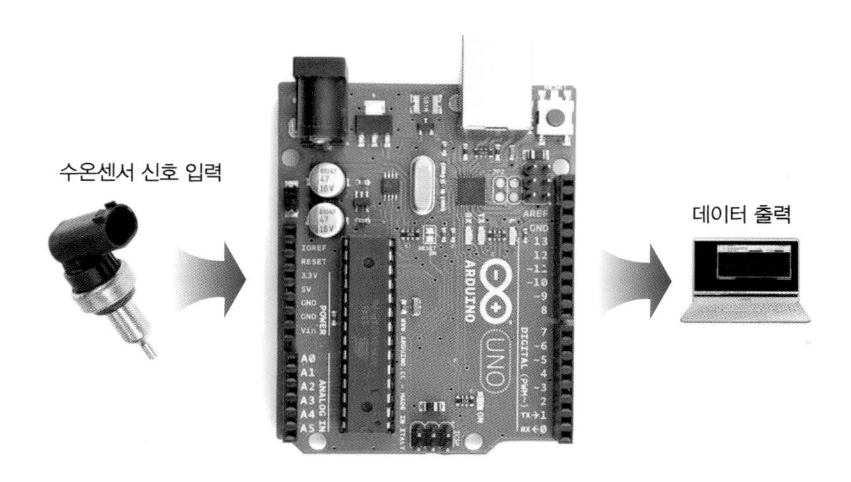

[그림 8-35] 수온센서 출력값 파형 보기

전압을 측정할 때 아두이노 우노 A0에 전압을 측정할 수온센서 단자를 연결하고 아두이노 코딩(sketch_plotter)을 다음과 같이 한다.

```
void setup() { // sketch_plotter
            Serial.begin(115200);
            }


void loop() {
            float B_voltage = (analogRead(A0) * 5.00) / 1024;
            Serial.print(B_voltage, 2);
            Serial.println(",");
            delay(100);
            }
```

시리얼 모니터를 통하여 전압의 변화를 확인해 보고, IDE에서 0~5 V를 출력하는 아날로그 센서(수온센서 등)의 전압변화를 [그림 8-36]과 같이 시리얼 플로터로 표시해 보자.

5 V 이상의 전압을 측정할 때에는 [그림 8-37]과 같은 아두이노 전압센서 모듈을 사용한다.

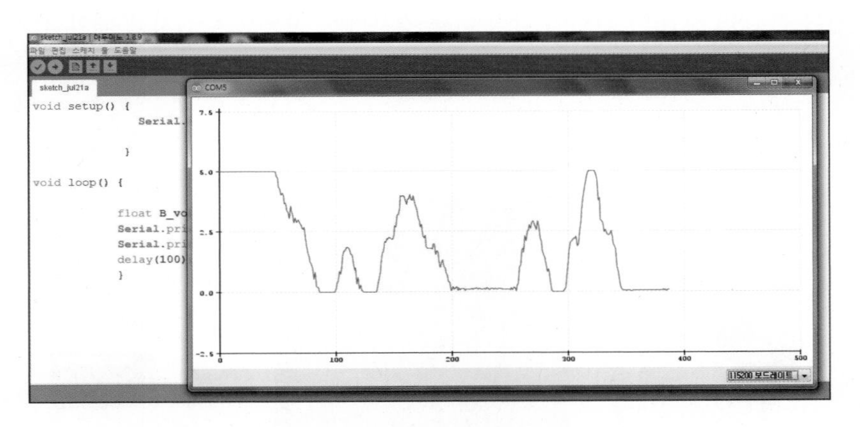

[그림 8-36] 시리얼 플로터에서 본 수온센서의 전압 변화

[그림 8-37] 전압센서 모듈

프로젝트
09

자율주행 공작

Smart Car Coding Project

CHAPTER

01 단순 자율주행 공작

1-1 공작 개요

아두이노 모듈과 모형 자동차 부품, L298N 모터 드라이버 모듈을 사용하여 모형 자율주행 자동차가 전·후· 좌·우, 정지 동작을 할 수 있도록 코딩을 해보면서 직접 공작해 보자.

이제는 지금까지 학습한 아두이노 모듈을 이용하여 필요한 회로와 프로그램을 직접 설계하고 제작하는 창의적인 자작 자율주행자동차에 대해 살펴보자.

1-2 자기주도 공작 목표

① 아두이노 IDE(통합개발환경)를 잘 활용할 수 있다.

② 제어 알고리즘을 구상하여 코딩을 직접 설계할 수 있다.

③ 자율주행자동차의 기본적인 구동시스템을 확실하게 이해할 수 있다.

1-3 구성부품

6 V 건전지, 배터리 케이스, 바퀴 2개, 모터 2개, 모형자동차 프레임, 아두이노 우노 모듈, L298N 모터 드라이버 모듈, USB 마이크로 케이블, IDE(통합개발환경)

1-4 자작 자율주행자동차 공작하기

1) 아두이노 연결 회로 설계

아두이노 모듈과 L298N 모터 드라이버 모듈을 [그림 9-1]과 같이 연결한다.

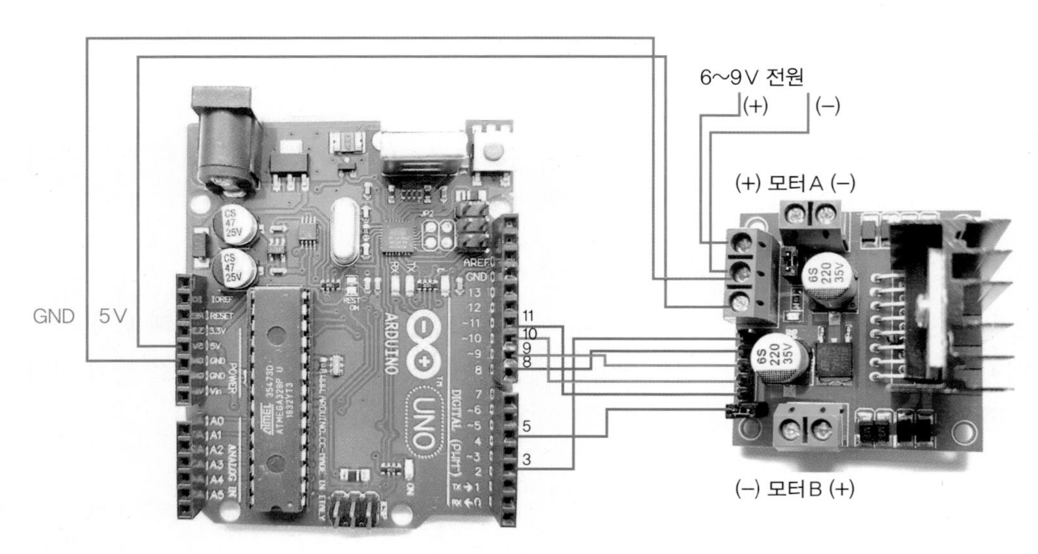

[그림 9-1] 아두이노 모듈과 L298N 모듈의 회로 연결

[그림 9-2]는 아두이노 모듈의 마이크로프로세서인 ATmega328p의 단자를 나타낸다.

Pin function	Pin	Pin	Pin function
(PCINT14/RESET)PD6	1	28	PC5(ADC5/SCL/PCINT13)
(PCINT16/RXD)PD0	2	27	PC4(ADC4/SDA/PCINT12)
(PXCINT17/TXD)PD1	3	26	PC3(ADC3/PCINT11)
(PCINT18/INT0)PD2	4	25	PC2(ADC2/PCINT10)
(PCINT19/OC2B/INT1)PD3	5	24	PC1(ADC1/PCINT9)
(PCINT20/XCK/T0)PD4	6	23	PC0(ADC0/PCINT8)
VCC	7	22	GND
GND	8	21	AREF
(PCINT6/XTAL1/TOSC1)PB6	9	20	AVCC
(PCINT7/XTAL2/TOSC2)PB7	10	19	PB5(SCK/PCINT5)
(PCINT21/OC0B/T1)PD5	11	18	PB4(MISO/PCINT4)
(PCINT22/OC0A/AIN0)PD6	12	17	PB3(MOSI/OC2A/PCINT3)
(PCINT23/AIN1)PD7	13	16	PB2(SS/OC1B/PCINT2)
(PCINT0/CLKO/ICP1)PB0	14	15	PB1(OC1A/PCINT1)

ATmega328p

Left	Right
RESET	A5
D0(RX)	A4
D1(TX)	A3
D2	A2
D3(PWM)	A1
D4	A0
VCC	GND
GND	AREF
XLAT1	AVCC
XLAT2	D13
D5(PWM)	D12
D6(PWM)	D11(PWM)
D7	D10(PWM)
D8	D9(PWM)

[그림 9-2] ATmega328p overview

[그림 9-3]과 같은 드라이버 모듈을 활용하여 보다 창의적인 회로를 설계해 보자.

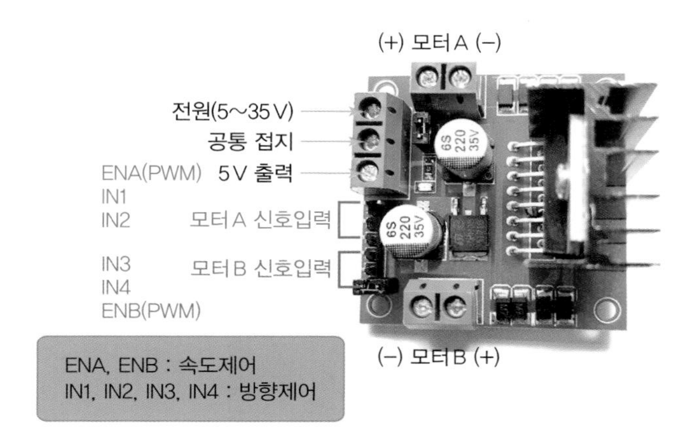

[그림 9-3] L298N 모터 드라이버 모듈 단자 설명

2) 아두이노 IDE(통합개발환경)를 활용한 모터 제어

프로젝트 07에서 공작한 자작(미니) 전기자동차를 이용하여 현재 많이 사용되고 있는 아두이노 모듈과 L298N 모듈, IDE(통합개발환경)로 자작 전기자동차의 모터를 제어해 보자.

(1) 모터 구동 전압 공급

[그림 9-4]와 같이 전원 전압으로 6~9 V를 공급한다. 이때 건전지 전원이 아닌 USB 케이블로 연결하면 전류공급량이 부족하여 모터가 약하게 회전할 수 있다.

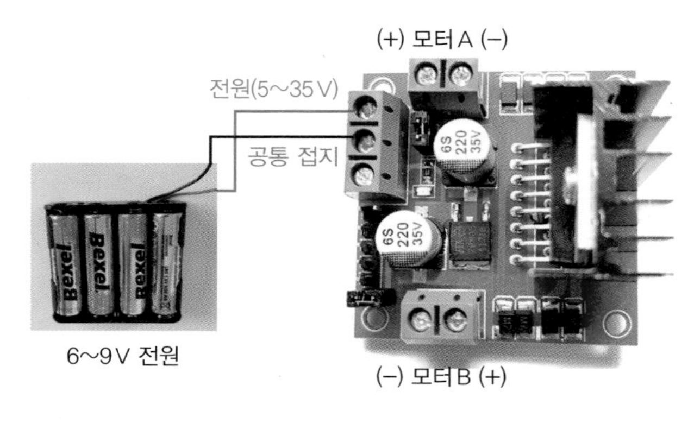

[그림 9-4] L298N 모듈의 전원 연결

(2) 우/좌 모터 제어

① 우측 모터 제어

[그림 9-6]과 같이 배선을 연결하여 우측 모터를 정방향(전진)으로 제어해 보자. 모형 전기자동차에 연결하여 제어하면 회전방향을 이해하기 쉽다. 모터가 달린 바퀴의 회전방향이 다르면, 모터로 공급되는 전기의 극성을 바꾼다.

[그림 9-5] ENA, ENB의 연결 위치

[그림 9-5]에서 캡을 제거하고 ENA, ENB 연결 핀의 앞쪽 핀에 배선을 연결한다.

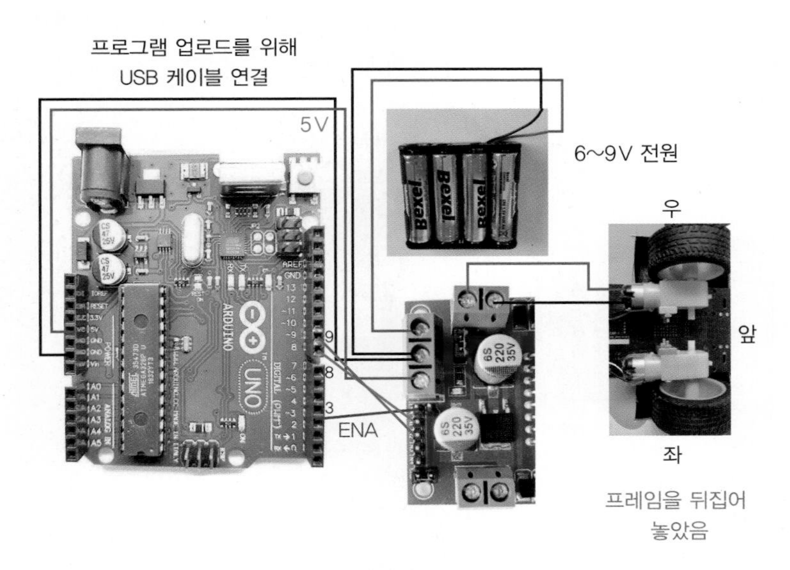

[그림 9-6] 우측 모터 회전을 위한 배선 연결

```
// 스케치 코드명: sketch_rmotor
#define IN1 8 // 우측 모터 회전
#define IN2 9
#define ENA 3 // 우측 ENA 속도제어

void setup() {
            pinMode(IN1, OUTPUT);
            pinMode(IN2, OUTPUT);
            pinMode(ENA, OUTPUT);
            }
void loop() {
            forward();
            delay(1000);
            }
void forward(){
            digitalWrite(IN1, HIGH);
            digitalWrite(IN2, LOW);
            analogWrite(ENA, 200);
            }
```

② 좌측 모터 제어

[그림 9-7]과 같이 배선을 연결하여 좌측 모터를 정방향(전진)으로 제어해 보자.

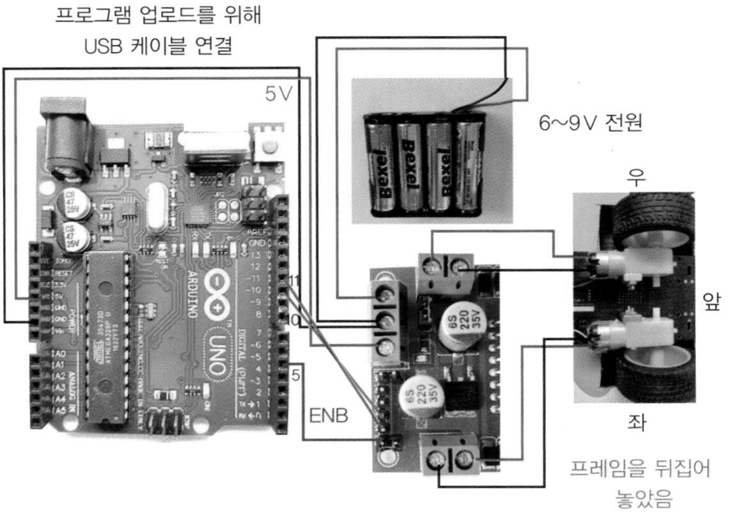

[그림 9-7] 좌측 모터 회전을 위한 배선 연결

```
// 스케치 코드명: sketch_lmotor
#define IN3 10 // 좌측 모터 회전
#define IN4 11
#define ENB 5 // ENB 속도제어

void setup() {
            pinMode(IN3, OUTPUT);
            pinMode(IN4, OUTPUT);
            pinMode(ENB, OUTPUT);
            }
void loop() {
           forward();
           delay(1000);
           }
void forward(){
              digitalWrite(IN3, HIGH);
              digitalWrite(IN4, LOW);
              analogWrite(ENB, 200);
              }
```

(3) 양쪽 모터 제어

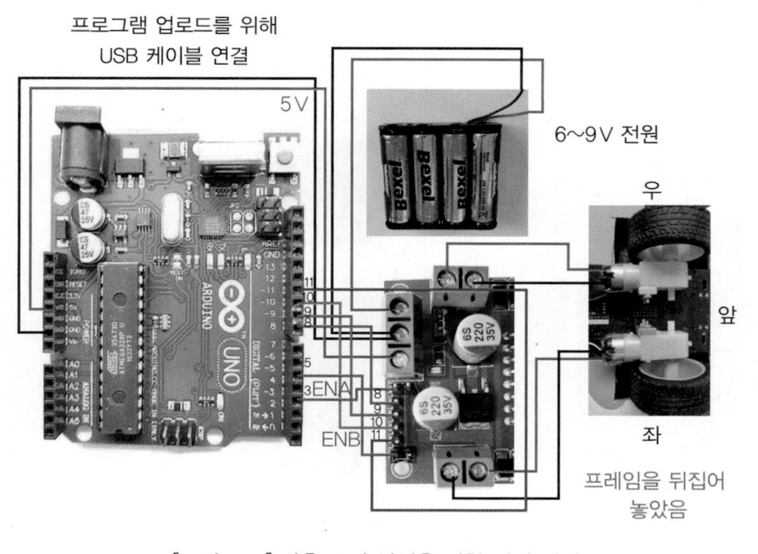

[그림 9-8] 좌측 모터 회전을 위한 배선 연결

[그림 9-8]과 같이 배선을 연결하여 우측 및 좌측 모터를 동시에 정방향(전진)으로 제어해 보자.

```
// 스케치 코드명: sketch_rlmotor
#define IN1 8  // 우측 모터 회전
#define IN2 9
#define IN3 10 // 좌측 모터 회전
#define IN4 11
#define ENA 3  // 우측 ENA 속도제어
#define ENB 5  // 좌측 ENB 속도제어

void setup() {
            pinMode(IN1, OUTPUT);
            pinMode(IN2, OUTPUT);
            pinMode(IN3, OUTPUT);
            pinMode(IN4, OUTPUT);
            pinMode(ENA, OUTPUT);
            pinMode(ENB, OUTPUT);
            }
void loop() {
            forward();
            delay(1000);
            }
void forward(){
             digitalWrite(IN1, HIGH);
             digitalWrite(IN2, LOW);
             digitalWrite(IN3, HIGH);
             digitalWrite(IN4, LOW);
             analogWrite(ENA, 200);
             analogWrite(ENB, 200);
             }
```

(4) 정지 제어

배선 연결은 [그림 9-8]과 동일하며 동작에 맞게 스케치 코드를 수정한다.

```
// 스케치 코드명: sketch_smotor
#define IN1 8  // 우측 모터 회전
#define IN2 9
#define IN3 10 // 좌측 모터 회전
#define IN4 11
#define ENA 3  // 우측 ENA 속도제어
#define ENB 5  // 좌측 ENB 속도제어

void setup() {
            pinMode(IN1, OUTPUT);
            pinMode(IN2, OUTPUT);
            pinMode(IN3, OUTPUT);
            pinMode(IN4, OUTPUT);
            pinMode(ENA, OUTPUT);
            pinMode(ENB, OUTPUT);
            }
void loop() {
           stopbrake();
           delay(1000);
          }
void stopbrake(){
               digitalWrite(IN1, HIGH);
               digitalWrite(IN2, LOW);
               digitalWrite(IN3, HIGH);
               digitalWrite(IN4, LOW);
               analogWrite(ENA, 0); // 모터 정지
               analogWrite(ENB, 0);
              }
```

(5) 후진 제어

스케치 코드에서 IN1, IN2와 IN3, IN4의 HIGH, LOW를 바꾸고 후진 회전속도를 낮춘다.

```
// 스케치 코드명: sketch_bmotor
#define IN1 8  // 우측 모터 회전
#define IN2 9
#define IN3 10 // 좌측 모터 회전
#define IN4 11
#define ENA 3  // 우측 ENA 속도제어
#define ENB 5  // 좌측 ENB 속도제어

void setup() {
             pinMode(IN1, OUTPUT);
             pinMode(IN2, OUTPUT);
             pinMode(IN3, OUTPUT);
             pinMode(IN4, OUTPUT);
             pinMode(ENA, OUTPUT);
             pinMode(ENB, OUTPUT);
             }
void loop() {
            backward();
            delay(1000);
            }
void backward(){
              digitalWrite(IN1, LOW); // 모터의 극성을 반대로
              digitalWrite(IN2, HIGH);
              digitalWrite(IN3, LOW);
              digitalWrite(IN4, HIGH);
              analogWrite(ENA, 150);
              analogWrite(ENB, 150);
             }
```

(6) 전진/정지/후진 제어

배선 연결은 [그림 9-8]과 동일하며 필요에 따라 스케치 코드를 수정한다.

```
// 스케치 코드명: sketch_fsbmotor
#define IN1 8// 우측 모터 회전
#define IN2 9
#define IN3 10// 좌측 모터 회전
#define IN4 11
#define ENA 3// 우측 ENA 속도제어
#define ENB 5// 좌측 ENB 속도제어

void setup() {
            pinMode(IN1, OUTPUT);
            pinMode(IN2, OUTPUT);
            pinMode(IN3, OUTPUT);
            pinMode(IN4, OUTPUT);
            pinMode(ENA, OUTPUT);
            pinMode(ENB, OUTPUT);
           }
void loop() {
           forward();
           delay(3000);
           stopbrake();
           delay(3000);
           backward();
           delay(3000);
           stopbrake();
           delay(3000);
          }
void forward(){
              digitalWrite(IN1, HIGH);
              digitalWrite(IN2, LOW);
              digitalWrite(IN3, HIGH);
```

```
                digitalWrite(IN4, LOW);
                analogWrite(ENA, 200);
                analogWrite(ENB, 200);
               }
void stopbrake(){
                  digitalWrite(IN1, HIGH);
                  digitalWrite(IN2, LOW);
                  digitalWrite(IN3, HIGH);
                  digitalWrite(IN4, LOW);
                  analogWrite(ENA, 0);
                  analogWrite(ENB, 0);
                 }
void backward(){
                 digitalWrite(IN1, LOW);
                 digitalWrite(IN2, HIGH);
                 digitalWrite(IN3, LOW);
                 digitalWrite(IN4, HIGH);
                 analogWrite(ENA, 150);
                 analogWrite(ENB, 150);
               }
```

(7) 우회전/좌회전/전진/후진/정지 제어

배선 연결은 [그림 9-8]과 동일하며 필요에 따라 스케치 코드를 수정한다.

```
// 스케치 코드명: sketch_rlrotation
#define IN1 8 // 우측 모터 회전
#define IN2 9
#define IN3 10 // 좌측 모터 회전
#define IN4 11
#define ENA 3 // 우측 ENA 속도제어
#define ENB 5 // 좌측 ENB 속도제어
```

```
void setup() {
            pinMode(IN1, OUTPUT);
            pinMode(IN2, OUTPUT);
            pinMode(IN3, OUTPUT);
            pinMode(IN4, OUTPUT);
            pinMode(ENA, OUTPUT);
            pinMode(ENB, OUTPUT);
           }
void loop() {
           forward();
           delay(3000);
           right();
           delay(1000);
           stopbrake();
           delay(100);
           backward();
           delay(3000);
           stopbrake();
           delay(100);
           left();
           delay(1000);
          }
void forward(){
              digitalWrite(IN1, HIGH);
              digitalWrite(IN2, LOW);
              digitalWrite(IN3, HIGH);
              digitalWrite(IN4, LOW);
              analogWrite(ENA, 200);
              analogWrite(ENB, 200);
             }
void stopbrake(){
```

```
            digitalWrite(IN1, HIGH);
            digitalWrite(IN2, LOW);
            digitalWrite(IN3, HIGH);
            digitalWrite(IN4, LOW);
            analogWrite(ENA, 0);
            analogWrite(ENB, 0);
           }
void backward(){
           digitalWrite(IN1, LOW);
           digitalWrite(IN2, HIGH);
           digitalWrite(IN3, LOW);
           digitalWrite(IN4, HIGH);
           analogWrite(ENA, 150);
           analogWrite(ENB, 150);
          }
void right(){
         digitalWrite(IN1, HIGH);
         digitalWrite(IN2, LOW);
         digitalWrite(IN3, HIGH);
         digitalWrite(IN4, LOW);
         analogWrite(ENA, 0);
         analogWrite(ENB, 200);
        }
void left(){
        digitalWrite(IN1, HIGH);
        digitalWrite(IN2, LOW);
        digitalWrite(IN3, HIGH);
        digitalWrite(IN4, LOW);
        analogWrite(ENA, 200);
        analogWrite(ENB, 0);
       }
```

(8) 모터 속도 변화

```
// 스케치 코드명: sketch_speed
#define IN1 8 // 우측 모터 회전
#define IN2 9
#define IN3 10 // 좌측 모터 회전
#define IN4 11
#define ENA 3 // 우측 ENA 속도제어
#define ENB 5 // 좌측 ENB 속도제어

void setup() {
            pinMode(IN1, OUTPUT);
            pinMode(IN2, OUTPUT);
            pinMode(IN3, OUTPUT);
            pinMode(IN4, OUTPUT);
            pinMode(ENA, OUTPUT);
            pinMode(ENB, OUTPUT);
           }
void loop() {
           digitalWrite(IN1, HIGH);
           digitalWrite(IN2, LOW);
           digitalWrite(IN3, HIGH);
           digitalWrite(IN4, LOW);

 for(int i=0;i<255; i++){
                     analogWrite(ENA, i);
                     analogWrite(ENB, i);
                     delay(50);
                    }
           }
```

주어진 코딩을 보완하여 보다 정밀하게 제어할 수 있는 창의적인 자율주행기능을 가진 알고리즘을 고안해 보자.

(9) 단순 자율주행

단순 자율주행 시 모터를 제어하기 위한 아두이노 우노 핀의 설정을 나타내면 [그림 9-9]와 같다.

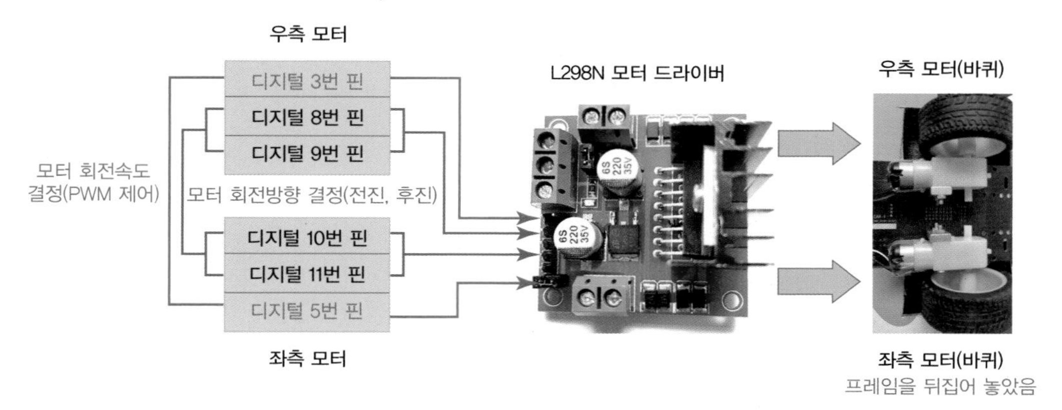

[그림 9-9] 아두이노 핀 설정

모터 속도제어(PWM)는 analogWrite 명령어를 사용하며, 0~255 사이의 값을 사용한다. 디지털 핀은 HIGH: 0~5 V(전진), LOW: -5~0 V(후진)의 전압을 생성한다.

배선은 [그림 9-8]과 같이 연결하며, 이번에는 함수를 사용하여 스케치 코드를 수정해 보자.

```
// 스케치 코드명: sketch_auto
 void setup()
{
  pinMode(8, OUTPUT);
  // 핀모드 설정
}
void loop()
{
 // 전진/후진/좌회전/우회전/후진-좌회전/후진-우회전
   motor(200, 200); // 전진
   delay(1000);
}
void motor(int right, int left)
```

```
{
 int right_control=abs(right);
 analogWrite(3,right_control); // 회전속도
 int left_control=abs(left);
 analogWrite(5,left_control); // 회전속도

 if(right>=0){
              digitalWrite(8, HIGH); // 전진
              digitalWrite(9, LOW);
              }
 else{
      digitalWrite(8, LOW); // 후진
      digitalWrite(9, HIGH);
      }
 ;
 if(left>=0){
              digitalWrite(10, HIGH); // 전진
              digitalWrite(11, LOW);
              }
 else{
      digitalWrite(10, LOW); // 후진
      digitalWrite(11, HIGH);
      }
 }
```

1-5 작동 확인

[그림 9-10]과 같이 각 부품이 펼쳐진 상태에서 배선을 연결하여 작동 여부를 확인해 보자. 작동에 문제가 없으면 각 부품을 미리 준비한 프레임에 얹어 움직이지 않게 고정하여 자율주행 자동차를 완성한다. 자율주행 작동 시에는 USB 케이블을 제거하고 6 V 배터리에 의해 주행하

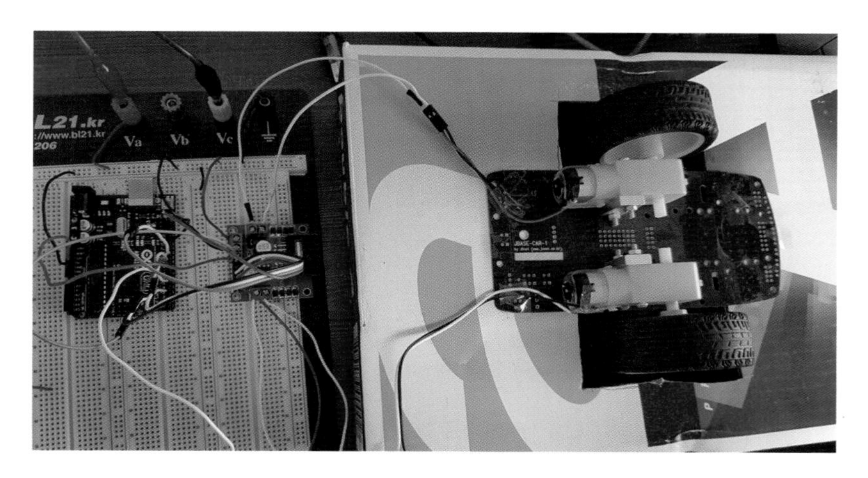

[그림 9-10] 자작 자율주행자동차의 작동 확인

도록 한다. 만약, 각 부품이 조립되어 완성된 자율주행자동차에서 각각의 작동을 확인해야 한다면, [그림 9-1]과 같이 아두이노 우노 모듈에는 USB 케이블(프로그램 업로드용)을 연결하고 L298N 드라이버 모듈에 6~9 V 건전지(전원 공급)를 연결한다.

NOTE

자작 자율주행자동차 조립

시중에서 손쉽게 구할 수 있는 프레임이나 자작 전기자동차에 모터와 바퀴 등을 조립하여 자작 자율주행자동차를 완성해 보자. 아두이노 모듈과 L298N 모터 드라이버 모듈도 자작 자동차 프레임에 얹어 움직이지 않게 고정시킨다.

1-6 창의적 아이디어 보완(과제)

초음파 센서 등을 추가하여 자신만의 아이디어가 담긴 자작 자율주행자동차에 아두이노 모듈과 모형 자동차 부품을 사용하여 [그림 9-11]과 같은 모형 자율주행자동차를 공작해 보자. 이전 프로젝트에서 공작한 전기자동차나 시중에 판매되는 다양한 모형 자동차를 활용할 수 있다.

[그림 9-11] 자작 자율주행자동차의 작동 확인

모형 자율주행자동차 공작하기 예시

동영상 자료(https://www.makeall.com/com/manualview.php?tsort=2&msort=11&s_key=무인자동차&s_type=&s_type2=title&no=4757&page=1)를 참고하여 자율주행자동차를 공작한다.

https://www.makeall.com/ 홈페이지 상단에서 메이커 창작공간/매뉴얼 활용/무인자동차. 목적지까지 안전하게 자율주행자동차 콘테스트에서 확인한다.

CHAPTER

02 장애물 회피 자율주행 공작

2-1 공작 개요

[그림 9-12]와 같이 아두이노 모듈과 모형 자동차 부품, L298N 모터 드라이버 모듈, 초음파 센서들을 사용하여 모형 자율주행자동차가 주행 중에 장애물을 만나면 회피한 후에 자율주행 동작을 할 수 있도록 코딩을 해보면서 직접 공작해 보자.

[그림 9-12] 초음파 센서를 활용한 자율주행 공작

2-2 자기주도 공작 목표

① 아두이노 IDE(통합개발환경)를 잘 활용할 수 있다.
② 제어 알고리즘을 구상하여 코딩을 직접 설계할 수 있다.
③ 자율주행자동차의 기본적인 구동시스템을 직접 공작할 수 있다.

2-3 구성부품

6 V 건전지, 배터리 케이스, 바퀴 2개, 모터 2개, 모형자동차 프레임, 아두이노 우노 모듈, L298N 모터 드라이버 모듈, USB 마이크로 케이블, IDE(통합개발환경), 초음파 센서

2-4 장애물 회피 자율주행자동차 공작하기

1) 아두이노 우노 연결회로 설계

[표 9-1]과 같이 초음파 센서를 아두이노 핀에 연결한다.

[표 9-1] 아두이노와 초음파 센서 연결

아두이노 우노 모듈	초음파 센서
5V	Vcc
GND	GND
2번 PIN	Trig
4번 PIN	Echo

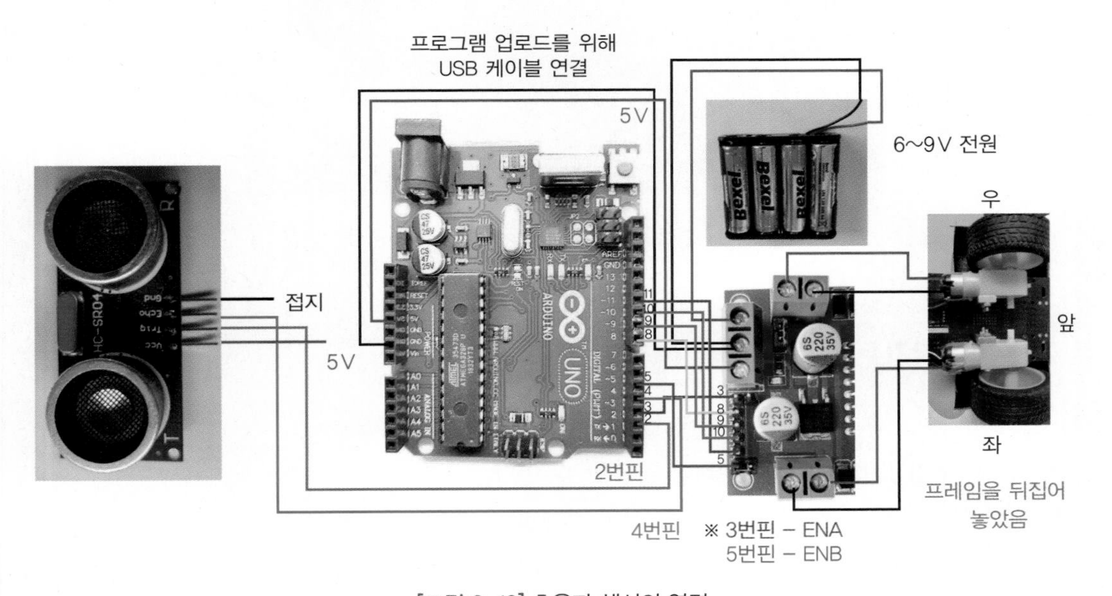

[그림 9-13] 초음파 센서의 연결

프로젝트 08의 2장 후방감지 공작을 참고하여 [그림 9-13]과 같이 자율주행이 가능한 자동차 회로에 초음파 센서를 연결한다.

2) 장애물 회피 동작 알고리즘

① 장애물을 만나면 1초간 후진, 1초간 회전하여 장애물을 회피한 후에 0.1초 동안 전진하는 동작을 반복한다.
② 장애물을 만나 후진할 때 비상등을 점등한다.

3) 아두이노 IDE(통합개발환경)를 활용한 자율주행 제어

1장에서 공작한 자율주행자동차에 초음파 센서와 스피커를 부착하여 장애물 회피 자율주행이 가능하고 경고음도 발생할 수 있도록 자율주행자동차를 제어해 보자.

(1) 장애물 회피 제어

배선 연결은 [그림 9-13]과 동일하며, 초음파 센서를 부착하여 장애물 회피 자율주행 작동이 가능하도록 스케치 코드를 수정해 보자.

```
// 스케치 코드명: sketch_auto_sonic
void setup()
{
  pinMode(8, OUTPUT);
  pinMode(9, OUTPUT);
  pinMode(10, OUTPUT);
  pinMode(11, OUTPUT);
  pinMode(2, OUTPUT);// 초음파 센서 Trig 핀 연결
  pinMode(4, INPUT);// 초음파 센서 Echo 핀 연결
}

void loop()
{
 digitalWrite(2, HIGH);
 delayMicroseconds(10);
```

```
digitalWrite(2, LOW);

 long cm = pulseIn(4, HIGH)/58.2;

 if(cm<30)
          {
           motor(-200,-200); // 후진
           delay(1000);
           ;
           motor(0,0); // 정지
           delay(1000);
           ;
           motor(-200,0); // 좌회전
           delay(1000);
          }
 else
    motor(200,200);
    //delay(100);
}

void motor(int right,int left)
{
 int right_control=abs(right);
 analogWrite(3,right_control); // 회전속도
 int left_control=abs(left);
 analogWrite(5,left_control); // 회전속도
 ;
 if(right>=0)
               {
                digitalWrite(8, HIGH); // 전진
                digitalWrite(9, LOW);
```

```
                }
    else{
        digitalWrite(8, LOW); // 후진
        digitalWrite(9, HIGH);
        }
    ;
    if(left>=0){
                digitalWrite(10, HIGH); // 전진
                digitalWrite(11, LOW);
                }
    else{
        digitalWrite(10, LOW); // 후진
        digitalWrite(11, HIGH);
        }
    }
```

(2) 후진할 때 경고음 작동 제어

[그림 9-13]의 회로에서 피에조 스피커를 추가하고 [표 9-2]와 같이 핀 회로를 구성하여 후진 시에 경고음이 발생할 수 있도록 회로를 설계해 보자.

[표 9-2] 피에조 스피커의 연결

아두이노 모듈	초음파 센서	피에조 스피커
5V	Vcc	7번 PIN
GND	GND	GND
2번 PIN	Trig	
4번 PIN	Echo	

배선 연결은 [그림 9-14]와 같으며 공작특성에 맞게 피에조 스피커를 연결한 스케치 코드로 수정한다.

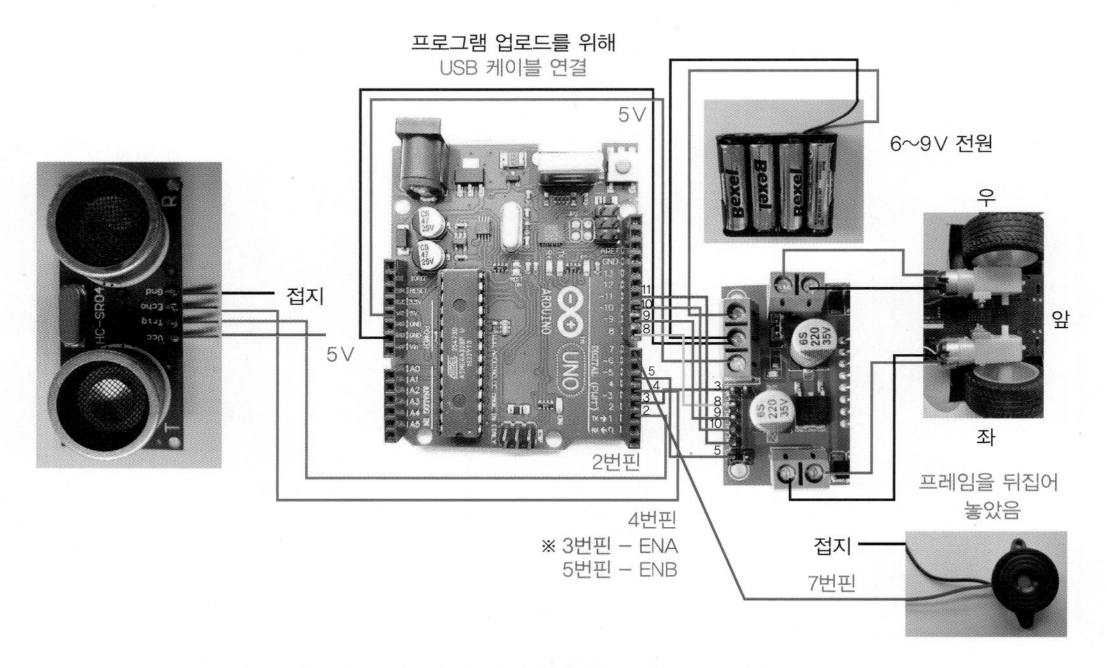

[그림 9–14] 초음파 센서와 피에조 스피커를 연결한 회로

```
// 스케치 코드명: sketch_auto_sonic_speaker
 void setup()
{
 • 핀모드 설정
   pinMode(7,OUTPUT);
   }

void loop()
{
 • 초음파 센서 장애물과의 거리 계산

 if(cm<30)
          {
           motor(-200,-200); // 후진
           delay(1000);
           tone(7, 2000, 500);
```

```
        delay(1000);
        ;
        • 바퀴 회전 제어
        }
  else{
      motor(200,200);
      // delay(100);
      }

 void motor(int right,int left)
 {
  • 좌회전/우회전/전진/후진 출력제어
  }
  }
```

2-5 작동 확인

장애물이 있는 실내에서 자율주행자동차가 실제로 장애물을 회피하는지 확인해 보자. 주어진 스케치 코드에 더해서, 좀 더 프로그램을 정밀하게 설계하여 정확하게 자율주행할 수 있는

[그림 9-15] 각 부품을 연결한 자율주행 작동 시험

자율주행자동차를 공작해 보자. [그림 9-15]와 같이 각 부품을 연결하여 우리가 의도한 대로 프로그램이 잘 작동되는지 확인하고, 그 후에 각 부품을 프레임에 조립하여 자율주행자동차를 완성해 보자.

2-6 응용 공작(과제)

3D 프린터, 서보모터 등을 사용하여 창의적인 자율주행자동차를 공작해 보자.

프로젝트
10

자동차 IOT 공작

Smart Car Coding Project

CHAPTER

01 Blynk IOT 공작

1-1 공작 개요

ESP8266 WiFi 모듈(NodeMCU ESP-12E)을 활용하여 [그림 10-1]과 같은 사물인터넷을 구현해 본다. 이때 스마트폰 앱(Blynk App)을 사용하여 WiFi 통신을 통한 원격 사물인터넷을 구현하고 LED 작동과 자동차 시동을 걸어 보자.

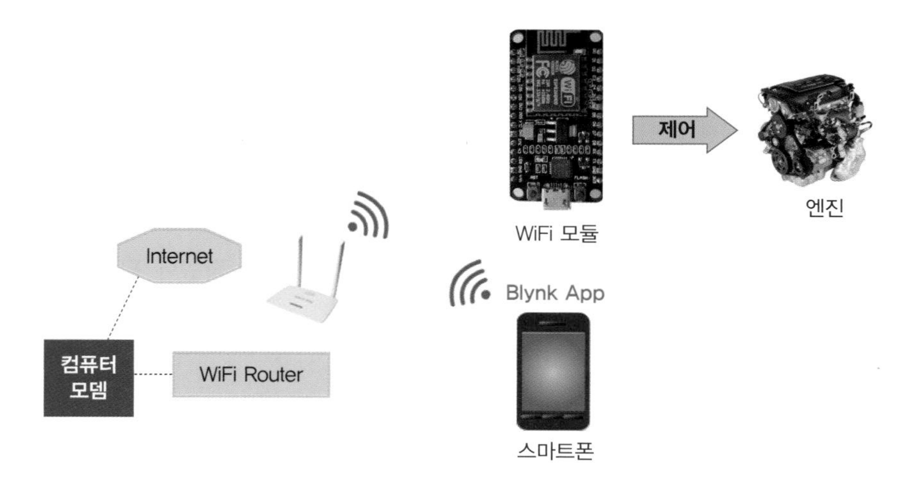

[그림 10-1] Blynk App을 통한 사물인터넷 공작 개요

1-2 자기주도 공작 목표

① 사물인터넷을 이해하고 Blynk App을 활용할 수 있다.

② 코딩을 쉽게 적용할 수 있다.

1-3 구성부품

ESP8266 와이파이 모듈(NodeMCU ESP-12E, 그림 10-2), 아두이노 IDE(통합개발환경), 브레드보드, 스마트폰, 와이파이 환경, Blynk App, USB 마이크로 케이블, 7805 정전압 IC, 콘덴서

[그림 10-2] ESP8266 와이파이 모듈

1-4 구동 환경 설정

1) 스마트폰에 Blynk App 설치

Blynk App을 스마트폰에 다운로드한다. 동영상을 보고 [그림 10-3]과 같이 스마트폰에 앱을 설치하여 "스위치 작동" 환경을 설정한다. 이 과정에서 와이파이 작동에 필요한 "토큰"을 받는다. 설치할 때 나중에 authtoken값을 받을 이메일을 정확히 기입하고 기억해 둔다.

NOTE

보다 자세한 설명은 한국과학창의재단 공식 유튜브(https://www.youtube.com/channel/UCRU2G2NpTuOBqAySTAxXrAw)에 접속하여 관련 동영상을 활용한다. 또는 인터넷상의 관련 사이트를 활용하여 정보를 얻는다.

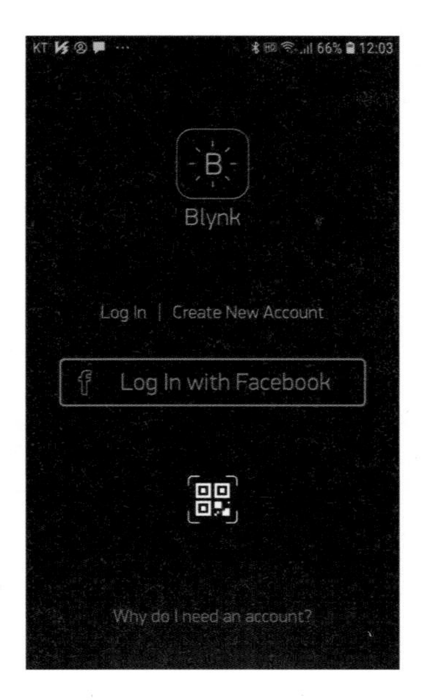

[그림 10-3] Blynk App 초기 화면

[그림 10-4]에서와 같이 Blynk App은 하드웨어(ESP8266 등)를 원격으로 제어할 수 있으며, 센서의 데이터를 표시하고 저장할 수 있는 등 많은 기능을 수행할 수 있다.

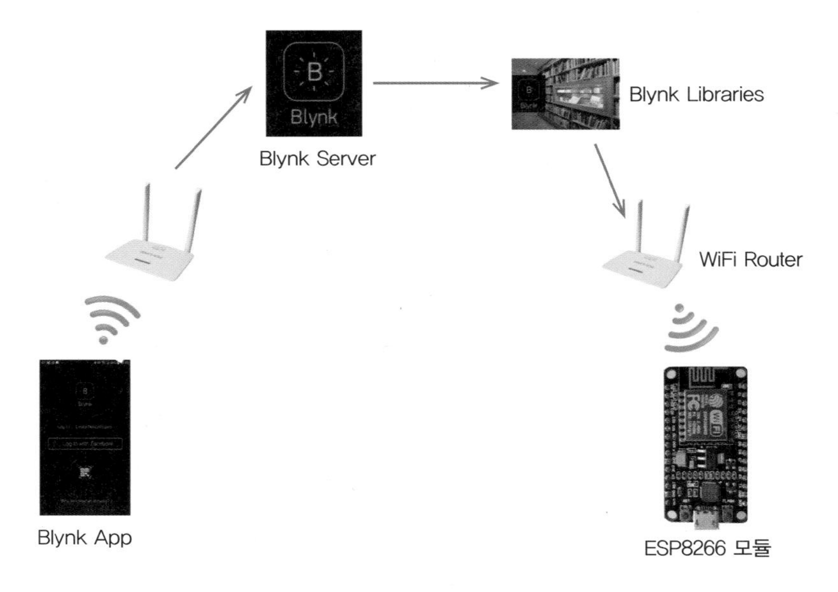

[그림 10-4] Blynk 플랫폼의 구성요소

이 장에서는 Blynk App만 스마트폰에 설치하도록 한다. 실제 작동을 위한 스위치(버튼) 선택은 마지막 단계에서 ESP8266 모듈의 출력포트가 설정이 되면 그 이후에 진행한다.

2) 아두이노 IDE 설치

와이파이 공작의 구동 소프트웨어로 아두이노 IDE(통합개발환경)를 사용한다. 아두이노 IDE에서 코딩하고, ESP8266 모듈에 필요한 프로그램을 업로드한다. 먼저, 아두이노 스케치에서 ESP8266을 C/C++ 언어로 제어할 수 있는 환경을 구축한다. 아두이노 IDE 프로그램을 실행하면 [그림 10-5]와 같은 초기화면이 생성된다.

sketch_nov18a | 아두이노 1.8.10

파일 편집 스케치 툴 도움말

sketch_nov18a

```
void setup() {
  // put your setup code here, to run once:

}

void loop() {
  // put your main code here, to run repeatedly:

}
```

[그림 10-5] 아두이노 스케치 초기 화면

3) ESP8266 라이브러리 추가

[그림 10-6]과 같이 [파일]-[환경설정]을 클릭한다. [그림 10-7]과 같은 화면이 뜨면, http://arduino.esp8266.com/stable/package_esp8266com_index.json을 입력한다.

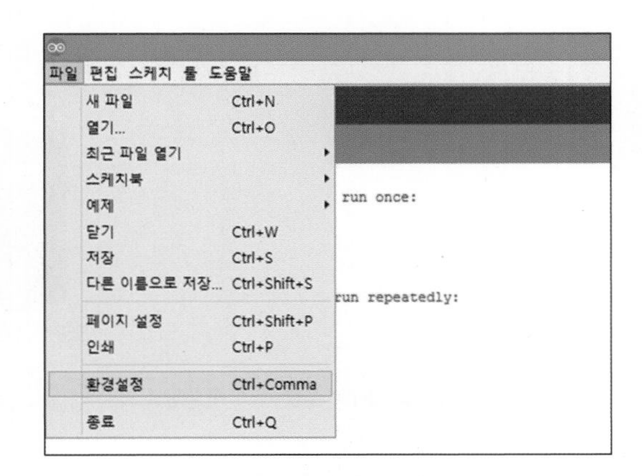

[그림 10-6] 라이브러리 추가를 위한 환경설정

주소 입력이 완료되면 [확인]을 누른다.

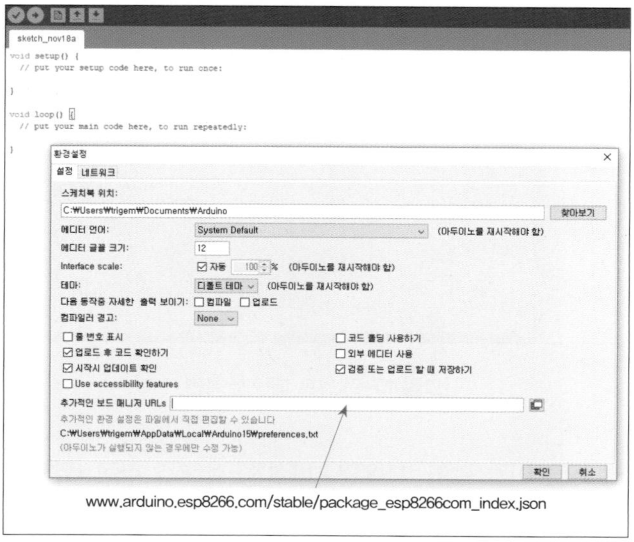

www.arduino.esp8266.com/stable/package_esp8266com_index.json

[그림 10-7] 라이브러리 주소 입력

그런 다음 아두이노 IDE 화면에서 [툴]-[보드]-[보드 매니저]를 누르고 [그림 10-8]과 같이 진행한다.

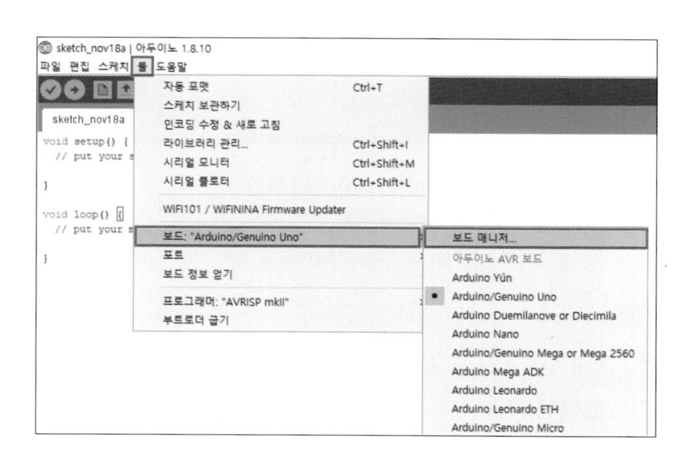

[그림 10-8] ESP8266 라이브러리 추가

[그림 10-9]의 보드 매니저 화면에서 "esp8266"을 입력하고 [설치]를 누른다.

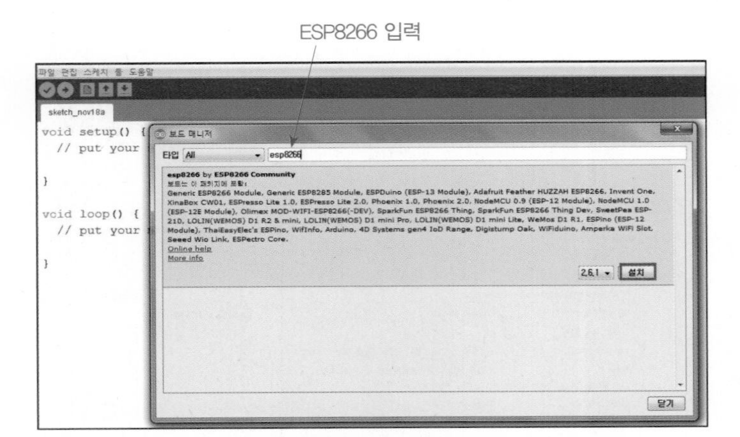

[그림 10-9] 보드 매니저 화면

설치되었으면 [그림 10-10]과 같이 "INSTALL(설치)"을 확인하고 [닫기]를 누른다.

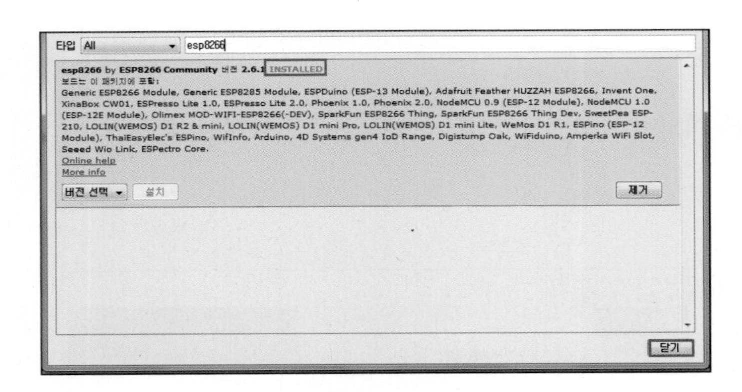

[그림 10-10] 설치 확인

4) Blynk 라이브러리 추가

www.blynk.cc에서 [그림 10-11]과 같이 화면 오른쪽 위의 "GET STARTED NOW"를 누르고 라이브러리를 다운로드한다.

[그림 10-11] Blynk 홈페이지 초기화면

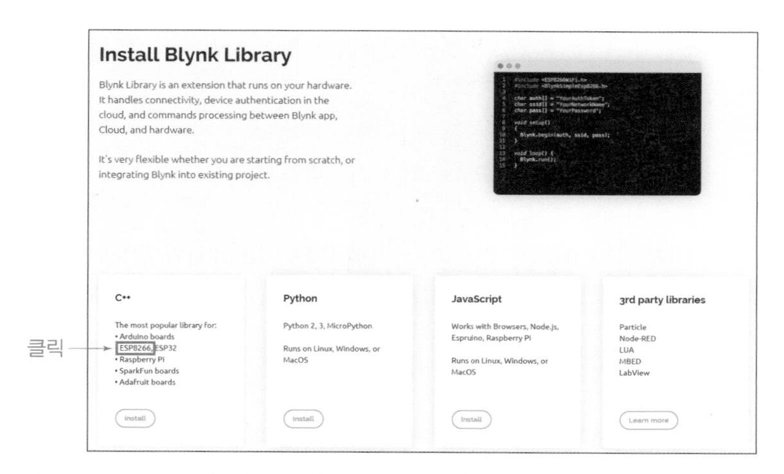

[그림 10-12] Blynk 라이브러리 인스톨 초기화면

[그림 10-12]의 화면에서 "ESP8266"을 누르면 [그림 10-13]과 같은 화면이 나타난다.

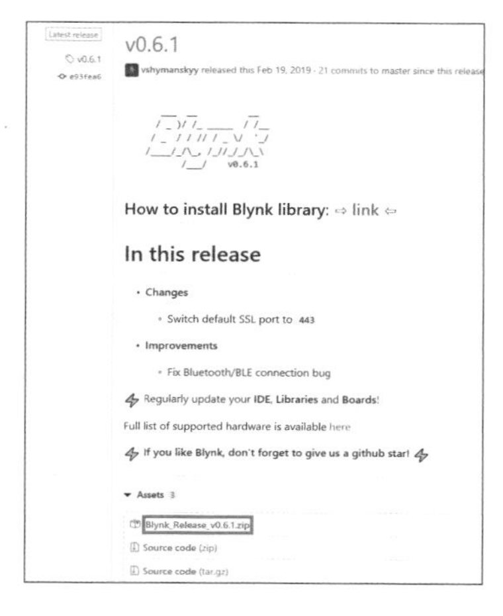

[그림 10-13] 라이브러리 화면

[그림 10-13]에서 해당 ZIP 파일을 누르고 원하는 디렉토리에 [그림 10-14]와 같이 파일을 저장한다.

[그림 10-14] Blynk 라이브러리 파일 저장

Blynk 라이브러리를 아두이노 IDE에 추가하기 위해 [그림 10-15]와 같이 다운로드한 Blynk 라이브러리 파일을 복사하여 윈도의 [문서]-[아두이노]-[라이브러리]에 붙여 넣는다.

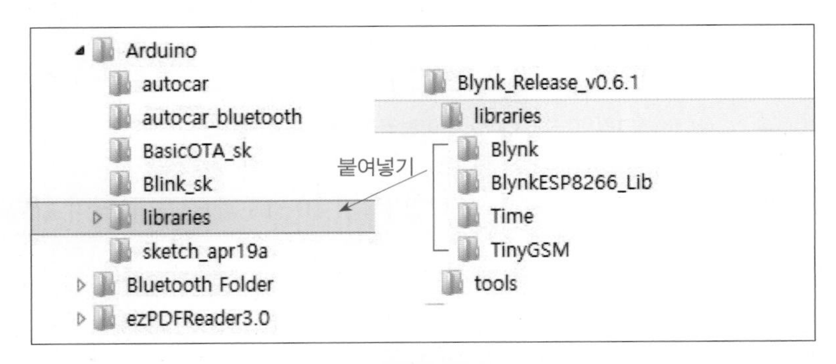

[그림 10-15] 파일 복사하여 붙여넣기

1-5 ESP8266 모듈(NodeMCU ESP-12E)과 LED 회로 구성 및 확인

모듈의 작동이 정상적으로 이루어지는지를 확인하기 위해, 먼저 브레드보드에 [그림 10-16]과 같은 ESP8266 모듈을 연결한 간단한 LED 작동 회로를 구성하여 확인해 본다.

[그림 10-16] ESP8266 모듈(NodeMCU ESP-12E)

1) 간단한 회로 설계

[그림 10-17]과 같이 D1핀(GPIO5)에 LED를 연결하여 작동을 확인한다. 여기서, 전원(5 V)은 Vin에 연결한다.

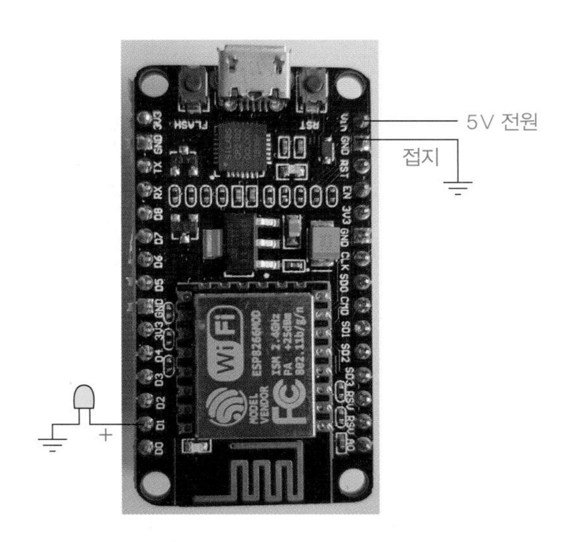

[그림 10-17] ESP8266 모듈 테스트 회로

NOTE

ESP8266 모듈의 프로그램 업로드

컴퓨터와 ESP8266 모듈 단품을 항상 [그림 10-18]과 같이 USB 마이크로 커넥터로 연결하여 USB 전원으로 업로드를 실시한다. 업로드가 완료된 후에는 케이블을 제거하여 브레드보드에 설치하고 별도의 브레드보드 전원(5 V)을 사용하여 구동한다.

[그림 10-18] ESP8266 모듈의 업로드

2) 확인 프로그램 설계 및 업로드

아두이노 스케치에서 프로그램을 작성하고, USB 마이크로 케이블을 연결한 상태에서 ESP8266 모듈에 프로그램을 업로드하여 LED가 정상적으로 작동되는지를 확인한다.

다음 확인 프로그램은 현 단계에서 LED 작동 확인을 위한 용도로만 활용된다. LED 확인 프로그램은 다음과 같다.

```
const int ledPin = 5;
void setup() {
            pinMode(ledPin, OUTPUT);
            }
void loop() {
           digitalWrite(ledPin, HIGH);
           delay(1000);
           digitalWrite(ledPin, LOW);
           delay(1000);
           }
```

3) ESP8266 핀 정의

[그림 10-19], [그림 10-20]과 같이 ESP8266 핀 구성을 정의할 수 있다. 아두이노 IDE에서 코딩 시 [그림 9-20]의 ESP8266 pin, GPIOx에서 'x(0~16)'를 사용한다.

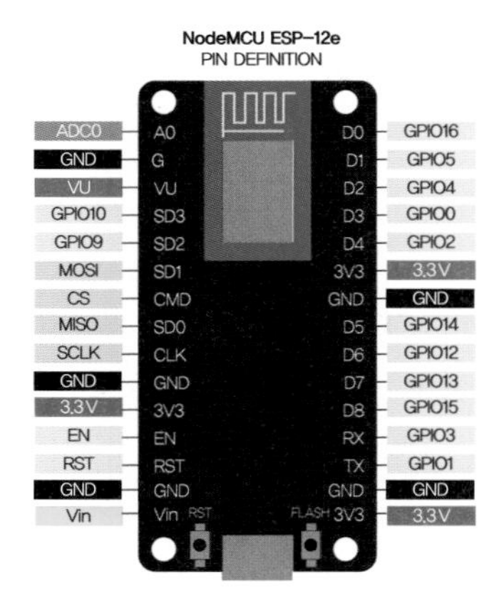

[그림 10-19] ESP8266 핀 구성

IO index	ESP8266 pin	IO index	ESP8266 pin
0[*]	GPIO16	8	GPIO15
1	GPIO5	9	GPIO3
2	GPIO4	10	GPIO1
3	GPIO0	11	GPIO9
4	GPIO2	12	GPIO10
5	GPIO14		
6	GPIO12		
7	GPIO13		

[그림 10-20] ESP8266 핀 정의

4) 작동 확인

[그림 10-21]과 같이 브레드보드에 ESP8266과 LED를 설치하여 그 작동을 확인할 수 있다. 정상이면 1초 간격으로 LED가 점멸한다. 이제 마지막 순서로 Blynk App을 설정하고, ESP8266 와이파이 모듈이 정상적으로 작동할 수 있도록 ESP8266 모듈에 ESP8266_Standalone 프로그램을 업로드한다.

이 프로그램은 ESP8266을 와이파이 통신에 접속할 수 있게 하고, 스마트폰의 Blynk App을 통해 ESP8266을 제어할 수 있도록 하는 라이브러리이다.

[그림 10-21] 회로의 확인

1-6 스마트폰에서 Blynk 설정하기

1) authtoken값 얻기

Blynk를 실행하여 [그림 10-22]에서 이메일로 authtoken값을 얻는다. 이 authtoken값은 ESP8266_Standalone 프로그램에 복사해야 하므로 잘 기억하고 보관해 둔다.

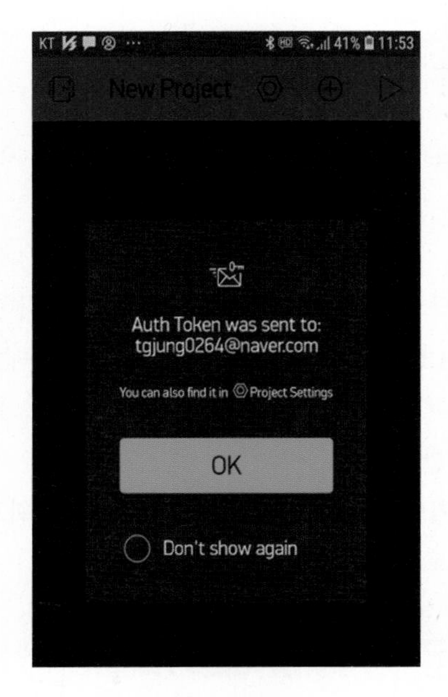

[그림 10-22] authtoken값 얻기

2) Blynk에서 ESP8266 설정하기

[그림 10-23]과 같이 ESP8266을 선택한다.

3) 작동 버튼 선택하기

[그림 10-24]와 같이 ESP8266을 작동하기 위해 Widget Box에서 맨 위의 "버튼"을 선택한다(이번 회로에서는 LED를 작동하기 위한 버튼이 하나만 필요). Blynk App에서 버튼의 출력포트로 D1(GPIO5)을 선택(이전 작동확인에서와 동일한 출력포트)하고 ESP8266에 연결된 LED는 그대로 사용한다.

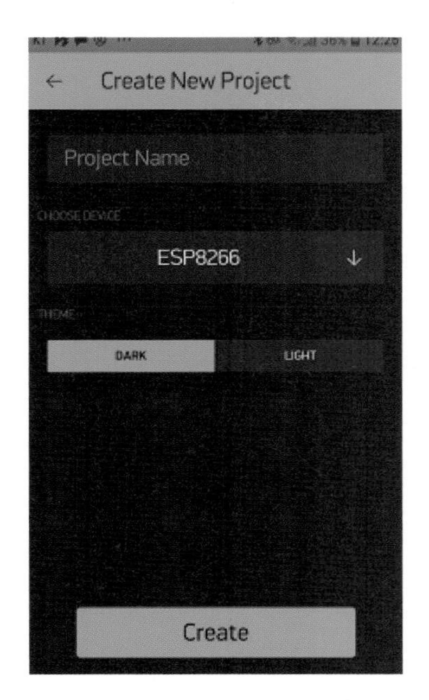

[그림 10-23] ESP8266 설정하기

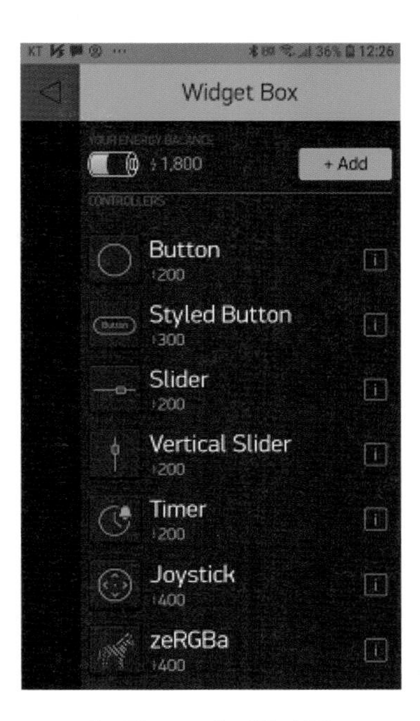

[그림 10-24] 버튼 선택

4) 버튼 설정하기

[그림 10-25]에서 LED 출력포트로서 "D1(GPIO5)"을 선택하고 "SWITCH"를 선택한다. 스마트폰 앱인 Blynk에서 버튼을 선택할 때 출력포트도 함께 선택되므로 프로그램으로 별도의

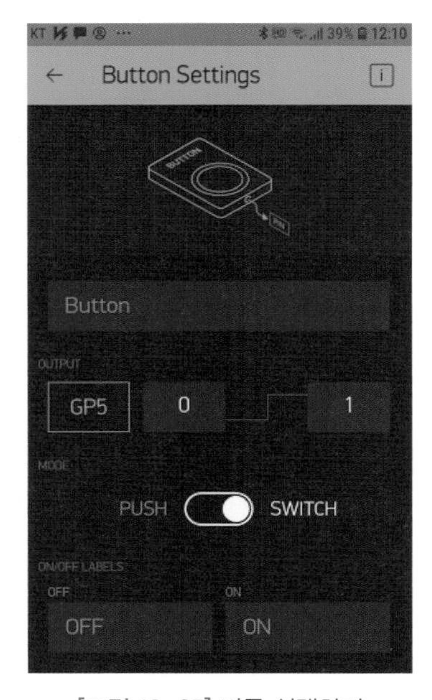

[그림 10-25] 버튼 선택하기

출력설정을 할 필요가 없다.

NOTE

인터넷을 참고로 하여 Blynk의 작동법에 대해 미리 충분히 익히도록 한다.

1-7 ESP8266_Standalone 프로그램 업로드

1) ESP8266_Standalone 실행

아두이노 IDE에서 ESP8266에 업로드할 예제 프로그램(ESP8266_Standalone)을 실행한다. [그림 10-26]은 ESP8266_Standalone 예제를 실행하는 순서를 보여준다.

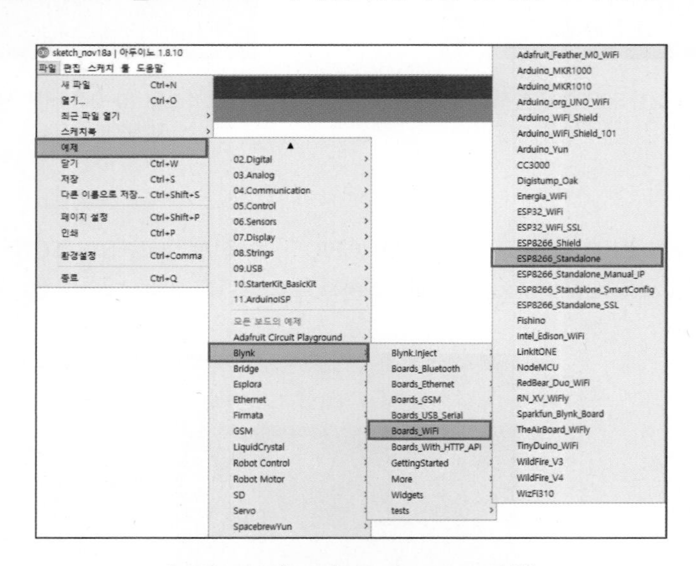

[그림 10-26] ESP8266_Standalone 실행

2) authtoken과 와이파이 이름, 패스워드 입력

스마트폰의 Blynk App에서 이메일로 받은 authoken값과 와이파이 라우터에서 확인한 와이파이 “이름”과 “패스워드”를 [그림 10-27]과 같이 ESP8266_Standalone 예제 프로그램에 입력한다.

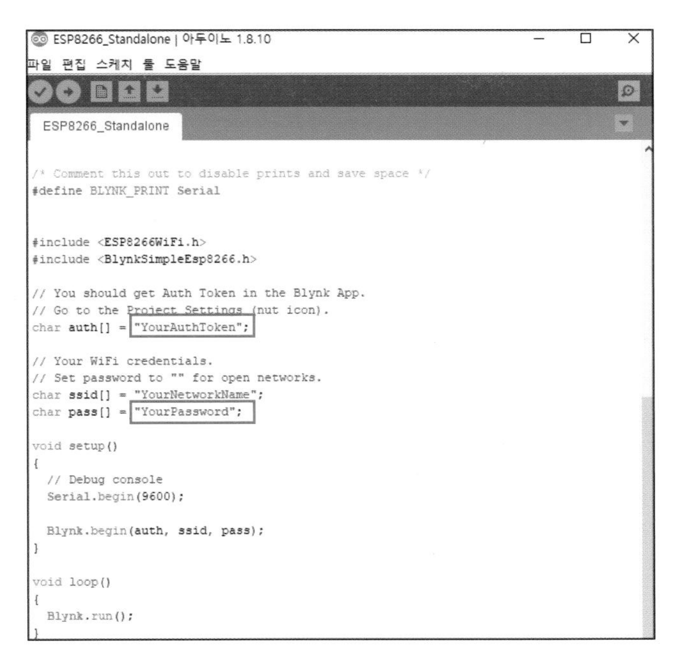

[그림 10-27] authtoken과 와이파이 이름, 패스워드 기입

3) ESP8266 모듈에 ESP8266-Standalone 예제 프로그램 업로드

① **USB 마이크로 케이블이 컴퓨터와 ESP8266 모듈에 연결되었는지 확인한다.**

② 케이블의 연결을 확인한 후 [그림 10-28]과 같이 [툴]-[보드]-[NodeMCU 1.0(ESP-12E Module)]을 선택한다.

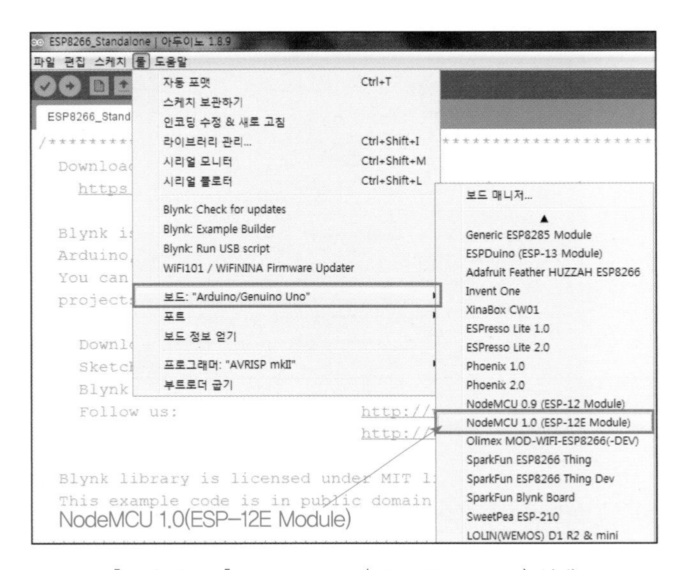

[그림 10-28] NodeMCU 1.0(ESP-12E Module) 선택

그런 다음 [그림 10-29]와 같이 보드 아래 부분을 확인한다.

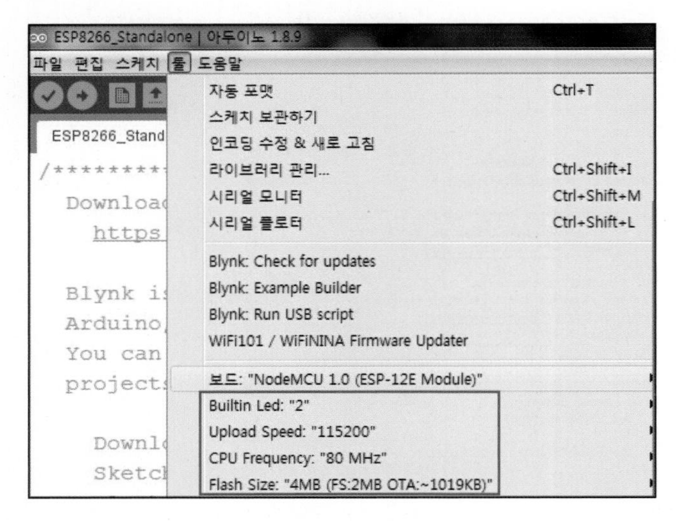

[그림 10-29] NodeMCU 1.0(ESP-12E Module)값 확인

③ ESP8266 모듈이 연결된 포트를 확인하고 클릭한다. [그림 10-30]과 같이 시리얼 포트를 확인하고 선택한다.

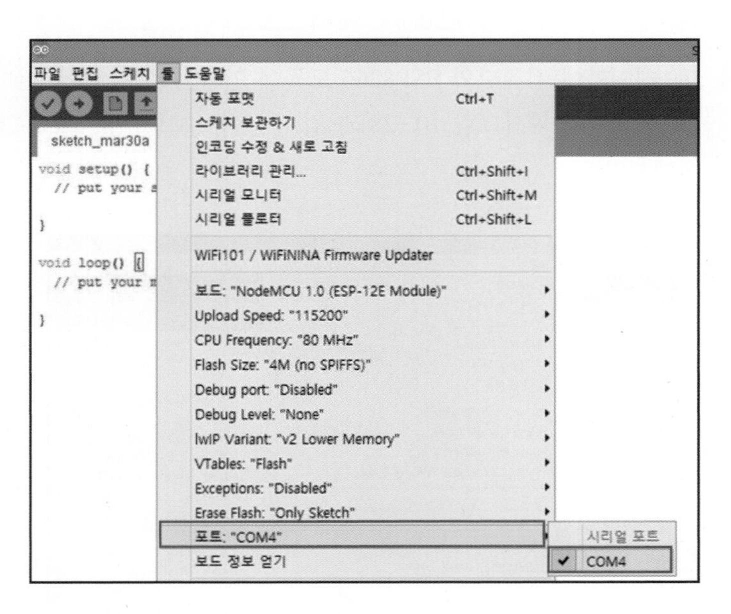

[그림 10-30] 시리얼 포트 확인

④ 마지막으로 ESP8266에 ESP8266-Standalone 예제 프로그램을 업로드한다. [그림 10-31]에서와 같이 컴파일 및 업로드 단추(➜)를 눌러 업로드를 진행한다.

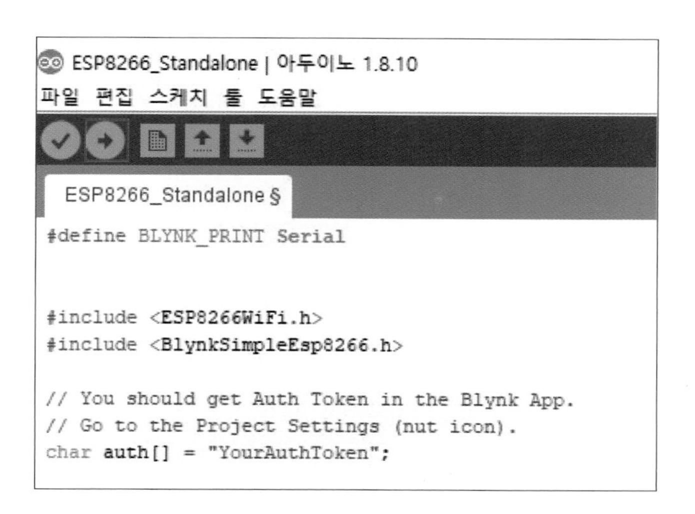

[그림 10-31] ESP8266에 ESP8266-Standalone 예제 프로그램 파일 업로드

NOTE

아두이노 및 사물인터넷 관련 학습 자료(동영상)는 ODIY 한국과학창의재단 공식 유튜브 채널(https://www.youtube.com/channel/UCRU2G2NpTuOBqAySTAxXrAw)을 참고한다.

1-8 Blynk App을 사용한 원격 제어 작동 확인

1) LED(1개)를 연결한 작동 확인

[그림 10-32]의 버튼(1개 설정)을 눌러서 [그림 10-33]에서 정상적으로 LED가 작동되는지 확인한다.

2) 자동차 엔진 제어 작동 확인(과제)

① 브레드보드에서 출력회로를 추가(출력포트 단자 D1, D2 2개)한다.
② Blynk App에서 버튼 2개를 설정한다.
③ 실습용 자동차에서 원격시동 회로를 연결한다.

NOTE

ESP8266_Standalone 소스 프로그램은 수정이 불필요하다.

[그림 10-32] 버튼 작동

[그림 10-33] ESP8266과 LED의 작동 확인

[그림 10-34]와 같이 자동차 시동회로에 ESP8266 모듈을 연결하여 스마트폰의 Blynk App으로 원격시동을 제어할 수 있다. 이때 자동차 전문가의 지도하에 반드시 실습용 자동차의 안전, 즉 안전한 공간 확보, 핸드 브레이크 작동, 안전요원의 차량감시 등을 확보한 후 주어진 작업을 실시해야 한다.

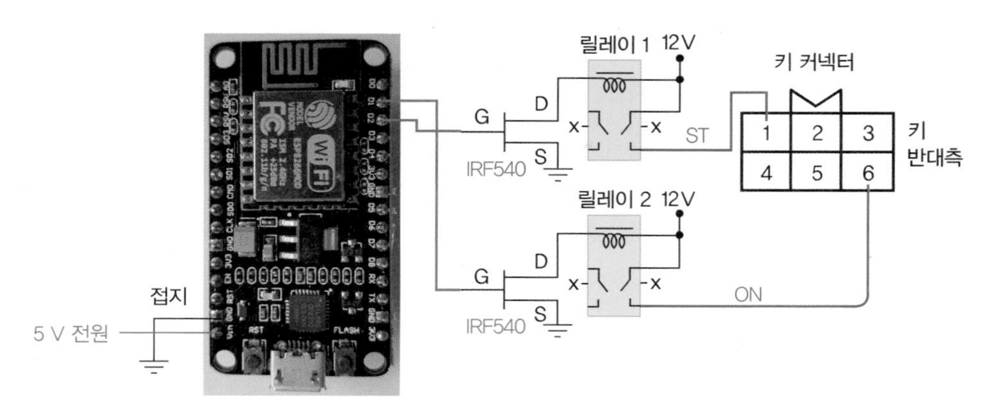

[그림 10-34] 엔진시동을 위한 ESP8266의 연결

CHAPTER

02 앱 인벤터 IOT 공작

2-1 공작 개요

앱 인벤터를 활용하여 [그림 10-35]와 같이 자신이 제작한 스마트폰 앱으로 WiFi 통신을 통한 원격 사물인터넷을 구현하여 2개의 LED를 제어해 보자. 우선 주어진 공작을 실행해 보고 차근차근 그 과정을 이해한다.

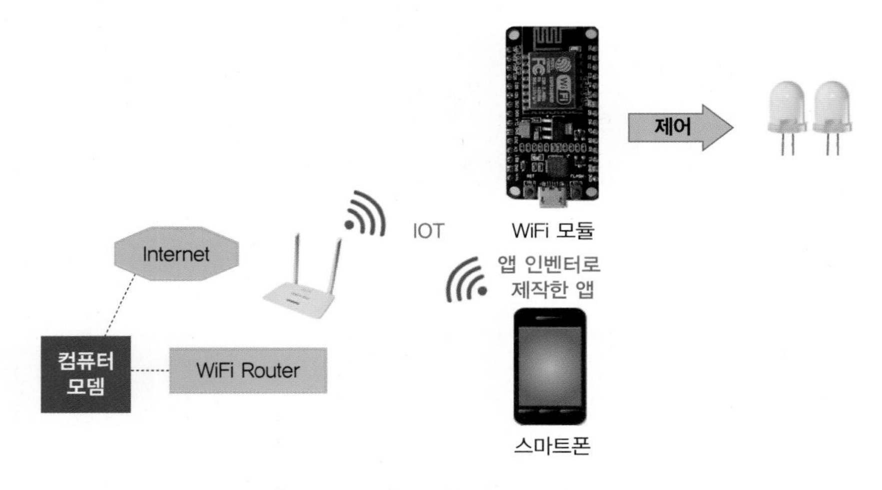

[그림 10-35] 앱 인벤터 IOT 공작 개요

2-2 자기주도 공작 목표

① 앱 인벤터를 활용한 IOT 실행과정을 이해할 수 있다.
② 코딩을 쉽게 적용할 수 있다.
③ 와이파이 통신을 이해할 수 있다.

2-3 구성부품

ESP8266 모듈(NodeMCU ESP-12E), 아두이노 스케치, 브레드보드, 와이파이 환경, USB 마이크로 커넥터, 앱 인벤터 2, LED 2개

2-4 앱 인벤터 설계

1) 화면 디자이너

관련 서적이나 인터넷을 활용하여 앱 인벤터 2를 이해하고, [그림 10-36]과 같은 스마트폰 화면을 독창적으로 디자인해 보자.

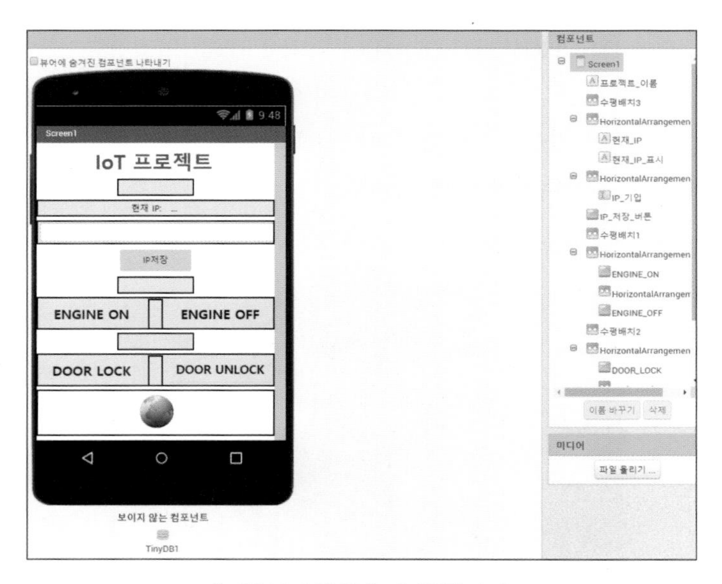

[그림 10-36] 화면 디자인하기 예

NOTE

앱 화면은 자동차시스템 제어 공작에도 사용할 수 있도록 LED가 아닌 엔진과 도어로 설정하여 디자인해 보자.

2) 블록 설계

관련 서적이나 인터넷의 앱 인벤터 관련 내용을 활용하여 [그림 10-37]과 같은 블록코딩을 설계해 보자.

언제 Screen1 .초기화되었을때
실행 지정하기 WebViewer1 . 보이기여부 값 거짓
지정하기 현재_IP_표시 . 텍스트 값 호출 TinyDB1 .값가져오기
태그 " IP_ESP8266 "
찾는태그가없을경우 " "

[그림10-37] 블록 설계 예

2-5 회로 설계

[그림 10-38]과 같이 D1(GPIO5), D2(GPIO4)에 각각 LED를 연결한다. 실제 실습용 자동차에 연결하기 전에 회로와 프로그램의 작동을 확인하기 위한 것이며, 회로가 잘 작동하면 LED 대신에 IRF540을 연결하여 자동차시스템이 작동하도록 회로를 설계해야 한다. 전원(5 V)을 ESP8266(NodeMCU ESP-12E)의 Vin에 연결한다.

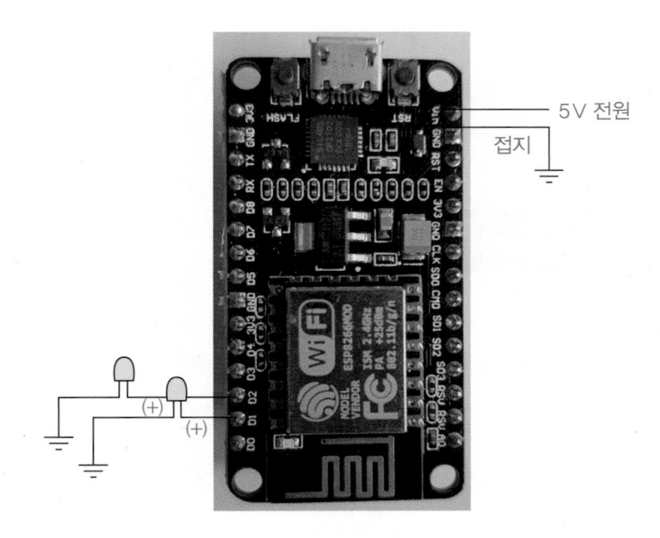

[그림 10-38] LED와 ESP8266의 연결

ESP8266 모듈의 프로그램 업로드

컴퓨터와 ESP8266 모듈 단품을 [그림 10-39]와 같이 항상 USB 마이크로 커넥터로 연결하여 USB 전원으로 업로드를 실시한다. 업로드가 끝나면 USB 마이크로 커넥터를 제거하고 ESP 8266 모듈을 브레드보드에 설치한 후 별도의 전원(5 V)을 사용하여 자동차시스템을 구동한다.

[그림 10-39] ESP8266 모듈의 업로드

2-6 테스트용 프로그램 업로드 및 LED 작동 확인

회로와 업로드 테스트를 실시하기 위해 아래 프로그램(esp8266_test.ino)을 ESP8266에 업로드한다. 이 프로그램은 테스트용으로만 사용한다. 프로그램이 정상적으로 작동되면 [그림 10-38]의 D1에 연결된 LED가 깜빡이게 된다.

```
const int ledPin = 5; // esp8266_test.ino

void setup() {
            pinMode(ledPin, OUTPUT);
            }
void loop() {
             digitalWrite(ledPin, HIGH);
```

```
        delay(1000);
        digitalWrite(ledPin, LOW);
        delay(1000);
       }
```

2-7 ESP8266 모듈 작동 프로그램 설계

작동 프로그램(appinventor_esp8266_iot.ino)의 구조를 간단히 요약해서 나타내면 아래와 같다.

```
#include <ESP8266WiFi.h> // appinventor_esp8266_iot.ino
#include <WiFiClient.h>
#include <ESP8266mDNS.h>
#include <ESP8266WebServer.h>

MDNSResponder mdns;
const char* ssid = " 무선랜 이름  ";
const char* password = " 패스워드  ";

void setup(void){
  • 핀 입/출력 설정
  • 웹 브라우저 설정
 Serial.begin(115200);
 WiFi.begin(ssid, password);

 server.on("/ENGINE_ON", {
                      digitalWrite(LED1, HIGH);
                      });
 server.on("/ENGINE_OFF", {
                       digitalWrite(LED1, LOW);
                       });
```

```
  server.on("/DOOR_LOCK", {
                              digitalWrite(LED2, HIGH);
                              });
  server.on("/DOOR_UNLOCK", {
                               digitalWrite(LED2, LOW);
                               });
  server.begin();
 }
void loop(void){
                 server.handleClient();
                 }
```

기본적으로 참고할 앱 인벤터 2와 ESP8266을 구동하기 위한 소스 프로그램은 다음 카페인 “정태균의 ECU 튜닝클럽”에 소개되어 있다.

2-8 구동환경 설정 확인 및 실험 프로그램 업로드

환경설정은 “프로젝트 10.1장 Blynk IOT 공작”에서와 같은 순서로 진행한다. 동일한 조건이므로 별도의 환경설정을 할 필요 없이 설정 확인만 하면 된다. 확인을 위해 주요 실행과정을 요약하면 다음과 같다.

(1) 구동환경 설정

① 아두이노 IDE(통합개발환경) 설치

② ESP8266 라이브러리 설치

(2) 앱 인벤터 2로 설계한 앱(myesp8266_iot.apk)을 스마트폰에 설치

(3) ESP8266 모듈에 실행 프로그램(appinventor_esp8266_iot.ino) 업로드

컴퓨터와 ESP8266은 USB 마이크로 케이블로 연결하여 시리얼 통신(COMx)으로 아두이노 IDE(통합개발환경) 프로그램 환경에서 실행 프로그램을 업로드한다.

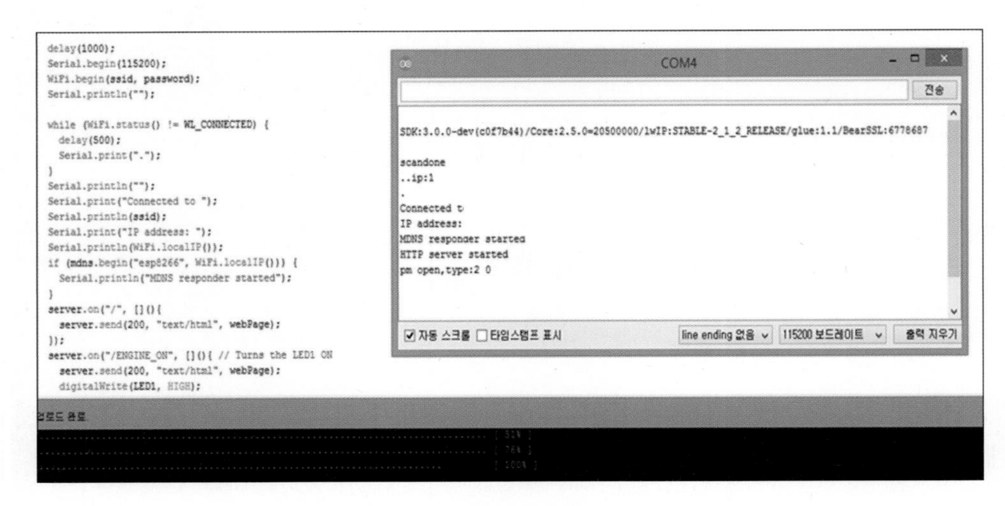

[그림 10-40] 시리얼 모니터에서 IP 주소 확인

프로그램 업로드 시에는 반드시 화면에 [그림 10-40]과 같이 IDE에서 시리얼 모니터창을 띄워 IP 주소를 확인하고, 앱 실행 시에 스마트폰에 IP를 기록한다.

(4) 회로 설계 및 구성

(5) 스마트폰 앱을 통해 앱 인벤터 공작을 실행

2-9 LED 작동 확인

먼저 [그림 10-41]과 같이 LED 2개를 연결한 회로와 프로그램이 정상적으로 작동되는지를 확인한다. 이때 스마트폰 앱을 구동하면 실제 LED가 작동할 때까지 약간의 시간 지연이 발생할 수도 있다.

스마트폰 앱 화면에서 ENGINE ON은 LED1 ON, ENGINE OFF는 LED1 OFF, DOOR LOCK은 LED2 ON, DOOR UNLOCK은 LED2 OFF이다.

[그림 10-41] 작동 확인하기

2-10 엔진 시동제어 공작(과제)

LED 회로가 잘 작동되면, [그림 10-42]를 이해하고 실습용 자동차의 엔진 시동회로에 배선을 연결하여 사물인터넷을 실습해 보자.

① 스마트폰 앱의 버튼 기능에 따라 ESP8266에 저장된 프로그램인 appinventor_esp8266_iot.ino의 일부 내용을 회로 변경(포트 변경)에 맞게 설정해야 한다.

② 스마트폰 앱도 재설계하여 엔진 시동제어에 알맞게 새롭게 디자인해보자.

③ 제어회로도 앞에서 공작한 내용을 바탕으로 실습용 자동차에 맞게 설계하여 응용해 보자.

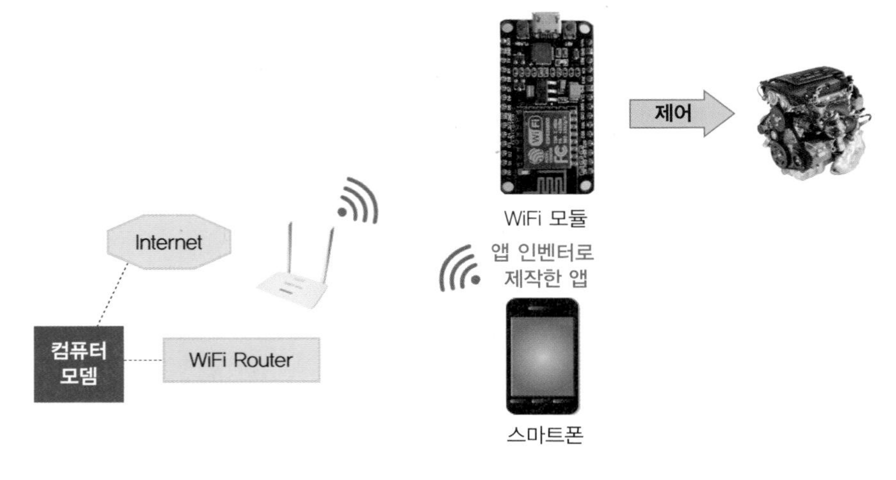

[그림 10-42] 앱 인벤터 엔진 제어 개요

[그림 10-43]과 같이 실제 실습용 자동차에 엔진 시동회로를 연결하여 원하는 작동을 확인해 볼 수 있다. 이때 자동차 전문가의 지도하에 반드시 실습용 자동차의 안전, 즉 안전한 공간 확보, 핸드 브레이크 작동, 안전요원이 차량감시 등을 확보한 후 주어진 작업을 실시해야 한다.

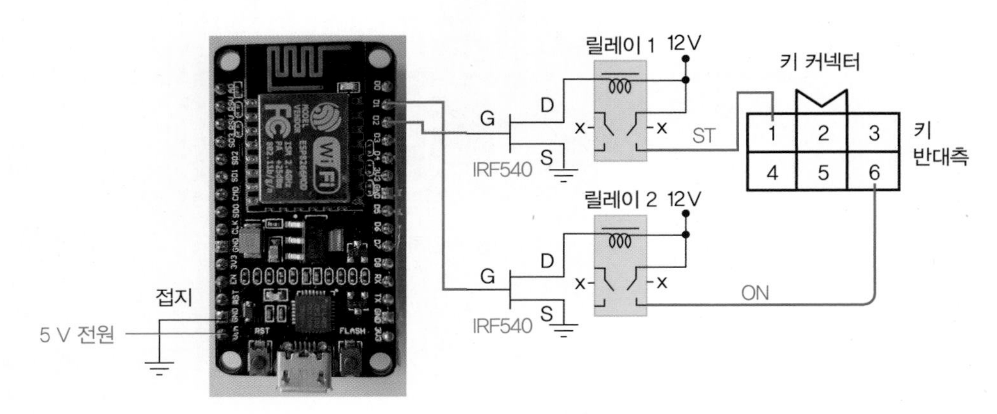

[그림 10-43] 엔진 시동제어 회로도

2-11 응용 공작(과제)

자동차의 다른 시스템에도 연결하여 자동차 출발 전에 집에서 편리하게 엔진 시동이나 에어컨 작동 등을 제어할 수 있는 기술들을 설계해 보자. 또한 [그림 10-44]를 참고하여 스마트폰 화면도 보다 실용적으로 디자인해 보자.

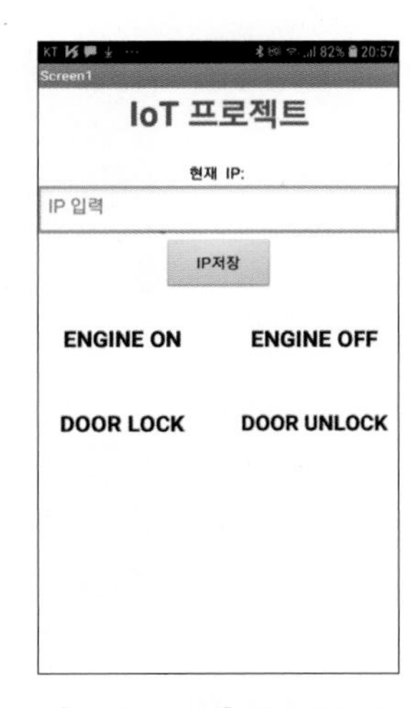

[그림 10-44] 앱 화면 예

프로젝트 11

자동차 OTA 공작

Smart Car Coding Project

CHAPTER

01 OTA 공작

1-1 공작 개요

WiFi 모듈 ESP8266을 사용하여 [그림 11-1]과 같은 OTA를 구현해 본다. 인터넷을 사용하여 WiFi 통신을 통한 OTA 원격 사물인터넷을 구현하기 위해, 펌웨어를 OTA 방식으로 인터넷 네트워크를 통하여 ESP8266 모듈에 업로드해서 ESP8266에 내장된 LED를 점멸해 본다.

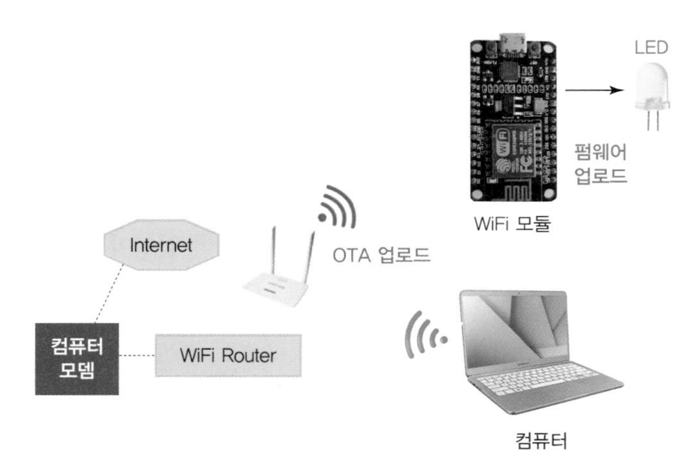

[그림 11-1] OTA 공작 개요

NOTE

OTA(Over The Air) 업데이트는 직렬 포트(serial port)가 아닌 WiFi를 사용하여 무선으로 ESP8266 모듈에 펌웨어를 업로드하는 프로세스이다.

1-2 자기주도 공작 목표

① OTA의 수행과 그 실행과정을 이해할 수 있다.
② 코딩을 쉽게 적용할 수 있다.

1-3 구성부품

ESP8266 모듈, 아두이노 IDE(통합개발환경), 브레드보드, 와이파이 환경, USB 마이크로 커넥터, 7805 IC, 콘덴서

1-4 구동환경 설정

OTA를 수행하기 위해서는 다음 3가지를 사용한다.

- Arduino IDE
- Web Browser: 인터넷망에서 정보를 검색하는 데 사용하는 응용 프로그램
- HTTP Server: 웹 서버

또한, ESP8266 모듈과 컴퓨터가 동일 네트워크에 연결되어 있어야 한다.
아래의 사항은 NodeMCU 1.0(ESP-12E 모듈) 보드의 OTA 구성을 보여준다.

시작하기 전에 다음과 같은 소프트웨어를 설치해야 한다.
① Arduino IDE 1.6.7 이상
https://www.arduino.cc/en/Main/Software를 참고한다.
② ESP8266 / Arduino 플랫폼 패키지 2.0.0 이상
https://github.com/esp8266/Arduino#installing-with-boards-manager를 참고한다.
ESP8266 모듈 관련 환경설정은 "프로젝트 10 자동차 IOT 공작"에서 설명하였다.
③ Python 2.7 - https://www.python.org/

Python 홈페이지를 접속하면 [그림 11-2]와 같은 화면을 볼 수 있다.

[그림 11-2] Python 홈페이지 화면

[그림 11-3] Python 다운로드

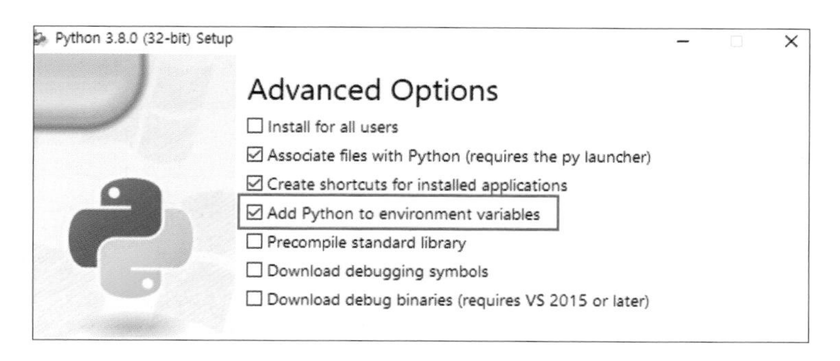

[그림 11-4] 옵션사항 추가 체크

[그림 11-3]과 같이 Python 프로그램을 다운로드한다. Python 실행과정에서 [그림 11-4]와 같이 옵션사항을 추가하여 설치를 완료한다.

1-5 ESP8266 모듈과 컴퓨터 연결

ESP8266 모듈을 USB 마이크로 케이블로 [그림 11-5]와 같이 컴퓨터와 연결한다. 이 상태(ESP8266을 브레드보드에 설치하지 않은 상태)로 모든 업로드 과정을 수행한다. 이제 아두이노 IDE를 실행하기 전에 OTA의 실행과정에 대해 몇 가지 알아보자.

OTA는 프로그램이 와이파이를 통하여 컴퓨터에서 ESP8266 모듈로 업로드될 수 있도록 하기 위해 ESP8266에 설치되는 "부트 로더"와 ESP8266에 업로드되어 원하는 작동을 하는 "실행(작동) 프로그램"으로 구분할 수 있다.

[그림 11-5] ESP8266 모듈과 컴퓨터의 연결

1) OTA Boot Loader의 업로드 개요

[그림 11-6]은 **OTA Boot Loader** 업로드의 개요를 나타낸다.

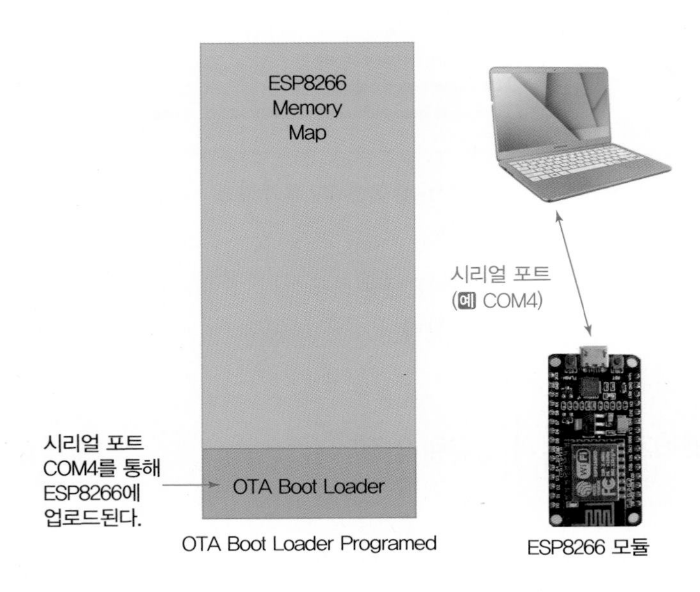

[그림 11-6] OTA Boot Loader의 업로드 개요

2) 실행(작동) 프로그램의 업로드 개요

[그림 11-7]은 실행(작동) 프로그램의 업로드에 대해 나타낸 것이다.

[그림 11-7] 실행 프로그램의 업로드 개요

1-6 Boot Loader 파일 작성

(1) 아두이노 IDE를 실행한다.

아두이노 IDE(통합개발환경) 프로그램을 실행하면 [그림 11-8]과 같은 초기화면이 생성된다.

```
sketch_nov19a | 아두이노 1.8.10
파일 편집 스케치 툴 도움말

sketch_nov19a

void setup() {
  // put your setup code here, to run once:

}

void loop() {
  // put your main code here, to run repeatedly:

}
```

[그림 11-8] 아두이노 스케치 초기화면

(2) [그림 11-9]와 같이 [툴]-[보드]-[NodeMCU 1.0(ESP-12E Module)]을 선택한다.

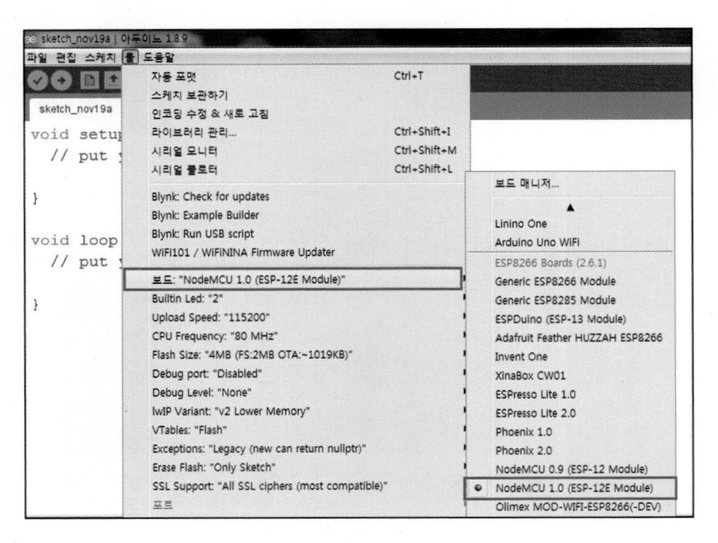

[그림 11-9] NodeMCU 1.0(ESP-12E Module) 선택

(3) [그림 11-10]과 같이 [툴]-[포트]-[시리얼 포트(COM4)]를 선택한다.

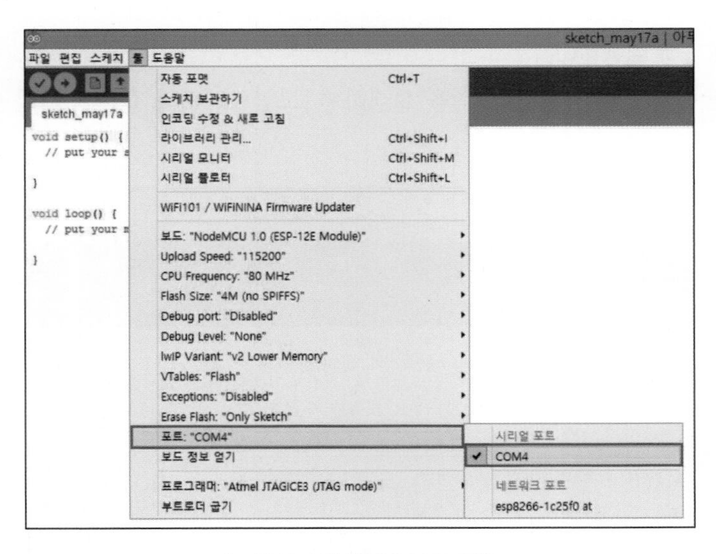

[그림 11-10] 시리얼 포트 선택

(4) [그림 11-11]과 같이 [파일]-[예제]-[ArduinoOTA]-[BasicOTA]를 선택한다.

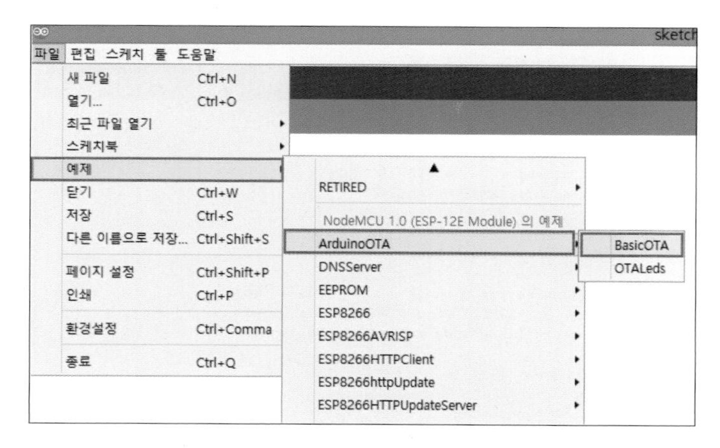

[그림 11-11] BasicOTA 선택

(5) BasicOTA를 실행하고 [그림 11-12]에 와이파이 라우터에 표시된 "이름과 암호"를 입력한다.

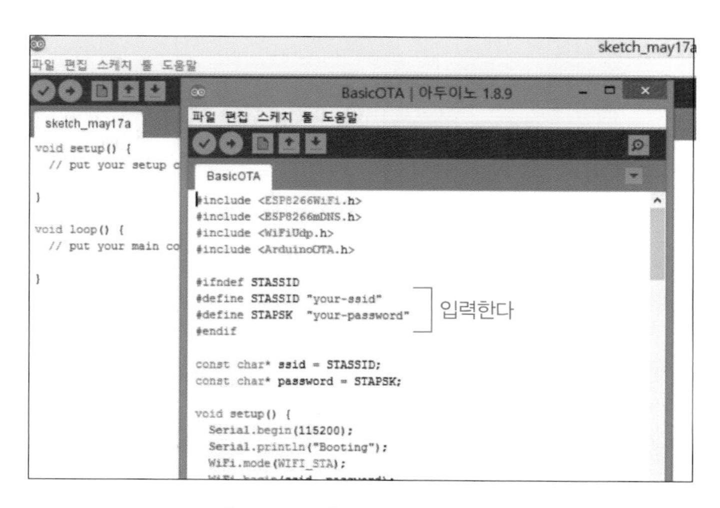

[그림 11-12] 이름과 암호 입력

(6) [그림 11-13]에서 지시하는 부분의 "// "를 삭제한다.

```
BasicOTA | 아두이노 1.8.9
파일 편집 스케치 툴 도움말
BasicOTA §
  // Port defaults to 8266
  // ArduinoOTA.setPort(8266);

  // Hostname defaults to esp8266-[ChipID]
   ArduinoOTA.setHostname("myesp8266");

  // No authentication by default
   ArduinoOTA.setPassword("123");

  // Password can be set with it's md5 value as well
  // MD5(admin) = 21232f297a57a5a743894a0e4a801fc3
  // ArduinoOTA.setPasswordHash("21232f297a57a5a743894a0e4a801fc3");

  ArduinoOTA.onStart([]() {
    String type;
    if (ArduinoOTA.getCommand() == U_FLASH) {
      type = "sketch";
    } else { // U_FS
```

[그림 11-13] 실행 중에 발생하는 전송 포트와 암호 설정

(7) BasicOTA를 수정한 프로그램을 [그림 11-14], [그림 11-15]와 같이 [파일]-[다른 이름으로 저장하기]를 눌러 다른 이름(BasicOTA_wifi_Bootloader)으로 변경하여 저장한다.

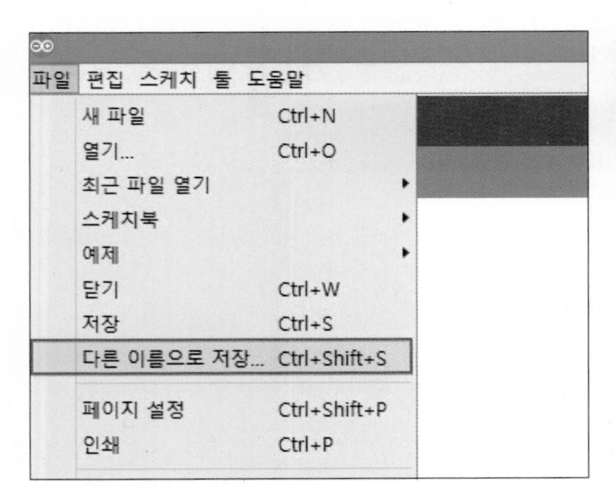

[그림 11-14] 다른 이름으로 변경하여 저장하기

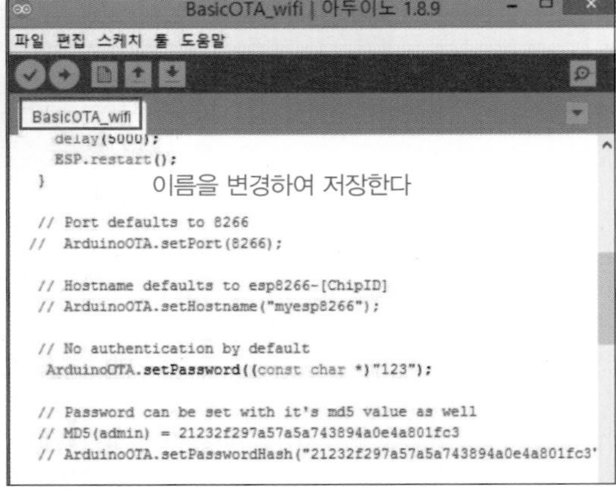

[그림 11-15] BasicOTA_wifi_Bootloader 저장

나중에 BasicOTA_wifi_Bootloader를 불러올 경우 [그림 11-16]과 같이 [파일]-[최근 파일 열기]에서 BasicOTA_wifi_Bootloader를 선택하여 불러오면 된다.

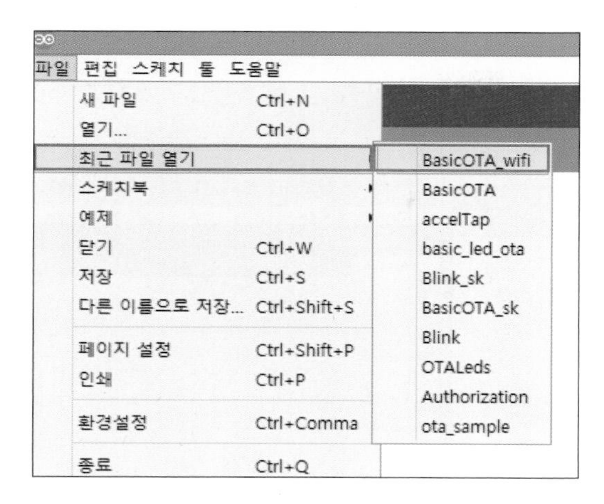

[그림 11–16] BasicOTA_wifi_Bootloader 불러오기

1–7 실행(작동) 프로그램 작성

ESP8266에 내장된 LED를 점멸하기 위해 아두이노 IDE의 Blink 예제를 활용한다.

(1) [그림 11–17]과 같이 [파일]–[예제]–[ESP8266]–[Blink]를 선택한다.

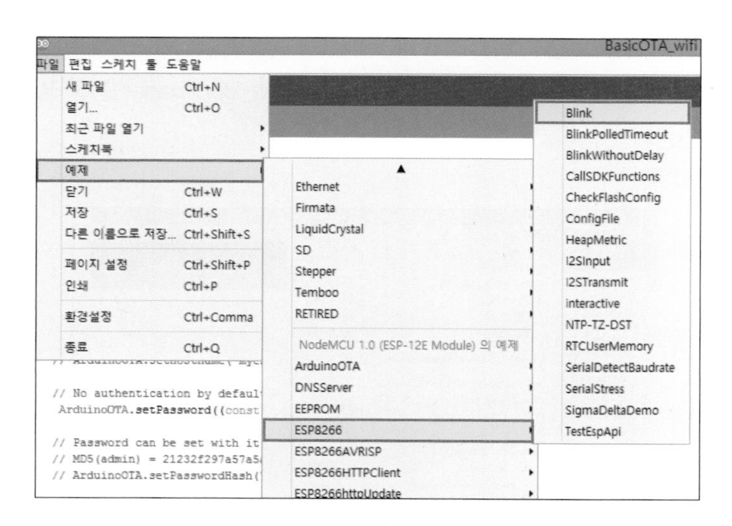

[그림 11–17] Blink 예제 선택

(2) 원하는 작동을 하도록 [그림 11-18]에서 Blink의 내용을 수정하여 새로운 프로그램(basic_led_ota)으로 이름을 변경하고 저장한다.

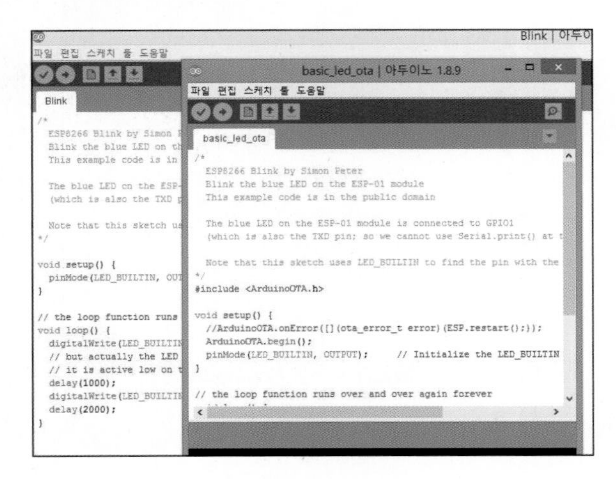

[그림 11-18] basic_led_ota의 작성

1-8 Bootloader의 업로드

1-6에서 이미 작성된 부트 로더인 BasicOTA_wifi_Bootloader를 유선인 시리얼 통신(예 COM4)으로 ESP8266에 업로드한다.

(1) 아두이노 IDE에서 [그림 11-19]와 같이 BasicOTA_wifi_Bootloader를 불러오고 [툴]-[포트]-[COM4]를 확인한다.

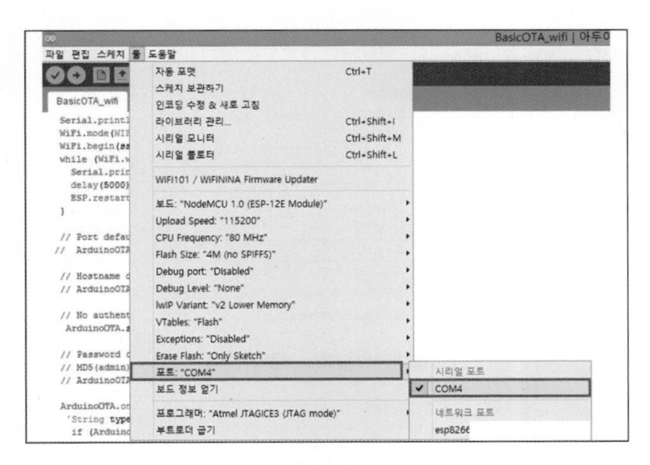

[그림 11-19] 시리얼 포트 COM4의 선택

(2) 버그가 있는지를 확인하기 위해 [그림 11-20]에서 “컴파일” 단추를 눌러 BasicOTA_wifi_Bootloader를 컴파일한다.

```
파일 편집 스케치 툴 도움말
BasicOTA_wifi_Bootloader
  while (WiFi.waitForConnectResult() != WL_CONNECTED) {
    Serial.println("Connection Failed! Rebooting...");
    delay(5000);
    ESP.restart();
  }

  // Port defaults to 8266
//  ArduinoOTA.setPort(8266);

  // Hostname defaults to esp8266-[ChipID]
   ArduinoOTA.setHostname("myesp8266");//프로그램 전송 네트워크 포트

  // No authentication by default
   ArduinoOTA.setPassword((const char *)"123");

  // Password can be set with it's md5 value as well
  // MD5(admin) = 21232f297a57a5a743894a0e4a801fc3
  // ArduinoOTA.setPasswordHash("21232f297a57a5a743894a0e4a801fc3");

  ArduinoOTA.onStart([]() {
    String type;
    if (ArduinoOTA.getCommand() == U_FLASH) {
      type = "sketch";
```

[그림 11-20] 부트로더 컴파일하기

(3) Boot Loader 프로그램이 정상적으로 업로드되었는지 확인하기 위해 [그림 11-21]과 같이 시리얼 모니터 확인창을 띄운다.

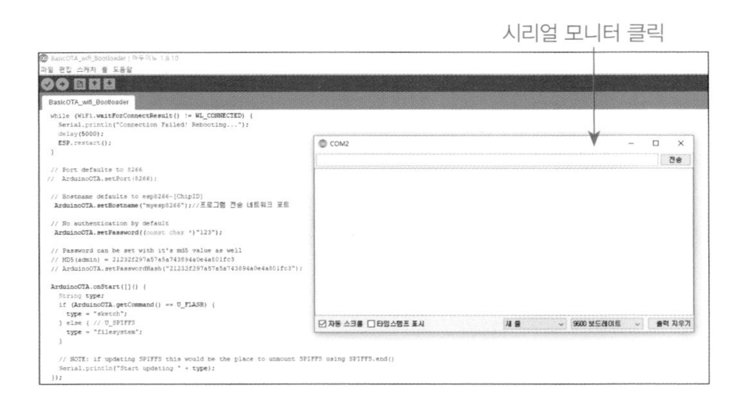

[그림 11-21] 시리얼모니터 확인창

(4) 컴파일 및 업로드하기

[그림 11-22]에서 버튼(➜)을 눌러, Bootloader인 BasicOTA_wifi_Bootloader 프로그램을 COMx를 통해 ESP8266에 업로드한다.

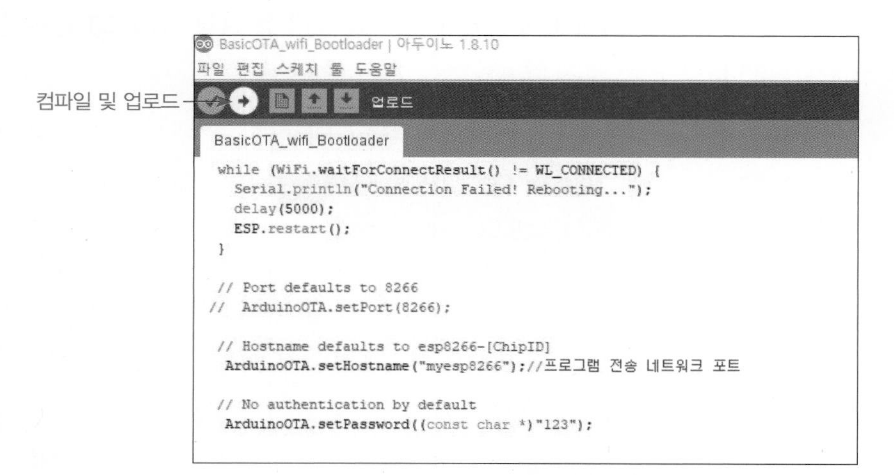

[그림 11-22] Boot Loader의 업로드

(5) 업로드가 완료되면 바로 시리얼 모니터 확인창에 [그림 11-23]과 같이 "Ready, IP address: ~" 라는 메시지가 표시된다.

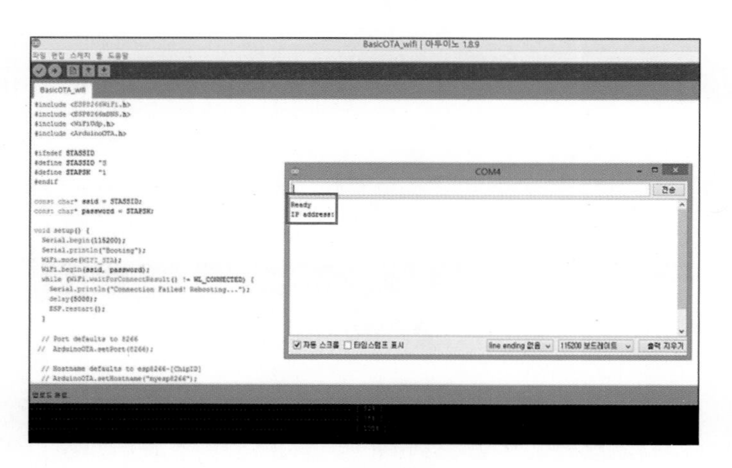

[그림 11-23] IP 메시지창

1-9 basic_led_ota 실행 프로그램 업로드

인터넷으로 무선 와이파이를 통해 실행 프로그램을 ESP8266에 업로드한다.

(1) [그림 11-24]와 같이 [파일]-[최근 파일 열기]-[basic_led_ota]를 선택한다.

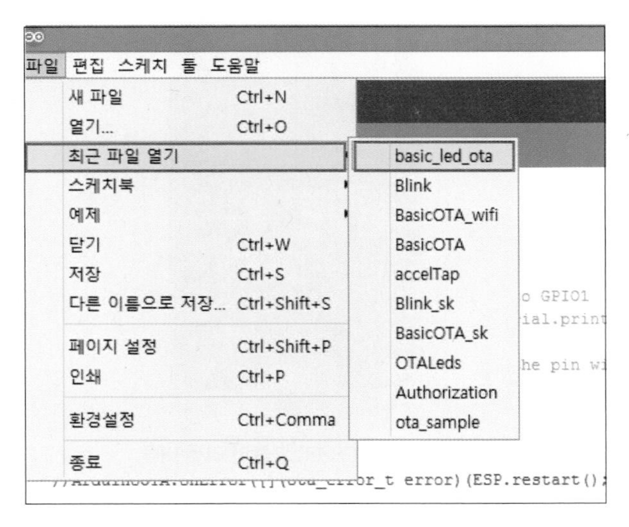

[그림 11-24] basic_led_ota를 선택

(2) [그림 11-25]와 같이 [툴]-[포트]-[myesp8266-at xxx.xxx.xx.xx]을 선택한다.

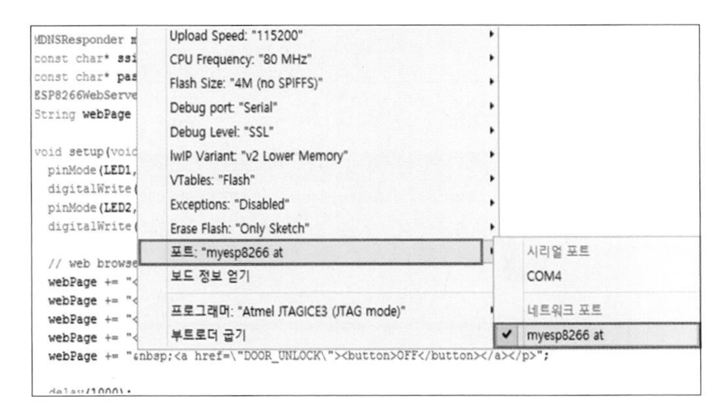

[그림 11-25] IP 선택

(3) [그림 11-26]에서 ESP8266의 리셋 버튼을 누른다(반드시 실행).

[그림 11-26] ESP8266 모듈의 리셋 버튼

(4) 아두이노 IDE에서 컴파일 버튼을 눌러 에러를 확인한다.

(5) 아두이노 IDE에서 컴파일 및 업로드 버튼을 눌러 프로그램을 업로드한다.

(6) [그림 11-27]에서 암호를 입력한다.

부트 로더에 설정한 패스워드 "123"을 입력한다.

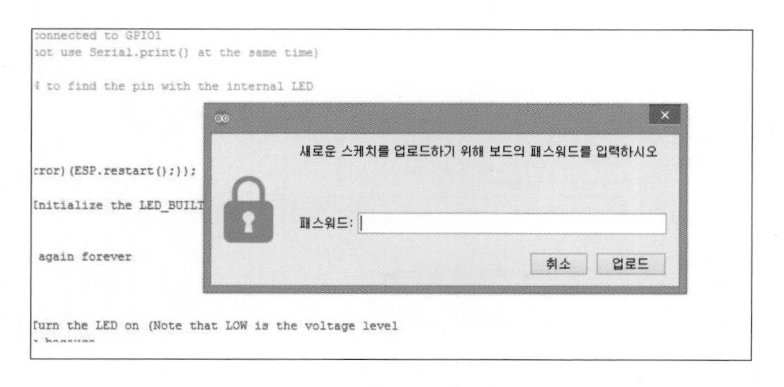

[그림 11-27] 패스워드 입력하기

(7) 업로드 완료

[그림 11-28]과 같이 업로드가 완료되면 ESP8266에 내장된 LED가 점멸(1.5초)하게 된다.

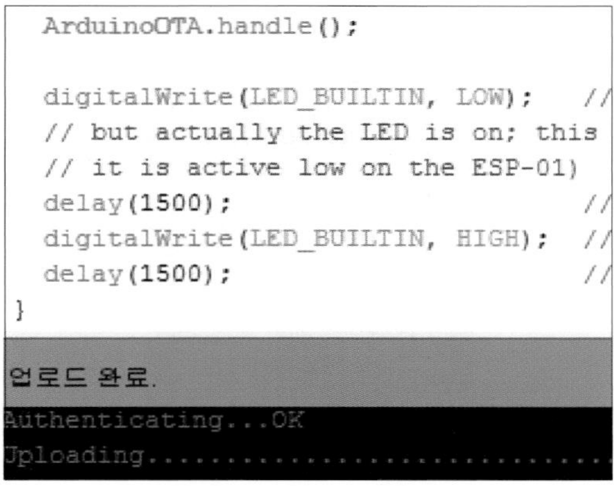

```
  ArduinoOTA.handle();

  digitalWrite(LED_BUILTIN, LOW);    //
  // but actually the LED is on; this
  // it is active low on the ESP-01)
  delay(1500);                       //
  digitalWrite(LED_BUILTIN, HIGH);   //
  delay(1500);                       //
}
업로드 완료.
Authenticating...OK
Uploading..........................
```

[그림 11-28] 업로드 완료

(8) 실행 프로그램인 basic_led_ota의 명령어를 수정하여 점멸주기를 조절해 본다.

실행 프로그램인 basic_led_ota의 내용을 변경할 경우, 프로그램에서 문장을 수정한 후에 "컴파일 및 업로드" 단추를 눌러 [그림 11-29]와 같은 프로그램을 ESP8266에 바로 업로드할 수 있다.

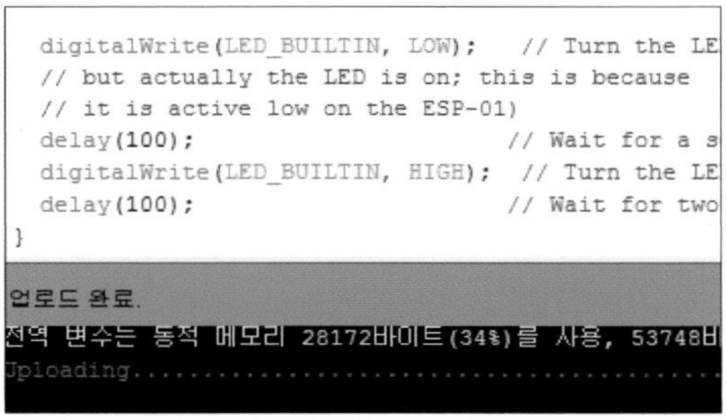

```
  digitalWrite(LED_BUILTIN, LOW);   // Turn the LE
  // but actually the LED is on; this is because
  // it is active low on the ESP-01)
  delay(100);                      // Wait for a s
  digitalWrite(LED_BUILTIN, HIGH);  // Turn the LE
  delay(100);                      // Wait for two
}
업로드 완료.
전역 변수는 동적 메모리 28172바이트(34%)를 사용, 53748바
Uploading....................................
```

[그림 11-29] 프로그램 변경 후 업로드

1-10 내장 LED 작동 확인

[그림 11-30]에서 내장 LED가 주기적으로 점멸하는 것을 확인해 보자. ESP8266 NodeMCU는 GPIO16번이 내장 LED의 (−)극에 연결되어 있기 때문에 LOW일 때 켜지고 HIGH일 때 꺼진다.

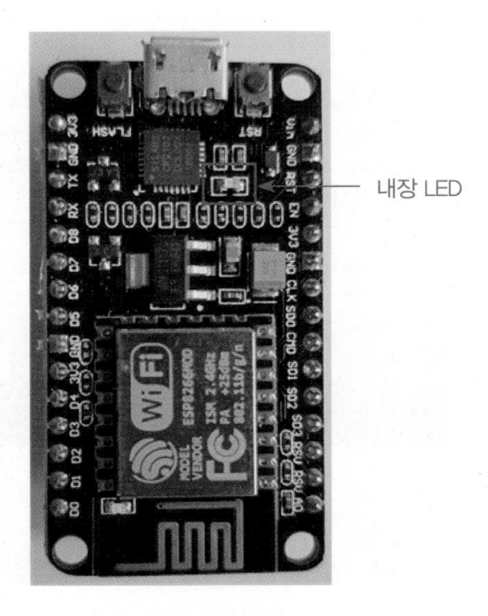

[그림 11-30] 내장 LED의 점멸

CHAPTER

02 자동차 OTA 공작

2-1 공작 개요

WiFi 모듈 ESP8266을 사용하여 [그림 11-31]과 같은 자동차 OTA를 구현해 본다. OTA 기능을 활용하여 컴퓨터의 펌웨어(LED를 IOT 제어하기 위한 프로그램)를 ESP8266 모듈에 업로드하고, "프로젝트 10. 자동차 IOT 공작"의 [그림 10-36]을 수정한 스마트폰 앱을 사용하여 ESP8266 모듈과 연결된 LED 2개를 제어해 보자.

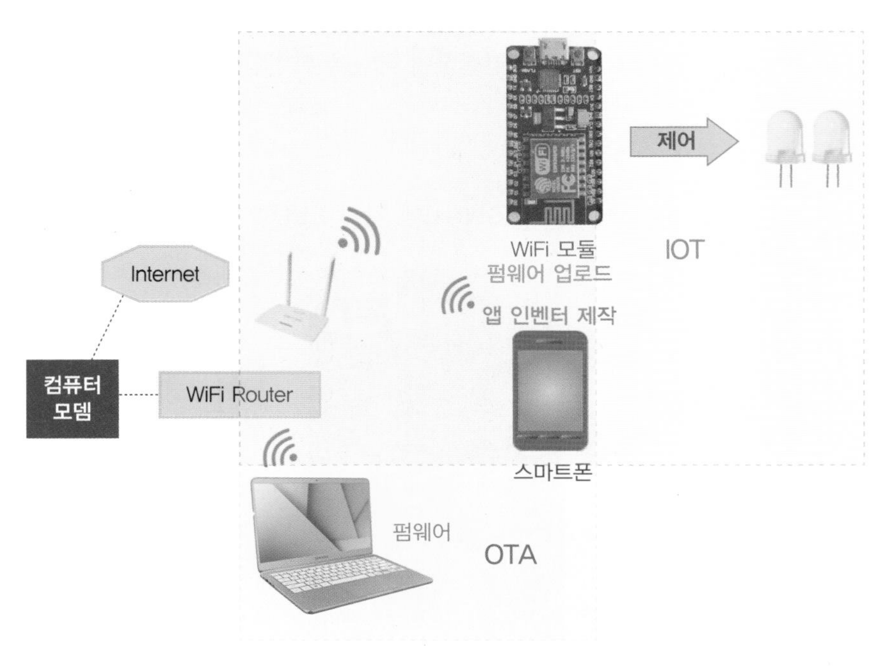

[그림 11-31] 자동차 OTA 공작 개요

2-2 자기주도 공작 목표

① OTA를 활용한 IOT 과정을 스스로 실행할 수 있다.
② 코딩을 쉽게 적용할 수 있다.

2-3 구성부품

ESP8266 모듈, 아두이노 IDE(통합개발환경), 브레드보드, 와이파이 환경, USB 마이크로 커넥터, LED, 스위치, 저항, 콘덴서, 7805 정전압 IC, IRF540

2-4 공작과정

먼저 LED를 사용하여 프로그램과 회로가 정확하게 작동되는지를 확인해 본다. 그 다음에 자동차시스템(엔진 시동과 도어 락 회로)에 연결하여 작동을 확인한다.

1) LED 작동 회로 설계

[그림 11-32]와 같이 D1(GPIO5), D2(GPIO4)에 각각 LED를 연결한다. 실제 실습용 자동

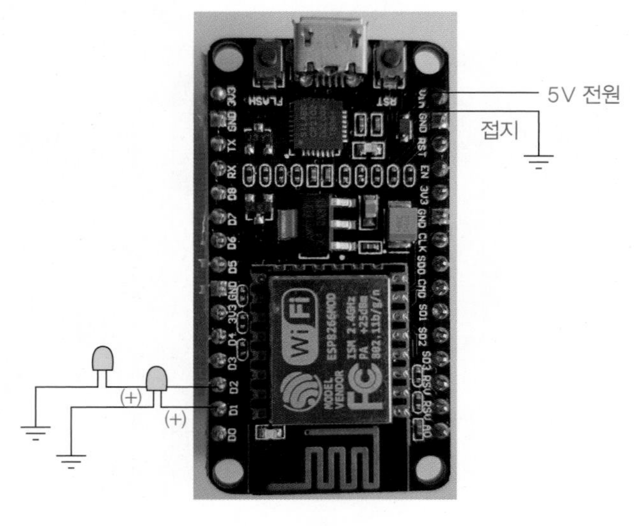

[그림 11-32] 회로 연결

차에 연결하기 전에 회로와 프로그램의 작동을 확인하기 위한 것이므로, 회로가 잘 작동되면 LED 대신에 IRF540을 연결하여 자동차시스템을 작동하도록 회로를 다시 설계하여야 한다. 전원(5 V)을 ESP8266의 Vin에 연결한다.

NOTE

나중에 [그림 11-32]에서 LED 2개를 제거하고 그 단자에 엔진 시동과 도어 락 관련 배선을 연결하여 자동차시스템을 제어한다.

2) OTA 환경 설정

제1장 OTA 공작의 내용과 동일하다. 만약, 앞 장의 공작을 수행하였다면 별도의 설정 없이 그대로 공작을 진행할 수 있다.

3) 프로그램 업로드

(1) ESP8266 모듈을 USB 마이크로 케이블로 [그림 11-33]과 같이 컴퓨터와 연결한다.

이 상태(ESP8266을 브레드보드에 설치하지 않은 상태)로 모든 업로드 과정을 수행한다. 업로드 진행과정은 "제1장 OTA 공작"과 동일하게 진행한다.

[그림 11-33] ESP8266 모듈을 컴퓨터와 연결

(2) Boot Loader 프로그램을 업로드한다.

Boot Loader 프로그램(1장의 Boot Loader 프로그램과 동일)을 업로드한다. Boot Loader 프로그램인 "OTA_wifi_Bootloader" 프로그램을 실행할 때는 [그림 11-34]와 같이 시리얼 포트

(COMx)를 선택한 후에, 아두이노 IDE 상단의 “컴파일 및 업로드” 단추를 눌러 ESP8266에 업로드한다.

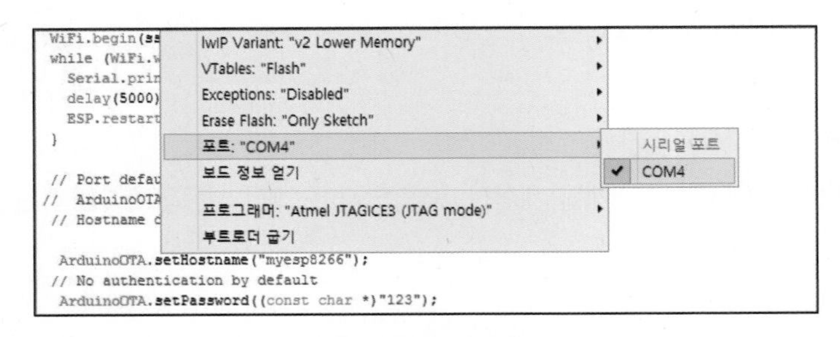

[그림 11-34] 시리얼 포트 선택

(3) Boot Loader의 업로드가 완료되면, ESP8266 모듈의 리셋 단자를 클릭한다.

(4) 작동 프로그램(스마트폰으로 LED를 작동하기 위한 프로그램)을 업로드한다.

작동(실행) 프로그램(프로젝트 9의 작동 프로그램과 동일)을 업로드한다. 작동 프로그램인 “appinventor_esp8266_iot” 프로그램을 실행할 때 [그림 11-35]와 같이 네트워크 포트(예, xxx.1xx.xx.x)를 선택한 후에 프로그램을 ESP8266에 업로드한다. 이때 USB 마이크로 케이블(전원공급)은 ESP8266 모듈과 컴퓨터에 연결되어 있지만, 프로그램 업로드는 네트워크 포트를 통해 무선으로 이루어진다.

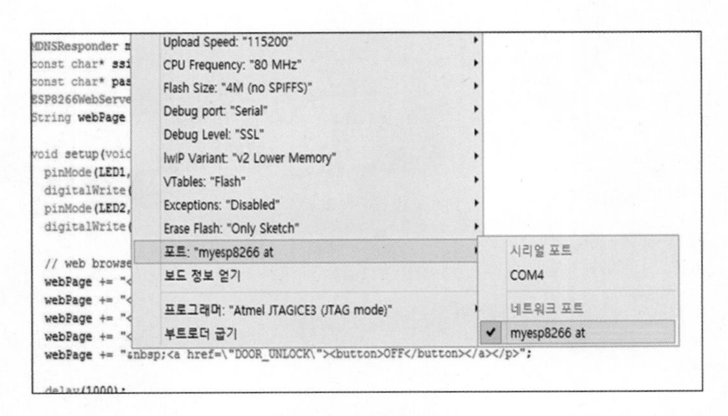

[그림 11-35] IP 주소 선택

(5) IP 주소를 확인한다.

앞의 [그림 11-34]의 IP 주소를 기억한 후, 이후 진행할 스마트폰의 앱에 IP 주소를 기입해야 한다.

IP 주소가 모듈에 따라 달라질 수 있다.

(6) 모든 프로그램의 업로드가 완료되면 USB 마이크로 케이블을 제거하고 ESP8266을 브레드보드에 [그림 11-37]과 같이 설치한다.

만약 작동 프로그램을 수정한 후에 다시 업로드해야 할 경우에는 1) ~ 4)의 과정을 다시 진행해야 한다.

4) 스마트폰 앱 설치

이전 프로젝트에서 설계한 [그림 11-36]과 같은 앱을 스마트폰에 설치한다. 화면의 명령어는 작동상황에 맞게 수정하여 사용한다.

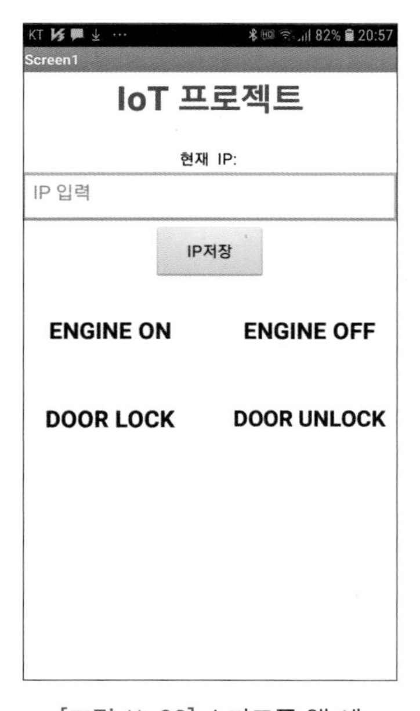

[그림 11-36] 스마트폰 앱 예

2-5 작동 확인

브레드보드의 전원으로 [그림 11-37]과 같이 스마트폰을 통하여 LED를 작동시켜 본다.

[그림 11-37] LED 작동 확인하기

2-6 에러 메시지 처리

업로드 진행 중에 [그림 11-38]과 같은 메시지가 뜨면, ESP8266 리셋 단자를 누른 후 다시 패스워드를 입력하여 진행한다.

[그림 11-38] 에러 메시지 발생

2-7 종합 정리(ESP8266 모듈을 브레드보드에 설치한 상태에서 펌웨어 업로딩하기)

1) ESP8266 모듈이 설치된 상태에서 [그림 11-39]와 같이 USB 마이크로 케이블을 컴퓨터와 연결한다.

[그림 11-39] ESP8266과 컴퓨터의 연결

2) Boot Loader 프로그램을 ESP8266에 업로드한다(시리얼 포트 사용).

이때 전원은 USB 전원을 사용하며, 브레드보드 메인 전원은 차단한다(쇼트 방지).

3) ESP8266을 리셋한다.

4) 작동 프로그램을 ESP8266의 업로드 환경을 설정하고 업로드한다(네트워크 포트 사용).

① USB 마이크로 케이블이 연결되어 있는 상태에서 [그림 11-40]과 같이 작동 프로그램의 [툴] - [포트]에서 네트워크 포트를 선택한다.

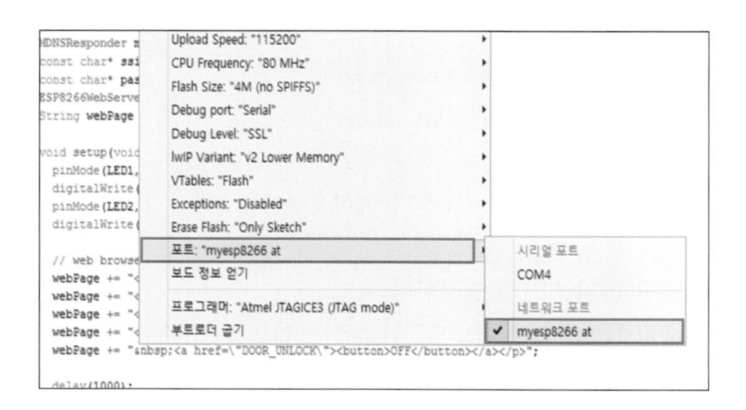

[그림 11-40] 네트워크 포트 선택

② USB 마이크로 케이블을 [그림 11-41]과 같이 ESP8266에서 분리한다.

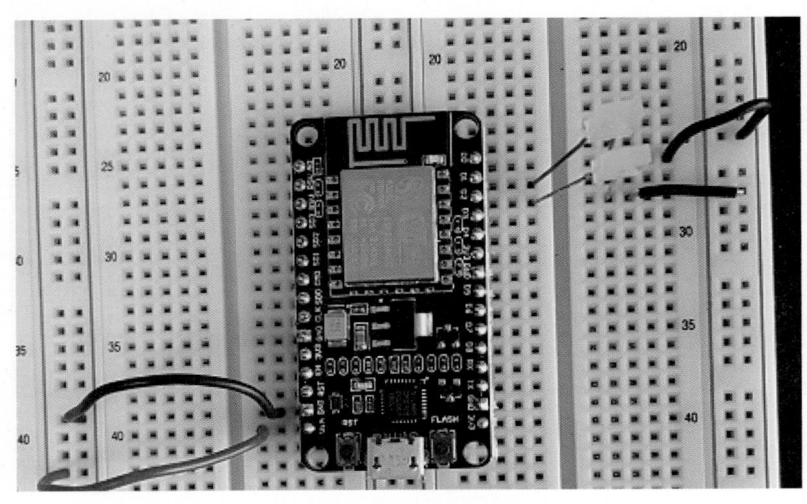

[그림 11-41] 케이블의 분리

케이블을 분리하고 전원이 차단된 상태에서 작동 프로그램의 [툴] – [포트]를 보면 [그림 11-42]와 같이 오른쪽에 네트워크 포트만 나타난다.

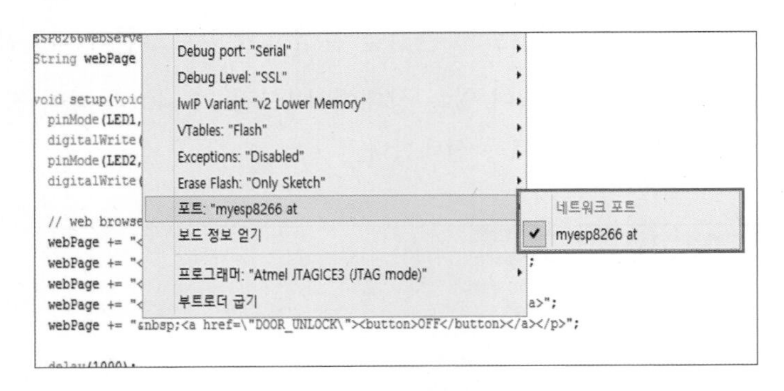

[그림 11-42] 케이블 분리 후의 포트 상태

③ 브레드보드에 메인 전원(5 V)을 연결한다.

④ 작동 프로그램에서 "컴파일 및 업로드" 단추를 클릭한다(업로드 진행).

⑤ 업로드 진행 중에 암호 메시지가 뜨면 암호를 기입한다.

⑥ 업로드를 완료한다.

5) 스마트폰 앱을 사용하여 [그림 11-43]과 같이 LED를 제어한다.

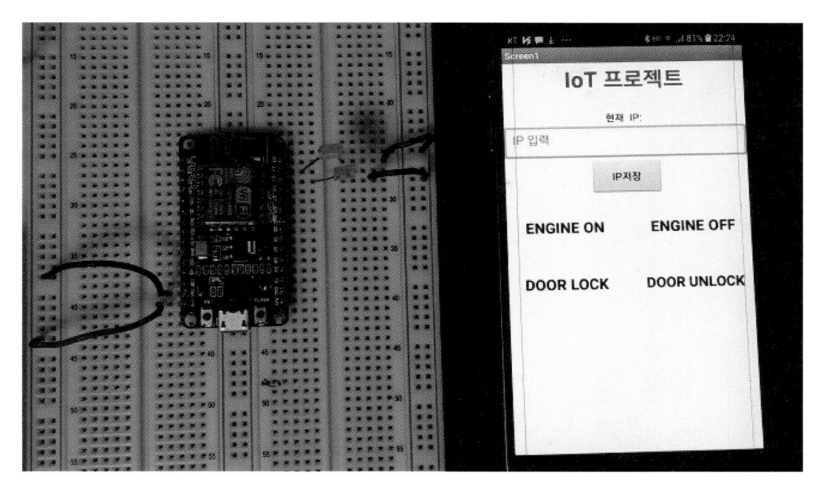

[그림 11-43] OTA 스마트폰 원격제어

2-8 자동차 엔진제어 응용(과제)

브레드보드 회로에서 LED를 제거하고 IRF540과 릴레이 등을 연결하여 실습용 자동차에서 엔진 시동을 제어해 보자. 이때 자동차 전문가의 지도하에 반드시 실습용 자동차의 안전(안전한 공간 확보, 핸드 브레이크 작동, 안전요원이 차량감시 등)을 확보한 후 주어진 작업을 실시하여야 한다.

[그림 11-44]는 원격시동을 위한 회로의 한 예이다. 원격시동 회로의 작동이 원활하면, 더 확장해서 도어 락도 원격 제어가 가능하도록 회로를 설계하여 실습용 차량에 적용해 보자.

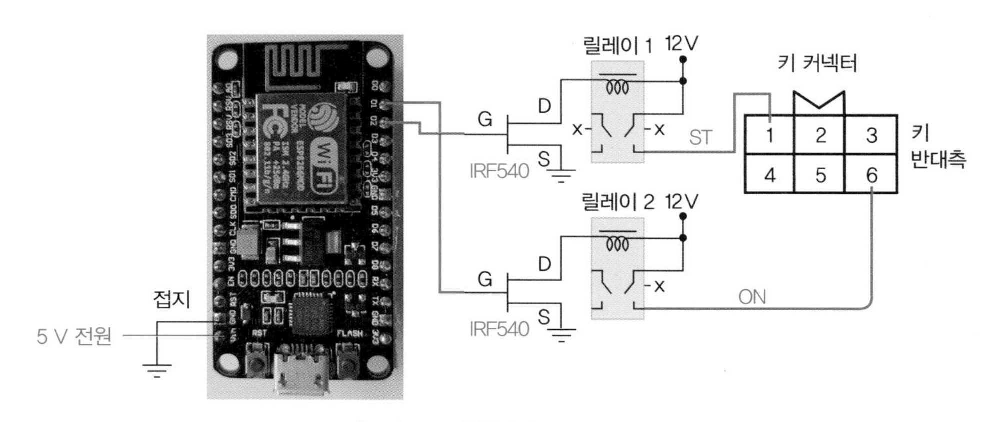

[그림 11-44] 원격시동 회로의 예

프로젝트

12

3D 프린터 공작

Smart Car Coding Project

CHAPTER

01 시작하기

1-1 공작 개요

자동차시스템 제어 공작에 필요한 배터리 케이스, 초음파 센서 마운트 또는 스탠드 등을 제작하기 위한 기본적인 3D 모델 공유파일 활용법에 대해 알아본다.

1-2 시작하기

① [그림 12-1]에 나타낸 한국과학창의재단 공식 유튜브(https://www.youtube.com/channel/UCRU2G2NpTuOBqAySTAxXrAw)에 접속하여 3D 프린터 관련 동영상을 활용한다.

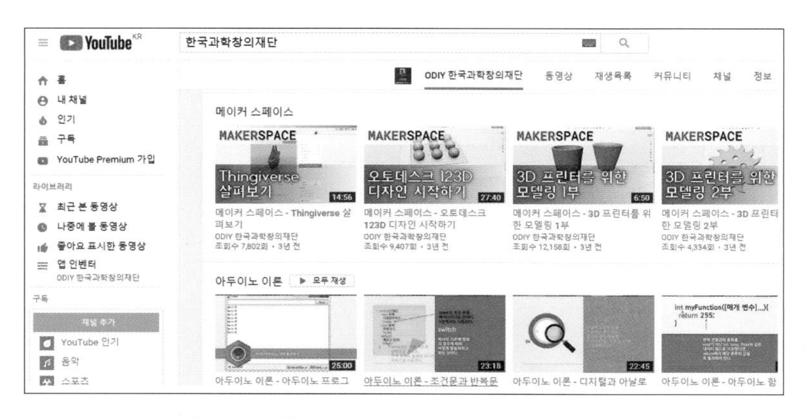

[그림 12-1] 한국과학창의재단 공식 유튜브 화면

② [그림 12-2]의 "Thingiverse 홈페이지(https://www.thingiverse.com/)"에 접속하여 3D 모델 공유파일을 활용해 보자.

"3D 프린터 시작하기"를 충실히 이해하여 앞서 진행한 프로젝트의 공작들에 활용할 수 있는 방법을 찾아본다.

[그림 12-2] Thingiverse 홈페이지 화면

CHAPTER

02 따라 하기

2-1 공작 개요

자동차시스템 제어 공작에 필요한 배터리 케이스, 초음파 센서 마운트 또는 스탠드 등을 제작하기 위한 3D 모델 공유파일을 활용하여 각종 공작에 필요한 부품을 제작해 보자.

2-2 따라 하기

3D 모델 공유파일을 활용하여 필요한 부품을 공작해 본다.

1) 폰 스탠드 공작

'https://www.thingiverse.com/'에 접속하여 [그림 12-3]과 같이"PHONE"을 찾는다.

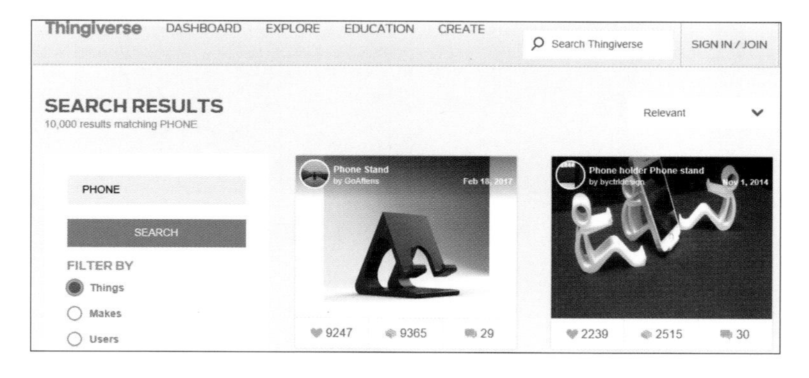

[그림 12-3] 폰 스탠드 공작 화면

2) 초음파 센서 마운트 공작

3D 모델 공유파일을 활용하여 [그림 12-4], [그림 12-5]와 같은 초음파 센서 마운트를 제작할 수 있다.

[그림12-4] 초음파 센서 마운트 제작

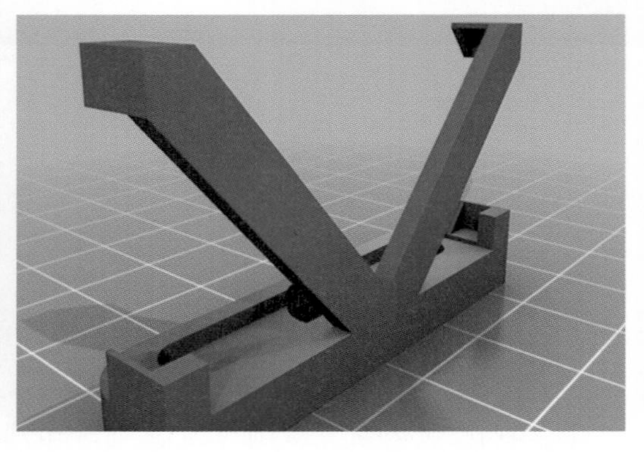

[그림 12-5] 초음파 센서 마운트

3) 리튬폴리머 전지 마운트 공작

3D 모델 공유파일을 활용하여 [그림 12-6]과 같은 리튬폴리머 전지 마운트를 제작하여 자작 전기자동차 공작에 활용해 보자.

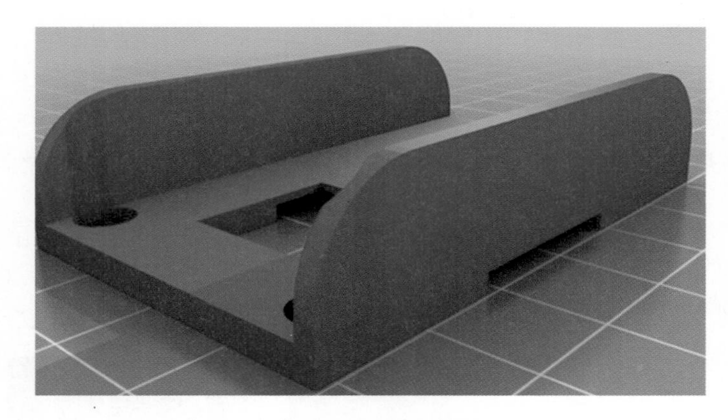

[그림 12-6] 리튬폴리머 전지 마운트 제작

스마트카 코딩 활용 프로젝트

2020. 2. 25. 초 판 1쇄 인쇄
2020. 3. 3. 초 판 1쇄 발행

지은이 | 정태균
펴낸이 | 이종춘
펴낸곳 | BM (주)도서출판 **성안당**
주소 | 04032 서울시 마포구 양화로 127 첨단빌딩 3층(출판기획 R&D)
| 10881 경기도 파주시 문발로 112 출판문화정보산업단지(제작 및 물류)
전화 | 02) 3142-0036
| 031) 950-6300
팩스 | 031) 955-0510
등록 | 1973. 2. 1. 제406-2005-000046호
출판사 홈페이지 | **www.cyber.co.kr**
ISBN | 978-89-315-3884-7 (93550)
정가 | 32,000원

이 책을 만든 사람들
책임 | 최옥현
진행 | 이희영
교정·교열 | 이희영, 류지은
본문 디자인 | 유선영
표지 디자인 | 정희선
홍보 | 김계향
국제부 | 이선민, 조혜란, 김혜숙
마케팅 | 구본철, 차정욱, 나진호, 이동후, 강호묵
제작 | 김유석